쉽고 재미있는 생생 무기와 전쟁 이야기

정명복

지문당

목 차

이야기 목차

■전장을 지배한 무기 이야기

■역사를 바꾼 전투 이야기

들어가는 글

역사의 한 분야인 전쟁사는 매우 흥미로운 학문이다. 왜냐하면 전쟁사는 역사의 다른 분야인 경제사, 문화사, 정치사 등에 비해 역동적이기 때문이다. 필자를 비롯한 대부분의 독자들은 어렸을 때 광개토대왕이나 알렉산더대왕의 전기를 손에 땀을 쥐며 읽었을 것이다. 이 두 사람처럼 위대한 정복 군주들의 활약을 담은 책은 읽는 사람이 카타르시스를 느끼게 만든다. 그런 카타르시스는 세종대왕처럼 위대한 문화사적 업적을 남긴 위인들에게서는 느낄 수 없는 묘한 감정이다. 그것이 전쟁사의 매력이다.

현재 역사가 사회 전반적으로 크게 부각되고 있지 않지만 전쟁사는 특유의 역동성 때문에 아직까지도 많은 사람들의 관심을 받고 있다. 특히 요즘에는 군사전문가들 못지않은 소위 밀덕후(밀리터리 마니아의 속어)라고 불리는 군사 마니아들까지 존재하며, 이런 마니아층을 중심으로 전쟁사에 대한 수요가 끊이지 않고 있다.

사실 전쟁사는 하나의 '학문' 영역이라기보다 어찌 보면 '마니아'적인 영역이라는 느낌이 강하다. 전쟁사 연구의 대부분은 인터넷 마니아층이나 군에서 이뤄지고 있으며, 국내에 나와 있는 전쟁사 관련 서적도 서양에서 출간한 책을 번역한 것이 주를 이루었다. 또한 많은 사람들이 전쟁 영웅들의 이야기에는 관심을 갖지만, 무기의 발달 · 전술의 변화 · 전투의 흐름 등 전쟁사의 영역으로 들어가면 너무나 어렵고 난해하기 때문에 흥미를 잃고 만다.

물론 독자의 흥미에 맞도록 재미있게 구성된 서적도 다수 존재한다. 그러나 이런 서적들은 대부분 단편적인 사실들을 종합해 놓은 것이라서 전쟁사의 전체적인 흐름을 정확하게 파악하기는 힘들다. 반면에 전쟁사의 전체적인 흐름에 대해 자세히 써놓은 책은 내용이 어렵고 분량이 방대해 많은 사람들이 쉽게 다가가기가 힘들다. 이처럼 양자를 절충하여 전쟁사의 흐름과 무기체계를 쉽게 파악할 수 있는 서적은 시중에 거의 존재하지 않는 것이 현실이다.

'**쉽고 재미있는 생생 무기와 전쟁 이야기**'는 이런 현실적 요구에 맞춰 새롭게 탄생했다. 먼저 인류가 태어난 이후부터 현재까지를 망라하여, 무기의 발달과 체계를 전체적으로 파악하기 쉽게 편집했다. 그리고 도구의 시대를 시작으로 현대전을 치루고 있는 오늘날의 최첨단 시대와 미래까지의 중요한 내용을 집중적으로 제시하면서도, 역사적인 이야기를 첨가하여 독자들에게 쉽고 재미있게 다가가기 위해 노력했다.

그뿐만 아니라 그동안 서양사적 시각으로만 보아 온 동아시아 부분을 우리의 시각으로 새롭게 작성함으로써, 동아시아의 무기와 전쟁 역사도 총체적인 차원에서 고유성과 흐름을 이해할 수 있도록 했다.

비록 '**쉽고 재미있는 생생 무기와 전쟁 이야기**'가 완벽하지는 않더라도 독자 여러분들에게 무기와 전쟁에 대한 지식과 흥미를 가져다 줬으면 한다.

그리고 이 책이 나오기까지 열정을 다해 준 노성룡 · 이윤현 · 한진근 등 한국안보학연구소 연구원들과, 물심양면으로 지원을 아끼지 않으신 임삼규 사장님 · 심하나 편집자 님을 포함한 지문당 관계자 여러분들께 진심으로 감사의 말을 전하고 싶다.

끝으로 많은 분들의 도움을 받아 귀하게 탄생한 책인 만큼 국가안보에 다소나마 도움이 됐으면 하는 마음이 간절하며, 우리의 영원한 조국인 대한민국을 수호하기 위하여 산화하신 호국전몰용사의 영전에 삼가 이 책을 바친다.

2011년 12월 계룡산 자락에서

정명복

일러두기

본서를 효과적으로 읽기 위한 기본적인 사항을 일러둔다.

1. 맞춤법과 띄어쓰기는 '한글 맞춤법 통일안'에 따르는 것을 원칙으로 하여 문장은 한글 위주로 평이하게 썼으며, 혼동할 우려가 있는 용어와 고유명사 등은 원어를 ( ) 안에 넣었다.
2. 연대는 모두 서기(西紀)로 표기했다.
3. 이 책의 본문에 인용된 자료는 가능한 원문의 뜻에서 크게 벗어나지 않는 한도 내에서 평이한 현대문으로 번역하여 독자의 이해를 용이하게 했으며, 원문 제작 당시의 관용어나 제도어는 그대로 사용했다.
4. 본문 내용 중 '전장을 지배한 무기 이야기'와 '역사를 바꾼 전투 이야기'는 본문을 쉽게 이해하고 흥미롭게 읽도록 하기 위한 목적으로 구성했다.
5. 이 책의 4단계 시대구분(도구의 시대, 화약의 시대, 시스템의 시대, 최첨단 시대)은 마틴 반 클레벨트 著 『과학기술과 전쟁』의 4단계 시대구분을 참조했다.
6. 이 책의 세부적인 시대 명칭과 기간은 학습 목적상 저자 나름의 기준으로 구분하고 명명한 것으로서, 편의를 위한 시대구분일 뿐 절대적인 것이 아니며 그 기준은 다음과 같다.

가. 도구의 시대

① 고대 문명의 무기와 전쟁

◇선사시대: 청동기 시대가 시작된 BC 4000년 전까지의 시기

◇메소포타미아: 청동기 시대가 시작된 BC 4000년부터 아카드 제국이 멸망하는 BC 2150년까지의 기간

◇아시리아와 페르시아: 아시리아가 출현한 BC 2000년부터 아케메네스조 페르시아가 멸망한 BC 330년까지의 기간

② 그리스 · 로마의 무기와 전쟁

◇그리스: 폴리스가 출현하기 시작한 BC 1000년부터 알렉산더 대왕이 죽은 BC 323년까지의 기간

◇로마: 로마가 세워진 BC 753년부터 서로마 제국이 멸망한 476년까지의 기간

③ 중세의 무기와 전쟁

◇비잔틴 제국: 로마가 동서로 분열된 395년부터 콘스탄티노플이 오스만투르크에 함락된 1453년까지의 기간

◇중세시대: 서로마 제국이 멸망당한 476년부터 1500년까지의 기간

④ 동아시아의 무기와 전쟁(Ⅰ)

◇호(胡) · 한(漢) 투쟁기: 인류 탄생부터 중국 수나라가 건설되어 중화 제국 체제가 성립된 581년까지의 기간

◇중화 제국 체제의 성립: 수나라가 건설된 581년부터 거란이 정복왕조인 요나라를 세운 916년까지의 기간

◇정복왕조시대: 요나라가 세워진 916년부터 몽골의 원나라가 멸망한 1368년까지의 기간

나. 화약의 시대

① 근세의 무기와 전쟁

◇르네상스: 중세가 끝날 무렵인 1500년부터 이탈리아 전쟁이 끝난 1559년까지의 기간

◇종교전쟁: 이탈리아 전쟁 이후부터 30년 전쟁이 끝난 1648년까지의 기간

② 근대의 무기와 전쟁

◇절대왕정: 30년 전쟁이 끝난 후부터 프랑스혁명이 시작된 1789년까지의 기간

◇나폴레옹 시대: 프랑스혁명이 시작된 후부터 나폴레옹이 워털루 전투로 몰락한 1815년까지의 기간

③ 동아시아의 무기와 전쟁(II)

1500년부터 1900년까지를 망라

다. 시스템의 시대

① 산업혁명시대의 무기와 전쟁

◇산업혁명: 나폴레옹 몰락 후 빈체제가 시작된 1815년부터 미국 남북전쟁이 끝난 1865년까지의 기간

◇독일의 탄생: 프로이센-오스트리아 전쟁이 시작된 1866년부터 제1차 세계대전이 시작된 1914년까지의 기간

② 양차 세계대전의 무기와 전쟁

◇제1차 세계대전: 전쟁이 시작된 1914년부터 전쟁이 끝난 1918년까지의 기간

◇제2차 세계대전: 제1차 세계대전 후부터 제2차 세계대전이 종료된 1945년까지의 기간

라. 최첨단 시대

① 냉전시대의 무기와 전쟁

◇냉전: 제2차 세계대전 종전 후인 1945년부터 소련이 붕괴된 1991년까지의 기간

◇6·25전쟁과 베트남전쟁: 6·25전쟁이 발발한 1950년부터 베트남전쟁이 끝난 1975년까지의 기간

◇핵전쟁의 위협: 1962년 쿠바 미사일 위기부터 1991년까지의 기간

② 최첨단 시대의 무기와 전쟁

◇걸프전쟁: 소련이 붕괴된 1991년부터 911테러가 일어난 2001년까지의 기간

◇테러와의 전쟁: 911테러가 일어난 2001년부터 현재까지를 망라

③ 항공력의 진화

전 시대를 포괄하기 때문에 따로 시대구분을 하지 않음

④ 미래의 무기와 전쟁

각종 참고자료를 망라하여 현재 진행 중인 사항 위주로 작성했으며 예상되는 미래의 내용에는 저자의 의견이 다소 반영되었다는 점을 밝혀둠

Ⅰ. 도구의 시대(Age of tools)

기원전~AD 1500

‖ 도구의 시대 전쟁사 연표 ‖

※ 약어표[대상에서 회색은 전쟁(전투)에서 승리한 세력을 뜻함]

페-페르시아, 그-그리스, 아-아테네, 스-스파르타, 마-마케도니아, 카-카르타고, 로-로마, 흉-흉노, 한-한나라, 갈-갈리아, 훈-훈족, 고-고구려, 수-수나라, 당-당나라, 이-이슬람, 셀-셀주크투르크, 비-비잔틴, 오-오스만투르크, 유-유럽연합군, 몽-몽골, 세-세르비아, 영-영국, 프-프랑스

시 기	대 상	내 용
BC 4000년		청동기시대 시작
BC 3000년		메소포타미아 문명·이집트 문명 시작, 메소포타미아에서 전차 출현
BC 2500년		황화 문명, 인더스 문명 시작
BC 2350년		아카드인, 메소포타미아 최초로 통일
BC 1800년		바빌론, 메소포타미아 재통일
BC 1600년		상(商)왕조 성립, 힉소스 이집트 정복
BC 1200년		철기 단조법 출현
BC 1120년		주(周)왕조 성립
BC 1000년		그리스 폴리스 성립
BC 770년		춘추전국시대 시작
BC 671년		아시리아 오리엔트 통일
BC 525년		페르시아 오리엔트 통일
BC 492년	페vs그	제1차 페르시아 전쟁(~BC 490년)
BC 490년	페vs그	마라톤 전투
BC 480년	페vs그	제2차 페르시아 전쟁(~BC 479년), 테르모필레 전투, 살라미스 해전
BC 479년	페vs그	플라타이아이 전투
BC 431년	아vs스	펠로폰네소스 전쟁(~BC 404년)
BC 371년	스vs테	루크트라 전투, 에파미논다스의 테베군이 스파르타군 격파
BC 334년		알렉산더 동방원정 시작(~BC 323년)
BC 331년	페vs마	가우가멜라 전투
BC 264년	카vs로	제1차 포에니 전쟁(~BC 241년)
BC 221년		진(秦)왕조, 중국 통일
BC 218년	카vs로	제2차 포에니 전쟁(~BC 202년)
BC 216년	카vs로	칸나에 전투, 한니발이 로마군 포위 섬멸
BC 127년	흉vs한	한무제 흉노 정벌 시작
BC 58년	갈vs로	카이사르, 갈리아 원정 개시(~BC 50년)

BC 52년	갈vs로	알레시아 전투, 카이사르가 베르켄게토릭스의 갈리아군 격파
BC 31년		악티움 해전, 옥타비아누스가 안토니우스와 클레오파트라 연합함대 격파
BC 27년		로마 제정 시작
AD 220년		위, 촉, 오 삼국시대 시작(~265년)
378년	로vs훈	아드리아노플 전투
395년		로마 동서 분열
476년		서로마 멸망
612년	수vs고	제2차 고수전쟁, 살수 전투
645년	당vs고	제1차 고당전쟁, 안시성 전투
668년	고vs당	평양성 전투, 고구려 멸망, 신라 삼국통일
732년	이vs프	투르-푸아티에 전투
751년	당vs이	탈라스 전투
1066년		헤이스팅스 전투, 노르망디공 윌리엄(기욤)이 잉글랜드왕 헤럴드 격파
1071년	비vs셀	만지케르트 전투, 셀주크투르크 예루살렘 점령
1095년		총 7차례에 걸친 십자군원정 시작(~1272년)
1099년	십vs셀	십자군 예루살렘 함락
1187년	십vs셀	하틴 전투
1206년		칭기즈칸 몽골 통일
1241년	유vs몽	발슈타드 전투, 바투의 몽골군이 유럽연합군 격파
1299년		오스만투르크 성립, 원 제국 성립
1337년	영vs프	백년전쟁(~1453년)
1368년		원 제국 멸망, 명 건국
1389년	세vs오	코소보 전투, 오스만투르크가 발칸연합군을 격파, 발칸 지배권 확보
1405년		정화의 남해 원정(~1433년)
1415년	프vs영	아쟁쿠르 전투, 영국 헨리 5세의 영국군이 프랑스군 대파
1429년	영vs프	오를레앙 전투, 잔다르크의 프랑스군 오를레앙 해방
1453년	비vs오	오스만투르크, 콘스탄티노플 함락

먼 옛날 인류의 조상은 다른 생물과 마찬가지로 생태계의 경쟁 속에서 살아갔을 것이다. 종종 발견되는 이른바 유인원의 화석들 중에는 맹수의 이빨 자국이 남아 있는 것들을 볼 수 있다. 인류의 조상도 생태계의 경쟁에서 예외가 아니었음을 보여 주는 증거이다. 두 발로 서고 도구와 불을 사용하면서 인류는 점차 생태계의 경쟁에서 해방되었겠지만, 그것은 곧 더욱 치열한 새로운 경쟁이 시작됨을 의미했다. 다름 아닌 인간끼리의 경쟁이다.

지금까지 대체로 받아들여지고 있는 인류학 이론에 따르면, 시간이 흐르고 인간의 지식과 기술이 증가하면서 인간의 집단은 '무리(band)'에서 '부족(tribe)'으로, '부족'에서 '군장 국가(chiefdom)'로, 다시 '국가(state)'로 점점 규모가 확대되었다. 인간 집단의 존재는 그 자체로 집단들 간의 경쟁을 내포한다. 따라서 인간 집단의 규모 확대 과정이란 집단 간의 경쟁과 충돌의 연속을 의미한다고도 할 수 있다. 경쟁은 여러 가지 모습을 띨 수 있겠지만, 궁극적인 형태는 물리력으로 상대방을 제압하려는 무력 충돌일 수밖에 없다. 물리력이 아닌 방법 이를테면 '대화와 타협'으로 해결될 수 있는 갈등의 범주는 한계가 있을 뿐 아니라, 그 조차도 실질적으로는 물리력을 배경으로 할 수밖에 없기 때문이다. 인간 집단 간 경쟁의 궁극적 형태인 무력 충돌, 그것이 곧 전쟁이다.

수렵・채집・농경 등 인간의 생활을 위해 만들어졌던 각종 도구들은 인간 집단 간의 경쟁・전쟁이 발생하면서 적을 살상하기 위한 전쟁 무기로 진화했다. 나무를 베고 땅을 파던 도끼는 적군을 향해 내리치는 전부(戰斧)가 되었고 도망치는 동물을 쏘아 맞추던 활은 접근하는 적병을 겨냥하게 되었다. 처음엔 사나운 맹수와 맞서기 위해 고안되었던 방패와 밀집대형은 적군과 효과적으로 격돌하기 위한 보병방진이 되었고, 말・소・코끼리 등 인간에 의해 길들여져 사육되던 짐승들이 무기가 되어 전쟁에 투입되었다. 인류가 문명의 길로 들어서는 데 사용되었던 각종 도구들이 그대로 전쟁 무기가 된 것이다. 요컨대 문명의 발생이란 그 자체로 이미 무기와 전쟁의 출현

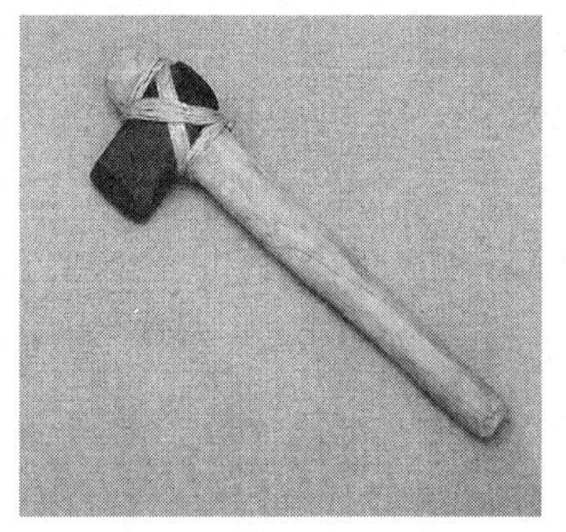

돌도끼(좌)와 주먹도끼(우)

을 내포했고, 인류의 역사는 그 시작에서부터 이미 전쟁의 역사라고 할 수 있을 것이다.

1. 고대 문명의 무기와 전쟁

① 선사시대: 돌도끼와 돌화살

과거 전쟁의 모습은 어떠했을까? 우리가 과거에 살지 않았기 때문에 과거에 전쟁이 어떠한 모습으로 행해졌는지 정확히 알 수는 없지만 기록에 근거하여 그 모습을 대략 유추해 볼 수는 있을 것이다. 그렇다면 문자가 발명되지 않았던 역사 이전 시대의 전쟁의 모습은 어떻게 알 수 있을까? 문자 발명 이전 시기에 대한 우리의 지식은 전적으로 고고학적인 유물에 기대어 유추할 수밖에 없다. 흔히 역사 이전의 시대인 선사시대(先史時代)는 사용했던 도구에 따라 구석기, 신석기, 청동기 시대로 나눈다.

최초의 인류는 쉽게 접할 수 있는 환경에서 구할 수 있는 자연 물질로 도구를 만들었을 것이다. 또한 간단한 조작으로 유용하게 쓸 수 있게 만들어야 했다. 그렇기 때문에 최초의 도구들은 단단한 돌로 만들어졌고 때로는 나무와 결합하여 사용되기도 했다. 인류는 단단한 돌로 간단한 손칼들과 도끼들을 만들었고 동물을 사냥하여 해체하는 데 사용했을 것이다. 하지만 이는 다른 인간을 상대로 사용되기도 했을 것이므로, 사냥도구와 군사무기의 구별은 수천 년 동안 명확하지 않았을 것이다.

선사시대의 대표적인 무기로는 주먹도끼가 있다. 주먹도끼는 날과 뾰족한 끝을 갖도록 모양을 만들었는데 기본적으로는 가사도구로 사용되었지만 동물과 사람 모두에게 끔찍한 상처를 입힐 수도 있었다. 선사시대 사람들은 주먹도끼를 발전시켜 더욱 날카로운 절단면을 갖는 석제 단검을 만들기도 했다. 이러한 단검들은 후에 목재 손잡이에 동여매어져 치명적인 전쟁 무기로 변화했다. 그뿐만 아니라 돌로 만든 창도 생겨났다. 돌을 날카롭게 다듬어서 긴 나무 자루에 연결시켜 만든 창은 찌르거나 먼 거리에서 던질 수 있는 위력적인 무기였다.

도구의 시대에 가장 보편적인 원거리 무기였던 활은 무기 기술에서 커다란 도약이었다. 궁사가 활줄을 잡아당기면 잠재적인 에너지가 활 끝에 집중된다. 그리고 활줄을 놓는 순간 에너지가 활줄을 통해 화살에 전달된다. 활은 먼 곳에서도 목표를 정확하게 맞출 수 있었고 날카로운 돌로 만들어진 화살촉은 희생자의 몸에 깊이 박혀 심각한 부상을 입힐 수 있었다.

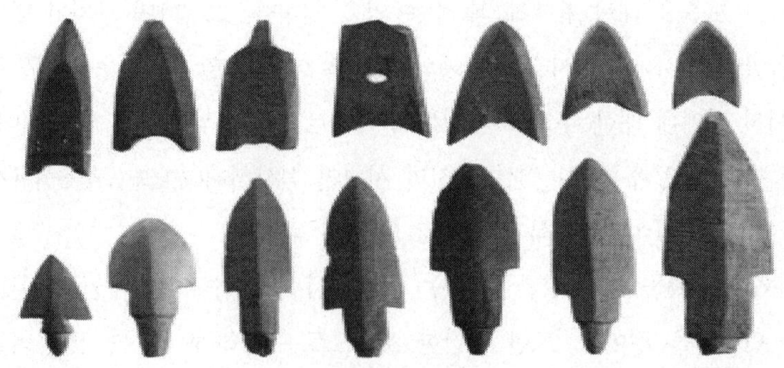

다양한 모양의 돌화살촉들

선사 시대의 전투는 기록이 남아 있지 않아 위에서 말한 무기들을 사용해 어떻게 전투를 수행했는지는 잘 알려지지 않고 있다. 다만 이 시기의 전투는 대부분 인접하고 있는 생활공동체 끼리나 또는 정착지를 구하기 위해 이동하여 오는 집단과 그들로부터 정착지를 지키려는 집단 간의 전투였을 것으로 생각된다. 특히 신석기시대 이후 농경문화가 본격화되면서 이러한 성향은 더욱 짙어졌을 것이다.

② 메소포타미아: 복합궁과 전차

선사시대에는 군사적인 부분과 비군사적인 부분이 명확하게 구분되지 않았다. 하지만 문명과 국가가 생겨나면서부터 군사적인 부분과 비군사적인 부분이 점차 구분되기 시작했고 본격적으로 조직적인 전쟁이 시작되었다. 우리가 흔히 알고 있는 고대 문명들은 강가에서 시작되었으며 체계적인 문자와 함께 청동제 무기를 사용했다는 공통점을 지니고 있다.

청동제 무기의 사용은 문명의 발달과 함께 나타난 중요한 변화였다. 청동기는 매우 광범위한 지역에서 사용되었다. 메소포타미아의 수메르인[1]들이 사용했던 청동기와 중국의 상(商)나라[2]에서 사용한 청동기가 거리의 차이에도 불구하고 상당한 유사성을 띤다는 것은, 청동기가 매우 우수한 금속이었다는 것을 보여주는 예이다. 돌이나 나무 및 동물로부터 얻는 재료와 달리 구리・청동・주석과 같은 재료들은 아무 곳에서나 발견될 수 있는 것이 아

1) 지금의 이라크 지방에 살았던 민족 및 지역을 지칭한다. 티그리스・유프라테스 두 강으로 형성된 지방으로 BC 5000년경부터 농경민이 정주하여 BC 3000년경에는 세계 최고의 문명을 창조했다. 수메르인들은 두 강의 중・상류 지역 또는 엘람지방에서 이주하여 온 것으로 보인다.

2) 주(周)를 비롯한 다른 나라에서 은(殷)이라는 이름으로 불렀으므로 은나라로 더 잘 알려져 있다. 스스로의 나라 이름을 칭할 때는 은나라를 세운 부족 이름인 상(商)이라는 이름을 더 많이 사용했기 때문에 학계에서는 '상'이라는 이름으로 통일해 부르고 있다. 19세기 말까지 전설상의 왕조로만 다루었으나 20세기 초에 은허가 발굴되고 고고학적 증거들이 나타나 실재했던 왕조로 인정되었다.

니었다. 이러한 재료들은 사용 가능한 상태로 만들기 위해 비교적 복잡한 과정을 거쳐야 했고, 그로 인해 구리와 청동은 상당히 긴 기간 동안 값비싼 존재로 남아 권력을 상징하는 위세품의 구실도 했다. 또한 이런 청동기를 제작하기 위해서는 많은 인력이 동원되었기 때문에 청동기는 국가권력의 출현과 매우 밀접한 관계가 있었다.

돌로 만들어진 무기는 그다지 날카롭지 못했기 때문에 찌르거나 베기보다는 주로 타격하는 데 사용되었다. 하지만 청동기가 출현함에 따라 검이나 창과 같이 찌르고 베는 무기들이 도끼나 몽둥이와 같은 타격무기들을 대체하기 시작했다. 타격무기로 적에게 치명적인 피해를 주기 위해서는 곡선으로 크게 휘둘러야만 했다. 그렇기 때문에 타격무기는 많은 에너지를 소모시켰고 곡선으로 사용해야 해서 동선을 매우 길게 만들었다. 반면에 찌르는 동작은 직선이었으며 인간의 피부는 약해서 좁은 면적에 뾰족한 물체를 들이대면 뚫는 데 많은 힘이 필요하지 않았다. 수메르, 아카드, 아수르, 이집트, 히타이트, 중국, 인도, 심지어 그리스에 이르기까지 휘두르는 무기를 주력 무기로 삼은 군대가 없었다는 것이 이러한 사실을 증명한다. 칼날이 10cm 정도만 들어가도 인체에는 치명적이기 때문에, 찌르는 무기는 단숨에 적의 숨통을 끊지 못했더라도 결국 치명적인 부상을 남겨 목숨을 잃게 하는

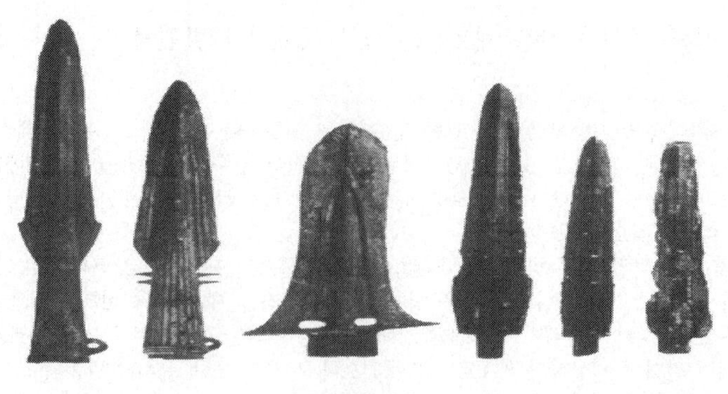

청동무기들

경우가 많았다.

기록상 최초의 조직적인 전쟁은 기원전 3천 년경 메소포타미아 남부의 수메르 도시국가들에서 찾아볼 수 있다. 메소포타미아는 풍요롭고 사방으로 개방된 지형적 특징 때문에 전쟁이 끊이지 않았고 이민족의 침입도 잦았다. 그렇기 때문에 메소포타미아에서는 무기와 전쟁 기술이 발달했을 것이다. 수메르의 도시국가들 가운데 가장 번영했던 곳에서 출토된 우르(Ur)의 왕묘[3]는 루갈왕이 이끌었던 조직된 군사력을 최초로 묘사했다. 거기에는 투창과 전부(戰斧)를 갖추었지만 방패가 없는 경보병과 투구를 쓰고 더 긴 창을 사용하는 중장보병이 그려져 있다. 또한 기원전 2450년경 발견된 수메르의 비문을 보면 수메르 보병들은 조밀한 밀집대형으로 편성해 싸웠음을 알 수 있다. 이러한 방진(方陣)은 이후 2천 년 넘게 보병전투의 근간을 이루었다.

기원전 3천 년대 전반부에 수메르인들은 동물의 힘을 최초로 이용했다. 이 기간 중 무겁고 단단한 바퀴가 달린 엉성한 목재 소달구지가 수메르에서 발명되었다. 인간과 달리 소달구지는 수십km 심지어는 수백km로 추정되는 먼 거리에 전쟁에 필요한 물건과 무거운 짐을 운반할 수 있었다. 하지만 소달구지가 전쟁에 사용되는 무기의 하나라고 단정 짓기는 어렵다. 왜냐하면 너무 느리고, 다루기 힘들고, 취약점이 많았기 때문이다. 이후 기원전 2천 년경에 가축화된 말이 처음으로 메소포타미아 지방에 나타났는데, 이는 전장에 일대 혁신을 가져 왔다. 그것은 바로 전차의 등장이었다.

수메르의 전차는 4륜이었는데, 이 시기에 전차를 끄는 동력은 반(半)야생 나귀 4마리였다. 이것은 후에 나타난 개량된 말에 비해 크기도 작았고 동력도 형편없었을 뿐 아니라 전차의 수레 또한 통으로 된 목재 바퀴를 사용했기 때문에 둔하고 느린 데다 승차감도 형편없었다. 속도가 기껏해야 시속

---

3) 우르는 이라크 남부 유프라테스강 가까운 곳에 있던 수메르의 도시국가이다. 우르의 왕묘는 영국의 C. L 울리경이 발견한 우르3왕조의 유적지이다. 이곳에서 2천 기의 건물지와 16기의 왕묘가 발견되었으며 수메르인들의 유물들이 많이 출토되었다.

나람신 벽화(좌)와 고구려 벽화(우)에 그려진 복합궁

10km밖에 되지 않아 적의 보병이 작정하고 달아나면 쫓아갈 방법이 없었다. 그렇기 때문에 이 수레는 전투용보다 지휘 차량용으로 많이 쓰였다. 수메르에 이어 메소포타미아를 최초로 통일한 아카드인[4]들은 수메르의 둔한 4륜 전차를 2마리 말이 끄는 2륜 전차로 바꿨다. 이로 인해 전차의 기동력은 크게 향상되었고, 그 후 전차는 계속 개량되어 한동안 전장을 지배했다.

전차는 강력해진 활과 결합되면서 전장에서 큰 위력을 발휘할 수 있었다. 아카드의 나람신[5] 승전 기념물(기원전 2800년)에서 처음 나타난 복합궁(Composite bow)은 기존의 활과 달리 여러 조각의 나무를 붙여서 만들어졌으며, 주요부는 뼈와 힘줄로 강화되었다. 그렇게 제작된 복합궁은 탄력이 좋고 사거리도 더 길며 관통력도 뛰어났다. 복합궁은 종전의 단궁에 비해 획기적으로 발전된 것이었으며 빠른 속도로 사격이 가능하고 200~300야드(180~270m)의 유효 사거리를 갖고 있었다. 석기시대부터 사용된 단궁은 45~

4) 셈족의 한 갈래로 유목민이었던 아카드인들은 기원전 2350년경 등장해서 수메르인들의 도시국가를 통일하고 메소포타미아 최초의 통일된 국가를 건설했다. 아카드 왕국은 궁병대를 중심으로 한 강력한 군대와 다민족으로 구성된 중앙집권적 제도가 특징이다. 아카드 왕국은 동방의 엘람, 서방의 시리아, 북방의 스바르투 등 당시 고대의 오리엔트 지역 대부분을 점령했다. 나람신 사후에 국운이 기울다 기원전 2150년경 이란 고원에서 침입해 온 구티인에 의해 멸망했다.

5) 아카드의 제4대왕, 사계(四界)의 왕, 아카드의 신이라고도 불린다. 복합궁과 전차를 이용하여 아카드의 세력을 크게 확장했으며 아카드의 전성기를 이끌었다.

90m 정도의 사거리를 갖고 있었지만 최소 10m 이내로 근접하지 않는 이상 겉옷과 가죽방패도 뚫지 못할 정도였다. 게다가 금속제련 및 가공 기술의 발전과 함께 갑옷과 투구 등 금속 방호구가 널리 보급되기 시작하면서 전쟁무기로서 활의 가치는 투창보다도 낮아졌다. 그러나 새로 등장한 복합궁은 기존 단궁이 뚫지 못한 금속 방호구를 한 번에 뚫을 수 있을 만큼 충분한 관통력을 갖추고 있었다.

가벼운 전차의 등장과 복합궁의 발명은 혁명적인 전술상의 변화를 일으켰다. 이전 시기 전쟁의 핵심은 근접 무기의 위력을 극대화시키는 보병의 밀집대형에 있었다. 그런데 개활지에서 빠르게 이동하며 활을 쏘는 전차는 이러한 밀집대형에 큰 위력을 발휘했다. 보병들이 전차를 보고 밀집대형을 갖추고 있으면, 대응할 엄두를 낼 수 없을 정도로 먼 거리에서 쏘는 화살의 좋은 표적이 되었다. 반대로 밀집대형을 풀고 흩어져 있으면 속도가 빠른 전차에게 쉽게 각개격파 당했던 것이다. 이러한 군사적인 장점 때문에 전차를 타는 사람들이 폭발적으로 증가했다. 남부 중앙아시아 대초원지대에서 태어난 전차는 온 사방으로 퍼져 나갔다. 전차가 가는 곳마다 원주민들을 격파하여 원주민들은 전차가 갈 수 없는 숲이나 산악지대로 쫓겨났다. 북부 인도, 이집트, 소아시아 및 유럽이 전차에게 정복되는 데 수 세기가 걸리지 않았다.

하지만 전차는 복잡한 부품으로 만들어져서 제작하기가 어려웠으며, 많은 돈을 요구하는 특수 숙련공들에게 제작을 의뢰해야만 했다. 결과적으로 전차를 소유하고 정비하는 데 너무 많은 비용이 들었기 때문에 귀족 등 특정 부류의 사람들만 전차를 보유할 수 있었다. 후에 전차는 보다 튼튼한 말이 등장하면서 서서히 쇠퇴하기 시작했다. 개량된 말에 탄 기병은 전차보다 가볍게 움직일 수 있었고, 특히 전차가 갈 수 없는 산악으로도 이동할 수 있었다. 전차는 산악지형이나 늪지대 같은 곳에서 기동할 수 없었기 때문에 점차 기병에게 밀려나기 시작했다. 기병이 전차를 대체하기 시작하면서 전차를 만들고 고치는 데 필요한 기술자가 필요 없게 되어 전쟁에 드는 비용도 줄일 수 있었다.

전장을 지배한 무기 이야기 ① 전차 I

수메르 전차

전차를 최초로 사용한 것은 기원전 3000년경 메소포타미아의 수메르인들이었다. 당시 말은 사람이 탈만큼 크지 못했기 때문에 기병보다는 전차가 발달하게 되었다. 최초로 바퀴를 만들어 낸 수메르인은 바퀴를 이용해서 4마리의 말이 끄는 바퀴 4개짜리 전차를 만들어 냈다. 이 전차는 마부, 싸우는 전사, 그리고 전사를 보호하기 위해 방패를 든 두 명의 병사가 타는 4인승이었다. 전사는 투창과 창으로 무장했다. 수메르의 전차는 내구성이 취약했고 장거리 주행은 거의 불가능했다. 바퀴는 살이 없는 원판 형태로 투박하고 무거웠으며 빠른 속도로 달리면 심하게 덜컹거리거나 전복될 위험이 있었다. 또한 모든 바퀴들이 고정되어 있었기 때문에 급격한 회전이 어려웠다. 메소포타미아 전차의 주된 기능은 적을 공격해 겁을 주는 것이었다. 그들은 적절한 거리에서 먼저 투창으로 전투한 다음 근거리에서는 찌르는 창을 썼다.

기원전 2천 년경 아카드의 2륜 전차는 수메르의 4륜 전차에 비해 더 가볍고 튼튼했으며 속도와 기동성도 더 우수했다. 그리고 4륜 전차에 비해 좀 더 다양한 지형에서 운용할 수 있었고 장거리 고속 이동이 가능했다. 아카드의 2륜 전차는 2마리의 말이 끄는 1대의 전차 위에 1명의 궁수, 1명의 마부, 1명의 창병이 탑승하는 것을 기본으로 했다. 궁수는 장거리에서 적을 상대하고 도끼, 창, 단검, 몽둥이 등 각종 접근 무기로 무장한 창병은 전차가 적진을 돌파하거나 퇴각하는 적을 뒤쫓을 때 활약했다. 이렇게 3명이 한 조를 이루는 방식의 전차는 이후 지중해 동부, 인도,

중국 등 세계 주요 문명국 전차의 원형이 되었다.

아카드 전차

기원전 1450년경의 힉소스[6]의 전차는 이집트를 정복하는 데 사용되었다. 당시 무장 상태가 열악했던 이집트군을 상대로 힉소스의 전차는 무서운 위력을 발휘했다. 힉소스의 전차는 2인승으로 무장은 활, 투창, 사각형 방패, 화살통으로 구성되었고 주로 상대방 전차를 공격하는 데 이용되었다.

이집트 전차

이집트는 동시대 메소포타미아 사람들처럼 발달된 무기체계를 갖지 못했다. 그렇기 때문에 이집트를 침공한 힉소스는 발달된 전쟁기술을 이용하여 이집트의 중왕국(Middle Kingdom)을 멸망시키고 이집트를 지배했다. 기원전 1190년경의 이집트 전차는 힉소스의 침략 속에서 태어났다. 힉소스 전차의 위력을 체험한 이집트는 전차 개발에 주력하게 되는데, 주로 적의 전차와 승무원을 포획해서 마차를 개량하거나 전차를 개발했다. 무장 능력도 힉소스 전차에 몇 가지를 더 부가했다. 먼저 보조 화살통을 달았고, 전차 홀을 강화시켰으며, 바퀴살은 6~8개로 증가시켰다. 이집트 전차는 주로 투창(javelin)을 사용했으며 여러 대의 전차가 단단히 뭉쳐서 적에게 돌진하는 전술을 사용했다. 이 결과 아시아의 전차와 달리 개별적으로 포위될 위험이 적었으며 파괴력 또한 뛰어났다. 투트모세 3세 때의 이집트는 최소 2,000대 이상의 전차를 보유할 수 있었으며 전차를 수리할 수 있는 정비창을 제국 곳곳에 만들어 항시 최상의 전력을 유지할 수 있도록 했다.

6) BC 17세기에 나일강 유역으로 점차 침투해 들어와 결국 하(下)이집트를 다스리게 된 셈족과 아시아인들의 혼합 집단.

③ 아시리아와 페르시아: 철제무기와 기병

기원전 2천 년대 말경 오늘날의 동북 아나톨리아(Anatolia) 지역에서 발명된 철을 녹이는 기술은 그것을 익힌 사람들에게 일시적이나마 군사적인 우위를 부여했다. 철광석은 매장 지대가 주석에 비해 훨씬 광범위했으며 채굴도 비교적 쉬웠다. 철 제련은 구리나 청동의 제련보다 더 높은 온도를 요구했으며, 보다 정교한 기술을 필요로 했다. 기원전 1200년경에 쇠를 가열해 두드리면서 물에 넣어 식히는 방법이 개발되었다. 이 기술을 통해 더 튼튼하고 오래가는 날을 만들 수 있게 됐고, 그 날을 이용하여 더 깊이 찌를 수 있고 베기도 가능한 칼이 당시 가장 보편적인 무기였던 단검과 도끼를 자연스럽게 대체하면서 널리 퍼졌다.

이런 발전상을 제대로 활용한 최초의 민족은 아시리아인이었다. 아시리아인들은 뛰어난 철 제련술을 보유했는데 그것이 조그마한 도시국가 아수르(Assur)가 당시 오리엔트 최강의 강대국으로 성장할 수 있었던 근간이 되었다. 전쟁 이외에는 거의 관심이 없었던 아시리아인들의 왕궁 그림이나 조각과 같은 미술품에는 군사적인 주제 이외에 묘사된 것이 거의 없었다. 아시리아는 철기시대 최초의 군사 강국이었고, 그들의 무기는 이전의 어느 시대보다 더 강하고 예리했다.

기원전 13세기경 아시리아는 최초로 기병부대를 활용했다. 말을 가축화한 이후 전쟁도구로 사용하려는 시도는 계속되어 왔지만, 초기의 말은 체구가 작고 지구력이 약해 갑옷과 병장기로 중무장한 기수를 태우고 장시간 이동할 수 없었을 뿐만 아니라 기수가 안정적으로 말을 탈 수 있는 안장이 존재하지 않았다. 하지만 아시리아인들은 기수를 안정적으로 고정시킬 수 있는 안장과 함께 중무장한 기수를 태울 수 있는 강력한 군마를 교배해 내는 데 성공했다. 아시리아의 기병은 활을 주 무기로 하는 궁기병과 창을 주 무기로 하는 창기병으로 이원화되었다. 궁기병은 빠른 기동력을 바탕으로 적진

아시리아의 궁기병(좌)과 창기병(우) | 궁기병은 2인 1조로 운용되었다.

의 배후나 측면을 공격하고 적의 전차부대를 견제하는 임무를 수행했다. 창기병은 창을 휘두르거나 던지며 적의 전열을 직접 공격하거나 돌파했다. 아시리아의 궁기병은 2인 1조가 기본이었는데 한쪽 기병이 활을 쏘면 반대쪽 기병은 고삐를 잡고 커다란 방패를 들어 자신과 전우를 보호했다. 기병의 등장과 함께 말을 보호하기 위한 마갑(馬甲)도 함께 등장했는데 주재료는 가죽이었다. 아시리아의 기병은 가장 적은 수를 차지했지만 언제나 최정예였고 가장 강력한 무장을 갖추고 있었으며 공성 전투를 제외한 모든 전투에 투입되어 승리를 이끌어 냈다.

기병이 등장했음에도 불구하고 상당 기간 동안 아시리아 군대의 핵심 전력은 전차부대였고 기병은 전차의 돌격을 보조하며 적을 견제하는 별동대로 운용되었다. 아시리아의 전차에는 마부와 궁수, 방패를 든 2명의 병사가 탔으며 4마리의 말이 전차를 끌었다. 기병이 활이나 창으로 적의 전열을 흔들어 놓으면 전차부대가 한 곳으로 돌격해 들어가 전열을 파괴했고 중무장한 보병들이 전투를 마무리 지었다. 아시리아의 적들은 이런 전술에 효과적으로 대처할 수 없었고 아시리아는 항상 적보다 적은 숫자의 병력으로도 승리를 거둘 수 있었다.

아시리아의 보병은 창병, 궁수, 돌팔매병(Sling)으로 이루어졌다. 창병은 무거운 쇠미늘(Chain mail) 갑옷과 투구를 착용했으며 방패를 들었다. 일반적으로 창병은 육탄전에서 공격을 주도하는 돌격대이면서 요새화된 도시의 공격에서 대단히 중요한 역할을 했다. 아시리아 보병의 주력은 궁수들로 이루어졌는데, 고도로 개량된 복합궁으로 무장하고 모든 유형의 공격전에 투입되었다. 궁수들은 초기에는 쇠미늘 갑옷을 입었다가, 후에 씌우개가 달린 커다란 방패를 사용했다. 이 방패는 보통의 남자 키보다 커서 특수 병사들이 운반했다. 활은 기원전 8세기경에 양끝을 뒤로 구부려 시위를 매기 쉽게 개선되었다. 또한 아시리아는 돌팔매병을 조직적으로 운용했는데 센나케리브[7]의 부조는 돌팔매병이 2명씩 조를 이루어 궁수 뒤에서 전투하는 장면을 보여 주고 있다. 그들의 고각 투석은 도시의 가파른 사면 위를 공격할 때 효과적이었다. 모든 보병은 자신들의 전문 무기 외에도 기다란 직선 검을 왼쪽 허리에 차고 다녔다.

아시리아의 왕들은 전제군주로서 국가의 모든 자원을 군사 목적으로 사용할 수 있는 절대 권력을 갖고 있었고, 사소한 일에까지 신경을 써서 행정 처리를 대단히 효율적으로 했다. 또한 아시리아에는 최대 10만 명에 달하는 상비군이 있었고, 모든 성인은 일정 기간 군복무를 해야 했다. 병력 편성은 다양한 규모로 이루어졌고 50명이나 10명 단위로 나누어졌으며, 병사와 장교는 국가로부터 좋은 대우를 받았다. 그들의 재원은 점령한 지역에서 강제로 징수한 것들이었는데 하나의 작전이 마무리되면 군대들 사이에 전리품 분배가 이루어졌다.

아시리아의 보병들 | 장창병, 궁병, 돌팔매병으로 구성되어 있는 모습을 볼 수 있다.

7) 사르곤 2세의 아들. 바빌로니아와 페니키아 도시들의 반란 진압에 힘썼다. 이집트 침공을 기도하기도 했으나 실패로 끝났다. 니네베를 아시리아의 새 수도로 삼아 궁전을 짓는 등의 업적을 남겼다. 한글 성서상의 표기는 '산헤립'이다.

오리엔트 지방에 강력한 대제국을 건설한 아시리아는 이민족을 강압적으로 폭정하여 지속적으로 반란이 일어났고 후계자를 둘러싼 내분으로 제국의 힘이 약해졌다. 계속 쇠약해진 아시리아는 결국 바빌로니아와 메디아 연합군에 의해 멸망당하고 만다.

아시리아 멸망 이후 오리엔트를 지배한 나라는 페르시아였다. 페르시아는 기원전 6세기 중엽에 다양한 민족을 포괄하는 제국을 건설했다. 그 규모가 인도 국경에서 에게해에 이를 정도로 넓었다. 불사신(Immortal)이라 불리는 최정예 부대가 페르시아 군대의 중추였는데 그들은 단창과 활로 무장하고 방패로 구축한 벽 뒤에서 싸웠다. 불사신은 만 명으로 이뤄진 정예 부대였으며, 그들이 불사신으로 불렸던 이유는 전투에서 한 병사가 죽으면 바로 다른 병사를 투입하여 항상 만 명을 유지했기 때문이다. 페르시아의 판도가 확대되면서 메디아의 경기병, 산악 지역의 경보병, 심지어 아랍의 낙타 부대까지 새롭게 편성되었다.

2. 그리스 · 로마의 무기와 전쟁

① 그리스: 중장보병과 방진

그리스는 산악 지역이 많아서 전쟁양상이 메소포타미아 지방과는 다르게 진행되었다. 메소포타미아 지방에서 전차와 기병이 전장을 지배한 것과는 달리 그리스에서 중장보병끼리의 전투가 이뤄졌다.

고대 그리스 도시국가들은 시민으로 군대를 편성했다. 그것은 아테네, 스파르타, 테베의 시민들이 누리던 지위에서 비롯하는 의무이자 특권이었다. 그리스의 시민군은 국가가 요구할 때 군역에 나설 의무를 가지고 있었다. 시민군의 무장은 스스로 해야 했기 때문에 그리스의 중장보병은 그 비용을 감당할 수 있는 부유층일 수밖에 없었다. 그들은 2m가 넘는 장창과 짧은 검으

호플론(위)과 호플리테스(아래)

로 무장했고 얼굴을 완전히 가리는 청동투구, 청동흉갑, 정강이받이 그리고 직경 1m의 커다란 청동방패인 호플론(Hoplon)으로 몸을 보호하는 중무장 장갑보병이었다. 이러한 그리스의 중장보병을 호플리테스(Hoplites)라고 불렀는데 이들은 방진(Phalanx)이라는 조밀한 대형을 구축하고 싸웠다.

그리스 군에서 지휘관의 역할은 군대의 전열을 정비해 최고의 병사들을 올바른 위치에 배치하고 사기를 북돋워 준 다음 다른 중장보병들처럼 자신도 직접 전투에 뛰어드는 것이었다. 별다른 지휘체계가 없었던 그리스 중장보병은 방진을 이용한 격돌이 유일한 전술이었으며 계획대로 진행하는 전투밖에 수행할 수 없는 경직된 군대였다. 그럼에도 불구하고 그들이 강력한 군대가 될 수 있었던 까닭은 자신의 도시를 위해 싸운다는 자유민으로서의 높은 사기와 동료 시민들의 눈앞에서 명성을 얻기 위한 노력의 결과였다고 보는 것이 적절할 것이다.

중장보병 군대의 기본 전술은 방패와 창을 앞세운 단단한 대열로 적과 격돌하는 것이었다. 스파르타의 시인 티르타이우스가 "가까이 다가가라, 근거리에 도달했으면 장창이나 칼로 타격을 가하라, 적을 죽여라. 발이 엇갈리고, 방패가 부딪치며, 투구의 깃장식이 격돌한다"라고 표현한 것처럼 중장보병들끼리의 전투는 평지에서 대열을 유지한 채 상대편이 있는 곳까지 다가간 다음 방패로 서로를 밀면서 창으로 찌르는 방식으로 진행되었다. 각자가 옆 전우를 의지하고 있었기 때문에 대열이 끊어져서는 안 됐다. 주로 8열이나 12열로 늘어섰는데 후미(後尾) 열의 기능은 전투 중에 앞쪽에 빈틈이 생기면 그 틈을 메우고 예비용 창을 운반하며 부상자를 처리하는 것이었다. 대열의 응집력을 유지하고 위험한 앞 대열에 생긴 빈틈을 메우기 위해서는 기율과 투지가 요구되었다. 전투의 승패는 밀집대형의 지속성과 병사 수에 의해 결정되었고, 대개 짧은 시간 안에 승부가 났다. 가능한 한 초기 공격에서 위력을 발휘하는 것이 중요했기 때문에 전투 즉시 군대의 총력이 투입되었다. 일단 대열이 무너지면 패배한 장갑 보병들은 돌아서서 달아났고, 예비대가 없었기 때문에 2차 공격은 불가능했다. 병사들은 중무장한 상태에서의 격렬한 전투 후 대부분 탈진했기 때문에 패주하는 적을 추적하는 일이 거의 없었다. 전투에서 패배한 측은 즉시 패배를 인정하고 전령을 보내서, 시체를 거두어 매장할 수 있도록 허락을 요청하는 것이 관례였다. 전투에서 패한 상대방이 패배를 받아들임으로써 정치적인 목적이 달성되는 경우가 대부분이었기 때문에 실상 추격전을 전개하여 대규모 살상을 벌일 필요도 없었다.

전장을 지배한 무기 이야기 ② 방진(Phalanx)

그리스의 전쟁을 대표하는 것은 호플론(Hoplon)이라는 커다란 청동방패와 긴 창으로 무장한 중장보병(Hoplites)과 그들이 사용한 방진(Phalanx)이다.

중장보병을 이용한 그리스 방진은 그리스 환경에 가장 적합한 전술이었다. 전 지역의 3/4이 산악 지역인 그리스는 말을 사육하는 방목지대도 많지 않았고 기병이 활동하기도 불편했다.

그리스 방진은 오른손에 긴 창을 들고 왼손에는 방패를 든 중장보병들이 8열이나 12열로 길게 늘어서서 상대편과 격돌하는 방식이었다. 왼손에 방패를 들었기 때문에 자신의 왼편은 완벽하게 보호할 수 있었지만 오른손에는 창을 들었기 때문에 동료의 왼손에 있는 방패에 보호받을 수밖에 없었다. 그렇기 때문에 그리스 방진의 오른쪽 끝의 병사는 자신의 오른쪽을 적의 공격에 무방비로 내놓게 되기 때문에 가

그리스 방진

화병에 묘사된 방진 | 병사들 사이에 플루트를 연주하고 있는 사람이 눈에 띈다.

장 명예로운 자리로 여겨졌고, 가장 용감한 병사가 항상 우측 끝을 맡았다.

그리스 방진에서 중장보병들은 옆 방패의 보호를 받으려고 했기 때문에 진격하는 군대의 대열은 자연스럽게 오른쪽이 먼저 전진하게 되었다. 비교적 앞서 나간 대열의 우익은 가장 먼저 적의 좌익과 전투를 벌이게 되었고, 대열의 우익이 얼마나 빨리 적의 좌익을 무너뜨리고 측면을 포위하는가에 전투의 승패가 갈렸다. 스파르타인들은 이러한 경향을 이용하여 플루트 가락에 발을 맞추어 대열을 정교하게 전진하면서 아군의 우익이 적의 좌익을 무너뜨리고 측면에서부터 적을 점차 둥글게 포위하는 전술을 사용했다. 그리스 방진은 측면과 후면이 약했기 때문에 이러한 전술은 한동안 큰 위력을 발휘했다.

테베의 에파미논다스(Epaminondas)는 기원전 371년 루크트라 전투에서 스파르

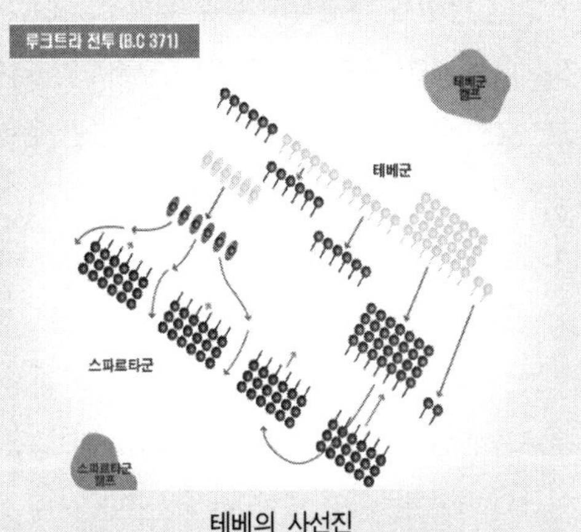

테베의 사선진

타의 전술을 역이용하여 크게 승리를 거두었다. 당시 에파미논다스가 사용한 전술은 일명 사선진(斜線陣)으로 불린다. 루크트라에서 스파르타와 맞붙은 에파미논다스는 스파르타가 우측에 힘을 집중시킬 것임을 알고 주력부대를 50열 종대로 좌익에 배치했고, 기병대로 하여금 좌측을 보호하게 했다. 다만, 이렇게 할 경우 테베군의 우익이 심각하게 약화되므로 진을 칠 때 수평으로 진을 친 것이 아니라 좌익이 앞으로 돌출하고 우익이 뒤로 쳐지는 사선 형태로 진을 치게 되었다. 그리고 충분한 예비 병력으로 중앙과 우측 전투에서 패배하지 않도록 했다. 그 결과 스파르타군의 주력인 우익이 심각하게 붕괴되었고 대패를 당한 스파르타는 그리스의 주도권을 테베에게 넘겨주게 되었다.

이처럼 시간이 갈수록 방진은 그 전술적 경직성과 약점으로 인해 점차 사라졌다. 페르시아 전쟁 때 전성기를 맞이했던 방진은 펠로폰네소스 전쟁 때 등장한 펠타스트(Peltast)[8]와 같은 경장보병의 유격전술과 시라쿠사[9]나 마케도니아처럼 보병과 기병을 조합한 전술로 대체되어 갔다.

페르시아 전쟁 동안 그리스의 중장보병의 밀집대형은 큰 위력을 발휘하여 마라톤[10]과 플라타이아[11]에서 페르시아군을 격파했다. 이처럼 그리스 중장

---

8) 가벼운 방패를 쓰는 군인이라는 뜻으로 가벼운 경무장에 투창을 던지며 유격전을 구사하던 군인이다. 주로 중무장을 할 수 없는 가난한 계층들이나 용병들로 구성되었다.

9) 이탈리아 남쪽 끝 시칠리아 섬 동쪽 연안에 있는 도시이다. 기원전 8세기경 코린트의 식민 도시로 건설되었다.

10) 아테네 북동쪽에 있는 평원으로 그리스 연합군이 다리우스의 페르시아군을 이곳에서 격파했다.

11) 아티카 평야와 접한 보이오티아 지방의 도시로 그리스 중부 동쪽에 있다. 플라타이아

보병의 방진은 태생적인 한계와 약점, 계속된 이민족의 침입과 내전 속에서도 상당 기간 그리스 군사력의 중추적인 역할을 했다. 그러나 그리스인들은 27년간 지속된 펠로폰네소스 전쟁 동안 중장보병의 방진만으로는 전쟁에서 승리할 수 없다는 사실을 깨닫게 된다.

펠로폰네소스 전쟁 당시 등장한 펠타스트(Peltast)라는 경무장 보병의 등장은 중장보병과 방진만을 고집하던 그리스 전술을 크게 변화시켰다. 펠타스트는 기원전 395년에 벌어진 코린토스 전쟁에서 활약한 트라키아 전사들을 부르는 단어를 어원으로 하며 자신들의 고유한 의상을 입고 펠타(Pelta)라는 이름의 초승달 모양 방패를 사용했다. 이후 경무장에 유격전 임무를 수행하는 특수한 형태의 경보병을 지칭하는 용어로 사용되었다. 펠타스트는 가죽조끼를 입고 검과 작은 방패를 소지했으며 1.1~1.6m 정도의 길이에 1.2~1.8kg 정도 나가는 투창을 주 무기로 사용했다.

펠타스트는 중장보병의 공격에는 취약했지만 빠른 기동력을 살려 유격전을 수행할 수 있었고 궁수와 같은 경무장 부대와의 백병전에서는 오히려 우위를 점할 수 있었다. 또한 펠타스트는 무장하고 운용하는 데 중장보병에 비해 훨씬 더 적은 비용으로도 충분한 효과를 거두었다. 그래서 경장보병은 주로 중무장할 수 없는 가난한 계층이나 용병들로 많이 채워졌는데 이후로 용병체계가 확산되면서 펠타스트는 더욱 발전하게 된다.

펠타스트

그리스인들이 펠타스트의 중요성을 깨닫게 되는 사건이 기원전 426년에 일어났다. 당시 데모스테네스[12] 휘하의 중장보병 120명이 가난한

전투는 살라미스해전 이후 그리스 본토에 남아 있던 페르시아 잔병들을 그리스 연합군이 괴멸시킨 전투이다.

12) ?~BC 413. 아테네의 장군. 펠로폰네소스 전쟁 때(BC 431~404) 공을 세웠다. BC

농민반란군으로 구성된 아이톨리아(Aetolia) 펠타스트들에게 제대로 싸워 보지도 못하고 전멸하게 되는데 이 전투에서 펠타스트들은 직접적인 전투를 피하고 투창을 던짐으로써 중장보병을 괴멸시킬 수 있었다. 이후 데모스테네스는 펠타스트를 육성하여 스팍테리아에서 같은 방법으로 스파르타군을 괴멸시킨다. 그리스인들은 당시까지 경무장하고 투창을 던지는 이들을 야만인으로 멸시했지만 결국 그 전술적 필요성을 깨달았던 것이다. 이후 그리스인들은 시대적 변화에 맞춰 투창병, 궁수, 투석병 등으로 구성된 경무장 군대의 효율적 조직을 정비하고 육성했다.

경보병 펠타스트의 등장과 후에 이루어진 기병 전술의 발달로 그리스에서 중장보병이 전장을 지배하던 시대는 막을 내렸다. 이는 중장보병 중심의 전술을 발전시킨 스파르타의 패권을 종식시키는 데 결정적인 역할을 하게 된다.

역사를 바꾼 전투 이야기 ① 테르모필레 전투 (Battle of Thermopylae)

테르모필레 전투는 우리에게 영화 〈300〉을 통해 비교적 잘 알려져 있는 전투이다. 기원전 480년 페르시아의 왕 크세르크세스(Xerxes)는 대규모 부대를 이끌고 그리스를 침공하였는데 당시 스파르타의 왕 레오니다스(Leonidas)가 이끄는 300명의 스파르타 전사들은 테르모필레에서 페르시아의 대군을 저지했다. 테르모필레는 그리스말로 '뜨거운 관문(Hot gate)'이라는 뜻을 가지고 있었는데 마케도니아 해안지방에 있는 곳으로 그리스로 가려면 꼭 통과해야 하는 지형이었다. 테르모필레에는 300명의 스파르타군 말고도 총 7천여 명의 그리스 연합군이 참가했다.

스파르타군은 테르모필레의 좁은 길목을 이용하여 페르시아 대군의 진격시간을 지연시킴으로써 그리스 연합군에게 시간을 벌어 주려고 했다. 페르시아 경장보병은 스파르타 중장보병의 방진에 상대가 되지 않았고 페르시아가 자랑하는 기병대는 테

426년에는 코린트의 식민지 레우카스를 포위 공격했지만 실패했고, 아이톨리아 침략에도 참패를 당했다.

르모필레의 좁은 입구에서 능력이 제한되었다. 그러나 스파르타군의 선전에도 불구하고 에피알테스라는 그리스 주민이 페르시아군에게 테르모필레의 뒷길을 알려 주면서 스파르타군은 포위당하고 만다. 포위당한 상태에서 레오니다스왕은 그리스 연합군의 후퇴를 명하지만 투표를 통해 스파르타군 300명, 테스피아이인 700명, 테베인 400명이 남기로 결정했다. 그 결과 남아 있던 스파르타군을 비롯한 그리스 연합군은 전멸했지만 페르시아군도 2만 명 이상이 전사하는 등 막대한 피해를 입었다. 테르모필레에는 그들의 희생을 기리는 기념비가 세워져 있는데 그 비문에는 진정한 군인인 스파르타인들의 정신이 담겨 있다. 비문의 내용은 다음과 같다.

"이곳을 지나는 자, 가서 스파르타 사람들에게 말하라. 우리는 스파르타의 군법에 복종해 여기 누워 있노라고!"

영화 〈300〉 中

아테네와 스파르타가 펠로폰네소스 전쟁 동안 싸우면서 서로 힘을 잃어버리자 그리스 북부 지역의 마케도니아가 그리스의 새로운 맹주로 떠오르기 시작했다. 마케도니아는 그리스 북부 지역의 국가로 매우 호전적인 성향을 갖고 있었다. 그리스의 변방으로 존재하던 마케도니아는 필리포스 2세와 알렉산드로스 3세(알렉산더 대왕) 시기에 그리스는 물론 오리엔트에 걸친 대제국을 건설했다.

알렉산더의 군대가 강력했던 이유는 중장보병만 고집했던 다른 그리스 국가와 달리 경보병과 중보병 그리고 기병을 조합하여 운용했던 데 있다. 마케도니아의 주력은 다른 그리스 국가와 마찬가지로 방진을 사용하는 중장보병이다. 그러나 그리스의 중장보병이 3m 길이의 창을 사용한 반면 마케도니아의 중장보병은 6m나 되는 장창 사리사(sarisa)를 사용했으며 방패의 크기도 줄였다. 물론 창의 길이가 너무 길어서 가뜩이나 느린 중장보병의 기동력을 더욱 저하시켰지만 마케도니아군은 강도 높은 훈련과 특유의 조직력·단결력으로 단점을 극복했다. 마케도니아 밀집대형은 가로, 세로 16열의 방진으로 선두에서 5번째 열의 병사까지 사리사를 허리 부근에서 앞으로 들고 나머지 대열의 병사들은 수직으로 들었다. 이렇게 자세를 취하면 5개의 창이 조밀하게 전방을 향하게 되고 하나의 창이 꺾이더라도 바로 빈자리를 채웠기 때문에 전진하는 적을 완전히 꼼짝 못하게 만들 수 있었다.

마케도니아군의 주력은 중장보병이었지만 적을 섬멸하는 부대는 강력한 정예 기병인 컴패니온(Companion)이었다. 컴패니온은 마케도니아 중장보병

이수스전투 벽화 이곳에서 알렉산더는 다리우스의 페르시아군을 크게 격파했다.

이 중앙에서 적의 주력부대를 완전히 봉쇄하고 균열시키는 사이에 적의 측면과 균열된 틈을 노려 포위·섬멸시키는 역할을 수행했다. 마케도니아는 이런 중장보병과 기병의 조합으로 카이로네아 전투에서 그리스 연합군을, 이수스와 가우가멜라 전투에서는 페르시아군을 격파했다. 우리에게 잘 알려진 정복왕 알렉산더의 대제국은 이처럼 우수한 전술이 있었기에 탄생할 수 있었다.

② 로마: 보병의 시대

로마는 유럽 대륙의 대부분을 점령하고 무려 천 년 이상이나 제국을 유지했다. '모든 길은 로마로 통한다'라는 말이 있듯이 당시 로마는 유럽의 중심이었다. 이탈리아 반도의 작은 도시국가 로마가 거대한 제국으로 발전할 것이라고는 아무도 예상하지 못했을 것이다. 그렇다면 작은 도시국가였던 로마가 어떻게 전 유럽을 정복할 수 있었을까? 가장 큰 원동력은 강력한 군대였다.

로마군단의 중추는 보병이다. 로마의 보병은 레기온(Legion: 군단)이라고 불리는데 이들은 병역의 의무를 지고 있는 시민들로 구성되어 있었다. 레기온은 중장보병과 벨리테스(Velites)라는 경장보병 그리고 기병으로 이뤄졌다. 중장보병들은 글라디우스(Gladius)라는 검과 스큐툼(Scutum)이라 불리는 나무방패로 무장하고 있었다. 경장보병인 벨리테스들은 중장비를 갖추지 못한 빈민층 시민으로 구성되었다. 이들은 아무런 방어 장비를 갖추지 못하고 다만 돌팔매 끈과 돌멩이로 무장했을 뿐이었다. 그리고 기병은 귀족들로 이뤄졌는데 주로 정찰과 추격 임무를 맡았다.

레기온은 해마다 선출되는 두 집정관의 지휘를 받았고, 3개 대열로 조직되었다. 선두는 하스타티(Hastati), 중간은 프린시페스(Principes), 후미는 트리아리(Triarii)라고 불렸다. 각 대열은 120명씩 마니풀루스(Manipulus)라고 불린 중대 10개로 나뉘어졌다. 마리우스의 개혁 이후에 마니풀루스는 600명으로 구성된 코호르트(Cohort)로 확대 개편되었다. 각 코호르트는 6개의 백인대(Century)로 구성되었고 백인대를 지휘하는 사람은 백인대장(Centurion)이었다. 마니풀루스와 코호르트는 중장보병 사이에 경장보병이 드문드문 배치되어 있었고 기병은 좌우 양익에 10개조로 300명이 배치되어 있었다. 1개 레기온은 보통 6천 명으로 구성되었다.

로마 레기온의 장점은 탄력적인 수비와 유연한 공격이 모두 가능하다는 것이었다. 레기온의 공격은 벨리테스로부터 시작했다. 벨리테스가 투척무기로 적을 공격하면 선두 하스타티가 걸어와 적에게 투창을 던진 다음 적과 격돌했다. 로마 레기온은 병력 교체 작전(Relay manoeuvres)훈련을 철저히 받았기 때문에 선두 하스타티가 불리해지면 후미 대열과 교체하여 싸움으로써 적을 지속적으로 압박할 수 있었다. 로마 병사들은 글라디우스와 스큐툼으로 무장했기 때문에 근접전에서 그리스 방진보다 더 큰 위력을 발휘할 수 있었다. 선두 하스타티에는 가장 젊고 잘 훈련받은 병사들이 배치되었고 후미 트리아리에는 보다 나이 든 병사들이 배치되었다.

이처럼 로마는 강력한 정예 보병을 앞세워 이탈리아 반도를 통일했고 나

로마군단의 보병(좌)과 기병(우) | 기병은 날개(Ala)라는 뜻으로 불리기도 했다.

아가 지중해 세계를 재패했다. 로마는 알렉산더나 페르시아, 아시리아와는 달리 기병에 의존하지 않고 '걸어서' 전 유럽을 정복했다. 로마는 보병 전력에 비해 기병과 해군 전력이 약했다. 로마에서 '기병'이라는 용어는 초기에는 특권계층을, 중기에는 동맹국을, 후기에는 이민족을 뜻하는 은어로 사용되었다. 이것은 로마가 어떻게 기병 전력을 구성했는지 보여 주는 단적인 예이다. 로마군단에서 초기의 기병은 귀족들과 특권계층으로 구성되었는데 이들은 주로 정찰이나 추격 임무를 수행했다. 전면전 시에는 말에서 내려 싸웠으며 스파타(Spatha)라는 기병도를 들고 싸웠다는 점이 보병과 다를 뿐이었다. 이처럼 로마 초기에는 소극적으로 기병을 운영하다가 결국 칸나에

전투에서 카르타고의 명장 한니발[13] 휘하의 누미디아 기병대에게 포위당해 대패하고 만다.

전장을 지배한 무기 이야기 ③ 글라디우스(Gladius)와 스큐툼(Scutum) 그리고 필룸(Pilum)

글라디우스와 스큐툼 그리고 필룸은 로마 중장보병의 기본 무장이었다. 라틴어로 검을 뜻하는 글라디우스는 양날의 폭이 넓고 길이가 60cm 내외, 무게는 1kg 미만이었다. 긴 검은 로마군의 장기인 밀집전투에서 휘두르기가 힘들고 방패로 자신의 몸을 충분히 방어하기 어려웠기 때문에 로마군은 짧은 검인 글라디우스를 주 무기로 사용했다. 글라디우스는 길이는 짧지만 검의 밸런스를 맞추기 위해 손잡이 뒤에 폼멜(Pommel)이라는 무게추를 부착했다. 이로 인해 사용하기에 불편함이 없었을 뿐더러 오히려 근접전에서 더 큰 위력을 발휘했다.

스큐툼은 로마군이 사용하던 나무로 된 방패로서 약 1.25~1.9cm 정도의 얇은 두께에도 불구하고 현대 합판과 같은 높은 강도를 지니고 있었다. 양모에 열·습

13) 카르타고의 정치가·장군. 제2차 포에니 전쟁(한니발 전쟁)을 일으켜 육로로 피레네산맥과 알프스를 넘어서 이탈리아로 침입하여 각지에서 로마군을 격파했다. 그러나 대(大)스키피오가 카르타고를 공격하자 고국에 소환되어 자마 전투에서 대패했다.

기 · 압력을 가해 펠트 가공한 원단으로 방패의 표면을 둘러쌌고, 위아래 가장자리를 금속으로 고정시켰으며 전체적으로 화려한 문양으로 멋을 냈다. 초기에는 나무 방패였지만 포에니 전쟁 발발 전에 청동이나 쇠로 테두리를 보강했다. 스큐툼은 크게 타원형과 장방형으로 분류할 수 있는데 우리가 흔히 보는 장방형은 3세기경 거의 자취를 감췄고 타원 형태의 스큐툼은 로마 시대를 통틀어 계속 존재했다. 스큐툼은 방어 범위가 넓고 사용하기 편리했으며 가볍고 튼튼한 방패였지만 강력한 이민족들과 전투를 벌이면서 방어력 면에서 큰 문제가 나타났다. 특히 이민족의 장검이나 전투도끼에 쉽게 절단되거나 관통되었다. 로마군은 이러한 문제를 방패 사용법과 전술 변화를 통해 극복했는데, '방패의 벽'이나 방패로 사방을 덮어 방어력을 높이는 '거북등 대형' 등을 대표적인 사례로 손꼽을 수 있다. 로마군단의 모든 전술은 스큐툼을 바탕으로 수립된 것이었고 병사들은 이 방패로 완전한 방어 태세를 유지하면서 적과 맞붙어 싸웠다. 특히 로마 병사들은 방패가 맞닿을 정도로 간격을 좁힌 다음 항상 2인 1조로 적과 싸워 전투의 주도권을 장악했다.

필룸은 로마군이 사용한 1회용 투창이다. 필룸의 창날의 길이가 창 전체 길이의 1/3에서 1/4에 이를 정도로 길었기 때문에 한 번 던지면 명중 여부에 관계없이 창날이 구부러졌다. 한 번 쓰면 재활용이 불가능했기 때문에 적이 노획해도 다시 사용할 수 없었다. 필룸은 투척거리가 짧지만 관통력이 높아 적의 방패를 무력화시킬 수 있었다. 필룸의 원형은 에트루리안인들이 처음 발명했는데 로마군은 이들과의 전쟁을 통해 투창의 중요성을 깨닫고 필룸을 제작하기 시작했다. 로마군은 필룸 외에도 필라(Pila)라고 불리는 가느다란 투창을 지니고 다

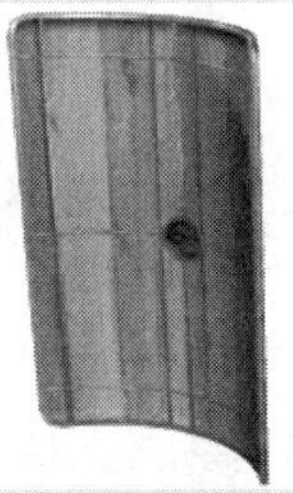
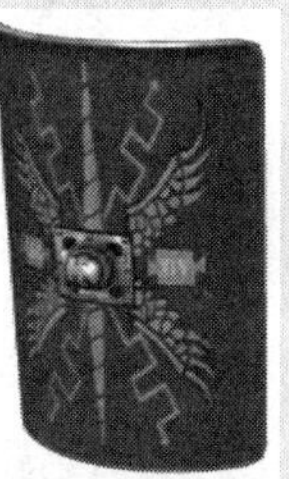

위쪽부터 시계 방향으로 스큐툼, 필룸, 글라디우스

로마군의 테스투도(Testudo) 진형 | 테스투도는 라틴어로 거북이를 뜻한다. 이 진형은 방패로 거북이처럼 만들어 화살을 방어하는 용도로 사용했다.

냈는데 필룸이 근거리 투창이었다면 필라는 원거리 투창이었다. 로마군은 전쟁이 시작되면 원거리에서 필라를 던지고 근거리에서 필룸을 던져 적의 방패를 무력화한 다음 글라디우스와 스큐툼을 높이 들고 적을 향해 돌격하여 백병전을 펼쳤다.

글라디우스, 스큐툼, 필룸은 로마 보병의 주요 장비로써 전 유럽을 정복하는 데 가장 중추적인 역할을 한 무기였다. 로마 보병이 세계 최강이 될 수 있었던 것은 이러한 무기들을 계속 개발하고 보완했으며 그것에 맞는 전략 전술을 개발했기 때문이다. 또한 로마는 특유의 열린 사고방식으로 관습이나 고정관념에 얽매이지 않았으며 적의 장점을 모방하고 흡수해 자신의 것으로 만들었다.

로마에서 최초로 기병의 중요성을 느낀 사람은 아프리카누스(Africanus)로 잘 알려진 스키피오[14] 장군이었다. 스키피오 장군은 칸나에 전투에 직접 참여하여 누미디아 기병대의 위력을 몸소 체험했다. 스키피오는 제2차 포에니

14) 고대 로마의 장군・정치가. 새 전술의 채용, 무기 개량 등 종래의 로마전법을 일신했다.

전쟁 말에 누미디아의 왕 마시니사(Masinissa)를 포섭함으로써 누미디아 기병을 자신의 부대에 편제할 수 있게 되었다. 스키피오는 이 누미디아 기병을 앞세워 자마(Zama) 전투[15]에서 한니발을 물리쳤다. 기병의 중요성을 누구보다 잘 알았던 스키피오조차도 기병을 로마 시민으로 뽑아서 정규군으로 편성시키기보다 동맹국 용병 부대로 편성했을 정도로, 로마는 기병을 매우 소극적으로 운용했던 것이다.

중기 로마군단의 기병대는 주로 동맹국 병사들로 구성되었다. 기원전 104년부터 시작된 마리우스(Marius)[16]의 군사개혁으로 인해 군단에서 기병대가 폐지되고 모든 기병과 경보병은 동맹국 병사들로 채워졌다. 이로 인해 로마의 중심인 중장보병은 더욱 강력해졌지만 장기적으로는 로마의 군사적 전통을 와해시키고 군기와 효율성을 파괴시키고 말았다. 게다가 로마 청년들의 병역기피로 인한 인력난은 더 많은 이방인들의 로마군 입대로 이어졌고 결과적으로 로마군단의 질적 저하를 가져왔다. 후기로 갈수록 점점 인력난이 심해진 로마 기병은 누미디아, 에스파냐, 갈리아, 그리스 등지의 이민족 병사들로 구성되었다.

그리스나 로마가 보병을 주력으로 삼고 상대적으로 기병을 소홀히 했던 것은 그만큼 당시의 기병이 보병에 비해 위력적이지 못했기 때문이라고도 볼 수 있다. 그러나 로마의 말기에 이르러 사정이 달라졌다. 이전과는 비교할 수 없을 정도로 강력해진 중장기병이 출현하여 로마를 위협하기 시작한 것이다. 강력한 중장기병을 앞세운 고트족이 아드리아노플[17]에서 로마군단

15) 자마 전투는 기원전 202년 10월 19일 카르타고 남서 지방에 있는 자마에서 벌어진 전투이다. 제2차 포에니 전쟁을 종결짓는 결정적인 전투로 로마 공화정 지휘관은 스키피오 아프리카누스였고, 카르타고 측 지휘관은 한니발이었다. 전투는 로마의 결정적인 승리로 끝났고 이어 종전협상에서 카르타고는 항복했다.

16) 고대 로마 공화정 말기의 장군・정치가. 7차례나 집정관을 지냈다. 유구르타 전쟁에서 승리를 거두었으며 직업군인제도를 위한 군제의 개혁을 단행했다.

17) 378년 아드리아노플에서 로마황제 발렌스가 이끄는 로마군대가 서고트족의 중장기병에게 패해 발렌스 황제와 부황제 데키우스를 비롯한 로마 상급 지휘관이 모두 전사했다.

을 격파한 사건은 보병으로 사방을 정복한 로마 제국의 황혼기를 알리는 동시에 기병의 시대가 시작됨을 의미하는 서곡이었다. 로마는 보병 중심의 군단체제를 해체하고 기병을 육성하려고 했지만 너무 늦어, 결국 중장기병을 앞세운 이민족들에게 멸망당하고 만다.

역사를 바꾼 전투 이야기 ② 칸나에 전투(Battle of Cannae)

칸나에 전투는 제2차 포에니 전쟁(B.C 218~202) 당시 한니발이 이끌던 5만 명의 카르타고군과 8만 명의 로마군이 이탈리아 칸나에에서 맞붙은 전투이다. 이 전투는 포위 섬멸전의 교과서적인 예이면서도 세계 최강이었던 로마 보병이 기병에게 섬멸당하는 전투이기도 하여 세계 전사(戰史)에 매우 중요한 위치를 차지한다.

B.C. 216년 칸나에 전투에서 한니발은 초승달 전술이라고 불리는 전술로 로마군을 괴멸시켰다. 당시 로마군은 바로와 파울루스가 이끌고 있었으며 중앙에 중장보병, 그 앞에 경장보병, 좌익에는 동맹국 기병, 우익에는 로마 기병을 배치했다. 이것은 로마의 기본적인 전투 대형으로 그동안 수많은 적들을 물리쳐서 검증받은 전술이었다. 한니발의 카르타고군은 중앙에 중장보병, 그 앞에 경장보병, 좌익에 에스파냐-갈리아 기병, 우익에 누미디아 기병을 배치했다. 한니발은 로마군대와 똑같은 형태로 병력을 배치했지만 중장보병을 활처럼 휘는 모양으로 배치해 튀어나와 있는 중앙부에 병력을 집중시켜 종심을 깊게 했다. 이런 진형을 짠 한니발의 의도는 중앙에서 적의 주력을 붙잡고 있는 사이에 양익을 적의 양익과 격돌시켜 그들을 격멸하고 돌파하여 적 전체를 포위하기 위한 전략이었다. 병력 구성 면에서도 보병은 로마가 8만 명이고 카르타고가 4만 명으로 한니발이 불리했지만, 기병 전력에서는 로마가 6천 명이고 카르타고가 만 명으로 한니발이 앞섰다.

전투가 시작되자 로마 보병이 카르타고의 중앙을 공격해 들어왔다. 카르타고의 중앙을 맡은 에스파냐-갈리아 보병들이 간신히 버티는 사이 카르타고의 기병들은 로마의 기병들과 접전에 들어갔다. 로마군 우익에서는 에스파냐-갈리아 기병이 로마 기병을 패주시켰고 로마군 좌익에서는 누미디아 기병과 로마 동맹국 기병들이 팽팽하게 붙고 있었다. 로마 보병에 의해 카르타고의 중앙이 거의 돌파당하자 한니발은 에스파냐-갈리아 보병 양익에 있던 정예 카르타고 보병을 투입하여 로마군을 포위·저지하려 했다. 또한 좌익에서 로마 기병을 패퇴시킨 에스파냐-갈리아 기병은 우익의 누미디아 기병을 도와 로마 동맹국 기병을 패퇴시켰다. 카르타고 기병은

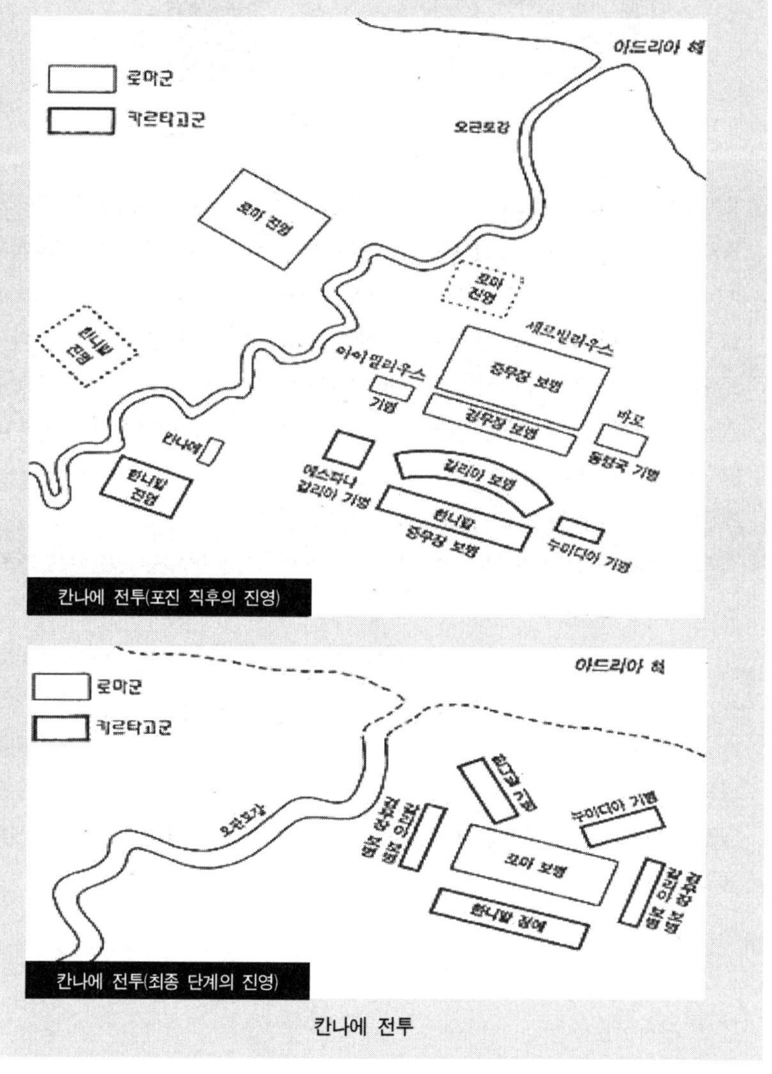

칸나에 전투(포진 직후의 진영)

칸나에 전투(최종 단계의 진영)

칸나에 전투

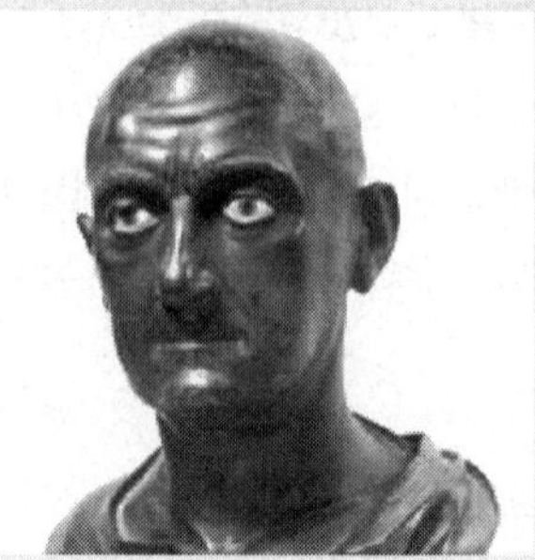

한니발(좌)과 스키피오(우)

로마 기병을 뒤쫓지 않고 바로 로마군 후방을 공격했다. 당시 로마군은 카르타고의 중앙 돌파를 위해 V자 진형을 취하고 있었는데 카르타고군에게 완벽히 포위당하자 패닉상태에 빠져 점점 밀집대형으로 모이기 시작했다. 카르타고군이 압박해 올수록 밀집대형은 점점 좁아졌고 밀집대형 가운데에 있던 병사들은 압사당했다. 밖에서 포위해 들어오는 카르타고군은 다민족 군대이기 때문에 서로 다른 언어로 소리쳤고 밀집대형 안에 있던 로마군은 밖에서 들려오는 카르타고군의 고함소리와 아군의 비명소리, 병장기 부딪히는 소리를 들으며 공포에 떨어야 했다. 심지어 어떤 병사는 공포를 못 이겨 흙을 먹고 자살하기까지 했다.

전투 결과 로마군 6만 명이 전사했고 야영지를 지키던 병사 만 명은 포로가 되었다. 지휘관 파울루스를 비롯해 로마 원로원 80명도 이날 전사했다.

로마는 우수한 중장보병과 많은 병력을 앞세워 적의 주력을 분쇄하려는 자신들의 전형적인 전술을 펼쳤고, 한니발은 숫자가 불리한 상황 속에서 중앙의 중장보병과 경장보병으로 적의 진격을 저지하는 지연전을 펼쳤다. 그리고 유일하게 로마를 압도하는 기병 전력을 이용하여 적의 배후를 포위함으로써 로마군을 섬멸시킬 수 있었다. 특히 칸나에 전투를 통해서 로마는 그동안 소홀히 했던 기병 전력에 관심을 기울이게 되었고 스키피오와 마리우스를 거쳐 기병 전력들을 강화했다.

3. 중세의 무기와 전쟁

① 비잔틴 제국: 보병시대의 종말

등자를 사용하는 고트족 기병

서기 378년 아드리아노플에서 발렌스(Valens) 황제가 이끌던 로마군단은 서고트족의 중장기병에게 괴멸된다. 당시 로마군에도 용병과 이민족으로 구성된 용맹한 기병대가 있었다. 그러나 로마군이 고트족의 중장기병을 당해내지 못했던 원인은, 아시아로부터 전래된 등자라는 어찌 보면 사소한 물건에 있었다. 등자는 기수의 발걸이이다. 등자를 사용한 기병은 말 위에서 더 안정된 자세로 활을 쏘고 칼이나 창을 휘두를 수 있다. 또한 무거운 갑옷과 창으로 무장한 상태에서도 안장 위에서 몸을 지탱하거나 적과 격돌할 때의 충격을 이겨낼 수 있다. 이러한 등자의 장점은 아드리아노플 전투에서도 잘 나타난다. 당시 로마 기병대는 말에서 떨어지지 않기 위해 창으로 적을 찌르는 순간 창을 놓아야 했지만 고트족은 등자에 발을 걸치고 있었기 때문에 창이 부러지지 않는 이상 계속 싸울 수 있었다. 또한 등자가 없었던 로마 기병은 말에서 떨어지지 않기 위해서 한 손으로 고삐를 쥐고 한손으로만 싸워야 했지만 고트족 기병은 등자만으로 몸을 고정하고 양손을 이용해 싸울 수 있었다. 등자의 등장으로 로마군단은 고트족에게 패배했고 중장기병을 앞세운 이민족들에게 서로마 제국이 멸망당하고 만다.

서로마가 이민족의 중장기병에 멸망한 후 비잔틴 제국[18]은 중장기병의

18) 동로마 제국이라고도 불린다. 동서교회 분열로 인해 로마는 동, 서로 갈라지게 되었는데 이때 콘스탄티노플(비잔티움)을 수도로 하는 로마 제국 동부 지역을 가리킨다. 보통 로마(라틴) 문화를 계승한 의식이 강했던 초기를 동로마 제국으로, 후에 그리스 문화의

중요성을 알고 그들을 집중적으로 육성하기 시작한다. 비잔틴 제국의 플라비우스 벨리사리우스(Flavius Belisarius)[19] 장군은 보병을 중심으로 한 로마 군단의 편제를 과감히 개편하여 카타프락토스(Cataphract)로 불리는 중장기병을 비잔틴 제국의 주력군으로 삼았다. 카타프락토스는 넓은 안장과 등자를 이용하여 두 손을 사용하지 않고서도 말을 몰 수 있었다. 이들은 온몸을 갑옷으로 무장했으며 기마 역시 강력한 마갑을 갖추었다. 이들은 활, 창, 장검, 베르툼[20]으로 무장했으며 마상에서 이 4가지 무기를 모두 능숙하게 사용했다. 궁술은 훈족의 것을, 마상 창술은 고트족 것을 모방했다. 모든 카타프락토스의 장교는 하급 병사를 거느렸으며, 지휘관이 아니라도 중장기병 4~5명마다 하급 병사가 배치돼 그들이 오직 전투에 집중할 수 있도록 다른 모든 일을 도맡아 처리해 주었다. 이처럼 강력한 중장기병인 카타프락토스를 주력으로 삼은 비잔틴 제국의 전투 대형은 전부 기병으로만 이루어졌다. 기병대는 선봉 전투대와 2선 지원대로 나누어졌고, 2선 뒤에는 적은 수의 예비대가 있었다.

로마와 달리 비잔틴 제국에서 보병은 더 이상 주력군이 아니었다. 비잔틴 제국은 이민족과의 전쟁에서 항상 수비 위주로 싸웠기 때문에 보병은 주로 요새나 협곡을 방어하는 임무를 맡았다. 경장보병의 대다수는 궁수였고, 일부 투창병들도 있었다. 스쿠타투스(Scutatus: 방패라는 뜻)라고 불린 중장보병

계승성이 짙어진 시기를 비잔틴 제국이라 부른다.

19) 유스티니아누스 1세(재위 527~565) 때 활약했다. 529~531년에 페르시아 전투의 군사령관을 거쳐, 아프리카에서 반달족 전투(533~534), 고트족 전투(535~540)의 총사령관이 되어 반달왕국을 멸망시켰으며, 541~543년에는 페르시아 전투를 지휘했다. 544년 제2차 고트 전쟁의 총사령관으로서 이탈리아로 건너갔으나, 549년에 그 지위를 사퇴하고 콘스탄티노플에 귀환했다. 551년에 일단 은퇴했으나, 559년에 훈족(族)의 격퇴를 위해 다시 기용되었다. 562년에는 음모의 혐의를 받았으나, 나중에 혐의가 풀려 모든 명예를 회복했다

20) 현대 다트의 원형이다. 로마 벨리테스들이 사용하던 짧은 투창으로써 길이는 30~40cm, 무게는 0.1~0.2kg이다. 비잔틴 병사들은 방패 뒤에 베르툼을 최대 5자루 정도 숨겨두고 있다가 접근전이 벌어지면 일제히 투척한 다음 백병전을 펼쳤다.

은 창과 칼, 도끼를 주 무기로 사용했다. 비잔틴 제국의 보병은 주로 국경지대 사람들을 징집해서 충원했다.

비잔틴 제국의 군대는 1개 군단에 6천 명 내지 8천 명을 편제시켰으며 이들을 메로스(Meros)라고 불렀다. 또한 비잔틴 제국은 부대 단위 규모를 규격화하지 않고 융통성 있게 운영했으며, 장교는 2천 명을 거느리는 모이라르크(Moirarch)부터 16명을 거느리는 데쿠리온(Decurion)까지 체계화시켰다. 군사 지휘권을 이민족에게 넘겨서 멸망당한 서로마 제국과는 달리 비잔틴 제국은 백부장 계급 이상의 모든 장교는 중앙에서 임명했다. 전투는 주로 중장기병에 의해 이뤄졌지만 보병으로만 이루어진 슬라브족이나 프랑크족을 상대할 경우 보병과 기병이 합동 작전을 펼치는 경우가 많았다. 이런 경우 보병이 중앙에 위치했고 기병은 양익에 배치되어 적을 측면에서 공격했다. 공격시 보병은 2개의 대형으로 싸운 반면, 수비 시에는 하나의 대형으로 밀집해 싸웠다. 비잔틴 제국은 항상 예비부대를 남겨 놓았으며 중요한 순간에 그들을 이용하여 적을 물리쳤다.

당시 유럽에서 비잔틴 제국의 군대는 최강이었다. 유스티니아누스 황제 시절에는 명장 벨리사리우스를 서쪽으로 원정 보내 북아프리카와 이탈리아 반도에서 고트족과 롬바르드족을 몰아냈다. 슬라브족이나 프랑크족도 비잔틴 군대를 당해 내지 못했다. 하지만 비잔틴 제국은 동쪽에서부터 성장해 오는 이슬람 세력과 경쟁하면서 점차 쇠약해지기 시작했다. 이슬람 세력은 잘 조직된 비잔틴 군대에게 여러 번 패했지만, 비잔틴 체계를 모방해 군대를 조직화했다. 그 후 이슬람세력은 숫자에서 비잔틴 제국을 압도했고 비잔틴 제국의 판도는 점점 축소되어 갔다. 비잔틴 제국은 서기 1071년 만지케르트 전투에서 투르크족에게 패배한 후 아시아에서 물러났고, 동유럽의 소국으로 전락하여 멸망할 때까지 다시는 옛 세력권을 회복하지 못했다.

② 중세시대: 중장기병의 시대

서로마 제국의 멸망으로 유럽은 혼란에 빠졌다. 로마 제국에 의해 통제되던 사회질서는 무너졌으며 이민족들이 유럽 각지에 자리를 잡고 옛 로마의 땅을 통치하기 시작했다. 중세가 시작되면서 다양한 무기들이 문명의 퇴보와 함께 사라졌고 그 빈자리를 단검, 도끼, 몽둥이와 같은 무기들이 대신했다. 또한 다양한 군사조직과 전술을 가지고 있던 로마시대와 달리 중세시대는 쌍무적 계약관계에 의한 봉건적 군사제도가 존재했을 뿐이다. 전술도 단순한 중장기병(기사)의 돌격이 중심이 되었고 종교적인 열의로만 가득 차게 되었다.

중세시대는 보병 중심의 로마시대와 달리 기사들로 이뤄진 중장기병이 전장을 지배했다. 그러나 중세 초기에는 아직 봉건제도가 확립되지 못해 기사보다는 보병이 폭넓게 사용되었다. 갈리아 지방에 자리 잡은 프랑크족들도 중세 초기에는 기병보다 경보병 위주로 군대를 편성했다. 프랑크 보병의 대표적인 무기는 프란시스카(Francisca)라고 불리는 투척용 도끼였다. 프란시스카는 투척시 도끼가 회전을 하면서 날아가며 15m 이내의 표적을 정확히 명중시킬 수 있었다. 또한 백병전 시에도 활용할 수 있었으며 로마의 방패와 갑옷을 부수는 데 능했다. 하지만 전체적으로 프랑크 군대의 방어구는 조악했고 대형은 마구잡이였으며, 메로빙거 왕조 통치 기간 동안 프랑크왕국은 힘이 약했고 야만적이었다.

프랑크왕국은 북아프리카에서 에스파냐 지방을 거쳐 갈리아로 쳐들어오는 이슬람 세력과 대결하면서 성장했다. 특히 투르-푸아티에 전투[21]에서 이슬

---

21) 732년 프랑크의 궁재(宮宰) 카를 마르텔이 이슬람교도군을 격파한 전투이다. 당시 이슬람군은 에스파냐에서 피레네 산맥을 넘어 프랑크왕국을 침입했다. 카를 마르텔은 투르와 푸아티에 사이에서 이슬람군을 격파했고 에스파냐 총독인 압둘 라하만을 전사시켰다. 이 전투로 프랑크왕국은 기독교 문명의 수호자가 되었다. 그러나 학계에서는 프랑크왕국이 비잔틴 제국처럼 이슬람 세력을 저지했다고는 말하기 힘들다는 의견이 많

람세력을 격퇴함으로써 프랑크왕국은 유럽 기독교 문명의 수호자가 되었다. 흔히 샤를마뉴(Charlemagne) 대제로 잘 알려진 샤를은 프랑크왕국을 현재의 프랑스, 이탈리아, 독일 영토까지 확장시켰다. 샤를마뉴 대제가 왕이 되면서 프랑크왕국의 주력 병은 보병에서 중장기병으로 바뀌었다.

사실 샤를마뉴 이전에도 기병의 가치는 충분히 인식되었지만 프랑크왕국은 그때까지 기병유지 비용을 감당할 수 없었다. 갑옷에 드는 비용 외에, 기사가 말을 갖출 비용도 엄청났기 때문이다. 말은 중무장을 갖춘 기사를 싣고 달릴 만큼 튼튼해야 했으므로 특별한 양육과 훈련을 받았다. 1명의 기사는 최소한 2명의 시종을 거느렸으며 기사는 훈련과 군복무에만 집중하도록 했다. 부유한 비잔틴 제국과 달리 프랑크왕국은 강력한 중장기병을 육성할 만큼 부유하지 못했다. 샤를마뉴는 직접 기병을 육성하는 대신 봉건제도를 통해 중장기병을 육성하는 일을 귀족에게 일임하고 이를 최대한 활용했다. 봉건제도의 핵심은 왕이 영주들에게 토지를 하사하고 그 대신 영주들은 왕을 위해 군사력을 제공하는 의무를 지도록 하는 것이었다. 샤를마뉴는 그의 왕국을 최대한 봉건화함으로써 따로 비용을 들이지 않고도 귀족 출신의 기사로 구성된 중장기병을 거느릴 수 있게 되었다. 중장기병은 비잔틴의 카타프락토스와 함께 중세 기병시대의 서막을 상징한다고 볼 수 있다.

숫자는 많지 않았지만 샤를마뉴의 중장기병은 프랑크군의 핵심 전력이었다. 기사는 쇠미늘 갑옷, 투구, 방패, 가벼운 창과 도끼로 무장했다. 당시 유럽에서는 샤를마뉴의 중장기병을 대적할 수 있는 군대는 없었다. 샤를마뉴는 아바르족 기마궁수나 롬바르드족 창병들을 효과적으로 제압함으로써 유럽사회를 통합했다. 그러나 샤를마뉴 사후 프랑크왕국은 분열되었고 프랑크의 중장기병들도 점점 사양길로 접어들었다. 비잔틴 제국의 레오황제의 기록에는 프랑크왕국의 중장기병은 무모하고 무질서하며 기율이 잡혀 있지 않

다. 왜냐하면 이슬람은 단순한 약탈 행위 이상으로 유럽에 대한 영구적 정복의 의도가 있었는지는 의문으로 남아 있기 때문이다.

중세기사

다고 서술되어 있을 정도로, 조직력이나 전술적 측면에서 비잔틴 군대와 상대가 되지 못했다. 하지만 이러한 한계에도 불구하고 프랑크왕국의 중장기병은 이후에 본격화된 중세 기사제도의 원형을 제시했다는 점에서 큰 의미가 있다.

중세사회가 점차 발전하면서 중장기병은 전쟁에서 핵심적인 존재가 되었다. 중세 유럽의 군주들은 중장기병들의 중요성을 인식하고 앞다투어 중장기병을 육성하려고 했으나 유지하는 데 비용이 너무 많이 들었기 때문에 많은 어려움이 따랐다. 중세군주들은 샤를마뉴처럼 자신의 영토를 봉건화함으로써 이 문제를 해결했다. 이에 프랑크의 중장기병을 한층 발전시킨 기사라는 새로운 지배계급이 등장했고 이들은 군사적인 분야뿐만 아니라 사회, 문화, 경제에서도 중세의 중심이 되었다. 그러나 기사제도에는 결정적인 약점이 있었다. 비용이 많이 들었기 때문에 기사의 숫자가 적었으며 전사했을 시 대체 병력을 구하기도 힘들었던 것이다. 또한 의무적 군역 기간이 짧아서 전투를 장기간 수행할 수 없었다. 이 때문에 결국 기마급습 작전이 전쟁의 표준 형태로 자리 잡게 되었다.

중세시대가 기병의 시대이지만 군대의 대부분은 보병들로 구성되어 있었다. 보병들도 기사들 못지않게 전투에서 매우 중요한 역할을 수행했다. 중세 보병의 핵심은 석궁으로 무장한 궁수였다. 석궁은 기존 활에 비해 연사속도가 느리다는 단점이 있었지만 강력한 파괴력과 익숙해지기 쉽다는 장점 때문에 광범위하게 애용되었다. 중세의 군대는 창병, 기사, 석궁병이 적절히 조합되었을 때 강력한 힘을 낼 수 있었다.

전장을 지배한 무기 이야기 ④ 석궁(Cross bow)과 장궁(Long bow)

석궁과 장궁은 중세 전장에 큰 혁신을 일으켰다. 먼저 석궁은 11세기 초 정복왕 윌리암에 의해 최초로 사용된 것으로 보고 있다. 석궁은 나무와 철재로 만들고, 화살을 장전하고 명중률을 보정하는 홈과 활, 그리고 시위를 풀어 주는 방아쇠 등으로 구성되어 있다. 석궁의 강점은 쏘기 전 미리 시위를 당겨 놓을 수 있을 뿐만 아니라 정확한 조준과 발사가 가능하다는 점이다. 또한 석궁은 단순한 조작만으로도 60m에서 300m 거리 내의 표적을 정확히 명중시킬 수 있다.

하지만 석궁은 무겁고 조작 시간이 오래 걸리며 비를 맞으면 작동되지 않는다. 또한 연사속도가 떨어지고 사정거리가 짧다. 특히 두 발로 활을 고정시켜 놓고 두 손으로 장전을 해야 할 정도로 화살을 장전하기 위해서는 많은 힘이 필요하다. 그러나 간단한 교육만으로도 누구나 쉽게 다룰 수 있다는 장점과 강력한 파괴력은 위에서 언급한 단점들을 상쇄하고도 남는다. 특히 석궁이 사용하는 쿼럴(quarrel)이나 볼트(bolt)라는 화살은 사정거리 내에서 거의 모든 갑옷을 관통할 수 있었다. 그 때문에 중세기사들은 석궁을 매우 위협적인 존재로 보았고 교회는 라테란 공의회에서 기독교도 간의 석궁 사용을 금지하기도 했다.

장궁(Long bow)은 13세기부터 영국에서 사용되었다. 장궁은 주로 주목(朱木)으로 만들어졌으며 길이가 150~180cm나 되었다. 장궁의 장점은 긴 사정거리와 빠른 연사속도이다. 영국의 장궁은 석궁에 비해 사정거리가 2배 길며 발사속도는 3배 빨랐다고 한다. 우수한 장궁병은 10초에 1개의 화살을 쏠 수 있을 정도로 빨랐고 적을 겨냥하지 않고 속사를 하면 6초에 1개의 화살도 쏠 수 있었다. 비록 장궁의 장력(tension)이 석궁보다 떨어지지만 장궁에 사용했던 바늘화살촉(Bodkin spitze) 때문에 파괴력은 석궁에 뒤지지 않는다.

장궁을 이용한 전술은 주로 포물선을 그리며 적의 머리 위로 떨어지게 하는 것이었다. 하늘 위로 포물선을 그리면서 쏘면 사거리가 늘어나고 화살의 위력도 더 강력해진다. 이런 장점 때문에 장궁은 주로 적의 집결을 방해하거나 보병부대가 격돌하기 전에 적의 전열을 교란하는데 사용되었다. 백년전쟁 당시 프랑스가 고용했던 제노바의 석궁병들은 영국의 장궁병들을 당해 낼 수 없었다. 또한 다른 활들과

석궁(좌)과 장궁(우) | 석궁은 발사하기 편하지만 장전하는 데 힘들다. 반면 장궁은 장전하고 발사하기가 편리하지만 숙달되는 데 많은 시간이 걸린다.

마찬가지로 일직선으로도 쏠 수 있었는데, 크레시나 아쟁쿠르전투에서 이러한 조준된 사격으로 프랑스 기사들은 큰 피해를 입기도 했다.

장궁은 사용법이 어렵기 때문에 매우 오랜 기간 강도 높은 훈련을 받아야만 한다. 따라서 숙달된 장궁병을 육성하기는 매우 힘든 일이었다. 영국은 장미전쟁이라는 내전 후부터 잘 훈련된 장궁병을 많이 잃게 되었는데, 그 후 장궁은 급격히 쇠락했다. 그렇지만 장궁은 스위스 용병들이 사용한 미늘창과 함께 봉건 기병시대와 화약무기시대를 연결하는 중요한 무기로 평가받고 있다.

서기 1066년 헤이스팅스 전투[22]에서 윌리엄의 중장기병은 해럴드의 후스칼(huscarls) 보병을 압도했다. 이 전투는 중세 중장기병의 우위를 보여 주는 상징과도 같은 사건이다. 이후 십자군 전쟁에서 중장기병 중심의 전술은 절

22) 노르망디 공인 윌리엄이 잉글랜드의 왕 해럴드와 헤이스팅스에서 벌인 전투이다. 이 전투에서 윌리엄이 이끄는 노르만 기사가 해럴드의 후스칼들을 격파했고 헤럴드는 이 전투에서 전사했다. 전투 이후 윌리엄은 잉글랜드를 정복했고 웨스트민스터 사원에서 대관식을 올림으로써 잉글랜드의 왕이 되었다.

정에 달했다.

기사와 석궁병 및 보병으로 이루어진 십자군은 이슬람 군대를 압도했다. 이슬람 군대의 주력은 경무장한 궁기병이었다. 그러나 이슬람 궁기병이 사용한 활은 십자군 기사의 갑옷을 뚫지 못했다. 심지어 무장이 약한 보병들의 누비 재킷조차 뚫기 어려웠다.[23]

초기 십자군의 성공 원인으로 강렬한 신앙심과 이슬람의 분열도 큰 자리를 차지했겠지만 중장기병 · 창병 · 석궁병의 적절한 조합과 긴밀히 협력했던 전술적 강점이 결정적이었다. 이슬람의 궁기병이 십자군의 밀집된 진영을 공격하려고 하면 앞에서 훈련된 창병들이 궁기병들을 제지했고, 뒤에서는 강력한 석궁으로 무장한 석궁병들이 이슬람 군대를 향해 화살을 날렸다. 석궁병은 이슬람 궁수들이 쏠 생각도 못하는 거리에서 화살을 날렸기 때문에 이슬람의 궁기병들은 접근조차 하기 힘들었다. 이에 화가 난 이슬람 군사들이 십자군 진영을 향해 공격해 들어오면 뒤에서 기다리고 있던 십자군 기사

왼쪽부터 노르만 기사, 튜턴 기사, 이탈리아 기사, 게르만 기사

23) 살라딘의 친구인 베하 에드 딘 이븐 셰다드는 "나는 몸에 화살을 21발이나 맞고 거의 아무렇지도 않게 행진하는 병사들을 본 적이 있다"고 하였다.

들이 이들을 향해 돌격했다. 더 강력한 무장을 하고 있던 십자군 기사들 앞에서 이슬람 군대는 속수무책이었다.

그러나 십자군의 우위는 오래가지 못했다. 십자군은 결정적인 약점을 가지고 있었는데, 그것은 바로 갑옷이 무겁다 보니 날씨가 더운 사막에서는 이동을 하거나 전투를 하는 데 제약이 많았다는 것이다. 반면에 경무장을 한 이슬람 부대는 기동력과 지구력 면에서 십자군을 압도할 수 있었다. 이슬람 군대는 기동력과 지구력을 이용하여 십자군을 사막 위에서 지치게 만들었고 십자군이 지치면 공격하여 전멸시키는 방법을 애용하게 되었다. 강력한 무장을 위하여 기동력을 포기한 십자군은 이슬람의 새로운 전술에 의해 결국 하틴 전투에서 패배하고 만다. 하틴 전투를 기점으로 이슬람은 십자군을 압도하기 시작했고, 십자군 전쟁 이후 중장기병 위주의 중세 전술은 점차 쇠퇴했다.

역사를 바꾼 전투 이야기 ③ 하틴 전투(Battle of Hattin)

1099년 십자군은 예루살렘을 함락한다. 예루살렘에서의 학살은 십자군에게 큰 오명을 남겼지만 그래도 보두앵(Boulogne)이 예루살렘 왕국을 설립하면서 십자군은 이슬람을 상대로 성공을 거둔 듯했다. 반면에 이슬람의 새로운 지도자 살라딘은 분열되었던 이슬람 세력을 통일하고 기독교에 대한 성전(Jihad)을 선포했다. 예루살렘의 왕 보두앵은 뛰어난 계략으로 살라딘의 침략을 저지했다. 그러나 나병환자였던 보두앵은 결국 사망하고 예루살렘의 왕 자리를 탐욕스럽고 무능한 기 드 뤼지냥(Guy de Lusignan)이 계승하면서 십자군에게 큰 재앙이 닥치게 된다. 당시 십자군 지도자들은 크게 분열되어 있었는데 그중 트리폴리 백국의 레몽(Raymond)과 성전 기사단(Temple of Knight)의 제라르 드 리드포드는 가장 치열하게 대립하고 있었다. 게다가 살라딘의 이집트 함대는 지중해의 재해권을 장악하고 십자군의 보급로를 끊고 있었던 상황이었다.

그때 십자군이 먼저 정전협정을 어기고 무슬림 상인들을 약탈했다.[24] 이에 분노한 살라딘은 1187년 7월, 대군을 일으켜 티베리아스를 공격했다. 뤼지냥은 티베리아스를 구하기 위해 1만 명의 보병과 1,200명의 기사, 2천 명의 투르코폴레 경기병을 이끌고 사막을 횡단했다. 레몽은 사막을 횡단하고 티베리아스를 구원하러 가면 살라딘에게 포위당하고 괴멸당할 것을 우려하여 반대했지만 뤼지냥은 그의 말을 듣지 않았다.

십자군의 선두는 트리폴리 백작 레몽이 맡았고 중앙은 뤼지냥이, 후미는 성전기사단이 맡았다. 십자군은 사막을 횡단했고 사막의 뜨거운 열기 아래 기사들의 갑옷은 뜨겁게 달궈졌다. 특히 행군속도를 빨리 하기 위해 물마차를 가지고 오지 않은 뤼지냥의 실수가 치명적이었다. 이슬람의 궁기병들은 행군하는 십자군에 화살을 날리면서 그들을 귀찮게 만들었다. 이슬람의 화살이 십자군의 갑옷을 뚫지 못했지만

하틴 전투 지도(출처: 『아집과 실패의 전쟁사』)

24) 일설에는 살라딘의 누이가 이 상단에 있었기 때문에 살라딘이 분노했다고 하지만 이슬람측 문헌에는 그런 내용이 전해지지 않는다.

십자군 전쟁

십자군의 신경을 거슬리는 것만으로도 큰 성과였다. 궁기병에 반격하기 위해서는 석궁을 발사해야 하지만 석궁을 장전하기 위해서는 행군을 멈춰야만 했다. 또한 기사들이 이슬람 궁기병을 쫓아가면 기동력이 빠른 이슬람 궁기병은 이미 기사들의 시야에서 사라진 뒤였다. 이런 상황이 반복되다 보니 행군은 늦어졌고 뒤로 쳐지는 부대가 발생했다. 날씨는 이슬람 병사들보다 더 무서웠다. 일부 기사들은 꽉 막힌 투구와 갑옷 때문에 질식하여 죽기도 했다. 십자군은 더 이상 행군하기는 힘들었고 뤼지냥은 하틴마을에서 부대를 야영시켰다.

하틴마을에 야영한 십자군을 향해 살라딘은 불을 질러서 십자군의 갈증과 고통을 극대화시켰고 끊임없이 화살을 쏘았다. 십자군 병사들은 화살보다 갈증에 더 많이 죽었고 뤼지냥의 명령을 듣지 않을 정도로 응집력을 잃어 갔다. 살라딘은 칼 한 번 부딪히지 않고 십자군의 전투력을 상실시켰던 것이다. 결국 포위당한 십자군은 살라딘에게 항복했으며, 이 전투 이후 1187년 10월에 결국 예루살렘은 살라딘에게 함락당했다. 하틴 전투는 중세기사들이 중심이 된 중장기병 전술의 단점을 적나라하게 보여 준 전투이다. 중장기병은 강력했지만 결정적으로 유연하지 못했고 기동력과 지구력에서 이슬람 군대에 비해 열세했다. 결국 하틴 전투를 기점으로 중세의 기사는 쇠퇴하기 시작하고 백년전쟁 때 완전히 몰락하게 되었다.

십자군 전쟁 이후 중장기병 위주의 전술이 더 이상 최강이 아니라는 점이 밝혀졌지만 유럽의 군주들은 이것을 인정하지 않으려 했다. 단지 몇몇의 선구적인 군사 지휘관들만 적절한 보병과 궁병의 조합이 중장기병을 이길 수 있다고 생각했을 뿐이다. 기사에 대한 맹목적인 신뢰는 결국 쿠르트레 전투에서 재앙으로 나타났다. 이 전투에서 창으로 무장한 플랑드르의 보병들은 프랑스 기사들을 제압했다. 그뿐만 아니라 라우펜 전투에서도 미늘창으로 무장한 스위스 농부들은 그들의 봉건영주가 이끄는 기사들을 무찔렀다. 이처럼 보병에 대한 기병의 절대적 우위는 이 시기에 와서 거의 사라졌다. 중장기병에 맞서기 위해 보병들은 긴 창으로 무장했고 밀집대형을 유지했다. 과거 그리스와 마케도니아의 방진이 이 시기에 다시 부활한 것이다. 창병들은 응집력을 바탕으로 중장기병의 돌격에 대항했고 결과적으로 기사의 몰락을 재촉하게 되었다.

보병 전술에 가장 혁신적이었던 군대는 영국 군대였다. 영국은 보병을 용병들에게 의존하던 다른 유럽 국가들과 달리 직업군인으로 충당했다. 그렇기 때문에 영국의 보병은 훈련이 잘 되어 있었고 전술적으로도 완성도가 매우 높았다. 영국의 보병은 창병과 궁병으로 이루어져 있는데 다른 유럽의 군대가 궁병을 석궁병으로 구성한 것에 비해 영국 군대는 장궁병으로 이뤄졌다. 앞에서 이미 언급했듯이 장궁은 석궁보다 연사속도가 빠르며 사정거리가 더 길다. 물론 석궁에 비해 익히기 힘들어서 장궁병 양성에 오랜 시간이 걸렸지만 영국군은 강도 높은 훈련과 좋은 대우를 통해 장궁병을 육성했다. 백년전쟁 기간 동안 영국군이 프랑스군을 압도할 수 있었던 이유는 보병 전술의 적절한 운용 때문이었다. 영국과 마찬가지로 프랑스도 징병제가 있었다. 그러나 직업군인인 영국과 달리 프랑스의 복무 기간은 40일에 불과했기 때문에 훈련이 제대로 안 된 오합지졸일 수밖에 없었다. 특히 영국군이 강도 높은 훈련을 통해 장궁병을 육성한 것에 비해 프랑스는 석궁병을 제노바 출신의 용병들에게 의존했다. 게다가 프랑스 지휘관들은 중장기병에 집착했기 때문에 보병의 중요성을 경시했다. 이것은 곧 재앙으로 다가왔다. 크레시 전투, 푸아티에 전투, 아쟁쿠르 전투에서 프랑스의 기사는 영국의 장궁병들에게 연거푸 패배한 것이다. 물론 프랑스군이 봉건적인 군대였기 때문에 지휘체계가 통합되지 않았다는 사실도 프랑스의 패인 중 하나로 볼 수

영국의 에드워드 3세(좌)와 프랑스의 잔다르크(우) ▎백년전쟁은 왕위계승 전쟁이 아니라 가스코뉴 지방을 둘러싼 영국과 프랑스의 경제적 이권 싸움이었다.

있다. 그러나 이제 중장기병에 의존하는 부대는 더 잘 조합된 부대를 이길 수 없게 되었다는 사실 하나만은 분명해졌다. 그리고 이후 등장한 화약은 기사의 몰락을 재촉했고 전쟁의 양상을 완전히 뒤흔들어 놓았다.

지금까지 수많은 무기의 발전과 전투를 언급했지만 고대와 중세 시기 동안 전투에 도입된 기술적인 변화는 극히 적었다고 할 수 있다. 칼, 창, 방패와 같은 무기들은 고대에 사용했던 것이 그대로—물론 개량되기는 했지만—중세에도 사용되었다. 사용했던 무기가 비슷했기 때문에 전투양상도 비슷했다. 고대 그리스의 중장보병이 사용한 무기와 중세 스위스 창병들이 사용한 무기는 거의 비슷했고 전투방식도 서로 분간하기 어려웠다. 고대 파르티아 기마궁수들이 사용하던 무기와 전술은 중세 이슬람 기마궁수들과 거의 흡사했다. 다만 고대에는 보조적인 역할을 수행했던 기병이 등자의 사용과 함께 중세에는 군대의 주력이 되었다는 점 정도가 다를 뿐이다. 이처럼 도구 시대의 전쟁은 화약무기가 도입되어 전투의 근본이 바뀌기 전까지는 거의 비슷한 양상으로 펼쳐졌다.

역사를 바꾼 전투 이야기 ④ 아쟁쿠르 전투(Battle of Agincourt)

백년전쟁은 백 년 동안 계속 전쟁을 한 것이 아니라 전쟁과 휴전을 반복하면서 진행되었다. 영국 왕 헨리 5세는 프랑스와의 협상이 거부되자 1415년 다시 전쟁을 일으키기 위해 북프랑스에 상륙한다. 그러나 상륙한 헨리 5세는 이질과 영양실조로 대부분의 병력을 잃었고 북프랑스에 있는 자신의 본거지인 칼레로 돌아가길 희망했으나 계속되는 프랑스의 추격으로 아쟁쿠르까지 몰리게 되었다. 헨리 5세의 병력은 약 6천 명이었고 대부분이 장궁병으로 이뤄졌다. 반면에 프랑스는 약 3만여 명으로 기사들이 병력의 핵심이었다. 프랑스왕 샤를 5세는 전투에 무능했기 때문에 프랑스 총사령관은 드뢰 백작 달브레가 맡았다.

전력은 중장기병을 많이 보유하고 있는 프랑스가 유리했다. 프랑스 기사들은 승리를 확신하고 있었고 크레시와 푸아티에 전투를 복수하기 위해 서로 먼저 나가서

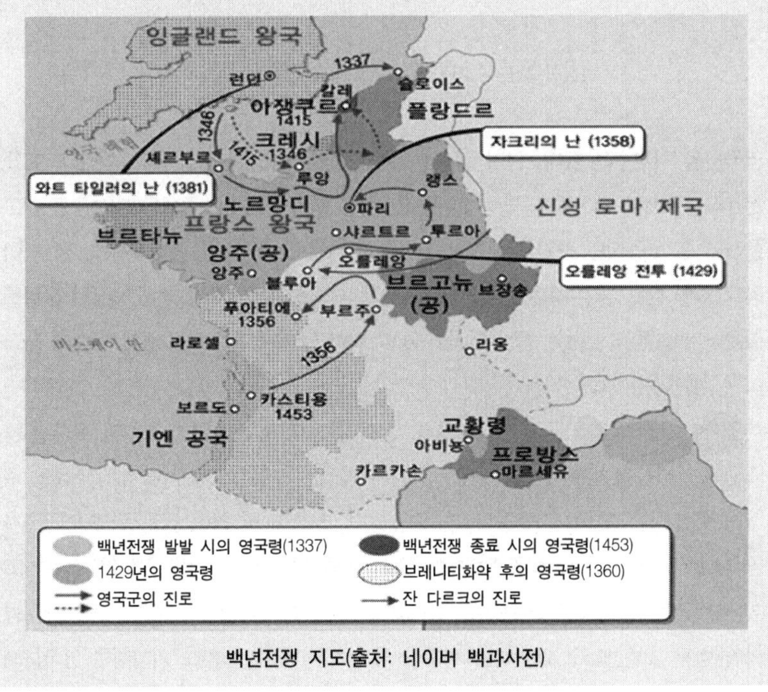

백년전쟁 지도(출처: 네이버 백과사전)

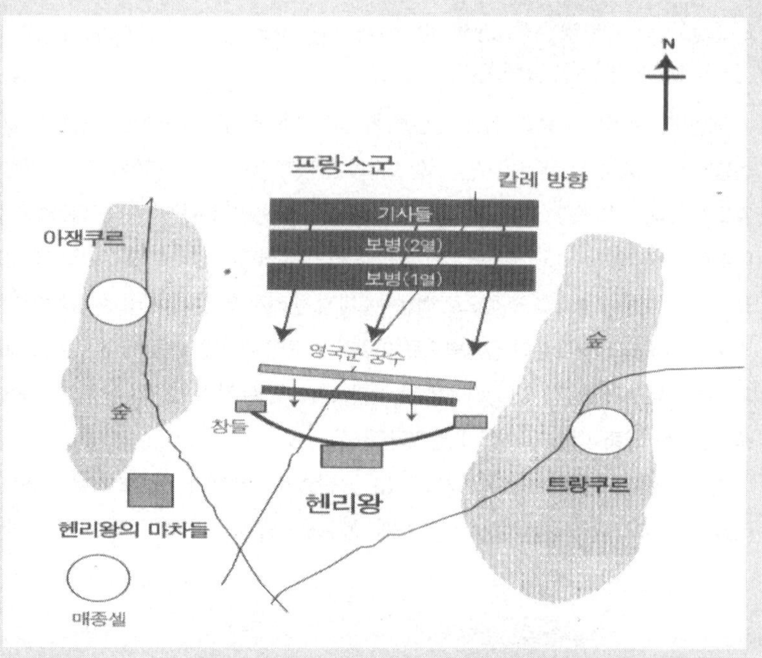

아쟁쿠르 전투 지도(출처: 『아집과 실패의 전쟁사』)

영국군을 쳐부수려 했다. 헨리 5세와 영국군 역시 불리한 것을 알고 있었다. 그들은 이 전투에서 자신들이 죽을 것이라고 했다. 헨리 5세도 귀족들은 배상금을 내고 풀려날 수 있겠지만 평민들은 그렇지 못할 것이므로 스스로를 위해 싸워야 할 것이라고 말할 정도였다. 다만 변수가 있다면 지형이 좁아서 프랑스가 숫자상의 우위를 활용하기 힘들다는 점과 전날에 비가 많이 와서 땅이 진흙탕으로 변해 기병이 움직이기 어렵다는 정도였다.

전투가 시작되자 영국의 장궁병들이 먼저 먼 거리에서 전열을 갖추지 못한 프랑스군에게 화살을 날렸다. 먼 거리에서 날린 화살은 프랑스의 기사들에게 피해를 주지는 못했지만 그들을 자극하기에는 충분했다. 진흙이 된 땅이 굳은 뒤에 영국군을 공격하려던 프랑스 총사령관 달브레 백작의 생각과는 달리 그동안 패배를 설욕하고 싶은 조급함, 승리로 인해 주어질 작위와 영토에 대한 욕망, 백 명의 기사는 천 명의 보병과 맞먹는다고 생각하는 자만심 등으로 가득 찬 프랑스 기사들은 영국군의 도발에 이성을 잃고 달려 나갔다. 봉건영주들의 병력으로 이뤄진 프랑스 군대는 통일된 지휘체계로 구성되지 않았기 때문에 총사령관 달브레의 명령이 먹혀들지 않았던 것이다. 결국 대형조차 유지하지 못한 채 영국군을 향해 달려가던 프랑스 기사들은 좁은 지형에서 서로 부딪히고 진흙탕에 빠져 특유의 기동력을 살리지 못했다. 기동력을 잃어버린 프랑스 기사들을 향해 영국 장궁병들은 활시위를 당겼고 무수히 많은 화살들이 프랑스 기사들에게 날아갔다. 중장갑으로 무장한 프랑스 기사들의 갑옷은 뚫지 못하더라도 비교적 무장이 빈약한 말들에게는 치명적이었다.

간신히 영국의 화살비와 진흙탕을 빠져나온 프랑스 기사들은 영국 장궁병들에게 기세 좋게 돌격했다. 그러나 영국군은 프랑스 기사들을 피해 도망가기보다 전투 전에 미리 설치해 놓은 커다란 말뚝 뒤로 몸을 숨겼다. 기세 좋게 영국군을 향해 달려가던 프랑스 기사들은 그들을 막는 커다란 말뚝 앞에서 갑자기 멈출 수밖에 없었다. 몇몇 기사들은 말뚝에 그대로 돌격하다가 박혀서 죽기까지 했다. 영국 장궁병들은 유효 사거리까지 다가온 프랑스 기사들을 향해 조준 사격을 실시했고 근거리에서 쏜 화살은 중무장한 기사들의 갑옷까지 뚫을 만큼 강력했다. 말뚝 앞에서 우왕좌왕하는 프랑스 기사들을 향해 헨리 5세는 기사들을 출진시켰다. 측면에서 공격해 들어오는 영국 기사들에게 프랑스 기사들은 결정적인 타격을 입고 말았다. 프랑스 기사들을 따라 3열 종대로 공격해 오던 프랑스 보병들은 좁은 지형 속에 쌓여 있는 시체 때문에 역시 우왕좌왕하며 제대로 공격할 수 없었다. 이들도 영국 장궁병의 화살과 영국 기사들에게 유린당하기 시작했다.

그러나 헨리 5세가 후방마차를 약탈하러 온 프랑스군을 방어하기 위해 병력의 일부를 후방으로 돌리자 전세가 다시 프랑스군에게 유리해지기 시작했다. 아직 쌩쌩한 프랑스 예비부대가 다시 영국군을 압박하기 시작했고 가장 중요한 전력인 영국 기사들은 포로로 잡은 프랑스 기사들을 약탈하려는 영국 보병들로부터 지키느라—지킨다기보다는 몸값을 받기 위해—전열에서 이탈해 있었다. 프랑스의 공격에 영국 보병들은 무너지고 있었고 포로로 잡힌 프랑스 기사들이 다시 무기를 들고 덤빈다면 영국군은 다 얻은 승리를 빼앗길 위험에 처했다. 이런 위기의 순간에 헨리 5세는 대담한 명령을 내렸다. 포로로 잡은 프랑스 기사들을 '학살'하라는 명령이었다. 영국 기사들은 '기사도'에 어긋난다고 항의하고 명령에 불복종했지만 기사도와 아무

아쟁쿠르 전투

런 상관이 없던 빈민가나 소작농 출신의 영국 궁수들은 헨리 5세의 명령에 따라 철퇴로 수천 명에 달하는 기사들을 처형했다. 더 이상 지킬 포로가 없게 되자 영국 기사들은 헨리 5세를 따라 프랑스군을 향해 돌격했고, 결국 아쟁쿠르에서 프랑스군을 상대로 승리를 거두었다.

아쟁쿠르 전투는 몇 가지 중요한 역사적 의의를 갖는다. 먼저 더 이상 중장기병 중심의 전술은 잘 조합된 보병·궁병으로 이뤄진 군대를 이기기 어렵다는 것을 증명했다. 또한 평민들로 이뤄진 보병들이 사회 지배층인 기사들을 학살한 것은 중세 사회를 구성하던 가치관들이 무너져 가는 것을 상징적으로 보여 주는 사건이었다.

아쟁쿠르 전투에 얽힌 재미 있는 일화가 한 가지 더 있다. 크레시와 푸아티에에서 영국 장궁병들에게 패배한 프랑스 기사들은 아쟁쿠르 전투 전에 장궁병들을 향해 손가락을 다 잘라버리겠다고 협박했다. 그러나 막상 전투가 영국군의 승리로 끝나자 영국 장궁병들은 프랑스 기사들을 모욕하기 위해 자신의 손가락이 멀쩡하다는 뜻으로 가운데 손가락을 치켜 올렸다고 한다. 이것이 후에 영어권에서 가장 보편적으로 사용되는 욕의 기원이 되었다고 한다.

4. 동아시아의 무기와 전쟁(Ⅰ)

고대와 중세를 아우르는 수천 년에 걸쳐, 유라시아 대륙에서 무기와 전쟁의 발전 양상은 대체로 비슷하게 전개되었다고 할 수 있다. 다만 유럽 지역이 일찍이 로마라는 거대 세력에 의해 제패되었다가 다시 그 대제국이 붕괴되면서 이른바 '암흑 시대'라 불리는 퇴보와 정체의 시대를 겪었던 반면, 지구 반대편에 위치한 동아시아는 북방의 유목민족들과 남방의 농경민족들 간의 경쟁 속에서 문명 전반의 지속적인 진보가 이루어졌다. 그에 따라 대략 서로마 제국 멸망 이후 수백 년 간 동아시아의 무기와 전술 체계 수준은 유럽의 그것을 압도했다. 동아시아의 선진 문물이 실크로드를 통해 중동을 거쳐 중세 유럽으로 전래되어 유럽을 다시 비약적으로 발전시키는 밑거름으로 작용했음은 널리 알려진 사실인데, 이는 전쟁사의 측면에서도 마찬가지였다. 따라서 세계 전쟁사의 이해를 위해서는 반드시 중세기 동아시아의 무기체계 발전 모습을 살펴볼 필요가 있다.

① 호(胡)·한(漢) 투쟁기: 기병과 보병

중국 최초의 국가인 상(商)나라는 청동무기를 이용하여 주변 민족을 통합했으며 다양한 청동제 위세품을 만들었다. 상나라를 비롯하여 주(周)나라, 춘추(春秋)시대[25]까지 중국은 메소포타미아나 이집트와 마찬가지로 청동무기와 전차를 주력으로 삼았다. 청동무기와 전차는 구하기 매우 어려웠기 때문에 중국은 사(士)라는 특수한 계층들이 주로 전쟁에 참여했다. 그러나 전국(戰國)시대[26]로 오면서 전쟁의 규모와 범위가 확대되고 백성들에 대한 국

25) BC 770년에 주(周)왕조가 낙양으로 천도하기 이전의 시대를 서주시대, 이후를 동주시대라고 한다. 동주시대는 춘추(春秋)시대와 전국(戰國)시대로 나누어진다. 춘추시대는 주왕조가 도읍을 옮긴 때부터 진(晋)나라의 대부(大夫)인 한(韓)·위(魏)·조(趙) 삼씨가 진나라를 분할하여 제후로 독립할 때까지의 시대를 말한다. 춘추시대는 노나라의 공자가 쓴 춘추(노나라 역사서)에서 유래되었다(BC 403년).

26) 전국시대는 춘추시대 이후부터 진(秦)나라가 천하를 통일한 BC 221년까지이다. 전국

가의 지배가 강화되자, 주로 일반 백성들로 구성된 보병이 전장의 주력으로 등장하게 되었다. 또한 전국시대에는 중국에 최초로 철기가 도입되어 농업 생산량이 증가했음은 물론 철제무기가 보급되다보니 전쟁의 양상이 더욱 격렬해졌다.

이처럼 고대 중국에서는 중동 지역과 마찬가지로 전차와 보병이 중심이 된 전술체제가 성립되었다. 중국의 고전 시대라 불리는 춘추전국시대가 그 시기이다. 춘추시대에 형식상의 명맥이나마 유지했던 주 왕실이 완전히 몰락하고 전국 7웅이 각축하는 전국시대로 접어들면서, 전쟁이 귀족 간의 소규모 전투에서 일반민이 대거 동원되는 대규모 전투로 바뀜에 따라 점차 전차보다는 보병의 비중이 높아졌다. 그런데 전국시대의 경쟁이 격화되면서 다시 새로운 변화가 발생했다. 바로 기병의 본격적인 등장이었다.

전국 7웅 중 가장 서쪽 변방에 위치했고 중원 지역 국가들과는 민족적 구성도 달랐던 진(秦)나라는 적극적으로 '부국강병' 정책을 실시하여 군사력을 증강했다. 기마에 적합하도록 소매를 동여맨 '호복(胡服)'27)을 입은 대규모 기병의 등장은 보병 중심이었던 중국의 전장에 큰 충격을 주었다. 날렵한 기병의 득세 속에서 둔중한 전차는 점차 구시대의 유물로 전락해 갔고, 결국 진나라에 의해 전국이 통일된 이후 보병과 기병의 합동전술은 중국에서 완전히 자리를 잡게 된다.

통일 후 얼마 못 가 무너진 진을 대신하여 세워진 한(漢)은 한층 안정된 통일 제국을 건설했지만, 새로운 전쟁에 직면하게 되었다. 북방의 유목민족인 흉노족이 강성해져 제국을 이루고 중원을 위협했던 것이다. 흉노족은 오래전부터 자주 중원을 약탈했었는데, 장성 이북의 유목민과 이남의 농경민의 대립과 충돌은 구조적으로 피하기 어려운 악연이기도 했다. 이처럼 생활

시대는 한나라 유향이 쓴 『전국책』으로부터 유래되었다.

27) 오랑캐의 옷이라는 뜻이다. '기마호복전술'이라는 표현에서 중국의 기병 전술은 북방민족의 영향으로 발생되었음이 드러난다.

장건의 서역 원정 | 장건의 서역 원정은 실크로드의 개통이라는 역사적 사건이지만 전쟁 사적으로 보면 실패한 원정이었다.

화되어 있던 약탈 행위는 흉노가 제국화하면서 장성 이남 농경민에게 한층 거대한 위협으로 발전했다.

마침내 한 고조는 기원전 200년에 대군을 이끌고 흉노 원정에 나섰으나 크게 패하고 완전히 포위되어 항복하고 말았다. 이후 한나라는 흉노에게 막대한 공물을 바쳐야 했다. 패인은 바로 흉노의 기병이었다. 비록 진나라 때 기병이 도입되기는 했으나 여전히 한군의 주력은 보병이었고, 기병 전력에서는 수적으로나 질적으로나 유목민인 흉노의 상대가 되지 못했다. 기동력에서 보병은 결코 기병을 따라잡을 수 없었고, 북방의 광활한 초원지대에서 이러한 우열은 더욱 현저하게 나타났다. 흉노족 기병은 대부분 보병으로 이루어진 한의 대군을 '치고 달아나기' 전술로 괴롭히면서 광막한 초원으로 깊숙이 끌어들인 후 보급로를 차단하고 지치게 하여 격멸하는 전략을 사용했던 것이다.

하지만 이후 '태평성대'의 대명사로 일컬어지는 문제(文帝)와 경제의 시대를 거치며 한 제국의 국력은 충실해졌다. 또한 정복군주로서 사방으로 영토를 확장한 무제(武帝)가 즉위하면서 본격적으로 기병을 양성하여 흉노에 대한 보복전을 전개했다. 국력을 기울여 기병을 양성한 덕분에 이 시기에 한군의 기병 비율은 크게 높아졌고, 곽거정이라는 뛰어난 장군이 등장하여 활약하며 여러 차례 흉노족을 격파함으로써 과거의 굴욕을 씻을 수 있었다.

한의 기병은 활이나 극(戟)으로 무장했다. 마갑은 없었고 기수도 별달리 무거운 갑주는 걸치지 않은 경기병이었다. 극은 기병을 상대하기 위해 제작된 창으로, 적의 기병에게 걸어서 끌어당겨 낙마시키기 위한 가지가 달려 있다. 기병이 극으로 무장한 것은 기병끼리의 근접전을 위한 것이며, 이는 그들이 흉노의 기병을 상대하기 위해 개발했다고 할 수 있다.

서기 2세기 말에서 3세기 초, 약 4백 년을 이어간 한 왕조가 붕괴되고 유명한 『삼국지』의 시대가 시작될 즈음에 이르러 전쟁사적인 대변혁이 이루어졌다. 바로 등자[28]와 마갑을 사용하는 중장기병의 등장이다. 등자를 사용하는 기병과 그렇지 않은 기병의 전투력이 비교가 불가할 정도로 큰 차이가 남은 앞서 이야기한 바 있다.

중장기병을 최초로 전장에 도입한 주체는 선비, 오환, 예맥[29] 등 중국 동북부 및 만주 지역에 거주하는 민족들로 여겨진다. 그렇게 본다면 이 시기에 이 지역의 군사기술은 전 세계를 통틀어 가장 진보된 수준이었다고 할 만하다. 기수와 말이 모두 철갑으로 무장한 세계 최초의 중장기병대와 함께, 주목에 동물의 뿔이나 뼈를 조합하여 극한의 탄력을 지닌 맥궁(貊弓)[30]으로 무장한 세계 최강의 궁수들이 존재했기 때문이다. 이 시기에 『삼국지』에 등장하는 중원의 군벌들은 북방민족의 중장기병을 고용하거나 그 전술을 도입하여 중원제패를 꾀했다. 바야흐로 중장기병 시대의 개막인 것이다.[31]

---

28) 등자의 최초 사용이 정확히 언제, 어디서부터인지는 알 수 없다. 중앙아시아 지역에서 발견된 기원전 4세기경의 조각 유물 속에서 그 모습이 보이기는 한다.

29) 부여 · 고구려 · 옥저 · 동예 등 만주와 한반도 북부에 걸친 여러 곳의 작은 국가들을 이루고 있었던, 우리 민족의 조상들이다.

30) 맥족(예맥족)이 사용하는 활이라는 뜻으로, 중국인들이 특기할 만큼 유명한 특산품이었다. 복합궁인 맥궁으로 무장한 강력한 궁수대는 중장기병과 함께 고구려 군사력의 근간이 되었고, 특히 고구려의 견고한 축성술과 결합되면서 최상의 요새들을 구성했다. 이처럼 유서 깊은 맥궁의 전통은 이후 우리 민족사를 통해 고려, 조선시대까지 계승되었다. 조선시대의 활 제작비법은 지금까지도 전해지고 있다.

31) 동아시아에서 기원한 등자를 사용하는 중장기병 전술은 북방 초원 지역을 통해 유목민

고구려 벽화에 나타나는 중장기병(좌)과 궁기병(우) | 중장기병은 기수는 물론 말까지 갑옷으로 무장되어 있는 것이 특징이다. 고구려는 탄력이 좋은 맥궁을 사용했고, 말을 타면서 사격하는 기술이 뛰어났다.

중국의 삼국시대를 종식시켰던 진(晉) 왕조가 얼마 버티지 못하고 무너지자 선비족을 비롯한 여러 민족들이 중원으로 몰려들어 저마다 왕조를 세우고 경쟁했다. 이른바 5호 16국 시대로 접어들었고, 한족 왕조는 회수 이남으로 쫓겨났다. 특히 중장기병을 대규모로 운용했던 선비족은 중원에서도 단연 두각을 나타냈고, 결국 선비족 척발씨 왕조인 위(北魏)나라가 북중국을 통일하기에 이른다. 이 시기에 만주와 한반도 지역에서도 중장기병 중심의 보기합동전술을 발전시킨 고구려가 일대를 제패하는 등 동아시아에는 다극 체제가 형성되었다.

동아시아는 물론 유라시아 전체를 뒤흔든, 중장기병의 혜성과도 같은 등장은 등자 사용의 본격화와 함께 철 제련술의 발전으로 인해 가능했다. 전문적 전사 집단이 지배층을 형성하는 중국 동북부 및 만주 지역 민족들의 사회구조가, 엘리트 무사들로 구성되는 중장기병 중심 전술에 적합했던 것도 그 배경일 것이다. 중장기병은 기수와 말이 모두 철갑옷을 입고 긴 창[32]

인 훈족에게 전파되었고, 다시 그들이 유럽으로 이동함에 따라 고트족에게 전파되어 결국 보병 중심의 고대 전술에 의존하던 로마 제국을 멸망시키는 한 원인으로 작용했다. 이렇게 유럽에 전파된 중장기병은 이후 기사제도의 성립과 함께, 중세라 불리는 천여 년 동안 유럽 군대의 주력으로 자리매김했다.

32) 선비족 및 북중국의 중장기병은 4m, 고구려의 중장기병은 5.2m 길이의 장창을 사용

으로 무장했으며, 그들의 역할은 밀집대형을 이루어 적의 보병에게 돌격하면서 그 충격력으로 진형을 파괴하고 흐트러뜨리는 것이다. 강력한 노(弩)나 맥궁의 근거리 직접사격이 아닌 이상 그들이 접근하기 전에 타격을 가할 방법은 없었고, 보병의 무장이나 전투력이 부실하다면 그대로 짓밟힐 수밖에 없었다. 게다가 중장기병의 돌격 시에는 경기병이나 보병궁수들이 엄호사격을 하기 때문에 그것을 막는 보병들이 느끼는 공포는 극한에 이르렀다. 중장기병의 돌격으로 적의 진형이 흐트러지면 보병이 뒤이어 공격하고, 적이 완전히 분쇄되어 퇴각하기 시작하면 경기병이 추격하여 타격을 극대화하는 것이 이 시기 이후 동아시아에서 성립된, 중장기병 중심 보기합동전술이라고 할 수 있다. 중장기병 돌격을 저지하는 최선의 방법은 같은 중장기병으로 요격하여 난전을 벌이는 것이었을 정도로[33] 이 전술은 강력한 위력을 발휘했다.

중장기병에도 단점은 있었다. 무엇보다 양성 및 유지 비용이 막대했고, 높은 숙련도를 요하는 전문 군인이었기 때문에 많은 숫자를 보유하기가 어려웠다. 그나마 선비족 왕조나 고구려 등 유목적 성격이 강한 국가에서는 기마가 생활화되었기 때문에 큰 무리없이 다수의 기병을 양성하고 유지할 수 있었으나, 중국의 한족 왕조 등 농경국가는 그렇지도 못했다. 또한 장갑력과 충격력은 막강했지만 기동성과 민첩성, 지구력이 떨어졌기 때문에[34] 전장에

했다고 한다.

33) 소설 『삼국지연의』를 보면 마치 이름난 장수들끼리의 기마결투로 전쟁의 승패가 갈리는 듯한 묘사가 많고, 우리 민족의 정사인 『삼국사기』에도 이와 비슷한 형태의 영웅담들이 적잖이 등장한다. 하지만 이는 특정 개인에 대한 영웅화를 목적으로 한 낭만적 표현임을 감안할 때, 그 실상은 실제로 이 시기에 팽배했던 중장기병 돌격전술을 나타내는 것으로 볼 수 있다. 전투가 시작되면서 양측의 중장기병들이 격돌하고, 그 승자가 적의 보병진형을 유린하면서 전투의 주도권을 장악했던 사실이 중장기병대를 이끌었던 특정 개인들의 영웅담으로 신화화되었던 것이다. 유럽에서도 중장기병인 기사들이 전장의 중심이었던 중세시대에 관한 기록이나 문학에 이와 비슷한 묘사가 많았던 것은 우연이 아니다.

34) 중장기병 기수와 말의 철갑옷과 장창 등 무기를 합친 중량은 대략 100kg 이상으로 추측된다. 말은 여기에 기수의 무게까지 합한 엄청난 중량을 감당해야 했던 것이다. 물론

서의 역할과 행동범위에 제한을 받을 수밖에 없었다. 따라서 어떤 국가든지 중장기병에는 경기병과 다양한 종류의 보병을 조합하여 운용함으로써 약점을 보완하는 것이 필수적이었다.

또한 중국에서는 삼국시대를 거치면서 노(弩)의 성능이 개량되고 진법이 발달하는 등 중장기병에 대응하는 보병 전술이 발전하기도 했고,[35] 중장기병의 충격력을 맹신하다가 보병에게 패하는 일도 종종 일어났다.[36] 중장기병이 아무리 강력하다고 해도 그것만으로 전쟁을 할 수는 없었고 어디까지나 제한된 역할을 맡는, 전장의 일부분이었을 뿐이다.

② 중화 제국 체제의 성립: 중장보병과 경기병

선비족 왕조인 북위가 5호 16국을 통합하고 중원을 제패할 수 있었던 것은 중장기병 중심의 유목민족적인 군사력에 힘입은 바가 컸다. 그러나 북위가 중원 지역의 왕조로 자리 잡고 특히 효문제 이래로 한화(漢化)정책을 추진하면서 그들의 군사 체제도 점차 중국식으로 변화할 수밖에 없었는데, 그 정점에서 나타난 것이 부병제(府兵制)[37]였다. 북위가 동서로 분열한 후 서위(西魏)에서 처음 시작된 부병제는 모든 자영농에게 균등하게 토지를 지급하

중장기병의 군마는 특별히 양육된, 힘이 좋은 우수한 품종의 말이었지만 어떤 명마라도 이런 중량을 짊어지고는 빨리 달릴 수도 없었고, 전투할 수 있는 시간에도 한계가 있을 수밖에 없었다. 중장기병의 돌격 시 최대속력은 시속 40km 남짓으로 추정되며, 이러한 속도를 오래 유지할 수도 없었기 때문에 전력으로 도망치는 적의 보병을 쫓는 것조차 힘들었다. 따라서 추격에는 적합하지 않았을 것으로 생각된다.

35) 이러한 양상이 중국에 국한된 것은 아니었다. 고구려의 중장기병에 압박을 받던 옥저의 보병들이 길이 9m에 이르는 다인용 장창을 사용했던 것이 한 예이다.

36) 대표적인 사례 중 하나가 서기 242년, 중국의 삼국 중 하나인 위나라와 고구려의 전쟁이다. 고구려군은 위나라 장군 관구검이 이끄는 침략군을 맞아 두 차례의 매복전으로 큰 타격을 입혔는데, 고구려 동천왕은 이에 자만한 나머지 위군의 보병방진을 향해 중장기병의 단독 돌격을 감행하다가 대패했고, 이어진 위군의 역습으로 전멸에 가까운 피해를 입어 결국 도성이 함락되기에 이르렀다.

37) 중국 당나라 및 고려말과 조선초기에 실시되었던 병농일치의 군사제도.

여 경작케 하는 균전제(均田制)와 짝을 이루는 병농일치제도로써, 균전을 지급받은 자영농이 자비로 장비와 식량을 마련하여 군역을 담당하도록 했다. 이는 국가의 입장에서는 대단히 효율적인 제도여서, 서위를 이어받은 왕조 북주(北周)와 다시 그것을 계승한 통일왕조인 수(隋)·당(唐)에 이르기까지 부병제는 군사력의 근간이 되었다.

이러한 사실은 선비족 왕조의 중국화를 의미한다고 볼 수 있다. 이와 함께 중장기병 중심의 기존 전술체제에도 변화가 촉발되었다. 남북조시대에 북중국의 중장기병 중심 전술은 기마민족적인 특성에 기인한 것이었는데 농민 징집병인 부병은 대개 보병이었다. 선비족도 오랜 세월을 거치며 중국화하면서 이전의 기마민족적 특성이 거의 사라져버렸기 때문이다. 따라서 수·당 통일 제국의 등장기에 이르러서는 다시금 중국이라는 농경국가의 특성에 맞고 부병제라는 새로운 군사제도에 맞는 전술체계의 재정립이 요구되었다.

특히 수·당 통일 제국과 북방의 신흥 유목민족인 돌궐족의 투쟁이 장기화되고, 수나라가 온 국력을 기울여 단행한 고구려 원정이 참담한 패배로 끝나면서 이러한 필요성은 한층 더 대두되었다고 볼 수 있다. 고구려 원정 실패의 후유증으로 수가 멸망하고 당이 들어서면서, 마침내 이정(李靖)이라는 걸출한 전술가가 등장하여 중국적 특성에 맞는 신전술체계가 정립되기에 이르렀다.

무기체계의 측면에서 당군 신전술의 핵심은 크게 세 가지로 볼 수 있다. 첫째는 중장기병을 완전히 퇴장시키고 경기병으로 대체하면서 기병의 수를 늘린 것이고, 둘째는 중장기병이 수행하던 충격전술을 중장보병이 대신한 것이다. 그리고 셋째는 보병 중 궁노 수의 비중을 증가시킨 것이다.

당의 기병은 마갑을 쓰지 않았고, 기수의 갑옷도 철판을 최소화하고 가죽을 많이 사용함으로써 무게를 줄이고 기동성을 배가시켰다. 이러한 당의 경기병은 물론 이전의 중장기병과 같은 강력한 충격전술은 수행할 수 없었다.

그러나 월등한 기동성을 바탕으로 한 우회타격 및 기습과 후방교란, 보급로 차단 등 보다 유연하고 역동적인 전술을 구사할 수 있게 되었다. 또한 일단 승세를 잡으면 패주하는 적을 빠른 속도로 추격하여 막대한 타격을 입힘으로써 전과를 극대화했다. 중국사에서 가장 이름난 군주 중 하나이자 탁월한 전술가였던 당 태종 이세민은 이러한, 경기병을 활용한 악착같은 추격전으로 특히 유명했다. 무엇보다 경기병은 양성과 유지 비용이 중장기병보다 훨씬 저렴했고 필요한 숙련도 역시 낮아서 농경국가인 당나라에서도 무리없이 많은 숫자를 운용할 수 있다는 점이 가장 큰 장점이었을 것이다.

중장기병이 경기병으로 대체되면서 적진을 분쇄하는 충격전술은 중장보병이 대신하게 되었다. 당군의 중장보병은 기병보다 육중한 장갑을 갖추고 방패와 장창으로 무장했으며, 주로 삼각형의 쐐기꼴 대형으로 포진하여 적군과 정면으로 격돌했다. 보병의 밀집대형은 사각형의 방진이 일반적이지만, 당군은 경기병 제도를 채택했으므로 보병이 선두에서 적의 진형을 돌파해야 했기 때문에 보다 공격적인 쐐기꼴 대형을 주로 사용했다. 요컨대 중장보병의 정면 돌격과 경기병의 우회 협격이 당군 공세전술의 전형이라고 할 수 있다.

당군 보병의 쐐기꼴 대형은 '대두(隊頭)'라 불리는 용사를 선두로 하여 이등변삼각형 모양으로 늘어선 50명을 1대(隊)로 했고, 각 대마다 긴 칼을 든 장교가 배치되어 진형을 통제하고 이탈자를 감시했다. 다시 앞의 1개 대 뒤에 2개 대를 배치하여 큰 이등변삼각형 모양의 대대(大隊)를 이루고, 5개 대대를 일렬횡대로 배치하는 방식으로 선두의 포진이 이루어졌다. 2선에는 11개의 대를 횡대로 늘어세워 선두 부대를 지원했다. 이처럼 전술의 기본 단위를 50명으로 축소함으로써 한층 세밀하고 복잡·다양한 전술 구사가 가능해졌던 것도 당군 신전술의 강점이었다.

또한 보병 중 궁노 수의 비중을 높인 것도 두드러진 특징이었다. 당군에서 궁수와 노수는 각각 전체 보병 병력 수의 10%씩을 차지했고, 경우에 따라서는 도합 1/3까지도 증가했다. 야전에서 적이 접근하면 노수는 220m 지점, 궁수는 90m 지점에서부터 사격을 개시했다.[38] 적이 화망을 뚫고 30m 이내로 들어오면 노수는 모든 사격을 중지하고 석궁 대신 칼이나 둔기를 들고 보병 전열에 투입되어 백병전에 돌입했고, 궁수는 후위로 물러나 재정비했다.[39] 이것은 돌궐족 등 북방 유목민의 기병 전력을 의식한 전술로, 적의 돌격이나 접근에 대응하는 사격전에 상당한 위력을 발휘했을 것으로 여겨진다.

당군의 신전술은 중국의 재통일 과정과 돌궐 및 고구려와의 전쟁 등에서 효용성을 입증했다. 이 전술은 중국 대륙의 막대한 인적과 물적 자원 및 통일 제국의 우월한 동원능력과 결합되어 당나라가 사방의 이민족들을 굴복시키고 대제국으로 발돋움하는 중요한 원동력이 되었다. 우리에게는 고구려와 백제의 멸망으로 더욱 진하게 기억되는, 7세기 당 제국의 정복전쟁은 역사

탈라스 전투

38) 중국에서는 북방 초원이나 만주와 한반도의 민족들이 사용한 강력한 복합궁이 제작되지 않았기 때문에 사정거리나 파괴력 면에서 궁수의 능력이 제한적이었다. 하지만 석궁과 달리 곡사가 가능하고 숙달되면 석궁보다 훨씬 빠른 속도로 사격할 수 있다는 것은 어느 나라에서나 궁수만이 가진 장점이었다.

39) 석궁은 활에 비해 비교적 쉽게 숙달할 수 있는 무기였으므로 노수보다는 궁수가 좀 더 전문적인 병종이었다.

상 최초로 명실상부한 중화 제국을 탄생시켰다. 당 제국은 멀리 서역으로도 세력을 뻗쳤으나, 탈라스 전투에서의 패배로 더 이상의 서진은 좌절되었다. 그러나 실크로드를 장악하여 명실상부한 세계의 중심이 되었다. 동아시아에서 당의 영향력은 정치와 사회 문화 전반에 걸쳐 중국 중심의 소위 '동아시아 문화권'이 성립하는 계기가 되었다. 이러한 대세와 맞물려 당군의 신 전술 또한 주변국들에게 영향을 주었다. 특히 당 제국 팽창의 와중에 한반도를 통일한 신라와 그 이후에 들어선 고려는 당의 보병 전술을 일정하게 수용했다. 당군의 전술은 농경민족의 군대로 기마유목민족과 대결하기 위해 조직된 것이었으므로, 이는 한반도에 자리 잡은 농경국가로 북방민족들과 대치해야 했던 신라나 고려의 실정과도 상당 부분 맞아떨어졌기 때문이다.

③ 정복왕조시대: 기병의 시대

비록 당 제국의 등장과 함께 중국에서는 중장기병이 퇴장했지만 이것이 동아시아 전쟁사에서 중장기병의 퇴조를 의미하는 것은 결코 아니었다. 당군의 신전술은 농경국가인 당나라의 특성에 걸맞는 변화였을 뿐, 기본적으로 우수한 기병 자원을 많이 보유하고 있는 기마유목민족들에게는 중장기병 전술을 포기할 어떠한 이유도 없었다. 당군의 전술이 경기병과 다양한 보병들의 합동 작전이었다면 기마유목민족들의 전술은 경기병과 중장기병의 조합이었다. 물론 기마유목민족이라고 해서 보병을 전혀 운용하지 않은 것은 아니지만, 농경민족에 비해 그 비중이 낮았다.

중국 동북부 요하 상류 지역을 중심으로 거주하던 기마유목민족인 거란족은 4세기 말 광개토대왕의 정복 이래로 고구려의 지배를 받았다. 그러다가 6세기 말 중국의 통일 제국이 팽창하면서 점차 이탈했고 고구려가 멸망할 즈음에는 완전히 당의 세력권 하에 편입되었다.

마침내 '안・사의 난' 이후 당 제국을 지탱해 온 제도적 기반이 붕괴되고 전국이 분립되면서 당 제국의 시대는 종말을 고했다. 북방에서는 돌궐족이 다시 흥기했고, 서쪽의 토번도 강성해져 한때는 당의 수도 장안성을 함락하기까지 했다. 이러한 혼란 속에서 점차 세력을 키운 거란족이 당이 멸망한 10세기에 이르러 마침내 북방의 패자로 등장했다. 야율아보기라는 지도자에 의해 통일되어 요나라를 세운 거란족은, '해동성국'이라 불렸던 발해를 기습 공격하여 멸망시키고 그 영역의 상당 부분을 잠식했다. 그리고 혼란에 빠진 중원으로 진출하여 '연운 16주'라 불리는 광대한 영토를 점령했다. 그로부터 얼마 지나지 않아 중원을 재통일한 송나라가 이 지역을 되찾고자 대군으로 공격했으나 참패했고, 이후 송나라는 요나라에 매년 막대한 공물을 바쳐야 했다.

거란족의 요나라가 이처럼 급속히 세력을 확장하여 일대 제국을 이루었던 요인은 다른 무엇보다도 기마유목민족의 특성이 십분 발휘된 그들의 군사력에 있었다. 거란군의 전술 및 무기체계에도 독특한 강점이 있었는데 그것은 '유연성'과 '기동력'이라는 두 단어로 요약될 수 있을 것이다.

거란군의 편제에서 정규 기병인 '정군'은 1인당 말 3필과 갑옷 및 마갑, 활과 화살, 장창과 단창, 도끼와 철퇴 등 각종 장비를 구비하도록 규정되었다. 이는 상황에 따라 중장기병 혹은 기마궁수 등으로 유연하게 편성했음을 의미할 것이다. 그런데 거란군의 편제는 '정군' 1명마다 잡일을 하는 사역병

거란의 중장기병(좌)과 거란기병을 보조해 주는 종자(우)

1명과 '타초곡병'이라 불리는 병사 1명을 따르게 했다. 즉 거란군에는 '정군' 병력의 2배가 되는 전투보조원들이 있었던 셈인데, 특히 타초곡병은 거란군의 특성을 가장 잘 드러내는 존재라고 할 만하다. 대개 경기병이었던 타초곡병은 전투 시 정찰이나 공병 등의 역할을 수행했고 행군 시의 주 임무는 보급이었다. 보급은 식량과 마초의 현지 조달을 의미하는데 그 방법은 사냥이나 낚시 등도 있었지만 주로 약탈을 했다. 전문 약탈자 타초곡병의 존재는 적에게 공포를 주었고, 거란군은 적지에서 따로 보급로를 확보하지 않고도 상당 기간을 작전할 수 있었다. 이것은 거란군에게 압도적인 기동력을 보유할 수 있게 했다. 특히 고려를 침공했을 때 거란군은 함락시키기 어려운 성들을 우회, 빠른 속도로 남하하여 수도 개경을 직공하는 전략을 구사해서 고려를 두 차례나 아슬아슬한 위기에 빠뜨리기도 했다.

거란족의 주력군은 다른 기마유목민족과 마찬가지로 경기병과 중장기병의 합동전술을 사용했다. 물론 그들의 군대가 기병으로만 구성되었던 것은 아니다. 특히 제국화한 요나라에는 향병과 속국군이 있었는데 이들은 거란족 이외의 복속민들로 이루어진 부대였으며 병종 구성도 다양했다. 그런데 거란족은 중장기병 운용에서 장갑력보다는 기동성을 중시하여 비교적 가벼운 갑옷과 마갑을 착용했다는 점이 특이하다. 그들은 병력을 나누어 사방에서 순차적으로 투입하면서 적을 교란하는 동시에 적진의 약점을 파악하는 기만전술을 즐겨 사용했다. 경기병이 빗자루를 매달고 달려 먼지를 일으키는 등의 방법으로 연막작전을 펴서 기만전술의 효력을 증가시키기도 했다. 그러다가 일단 적의 약점이 포착되면 우세한 기동력을 발휘하여 신속하게 전력을 집결시켜 집중타격을 가하는 대규모 기동전을 감행했다. 적의 진형을 파괴하는 충격전술의 핵심인 중장기병의 장갑을 약화시킨 것은 이러한 전술적 바탕이 있었기에 가능했던 모험이었다.

한편, 한반도 동북부와 동만주 및 연해주 일대에 거주했던 여진족은 고대에는 숙신·물길·말갈 등으로 불렸고, 고구려와 그 뒤를 이은 발해의 주요

구성원이기도 했다. 넓은 분포만큼이나 생활방식도 다양하여 목축과 함께 농경을 하는 부족들도 있었고, 우리 민족과는 오랜 세월에 걸쳐 애증이 얽힌 밀접한 관계를 이어갔다.[40] 고구려가 수·당과 투쟁할 때에는 고구려군 전력의 일익을 담당했고, 발해가 멸망한 후에는 육로와 해로를 통한 잦은 약탈 행위로 고려의 골칫거리가 되었다.

작은 부족들로 산개되어 있던 그들은 요나라와 고려 사이에 끼어 이리저리 치이는 형국이었다. 그러나 아골타라는 걸출한 지도자의 등장 이후 하나로 통합되면서 기마유목민 특유의 무서운 폭발력을 발휘하기 시작했다. 그들은 금나라를 세웠고, 이어 강대하던 요나라를 공격해 멸망시킨 후 중원의 송나라마저 침공하여 무너뜨렸다. 이로써 최초로 명실상부한 '정복왕조'가 성립되었고 한족 왕조는 또다시 강남 지역으로 쫓겨나고 말았다. 이처럼 폭발적인 여진족의 팽창에도 무기체계와 전술이라는 전쟁사적 요인이 작용했다.

여진족은 넓은 범위에 걸쳐 거주했고 다양한 생활방식을 가진 여러 부족들로 구성되었기 때문에 거란족이나 몽고족 등 전형적인 초원 유목민족에 비해서는 기병 자원이 부족한 편이었다. 그들은 이러한 약점을 중장기병의 철저한 특성화로 극복했다. 거란족인 요나라의 중장기병이 기동성과 전술적 유연성을 중시하여 장갑을 약화시켰던 반면, 여진족 금나라의 중장기병은 기동성은 아예 포기하고 장갑력을 극도로 강화했다. 심지어 철갑을 세 겹까지도 껴입었을 정도였다. 게다가 괴자마(拐子馬)라는 독특한 전법을 고안하여 중장기병의 충격력을 극대화시켰다. 괴자마는 중장기병을 3기 단위로 쇠

---

40) 일설에는 금(金)이라는 국호가 신라 왕족의 성씨인 김(金)에서 기원했다고 하며, 금나라 황족의 조상이 신라의 마지막 왕자였던 마의태자라는 설도 있다. 또한 훗날 후금을 세운 누르하치는 조일전쟁이 발발하자 조선을 '부모의 나라'라고 칭하며 자신의 군대로 일본군을 격파하겠다는 뜻을 피력하기도 했다. 조선을 침략하여 굴복시킨 청 태종 역시 항복한 조선 왕을 꾸짖을 때 '가까운 동족을 적대하고 먼 이족과 친했음'을 따지면서 조선과의 종족적인 친연성을 내세우기도 했다. 고려 말에는 많은 고려인들이 여진족 거주지로 진출했고, 고려와 조선은 여진족에 대한 경계와 더불어 포용 정책도 취하여 적지 않은 숫자가 귀순하기도 했으므로 실질적인 혼혈도 상당히 이루어졌다.

사슬 등으로 연결하여 하나로 묶고 이들의 부대를 진형의 측면에 배치했다가, 공격이 시작되면 말이 멈추거나 돌아서지 못하도록 보병으로 하여금 거마창을 들고 따르게 하는 전법이다. 괴자마로 엮인 기병들은 전진과 크게 원을 그리는 선회만이 가능했고 개별적인 진로 변경이나 후퇴가 불가능했다. 대신 이 후퇴를 모르는 무시무시한 강철괴물의 돌격에 일단 얻어맞은 적진은 그야말로 아비규환이 되었을 것이다. 일단 진격하면 죽을지언정 후퇴하지 않겠다는 극단적인 전법이었는데, 요나라의 폭압을 타도하고 자신들의 나라를 세우겠다는 민족적 열정과 강한 정신력이 기초가 되었을 것이다. 이는 병력 수에서 월등했던 요나라나 송나라와의 전쟁에서 위력을 발휘했다.

여진족의 부대전술도 중장기병의 충격력을 최대한 활용하는 정공법이었다. 기동성과 유연성을 중시했던 거란족이 기병 500~700기를 1대(隊)로 한 반면, 여진족은 50기를 1대로 하고 그중 전위의 20기는 장창을 든 중장기병으로 후위의 30기는 활로 무장한 경기병으로 편성했다. 전투가 개시되면 먼저 경기병이 적진에 접근해서 허실을 탐지하여 약점을 찾은 다음, 적합한 돌격지점이 정해지면 경기병의 엄호사격 속에 중장기병이 돌진하고, 적진이 무너지기 시작하면 보병을 포함한 전군이 총공격하는 식이었다. 거란족의 현란한 대규모 기동전에 비하면 경직된 듯한 인상을 주지만, 불필요한 움직임을 최소화함으로써 장갑력과 순간적 충격력을 극대화할 수 있는 측면이 있었다. 거란족 기병처럼 활발하게 기동하려면 장갑은 줄여야만 했고, 돌격 시 중장기병 개개인의 생존성과 충격력은 감소될 수밖에 없었다.

이러한 차이는 거주 지역의 지리적 특성에도 기인한 바가 있다. 거란족의 거주지가 전형적인 광활한 초원지대였던 반면 여진족의 거주지에는 해안도 있었고 산악지형이 많았기 때문에 기병의 대규모 기동이 원활치 못한 장소가 많았다. 이러한 지형에서는 부대 단위를 작게 하고 개별 전투력을 강화하여 국지적 효과가 확실하고 정교한 전술을 구사하는 편이 나았다. 그렇게 성립시킨 전술적 특성은 요나라의 북방초원과 송나라의 화북평원으로 전장이 바뀌어도 기본틀을 그대로 유지할 수밖에 없었을 것이다. 이러한 금나라 중장기병의 전통은 훗날 청나라의 팔기군으로까지 이어진다.

요나라보다도 한층 더 극적으로 등장하여 더욱 폭발적으로 세력을 확장한 금나라였지만 그보다도 더욱 드라마틱한 정복왕조가 있었으니, 바로 그 유명한 몽골 제국이다.

흉노·유연·돌궐 등의 종족들이 거주했던 먼 북방의 초원에서 몽골족이 거주하기 시작한 것이 언제인지, 그들이 과거의 흉노족과 어떤 관계인지는 명확하지 않다. 어쨌든 그들도 거란족이나 여진족과 마찬가지로 여러 부족 단위로 산개되어 있었고, 그들 간에는 부족한 자원과 목초지를 쟁탈하기 위한 잦은 싸움이 벌어졌다. 금 제국 등장 이후 그들은 그 패권하에 복속되었고, 그 상황은 칭기즈칸 테무친이 등장하기 전까지 계속되었다.

흔히 칭기즈칸은 '세계 정복을 달성한 영웅'으로 기억되지만, 실제로 칭기즈칸이 일생의 대부분을 바쳤던 일은 몽골 부족들의 통일이었다. 부족 단위로 생활하는 유목민족을 국가 단위로 통합하는 것은 그만큼 지난한 일이었지만, 일단 이루어지기만 하면 무서운 폭발력을 발휘했다. 몽골족을 통일하고 '대칸'의 자리에 오른 테무친은 먼저 만만한 서하를 침공하여 약탈했다. 그리고 과거 거란족이 당나라에, 여진족이 요나라에 그랬던 것처럼 패권국인 금나라에 도전했다. 남송과의 전쟁과 내부의 권력다툼, 그리고 중원 정복 이후 여진족의 한화(漢化)현상으로 약화일로에 있던 금나라는 통일의 에너지가 충천한 몽골군의 공격 앞에 무너졌다. 이후 칭기즈칸은 멀리 서역으로 눈을 돌려 페르시아의 호라즘을 정복했고, 그가 죽은 후에도 그의 아들과 자손들이 정복 사업을 계속 추진했다.

유라시아 대륙의 대부분을 제패한 그들에게 최후까지 저항했던 것은 중국 강남의 한족 왕조 남송이었다. 그리고 그들에게 거의 유일한 패배를 안기며 더 이상의 서진을 멈추게 한 것은 이집트의 맘룩 왕조였지만, 몽골 제국 정복전쟁의 백미는 역시 동유럽 전역이다. 유라시아 대륙 양단인, 동아시아와 유럽의 군대가 사상 최초로 맞싸운 사건이었기 때문이다. 칭기즈칸의 손자인 바투가 이끄는 몽골군과 이를 요격하고자 출전한 독일·폴란드 기사단 연합군이 격돌한 발슈타트(Wahlstadt) 전투의 결과는 몽골군의 완승이었다. 이 전투는 아시아 초원의 기병대가 유럽의 기사단을 격파한 사례의 본보기가 되었고, 유럽인들은 몽골군의 등장을 '신의 징벌'로 여기며 세상에 종말이 온 것처럼 두려워했다. 유럽 정복은 시간문제였지만 공교롭게도 이때 멀리 본토에 있던 2대 대칸 오고타이가 죽는 바람에 유럽 원정은 중단되고 말았다.

몽골군은 여느 기마유목민족과 마찬가지로 평시의 거주 단위가 곧 전투부대의 단위가 되었다. 10호장, 100호장, 1000호장을 둔 십진제적 사회구성은 유목사회의 전형이었지만, 칭기즈칸은 이들 자리에 자신의 부하들을 임명함으로써 장악력을 높였다. 몽골군의 기동성과 현지 조달 능력은 거란군 이상이었다. 그들은 전황이 여의치 않거나 장거리 행군이 필요할 시 휴대용 육포와 말젖 등을 전시 식량으로 삼아 재보급 없이 신속하게 진군했고, 현지에서 협조를 얻거나 도시와 마을을 약탈하여 나머지를 조달했다. 무자비한 대량학살로 점철되는 공포전술 또한 몽골군의 상징이다. 그들은 자신들에게 협조하는 현지인들은 '형제'로 칭하며 우대했지만, 저항하다 함락된 성의 주민은 남녀노소를 가리지 않고 '개, 돼지까지 남김없이' 학살했다. 이러한 도성(屠城)[41] 전략은 그들의 정복 목표 지역에 분명한 메시지를 전달하는 효과가 있었으므로 그들의 정복전쟁은 한층 더 신속할 수 있었다. 물론 이는 반대로 적의 원한과 전투 의지를 북돋우는 역효과를 내기도 했으며, 한반도·중국 대륙·서아시아·동유럽에 이르는 곳곳에서 대량학살의 잔혹상이 많이 연출되었다. 그들이 전세계에 남긴 강렬한 인상만큼이나, 동서양의 옛 그림들에는 몽골군을 묘사한 것들이 많은데 그중에는 인육[42]을 먹는 장

---

41) 성안의 사람들을 마구 죽인다는 뜻으로, 성을 함락시킴을 이르는 말.
42) 서양에서는 팔레스타인 지역에 입성한 십자군들 중 일부가 현지인들을 학살하고 인육

몽골의 궁기병

면도 있다.

몽골군의 전술은 거란군이나 여진군과 마찬가지로 경기병과 중장기병의 합동전이 중심이었다. 기병의 비율을 보면 60% 정도가 활로 무장한 경기병, 40%가량이 창으로 무장한 중장기병으로 여진족의 기병 편제와 비슷하다. 하지만 전술에서는 거란군과 비슷한 대규모 기동전을 많이 활용했는데, 경기병의 역할이 컸다. 경기병이야말로 몽골군 전력의 핵심이었던 것이 사실이다. 많은 사람들이 몽골군 하면 강한 활과 질긴 비단옷[43]으로 무장한 경기병을 떠올린다. 유라시아 전역을 종횡무진한 몽골군이 상대한 적들 중에는 몽골군보다 더 우월한 무장을 갖춘 군대도 많았는데, 몽골군은 이런 적들을 상대할 때 유인과 매복에 이어지는 역습을 즐겨 사용했다. 당연히 이때는 '파르티아 사법'[44]을 자유자재로 구사하는 우수한 경기병들이 핵심적 역할을 했다. 하지만 궁극적으로 적을 섬멸하려면 적의 진형을 파괴해야 했는데, 그러기 위해서는 중장기병

을 먹었다는 기록이 있고, 우리 역사에도 고려 말 개경에 입성했던 홍건적들의 식인 기록이 있다. 또한 기근 시의 식인은 세계적으로 흔한 현상이었다.

43) 몽골 경기병의 비단옷은 화살에 맞았을 시 뚫리지 않고 화살촉과 함께 살 속으로 밀려 들어가서 살촉을 쉽게 빼낼 수 있게 하여 치명적인 상처가 나는 것을 방지했다고 한다.

44) 말을 달리며 몸을 돌려 뒤쪽으로 활을 쏘는 기술에 대한 유럽식 호칭. 기마궁수의 장점을 극대화한 전법이다.

몽골은 호라즘 제국을 멸망시키고(좌), 유럽을 공포에 몰아넣었다(우).

의 충격전술만큼 효과적인 것이 없었다. 그래서 일단 적의 전열이 붕괴되면 경기병들도 칼을 빼들고 추격전을 벌였다.

몽골군은 적의 전술을 배우는 데에도 남달랐다. 그들은 금나라를 정복하면서 공성무기 제작술을 습득했고, 이후에는 미리 제작한 공성무기를 분해하여 말에 싣고 이동하다가 성 공략 시에 즉석에서 조립하여 활용했다. 동유럽을 정복한 후 남송을 공략할 시에는 유럽에서 도입한, 긴 사정거리를 가진 트레뷰셋 투석기를 공성전에 투입하기도 했다. 또한 몽골군은 정복전쟁 후기로 가면서 다수의 보병을 투입하여 병력으로도 적을 압도하는 경우가 많았는데, 이러한 보병에는 대개 피정복민들이 동원되었다. 중국식 전술의 도입이라고 할 수 있다. 바다는 본 적도 없는 내륙의 유목민이었던 그들이 대규모 함대를 구성하여 섬나라인 일본까지 원정했던 것도 그들이 변화에 적극적이었음을 보여 준다.

이처럼 몽골군은 기본적으로 최강의 유목민 기병이었을 뿐 아니라 동서양을 종횡무진하면서 유라시아 곳곳의 전술을 배우고 조합하기도 했다. 그야말로 '도구의 시대' 군대의 가장 궁극적인 형태를 이루었다고 할 만하다. 그리고 그들이 이룩한 세계 제국은 동서양의 문물교류를 사상 최대로 촉진시켰는데, 이때 유럽으로 전래된 신기술들 중에는 화약도 포함되어 있었다. 화약을 처음 만들었던 중국인들은 그것을 위험한 물건으로 취급했을 뿐이었지만, 이것이 서아시아를 거쳐 유럽인들의 손에 들어가면서 세계 전쟁사는 혁명적인 변화를 맞게 된다. '도구의 시대'에 최강의 군사력을 지녔던 몽골 제국은 결과적으로 전쟁사에서 '도구의 시대'를 종식시키고 새로운 시대를 여는 초석을 놓았다고 할 수 있다.

역사를 바꾼 전투 이야기 ⑤ 살수 대첩

서기 612년, 고구려의 제2차 대수 전쟁은 세계 전쟁 사상 유례가 없었던 대규모 전면전이었다. 수나라는 고구려 원정에 전투병만 113만여 명을 동원했고, 군수품 수송과 각종 노역을 맡은 인원은 그 두 배에 달했다. 그들 중 최종적으로 고구려 영토 내로 진격한 정예 전투병력만 해도 64만 명 이상으로 추정된다. 이에 맞서는 고구려군의 규모는 정확히 알 수 없지만, 중국 측 기록에 따르면 고구려는 평소 보·기병 합쳐 30만 명가량의 병력을 보유하고 있었다고 한다.

수양제가 직접 지휘하는 수군은 612년 3월 중순 요하 서쪽의 회원진에 도착했다. 수군은 수적 우세를 바탕으로 초전인 요하 전투에서 승리하고 교두보를 확보, 고구려 요동방어망 공략에 나섰다. 특히 그 중심에 있던 평지성인 요동성에서의 전투는 수군의 당대 최강급 공성 전력과 고구려군의 당대 최강급 수성 전력이 격돌한 대전이었다고 할 만하다. 수군은 운제, 당차, 포차, 팔륜누차, 어량대도 등 신형 공성병기를 총동원하여 줄기차게 공격을 퍼부었지만 3개월이 지나도록 단 한 개의 성도 함락시키지 못했다. 투박해 보이지만 정교하게 쌓인 고구려의 성벽은 포차와 당차 등의 공격에도 무너지지 않았고, 그 위에서 맥궁으로 무장한 궁수들이 퍼붓는 화살 공격은 위력적이었다. 게다가 고구려의 기병들이 틈만 나면 뛰쳐나와 유격전을 벌이며 수의 대군을 괴롭혔다.

이에 수군은 요동방어망 공략을 포기하고, 30만 5천 명의 정예 병력을 따로 편성하여 고구려의 수도인 평양성을 직공하는 과감한 전략을 시도했다. 보급로를 확보하지 않은 채 신속히 진군하는 모험이었는데, 5만 병력의 해군이 많은 물자를 수

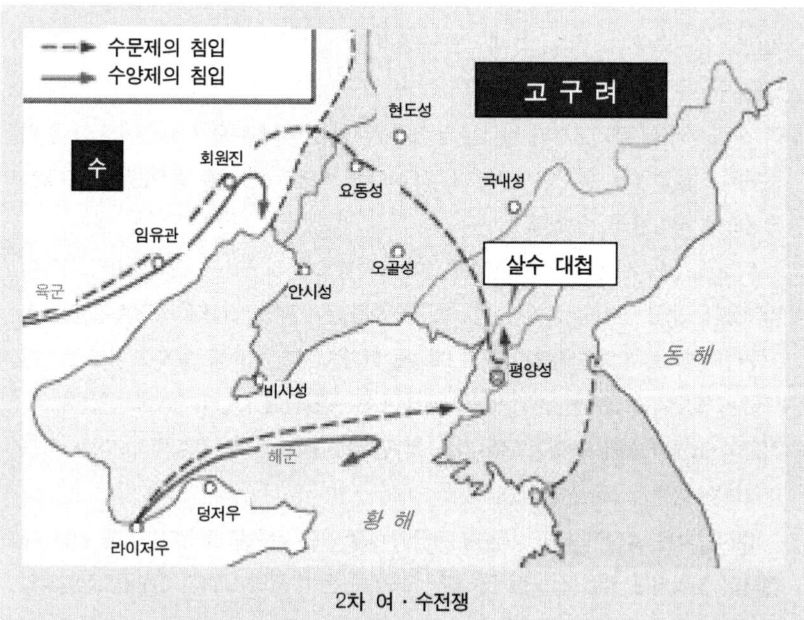

2차 여・수전쟁

송해서 평양에 상륙하여 합류함으로써 이 문제를 해결하려는 계획이었다. 을지문덕 휘하 고구려군은 요동의 성들을 무시하고 진군하는 이 엄청난 대군을 저지할 수가 없었으며 절대절명의 위기가 닥쳤다.

평양에 먼저 도착한 것은 해군이었다. 왕제 고건무가 거느린 평양성의 고구려군은 그들보다 열세였지만 성에서 웅크리고 있을 수가 없었다. 그들을 그냥 놓아둔다면 얼마 뒤면 도착할 30만 5천 명의 육군과 합류할 것이고, 그러면 걷잡을 수 없는 사태가 벌어지기 때문이다. 이에 고건무는 수의 해군을 요격하다 패하는 척하여 그들을 복병이 매복하고 있는 평양 외성 안으로 유인했다. 수의 해군대장 내호아는 이 전쟁의 최종 목적지인 적의 도성이 눈앞에 보이자 공을 세울 욕심에 애초의 작전 목표를 망각하고 4만 병력을 휘몰아 성안으로 돌입했다. 고구려 최대의 요새인 평양성에 공성전도 치르지 않고 진입한 내호아는 의외의 전과에 흥분했고, 고구려가 전군을 요동 방면에 투입하느라 평양을 비운 것으로 착각하여 부대를 분산시켜 약탈을 시작했다. 그야말로 완벽하게 고건무가 의도한 대로 움직여 버린 셈이었다. 이윽고 고구려군의 반격이 시작되었다. 중장기병으로 추정되는 '결사대' 500기의 돌진을 선두로 한 고구려군의 매서운 총공격 앞에, 약탈하느라 정신이 팔려 흩어져 있던 수군은 지리멸렬에 빠져 붕괴되었다. 고구려군은 함대가 있는 곳까지 추격하여 수의 해군에 재기불능의 타격을 입혔다. 사실상 이 전투로 전쟁의 승패가 갈린 것이나 다름없었다. 일찍이 신채호도 이 승리를 이끈 고건무를 을지문덕 못지않은 영웅으로 칭송한 바 있었다.

뒤늦게 수의 30만 육군은 평양 근교에 도착했으나 해군이 궤멸됨에 따라 차질이 막대했다. 보급 없이 진격해 온 수 육군의 식량은 이미 오래전에 바닥을 드러냈고, 고구려의 청야[45]입보전략으로 현지 조달도 불가능했다. 굶주림 속에 지칠대로 지친 그들은 해군의 보급만을 믿고 있었기에 철수하는 것밖에 방법이 없었다. 물론 고구려군이 그들을 곱게 돌아가도록 놔둘 리 만무했다. 이제 전쟁은 퇴각하려는 적을 추격하는 섬멸전으로 전환되었다.

을지문덕은 결정적 타격 지점을 지금의 청천강인 살수로 정했다. 강을 건널 때 전력이 분리되는 약점을 노린 것이다. 고구려군은 수군의 도하가 절반쯤 진행되었을 때를 노려 총공격을 감행했다. 수군은 후위 부대를 남겨 추격에 철저히 대비했

살수 대첩 민족기록화

45) 적이 이용하지 못하도록 농작물이나 건물 등 지상에 있는 것들을 말끔히 없앤다는 뜻이다.

으나 이미 지칠 대로 지친 그들의 전열은 강력한 중장기병을 앞세운 고구려군의 공격을 막지 못했고 후위를 맡은 수군 장군 신세웅이 전사했다. 이런 상황에서 장군의 전사는 그 부대의 전면적 붕괴를 의미한다. 후위의 전열이 무너지자 공황에 빠진 수군은 무질서하게 도주하기 시작했고 을지문덕 휘하의 고구려군은 살수에서 요동에 이르는 넓은 지역에 걸쳐 입체적인 추격 섬멸전을 전개했다. 30만 5천 명의 병력 중 요동성 앞의 수 본군 진영까지 살아 돌아간 자들은 대장 우중문과 부장 우문술을 비롯한 2천 7백여 명에 불과했다.

살수 대첩은 대단히 큰 역사적 의미를 지닌다. 수나라는 결국 이 패전의 후유증이 원인이 되어 멸망했고, 뒤를 이은 당나라는 그 상처를 치유하느라 한동안 고구려를 넘보지 못했다. 중국 통일 제국의 백만 대군을 격파함으로써 고구려의 국제적 위상은 크게 상승했다. 이는 북방민족이나 백제, 왜국 등 주변국들의 전략판단에 영향을 주어 훗날 고구려가 당 제국에 맞서는 이른바 '십자외교'의 국제전략을 수립할 수 있는 배경이 되었다. 또한 이때 효력을 입증한 청야입보전략과 수성 및 야전타격전술이 있었기에 고구려 멸망 이후에도 고려가 강대한 적들의 침략 속에서 생존할 수 있었다. 말하자면 살수 대첩은 우리 민족이 존재할 수 있게 한 전투였다고 할 수 있다.

5. 도구 시대의 공성 전투

인류의 역사가 시작된 이래 뺏으려는 자와 지키려는 자의 싸움은 계속되어 왔다. 특히 인류가 정착 생활을 시작한 신석기시대에는 자신의 재산을 약탈자로부터 지키기 위해 흙벽이나 울타리로 원시적인 방어물을 축조하기도 했다. 역사시대에 들어와서는 도시와 국가가 출현하면서 빼앗고 지키는 싸움은 더욱 치열해졌다. 이런 상황 속에서 지키기 위해 성(castle)을 비롯한 여러 가지 방어물이 축조되었고 빼앗기 위해 여러 가지 공성무기들과 공성법들이 개발되었다.

현존하는 기록상 최초의 성은 기원전 5천 년 경의 여리고(Jericho)성이다. 여리고성 이외에도 이집트, 수메르 및 팔레스타인 등지에서 수많은 축성물 유적들이 발견되고 있으며 중국에서는 춘추전국시대에 수많은 성들이 축성되었다. 이런 성들은 군주와 주민들에게 피난처를 제공했고, 공격자들의 입장에서는 야지에서 아무리 큰 승리를 거두었다고 해도 성채를 점령하지 않는다면 그 국가를 정복했다고 볼 수 없었다. 따라서 이런 성채들은 사방으로 적에게 포위당하더라도 지탱할 수 있도록 설계되었으며 식량창고를 비롯한 저장 공간과 우물 등을 확보해 놓았다.

공격자들은 다양한 방법으로 성채를 공략하려고 했다. 가장 대표적인 것이 아시리아 암각 벽화에 나타난 아시리아의 공성법이다. 아시리아 군대는 성문을 뚫는 충차(Ram), 공성사다리, 성벽에 꽂아 타고 올라갈 수 있게 만든 쇠지레(Crowbar), 성벽에 있는 방어군을 공격할 수 있도록 설계된 공성탑(Siege tower), 적의 화살 공격을 방어함으로써 병력을 성벽 가까이 밀고 들어갈 수 있도록 만든 방패막이(mantelet) 등 다양한 공성용 무기들을 보유했

성서에 의하면 여리고성은 이스라엘 사람들이 뿔나팔을 불며 성을 7번 돌자 무너졌다고 한다.

아시리아의 공성전 | 아시리아는 공성사다리(좌)와 충차(우) 등 다양한 공성무기들을 사용했다.

었고 이것들을 잘 활용했다. 또한 아시리아는 다양한 공성 전술들을 사용했는데 성벽 밑에 지하 갱도를 파거나 적의 방어군을 설득하는 심리전을 사용하기도 했다.

그리스는 메소포타미아나 중국과는 달리 도시가 요새화되어 있지 않았다. 주로 높은 지대에 위치한 도시국가만이 요새화되어 있었으며 전시에 피난처로 이용되었다. 그러나 기원전 430년에 페리클레스(Pericles)의 조언을 받아들여 피레우스(Piraeus) 항구와 도시를 연결하는 긴 방벽을 구축한 이래, 많은 도시국가들이 성채를 건축하기 시작했다. 로데스와 페르가몬과 같은 강력한 요새들은 상호 엄호를 제공하는 다중벽으로 만들어졌으며, 특히 궁수들을 위한 둥근 천장(vault)과 비상 출격문(sally port) 등도 포함되어 있었다.

최초의 포위 공격으로 함락된 그리스의 도시는 기원전 424년의 델리움(Dellium)이었다. 펠로폰네소스 전쟁 당시 델리움을 포위한 테베인들은 석탄, 황, 역청으로 가득 채운 무쇠 가마솥에 불을 붙인 불덩이를 지렛대의 원리를 이용해 적진을 향해 투척했다. 델리움의 아테네인들은 급조한 울타리가 불에 타버리자 결국 테베인들에게 항복하고 말았다. 다른 그리스인들은 테베의 무기를 모방하여 소이탄 비슷한 무기를 만들어서 성문을 태우거나 적의 공성무기를 태우는 용도로 사용했다.

그리스의 공성 전투에서 가장 중요한 인물은 시라쿠사의 디오니시우스(Dionysius)이다. 디오니시우스는 카르타고의 침략을 막기 위해 오르티기아(Ortigia)

섬을 난공불락의 요새로 만드는 한편 에피폴라이(Epipolai) 고원에 장대한 요새를 구축했다. 디오니시우스는 축성뿐만 아니라 공성무기 개발에도 심혈을 기울였다. 그 결과 커다란 석궁인 가스트라페테스(Gastraphetes)[46]와 거대 공성탑인 헬레폴리스, 투석기의 일종인 카타펠테스(Katapeltes)와 페트로볼로스(Pertrobolos)가 만들어져 사용되었다. 가스트라페테스는 커다란 석궁으로서 기계적인 힘으로 강력한 화살을 발사하여 성 위에 있는 방어군을 몰아내는 데 사용되었다. 그러나 휴대하고 다니기에 너무 무거웠고 재장전이 오래 걸렸기 때문에 폭넓게 활용되지는 못했다. 가스트라페테스의 단점을 보완하기 위해 조립이 가능한 노포(弩砲), 즉 옥시벨레스[47]가 등장하기도 했다. 거대 공성탑인 헬레폴리스는 도개교(跳開橋)를 이용하는 다른 공성탑과 달리 공성탑 안에 노포와 다트발사기를 설치하여 성벽과 방어군을 공격할 수 있도록 한 강력한 공성무기이다. 카타펠테스는 투석기의 일종으로 탄환을 성을 향해 투척하는 기계이다. 특히 노포와 투석기 같은 기계식 대포는 사람의 직접적인 근력이 아닌 기계원리에 의해 작동되었기 때문에 기존의 무기와는 다른 차별성을 보인다. 기계식 대포들은 이전의 무기들과 달리 사

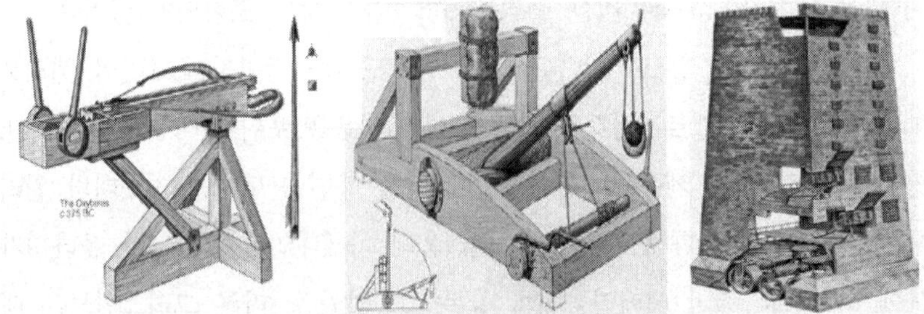

디오니시우스의 공성무기들 ‖ 왼쪽부터 옥시벨레스, 카타펠테스, 헬레폴리스

46) 로마시대 때 발리스타(Ballista)라고 불렸다.
47) Oxybeles. 굵고 짧은 화살을 쏘는 장치. 가스트라페테스 다음 발전단계의 무기로서 BC 375년경에 만들어졌다. 옥시벨레스는 너무 커서 휴대하기가 불가능하고 받침대가 필요했으며 이를 사용함으로써 사거리와 정착성이 증대되었다.

람의 신체적 능력—힘이 강하거나 약하거나, 흥분하거나 차분하거나—과 상관없이 독립적으로 작동했다. 또한 기계식 대포에 숙달된 전문가(Engineer)들이 육성되기도 했다.[48)]

로마는 야전축성을 적극 활용한 나라였다. 로마군단 속에는 중무장한 보병 못지않게 많은 수의 'Marius Mules'라고 불리는 전투 공병이 편성되어 있었는데, 이들은 말뚝 · 톱 · 곡괭이 · 삽 · 못과 같은 무기를 휴대하고 있었다. 이러한 장비와 잘 편성된 조직 때문에 로마군은 날마다 새로운 진지를 만들 수 있었고, 항상 요새화된 진지의 지원을 받아 전쟁을 수행했다. 포에니 전쟁 때 파비우스가 참호를 이용한 지연전으로 한니발 군대를 상대한 것이 대표적인 사례이다. 카이사르도 알레시아 공방전에서 베르킨게토릭스가 이끄는 갈리아족들을 야전축성으로 포위함으로써 로마를 승리로 이끌었다.

로마는 대부분 야전에서 적을 상대했으나 제국이 안정기에 이르고 제정이 시작되면서 이민족들을 막기 위해 국경에 방벽을 설치했다. 로마 국경이나 중국의 만리장성처럼 국경의 전체를 두르는 거대한 방벽은 엄청난 재원과 인력이 소모되었기 때문에 고도로 중앙집권화되어 있는 국가들에서만 나타날 수 있었다. 그러나 이 방벽들은 로마나 중국이 안정기일 때는 기능을 제대로 했지만 혼란에 빠졌을 때는 이민족의 침입을 막지 못했다. 왜냐하면

중국의 만리장성(좌)과 로마의 하이드리아누스 방벽(우) | 이 둘은 대표적인 커다란 방벽이다.

48) 엔지니어(Engineer)라는 용어 자체가 '기계식 대포를 사용하는 직업군인'에서 유래했다.

방벽의 방어력은 방벽 자체가 갖고 있는 물리적 견고함에 의한 것이 아니라 순찰・봉화 시설・성벽을 지키는 수비대와 같은 효율적인 조직과 시스템에 의해 결정되었기 때문이다. 로마나 중국의 통치가 안정기였을 때는 이런 조직과 시스템이 잘 운영되었지만 국가가 혼란에 빠졌을 때는 조직과 시스템이 무너졌기 때문에 방벽은 무용지물이 되었다.

중세의 성은 고대 그리스나 로마 때와는 다른 양상을 보였는데 주로 도시를 성곽으로 둘러싸는 도시방벽(市城, town wall)형태였다. 그러나 로마라는 거대한 제국이 무너지고 찾아온 게르만족들의 이동으로 인한 혼란, 이슬람 세력의 위협, 마자르족과 바이킹족의 침입, 영토를 수호해 줄 국가권력의 부재로 인해 각 지방은 이민족의 침입으로부터 자위적 방어능력을 갖춰야만 했기 때문에 고대의 도시방벽을 대체한 봉건식 성곽(castle)이 출현하게 되었다. 중세의 성들은 중앙에 거대한 돌탑, 즉 성곽의 탑(donjon)을 설치했다는 점에서 고대의 도시들과 달랐다. 또한 중세의 성들은 엄폐된 베란다, 버팀벽, 흉벽, 총안 흉복, 돌출 총안, 측방 망루, 비상 출격구, 방호된 대문 등으로 구성되어 있는 다중 칸막이벽으로 둘러싸여 있었다. 그리고 공성 전투를 대비하기 위해 성 주변에 해자(垓字)를 두르고 물을 채웠다. 중세에는 많은 지역에 성들이 건설되었고 영주들은 성의 모든 인력과 물자를 통제했다. 원칙적으로 이 영주들은 왕에게 충성을 바쳤지만 왕권이 미약했기 때문에 중세의 왕들은 이들을 통제할 수 없었다.

중세성을 공격하기 위해서는 많은 인력과 물자 그리고 시간이 필요했다. 중세에도 고대와 마찬가지로 성을 함락하기 위해서 다양한 공성무기들이 활용되었는데, 대표적인 것이 트레뷰셋(trebuchet)이다. 이는 평형추에 의해 작동되는 투석기이다. 트레뷰셋과 같은 기계식 대포는 매우 강력한 무기였지만 이런 무기의 출현에도 불구하고 과거부터 내려오는 공성 전투의 근본을 바꿀 수는 없었다. 왜냐하면 기계식 대포들은 뒤에 나오는 화약 대포처럼 성벽 자체를 무너뜨릴 수 없었기 때문이다. 화약 대포는 평평한 탄도를 이용하여 성벽을 집중 공격할 수 있었지만 기계식 대포는 높은 각도로 사격했기 때문에 성벽을 맞추기보다(간혹 맞추기도 했지만) 성안의 시설을 파괴하는 용도로 사용되었다. 그렇기 때문에 중세의 공성 전투에도 과거와 마찬가지로 화살이나 투석기를 발사하여 성벽의 수비대를 물리친 다음 사다리와 공성탑을 이용하여 성벽을 넘는 작전이 주로 이용되었다. 또한 기계식 대포를 이용하여 발화성 물질을 던져 성안에 화재를 일으키거나 패스트에 걸린 시체를 던지는 생물학전을 펼치기도 했다.

트레뷰셋(출처: 『두산백과사전』)

그러나 성을 포위해서 함락시키는 것은 매우 어려운 일이었다. 성안의 방어자 역시 공격자와 마찬가지로 다량의 수성무기를 보유했고 그것을 이용하여 공격자의 공성무기를 파괴하기도 했다. 결국 고대나 중세의 수많은 공성 전투는 외교적 술책이나 굶주림, 질병 등으로 인해 끝을 맺기 마련이었다. 특히 성 내부의 자원을 고갈시킴으로써 수비대의 항복을 받는 것은 상당한 군사적, 행정적 성과였다. 스코틀랜드의 왕 다비드는 성을 포위하여 방어군을 굶주리게 함으로써 그들에게 항복을 받아 냈고, 적군이 타고 도망칠 말을 준비해 주기까지 했다.

공성 전투의 어려움은 "전투에서 가장 나쁜 방법은 적이 지키고 있는 성을 공격하는 것"이라는 손무(孫武)의 말에 잘 드러나 있다. 또한 그리스 최고의 공성 전문가였던 디오니시우스조차도 공성 전투를 꺼려했다. 디오니시우스는 병력을 동원한 전면 공격보다 성을 포위하여 내부 자원을 고갈시키거나 첩보조직을 이용한 내부 교란 및 배반 등의 심리전을 더 선호했다. 이처럼 공성 전투에서 공격자에 대한 방어자의 우위는 후에 화약무기가 발달하고 전투양상이 근본적으로 변하기 전까지 지속되었다.

6. 도구 시대의 해상 전투

인류는 왜 바다로 나아가려고 했을까? 물론 고기잡이와 같은 자원 획득도 많은 요인 중 한 가지였겠지만, 인류가 바다로 나가려고 했던 가장 큰 이유는 해상운송의 경제성 때문이었다. 열악한 도로에서 말과 수레에 의존하는 고대의 지상운송은 인력과 비용 면에서 매우 비효율적이었다. 반면에 돛과 바람을 이용한 해상운송은 사람의 근력과는 무관했기 때문에 적은 인력으로 많은 양의 화물을 비교적 빠르게 운송할 수 있었다. 해상운송의 이런 이점은 전쟁에도 매우 유용하게 쓰였다. 해상에 의한 보급은 육로를 이용한 보급보다 빨랐고 비용과 인력이 적게 들었다. 이런 장점 때문에 고대의 수많은 국가들은 해상운송을 선호했으며 전쟁에서의 승리를 위해서는 적의 수송선단을 파괴하거나 아군의 수송선단을 지켜야만 했다.

페르시아 전쟁 당시 살라미스 해전에서 패배한 페르시아는 수송선단을 모두 잃어버린다. 그 후 플라타이아에 상륙했던 페르시아 지상군은 굶주림과 질병에 시달리다 결국 그리스에게 괴멸당하고 말았다. 고구려를 침략한 수 양제의 30만 별동대도 해군 보급부대가 괴멸되자 적절한 보급을 받지 못하게 되었고 굶주림에 시달리다 결국 고구려군의 반격을 받아 전멸했다. 이처럼 동서양을 막론하고 해상운송과 제해권의 확보는 전쟁에서 대단히 중요한 관건이었다. 따라서 우수한 선박을 만들고 운용하는 역량은 전쟁에서도 꼭 필요한 것이었다.

선박에 사용된 주요 추진 시스템은 돛(sail)과 노(oar)이다. 이 두 가지 장치는 철제군함이 출현하기 전까지 광범위하게 사용되었으며 서로를 보완하면서 발전되었다. 그러나 이 두 가지 추진 시스템은 분명한 차이점을 보이고 있으며 몇 가지 장단점을 가지고 있다. 먼저 돛을 단 범선(sail ship)은 바람을 이용하기 때문에 값이 싸고 적은 인력으로도 오랜 기간 항해할 수 있다. 또한 승무원이 적은 만큼 많은 화물을 적재할 수 있고 노를 이용한 갤리선(Galley ship)에 비해 선박의 형태가 다양하다. 하지만 범선은 바람의 영향을 많이 받기 때문에 여러 가지 바람 속에서 항해하는 능력이 제한되었고 속도도 바람의 세기에 따라 달라진다. 반면에 노를 이용한 갤리선은 바람과는 무관하게 노를 이용하여 추진력을 얻기 때문에 가속력이 좋으며 범선과 달리 바람이 없는 날에도 항해가 가능하다. 그러나 노가 낼 수 있는 힘을 최대로 이용하기 위하여 될 수 있는 한 낮고 가볍게 만들어야 한다. 또한 갤리선의 기와 화물량에 따라 노 젓는 선원 수가 엄청나게 불어났고 선원들이 생활할 공간이 부족했기 때문에 범선에 비해 운항 거리와 운항 일수는 제한될 수밖에 없다. 그렇지만 범선과 갤리선이 돛과 노 중 한 가지 추진 시스템만 갖춘 것은 아니다. 범선에서는 키(rudder)가 발명되기 전까지 방향 조정을 위해 선박 꼬리 양쪽에 한 쌍의 노를 달았으며 갤리선에도 돛을 달아 보조 추진력으로 사용하기도 했다.

화약의 시대로 넘어가기 전까지 범선과 갤리선의 역할은 비교적 명확했다. 범선은 화물을 많이 실을 수 있으며 인력과 비용이 적게 들고 내항성[49]

갤리선

49) 오래 항해할 수 있는 능력.

이 좋았기 때문에 주로 수송선으로 이용되었다. 그러나 순간 추진력을 낼 수 없었고 항해 능력이 바람에 의해 제한되었기 때문에 군함으로 사용되지는 못했다. 선박이 군함으로 사용되기 위해서는 적의 수송선을 따라잡을 만큼 빨라야 하며 적선을 강타하고 회피할 수 있도록 기동력을 갖춰야만 했다. 이런 요구 사항에는 범선보다 갤리선이 좀 더 적절했기 때문에 군함은 대부분 갤리선으로 이뤄졌다. 그러나 갤리선은 많은 수의 승무원이 필요했기 때문에 운영비가 많이 들었고 내항성이 부족했다.

기록상 최초의 해전은 테베의 메디넷 하부사원에 벽화로 잘 묘사되어 있다. 이 벽화에 의하면 이집트의 람세스 3세가 나일강에서 해양 민족들의 침입을 격퇴했는데, 그때 이집트인들은 갤리선을 군함으로 사용했다. 이집트만큼이나 활발한 해상 활동을 했던 그리스인들도 선박건조에 많은 관심을 기울였다. 그 중 미케네인들이 만든 펜티콘터(Penteconter)는 갤리선의 일종으로 설계, 자재, 건조 방법 등을 통일함으로써 빠르고 쉽게 대량으로 건조했다. 미케네인들은 이 펜티콘터를 이용하여 에게해를 장악했으며 트로이 전쟁을 치르기도 했다.

그러나 이 시기 군함은 해전을 위해 만들어진 전투함이 아니라 아군 병력을 상륙시키기 위한 강습함에 가까웠다. 진정한 군함이라 불릴 만한 함선은 페르시아 전쟁 동안 그리스 아테네에서 출현했다. 아테네의 테미스토클래스가 건조한 3단 갤리선인 트라이림(Trireme)은 170개의 노가 3단으로 배치되

Fig. 15. Greek Trireme
About 400 B.C.

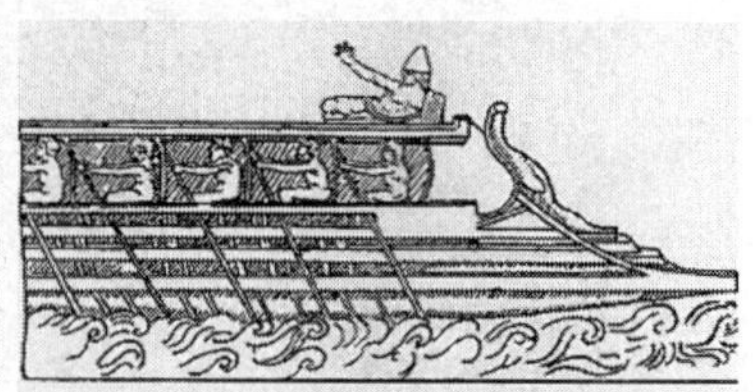

Fig. 16. Bow of Greek Trireme
Pozzo drawing

그리스 미술에 표현된 트라이림

어 강력한 추진력을 지녔다. 트라이림의 이런 장점을 극대화시키기 위해 뱃머리에 단 충각(衝角)은 트라이림 특유의 빠른 기동력과 결합하여 강력한 위력을 발휘했다. 특히 살라미스(salamis) 해전에서 많은 수의 페르시아 함대가 트라이림의 충각 공격에 격침되었다. 이후 충각을 달고 적함과 충돌하여 침몰시키는 전술은 광범위하게 그리고 매우 오래—심지어 철제군함이 출현한 후에도—사용되었다. 3단 갤리선인 트라이림은 그 우수성을 인정받아 그리스와 로마 시대에 걸쳐 많은 활약을 했다.

로마의 해상전술은 약간 특이한 형태로 발전했다. 전통적으로 로마는 육군에 비해 해군이 약했기 때문에 포에니 전쟁 기간 동안 해상 강국 카르타고에게 고전할 수밖에 없었다. 로마는 해전에 코르버스(corvus)를 이용한 지상전 시스템을 도입함으로써 해군력의 열세를 극복하려고 했다. 코르버스(corvus)라 불리는 로마의 신무기는 머리 부분에 스파이크가 부착된 다리이다. 로마는 코르버스를 돛대에 매달아 두었다가 적함 가까이 접근하면 도르래로 끌어 내려서 적함을 붙들어 놓았다. 그리고 아군 선박과 적군 선박 사이에 걸쳐서 상대방 선박에 올라가는 통로로 사용했다. 짧은 칼을 주 무기로 사용한 로마는 그리스의 긴 창보다 선상전투에서 유리했기 때문에 선상전투가 벌어지면 대부분 로마가 승리했다. 후에 로마는 갈고리를 쏘아 던지는 기법을 개발하여 사용하기도 했다.

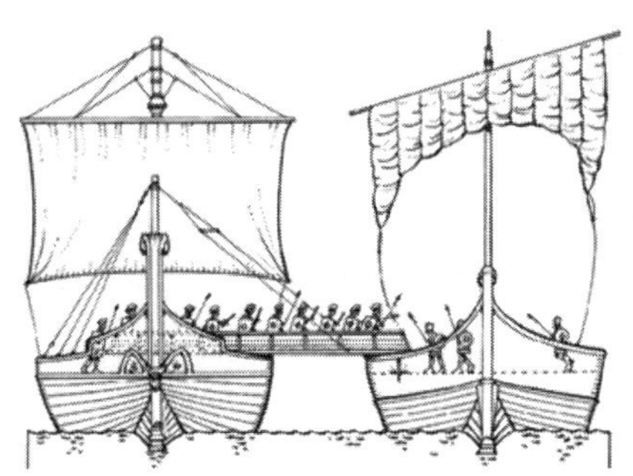

코르버스를 사용하는 모습(좌)과 코르버스를 설치한 갤리선

충각 공격을 하는 모습

로마는 충각을 이용한 전술보다 선상전투를 선호했기 때문에 3단 갤리선들은 더 이상 전투에 적합하지 않게 되었다. 특히 3단 갤리선은 노잡이들이 방호받지 못했기 때문에 적의 화살 공격에 취약했고, 배의 앞뒤 작은 갑판 사이의 통로가 좁아 전함이 적재할 수 있는 전투원 수가 크게 제약받았다. 로마는 이런 문제를 해결하기 위해 선박의 갑판을 노잡이들 머리 이상으로 올리고 선박 전체를 갑판으로 덮었으며, 높은 망루를 설치하고 전투용 장비 및 많은 인원을 태울 수 있는 카타프랙트(Cataphracts) 함정을 건조했다. 카타프랙트 함정은 갤리선과 범선을 혼합한 형태로, 주된 동력으로 돛을 사용했으며 보조 동력이나 특수한 전술적 기동 목적으로 노를 사용했다. 6~10줄의 노를 갖춘 카타프랙트 함정은 기존의 3단 갤리선보다 많은 화물 운송 능력을 지녔기 때문에 상당한 전투 병력을 탑승시킬 수 있었을 뿐만 아니라 발리스타와 같은 공성무기를 탑재하여 군함으로써도 대단한 능력을 발휘했다. 기원전 31년 벌어진 악티움(Actium) 해전에서 옥타비아누스(Octavianus)와 안토니우스(Antonius)는 카타프랙트 함정을 비롯한 다중 열의 노가 장착되어 있는 갤리선으로 함대를 구성했는데 상당수의 병력과 궁수, 공성무기를 탑재하고 전투를 벌였다. 이 해전은 단순한 선상백병전 위주가 아니라 발리스타와 같은 노포를 이용하기도 했고 불화살을 날리기도 했다.

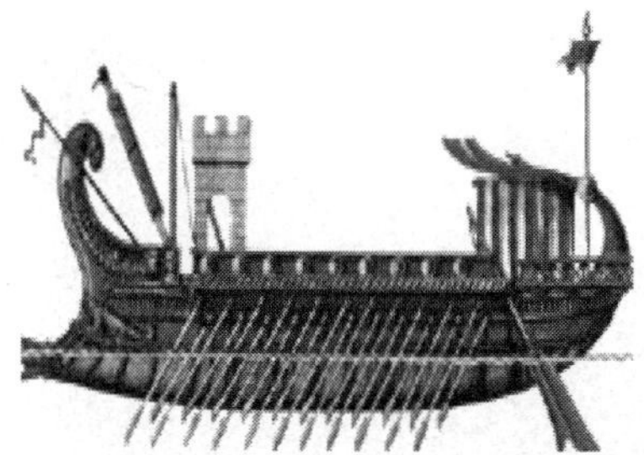

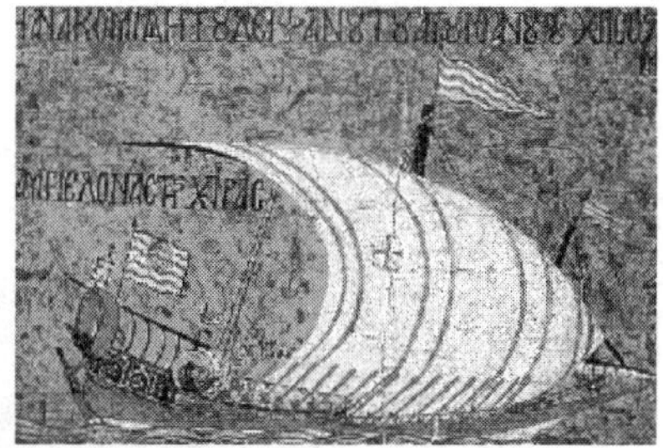

리버니안(좌)과 드로몬(우)

악티움 해전 이후에 지중해를 제패한 로마는 더 이상 자신들과 대항할 적들이 사라지자 거대한 갤리선을 축조하는 대신 리버니안(Liburnian)이라는 작은 갤리선을 축조했다. 리버니안은 대규모 해전보다 주로 초계 및 순찰 활동에 사용되었다. 리버니안을 발전시킨 드로몬(Dromon)은 비잔틴 제국 의 주력 함정이었다. 드로몬은 작은 2단 갤리선으로 속도가 빨랐으며 많은 전투원을 탑재했다. 또한 로마의 대표적인 건조 방식인 목판 이음식(Shell method)이 아닌 변형 용골식(Frame method)을 사용했다.

변형 용골식은 비용을 줄이는 대신 충각 공격의 효과를 감소시키기 때문에, 비잔틴 해군은 주로 선상전투를 하거나 그리스의 불(Greek fire)[50]을 이용하여 상대 군함을 태워 버렸다. 특히 비밀 병기였던 그리스의 불은 해상전에서 강력한 위력을 발휘하여 비잔틴 제국이 수적 열세에도 불구하고 오랜 시간 동안 이슬람의 공세로부터 제해권을 지켜낼 수 있었던 힘이 되었다. 그리고 4세기경부터는 라틴 돛이라 불리는 삼각돛이 전해져 로마의 사각돛을 대체함으로써, 선박의 항해 능력이 향상되어 20도 각도로 맞바람을 맞으면서도 항해할 수 있게 되었다.

---

50) 그리스 헬리오폴리스 출신인 칼리니쿠스가 발명한 무기로서 가연성 액체에 불을 붙여 적에게 직접 방사하거나 투척하는 비잔틴 제국의 비밀 무기이다. 불길이 강렬했으며 물 위에서도 꺼지지 않았고 모래로만 끌 수 있었다고 알려졌다. 제조비법은 비잔틴 제국과 나중에 방법을 입수한 아랍 세계에서도 극비로 했기 때문에 현재 남아 있지 않다.

그리스의 불

지중해의 통상적 환경에서는 갤리선만으로도 효과적인 전쟁을 수행할 수 있었다. 그러나 북유럽의 거친 바다는 거센 폭풍과 예기치 못한 바람, 강한 조류와 높은 파도로 인해 항상 위험했기 때문에 지중해에서 사용되던 형태의 갤리선은 적합하지 못했다. 그래서 등장한 것이 바이킹족의 장선(Long ship)이다. 장선은 선형이 길고 날씬하며 배의 흘수(draft)[51]와 건현(free-board)[52]이 아주 낮아 쉽게 노를 저을 수 있으므로 해상에서도 빠르게 항해할 수 있다. 추진 시스템으로는 1단 노와 돛을 사용했는데 전투가 시작되면 돛을 접고 노를 사용했다. 장선은 노를 사용하고 흘수가 낮았기 때문에 하구나 강을 거슬러 올라가기 매우 편리하다. 그러나 충각이 장착되어 있지 않고 공격무기를 실을 갑판도 없어서 해전에서 매우 취약하여 주로 습격이나 약탈 용도로 많이 사용되었다.

갤리선과 장선은 노선으로 각각 지중해와 북해를 대표하는 군함이었지만 점차 시간이 지날수록 범선에게 그 자리를 내주기 시작했다. 물론 1571년 레판토(Lepanto) 해전에서도 여전히 갤리선이 주력함으로 사용되었고, 바이킹의 장선은 중세 사람들에게 공포를 심어 주었지만 결국 범선인 코그선

51) 배가 물 위에 떠 있을 때, 물에 잠겨 있는 부분의 깊이를 뜻한다. 일반적으로 수면에서 배의 최하부까지의 수직 거리를 이른다.

52) 배에 짐을 가득 실었을 때 수면에서 상갑판 위까지의 수직 거리를 말한다.

바이킹 장선(좌)과 코그선(우)

(Cog)에게 제압당하고 말았다. 코그선은 평저선(平底船)으로서 높은 현측과 곧은 선수·선미를 갖고 있으며 하나의 돛을 달고 있는 범선이다. 본래 코그선은 전쟁이 아닌 무역을 위해 만들어졌다. 그렇기 때문에 크기가 매우 컸으며 노를 젓는 선원이 없는 만큼 화물을 실을 공간도 많았다. 당시 코그선을 사용했던 북독일의 한자동맹(Hansa同盟)[53] 도시들은 무역이 활발해지면서 등장한 사략선(私掠船)[54]의 공격을 대비하기 위해 코그선을 전투함으로 개조하기 시작했다.

코그선은 전투함으로서 몇 가지 유리한 점을 가지고 있었다. 갑판이 높아서 적병이 선상백병전을 하기 위해 올라오거나 화살을 맞추기가 어려웠던 반면 코그선의 수병들은 적선으로 이동하거나 화살로 공격하기가 비교적 수월했다. 또한 노를 젓는 노잡이들이 필요하지 않았기 때문에 많은 수의 전투원을 탑승시킬 수 있었다. 당시 해전은 선상백병전으로 승부를 가르는 방식으로 전개되었기 때문에 선상백병전에서 유리한 코그선은 점차 갤리선과 장선을 대체하기 시작했다. 이후 코그선의 크기가 커지면서 기존에 방향을 조절하던 방법—선미 양쪽에 한 쌍의 노로 방향을 조정하던 방법—을 더 이

53) 13~15세기에 독일 북부 연안과 발트 해 연안의 여러 도시 사이에 이루어진 도시 연맹. 해상 교통의 안전 보장, 공동 방호, 상권 확장 따위를 목적으로 했다.
54) 정부로부터 적함을 공격하고 나포할 권리를 인정받은 무장한 민간 선박.

상 사용할 수 없게 되자 선미에 키(Rudder)가 도입되어 사용되었다. 키의 도입으로 대형 범선들의 방향 조정이 쉬워졌고 선수와 선미의 구분이 확실해졌다.

갤리선에 대한 코그선의 우위는 1340년 슬뤼(Sluys) 해전에서 잘 나타난다. 당시 함대의 57% 이상이 코그선으로 이뤄졌던 에드워드 3세의 영국 해군은 제노바 용병들의 갤리선으로 이뤄진 프랑스 함대를 격파했다. 그뿐만 아니라 코그선은 백년전쟁 동안 영불해협을 건너면서 수많은 병력, 말, 무기를 프랑스로 옮김으로써 전쟁 내내 훌륭한 전함과 수송함의 역할을 모두 수행했다. 이것은 전함과 수송함의 구분이 점점 사라져 간다는 것을 뜻했다.

‖ 화약의 시대 전쟁사 연표 ‖

※ 약어표[대상에서 회색은 전쟁(전투)에서 승리한 세력을 뜻함

프-프랑스, 에-에스파냐, 오-오스트리아, 아-아즈텍 네-네덜란드, 터-오스만투르크(터키), 조-조선, 일-일본, 명-명나라, 청-청나라, 카-카톨릭 동맹군, 스-스웨덴, 왕-왕당파, 의-의회파, 러-러시아, 독-프로이센(독일)

시 기	대 상	내 용
1492년		콜럼버스의 아메리카 대륙 발견, 에스파냐의 그라나다 점령, 레콩키스타 종료
1494년		프랑스 샤를 8세 이탈리아 원정 시작, 이탈리아 전쟁(~1559년)
1503년	프vs에	체리뇰라 전투, 코르도바가 테르치오를 이용해 프랑스군 격파
1515년	오vs프	마리냐노 전투, 프랑스군이 스위스 창병부대 격파
1521년	아vs에	에스파냐의 코르테스 테노치티틀란 함락, 아즈텍 멸망
1562년		위그노 전쟁(~1598년)
1568년	에vs네	네덜란드 독립전쟁(~1648년)
1571년	터vs에	레판토 해전, 오스만투르크 지중해 제해권 상실
1588년	에vs영	영국의 드레이크가 에스파냐의 무적함대(Armada) 격파
1592년	일vs조	조일전쟁(~1598년), 한산도 전투
1600년	에vs네	니우포르트 전투, 네덜란드가 에스파냐 격파
1618년		30년 전쟁(~1648년)
1619년	명vs청	사루후의 전투, 누르하치가 명군 대파
1630년	카vs스	브라이텐펠트 전투, 구스타프 아돌프스가 카톨릭 동맹군 격파
1632년	카vs스	뤼첸 전투, 스웨덴군 카톨릭 동맹군 격파, 구스타프 전사
1640년		청교도 혁명(~1649년)
1644년		청 중국 통일, 명 멸망
1645년	왕vs의	네이스비 전투, 크롬웰의 신형군이 왕당파 격파
1651년	네vs영	영국–네덜란드 전쟁(~1674년)
1672년	프vs네	네덜란드 전쟁(~1678년), 네덜란드군이 제방을 허물어 프랑스군 격퇴
1681년	터vs오	오스만투르크 빈 점령 실패
1688년		대동맹 전쟁(~1697년), 프랑스와 대프랑스 동맹(영 · 네 · 스 등) 격돌
1701년	프vs영	에스파냐 왕위계승 전쟁(~1713년)
1704년	프vs영	블렌하임 전투, 말버러가 프랑스군 격파, 창병 병과 소멸
1709년	프vs영	말프라크 전투, 말버러가 피루스의 승리를 거둠

1736년	터vs러	총 6차례의 러시아-터키 전쟁(~1878년)
1756년	프vs영 · 독	7년 전쟁(~1763년)
1757년	오vs독	로이텐 전투, 프로이센의 프리드리히 대왕 오스트리아군 격파
1758년	프vs영	퀘벡 전투, 영국 프랑스령 북아메리카 퀘벡 점령
1775년	영vs미	미국독립전쟁(~1783년), 렉싱턴 전투
1781년	영vs미	요크타운 함락, 콘윌러스의 영국군 항복
1789년		프랑스혁명
1792년	독 · 오vs프	발미 전투, 프랑스 혁명군이 프로이센-오스트리아군 격파
1794년		테르미도르 반동, 로베스피에르와 자코뱅파 몰락
1803년		나폴레옹 전쟁(~1815년)
1805년	러 · 오vs프 프vs영	아우스터리츠 전투, 나폴레옹이 러시아-오스트리아군 격파, 트리팔가 해전, 넬슨제독 전사
1806년	독vs프	예나전투, 나폴레옹이 프로이센군 격파, 신성로마 제국 해체
1812년	프vs러	나폴레옹 러시아 원정
1813년	프vs독 · 오 · 러	라이프치히 전투, 나폴레옹 몰락
1815년	프vs영 · 독	워털루 전투
1839	청vs영	아편전쟁(~1842), 제2차 중 · 영전쟁(1856~1860년)

앞 장에서 고대와 중세의 무기가 어떤 식으로 발전했는지 살펴보았다. 그러나 그것은 발전이라기보다 약간의 변화에 불과했다. '도구의 시대'에서 사용된 칼, 창, 활 등은 그 힘의 원천이 인간의 근력에서 나왔다는 점에서 같았다. 그것들은 처음 만들어지고 수천 년이 흐르는 동안 비록 일정한 성능의 개량은 있었을지언정, 근본적으로는 변함없는 메커니즘으로 전장에서 사용되었다. 그 때문에 문명의 여명기부터 흔히 중세라 부르는 시대의 끝자락인 서기 14세기경에 이르기까지 전 세계에서는 수천 년간 비슷한 전투방식이 되풀이되었다.

그러나 14세기를 전후하여, 동아시아에서 만들어져 중동과 유럽으로 전래된 화약이라는 물질이 전쟁에 사용되기 시작하면서 전장의 모습은 급격한 변화를 겪는다. 그것은 곧 화약무기의 등장 및 점진적인 성능 향상과 그것을 활용하는 전술의 발달 과정이므로 이 시대를 '화약의 시대'라 칭하기로 한다.

물론, '화약의 시대'라 하여 이 시대의 무기체계가 오로지 화약무기만을 중심으로 구성되었다는 말은 결코 아니다. 화약무기의 발전은 오랜 세월에 걸쳐 아주 점진적으로 이루어졌고, '도구의 시대'에 사용되었던 근력 무기—칼, 창, 활 등—는 '화약의 시대'에 무기체계 변혁의 중심지인 유럽에서조차도 상당 기간 사용되었다. 유럽에서 활, 석궁, 투석기 등 근력을 사용하는 발사 무기는 15~16세기경 총과 대포에게 그 자리를 내주고 전장에서 사라져 갔지만, 칼과 창(특히 창)은 17세기까지 보병과 기병의 주력 무기로 사용되었다. 그때까지도 화약무기는 조잡하고 약점이 많았기 때문이다. 18세기경부터 유럽 국가들의 보병은 점차 창과 칼을 쓰지 않게 되었지만, 기병은 19세기까지—지역에 따라서는 20세기까지도—주력 무기로 사용했다. 상대적으로 변혁이 훨씬 더뎠던 비유럽 세계는 굳이 언급이 필요치 않을 것이다. 요컨대 '화약의 시대'에도 근력 무기는 여전히 전장에서 일정한 영역을 차지—물론 시간이 갈수록 비중이 낮아져 갔지만—했다. 최첨단의 시대라는 지금도 흔히 무력을 사용하여 일정 목적을 달성하는 행위에 대해 '총칼로…'라고 운운하는 것은 이러한 역사가 반영된 표현일 것이다.

실제로 전쟁사상 '화약의 시대'와 역사상 근대의 전개에는 상당한 연관성이 있다. 화약에 의한 전쟁양상의 변화는 근대화라는 변혁을 추동하는 하나의 원동력으로 작용했다. 반대로 근대성—흔히 '계몽'과 '과학'으로 표현되는—이 전쟁에 영향을 줌으로써 '화약의 시대' 전쟁양상에도 다양한 변화가 발생하기도 했다. 또한 이러한 변화는 주로 유럽에서 나타났고, '도구의 시대'에서는 세계적 변화를 선도하기도 했던—한 예로 등자의 사용—아시아 등 비유럽 지역이 주변적 위치로 전락하고 말았다. 이것은 역사에서 근대화는 유럽에서 가장 먼저 나타난 현상이었으며, 비유럽 세계가 근대화된 유럽에 의해 정복되었던 사실과 무관하지 않다. 근대 유럽이 세계를 정복한 것은 사실상 '총과 대포의 힘'이었다는 점에 이의를 달 사람은 없을 것이기 때문이다. 즉 '화약의 시대'에 유럽에서 전개된 전쟁양상의 변화는 세계 역사의 흐름을 이끈 변혁이었던 셈이다.

1. 근세의 무기와 전쟁

① 르네상스: 창과 화약

스위스의 역사가 부르크하르트가 최초로 르네상스라는 용어를 사용했을 때, 그것은 천 년으로 운위되는 중세가 끝나고 새로운 시대가 찾아오고 있다는 것을 뜻했다. 물론 호이징거는 르네상스 시대를 중세의 가을이라 표현함으로써 르네상스를 근세의 시작이 아닌 중세의 끝자락이라고 주장하기도 했다. 그런데 이 시대에는 전쟁사적 측면에서도 괄목할 만한 변화가 나타났다.

14세기경 유럽에 들어온 화약은 인간의 근력이 아닌 화학물질로부터 파괴의 에너지를 얻는 무기를 출현시켰기 때문에 14세기 이전과는 다른 형태의 전쟁양상을 만들어 냈다. 화약을 이용한 무기는 크게 두 가지 방향으로 발전했다. 하나는 한 사람이 사용하는 휴대용 소총(hand gun)이고 다른 하나는 여러 사람이 운용하도록 제작한 중화기인 대포(Cannon)이다.

16세기에 주로 사용된 소총은 아퀴버스(Arquebus)라 불리는 화승총이었다. 13~14세기 백년전쟁 시기의 소총은 너무 크고 비효율적이어서 사용되지 못했다. 그러나 점차 무게를 줄였고 개머리판을 달아 어깨에 견착하여 사격할 수 있도록 개량했다. 대포는 소총과는 다르게 목재 받침대 위에 놓인 커다란 단지(Pot)안에 화약과 탄환을 넣고 발사하는 대형 화기였다. 그러나 이러한 화약무기들이 등장할 때부터 많은 사람들에게 환영받거나 강력함을 인정받았던 것은 아니었다. 왜냐하면 그것들은 전에 사용하던 무기—창, 칼, 활—를 대체할 만큼 효율적이지 못했기 때문이다. 당시 대부분의 군대들은 새로 등장한 화약무기를 사용하기보다 과거에 쓰던 무기들을 계속 사용했다. 그때까지 최고의 군대는 스위스의 창병이나 프랑스의 중장기병이었고, 후에 화승총을 도입하여 제식무기로 삼은 에스파냐도 석궁병과 로델레로라 불리는 장갑보병을 주력으로 사용하고 있었다.

당시에 전장을 지배했던 것은 스위스 창병이었다. 스위스 창병은 당시 대부분 유럽 군대의 주력인 중장기병에게 매우 강력한 모습을 보였다. 프랑스를 비롯한 유럽 군대들은 스위스 창병에게 번번이 패배했고 스위스 창병은 유럽에서 가장 잘 팔리는 용병이 되었다. 이후 유럽 국가 사이에서 스위스 창병을 이기기 위해서는 그들처럼 창병부대를 육성해야 한다는 주장이 힘을 얻기 시작했다. 신성로마 제국의 황제 막시밀리안(Maximilian)은 란츠크네흐트(Landsknech)라는 창병부대를 창설했고 다른 국가들도 경쟁적으로 창병을 육성했다.

이와 다르게 프랑스는 창병 대신 포병을 육성하여 중장기병과 함께 운용했다. 중장기병과 포병의 조합은 스위스 창병의 밀집대형에 매우 강력한 효력을 발휘했다. 스위스 창병은 병력을 최대한 밀집시켜 창으로 거대한 숲을 만들었다. 이 전술은 중장기병과 같은 근접부대에게 아주 강력했지만 느리고 유연하지 못했기 때문에 대포와 같은 원거리 무기에게는 매우 취약했다. 밀집한 스위스 창병은 대포의 좋은 표적이었고, 그들이 대포를 피하기 위해 분산되면 밀집된 힘을 잃어버렸기 때문에 중장기병에게 유린당했다. 1515년에 벌어진 마리냐노 전투(Battle of Marignano)에서 프랑스는 위와 같은 방법으로 스위스 창병부대를 물리쳤다.

란츠크네흐트 ▎그들은 스위스 창병과 자주 전장에서 부딪혔다.

그러나 마키아벨리가 지적

한 것처럼, 대포는 강력한 화기이긴 했으나 결정적으로 너무 무거웠고 기동력이 떨어졌다. 당시엔 야포와 공성포의 구분이 없었고 주로 공성무기로 사용했기 때문에 위력이 커짐에 따라 크기도 커졌다. 대포에 기동력을 부여하기 위해서는 그것을 신속히 이동시킬 수 있는 수단과 야포와 공성포의 구분이 꼭 필요했는데, 그것은 17세기가 되어서야 나타났다.

이탈리아 내전이 지속되면서 화승총에 큰 변화가 찾아왔다. 이전까지 화승총은 단점투성이 무기였다. 매우 길고 무거운 데다가 총알을 장전하기도 힘들며 어렵사리 장전해 봐야 잘 맞지도 않았다. 화승총을 사용하기 위해서는 총구에 화약을 넣은 다음에 탄환 주머니에서 탄환을 꺼내 그것을 긴 막대기로 총 안으로 밀어 넣고 쑤셔서 단단히 다져야만 했다. 그 다음에 화승(Match)이라 불리는 불붙은 심지를 꺼내 화약에 불을 붙여야 했다. 총을 쥐고 정조준함과 동시에 점화를 시키려면 대단히 어려웠을 뿐 아니라 장전속도와 사격속도—활이 분당 5~10발을 쏠 수 있는 데 비해 화승총은 분당 1발도 쏘기 힘들었다—도 매우 느렸다.

하지만 화승격발장치(firelock)가 개발되면서 사격속도가 비약적으로 향상되었다. 화승격발장치는 공이치기에 화승을 붙여 놓아서 방아쇠를 당기면 공이치기가 자동으로 화승을 화약에 점화시키는 일종의 자동점화 격발방식이었다. 이러한 화승총의 잠재력을 인식하고 최초로 화승총 부대를 만든 사람은 에스파냐의 곤살로 데 코르도바(Don Gonzalo Fernández de Córdoba)였다. 곤살로는 에스파냐의 이권을 수호하기 위해 이탈리아로 파견된 사령관이었다. 당시 창병, 기병, 석궁병으로 구성된 에스파냐군은 프랑스 중장기병과 스위스 창병으로 이뤄진 프랑스군과 이탈리아 남부 세미나라에서 격돌했지만 대패를 당했다. 세미나라에서 패배를 당한 곤살로는 중장기병과 창병으로 이뤄진 군대를 무찌를 방법을 연구하다가 이제 막 사용되기 시작한 화승총을 주목하기 시작했다. 당시 화승총의 가장 큰 단점이었던 부정확성과 느린 사격속도를 보완하기 위해 곤살로는 새로운 전술을 도입했는데 그것이 바로 테르

테르치오 ‖ 창병이 사방진을 만들면 그 안에 화승총병이 위치한다.

치오(Tercio)라는 대형이었다. 곤살로는 화승총이 부정확하다는 단점을 많은 병사가 일제히 발사함으로써 극복할 수 있다고 생각했다. 하지만 화승총은 재장전 시간이 오래 걸리기 때문에 장전하는 사이 공격해 오는 기병에 매우 취약했다. 그래서 곤살로는 기병에 취약한 총병들을 보호하기 위해, 그리스 방진처럼 네모난 진형을 만들어 바깥쪽에는 창병을 배치하여 방진 안쪽에 있는 총병부대를 호위하도록 했다. 이렇게 탄생한 에스파냐식 사방진인 테르치오(3분의 1이라는 뜻)는 3천 명의 창병과 총병으로 구성되어 있었다.

테르치오의 우수성은 곧바로 나타났다. 1503년 체리뇰라 전투에서 프랑스의 기병대는 테르치오를 향해 돌격하다가 총알 세례를 맞고 후퇴했으며 총알을 피해 운 좋게 접근하더라도 창병에게 보호받는 총병들을 공격할 방법이 없었다. 에스파냐군은 체리뇰라 전투 이후 갈릴리아노와 비코차 전투에서도 승리를 거두었다. 특히 파비아 전투에서는 프랑스군을 대패시킴은 물론 프랑스 왕인 프랑소와 1세를 포로로 잡기까지 했다. 이후 에스파냐의 테르치오 전술은 구스타프 아돌프스의 선형진(線形陣)에 의해 격파당하기 전까지 유럽 최강의 전술로 자리잡게 되었다.

곤살로가 화승총을 전장에 도입한 이후 유럽의 다른 나라들도 화승총을

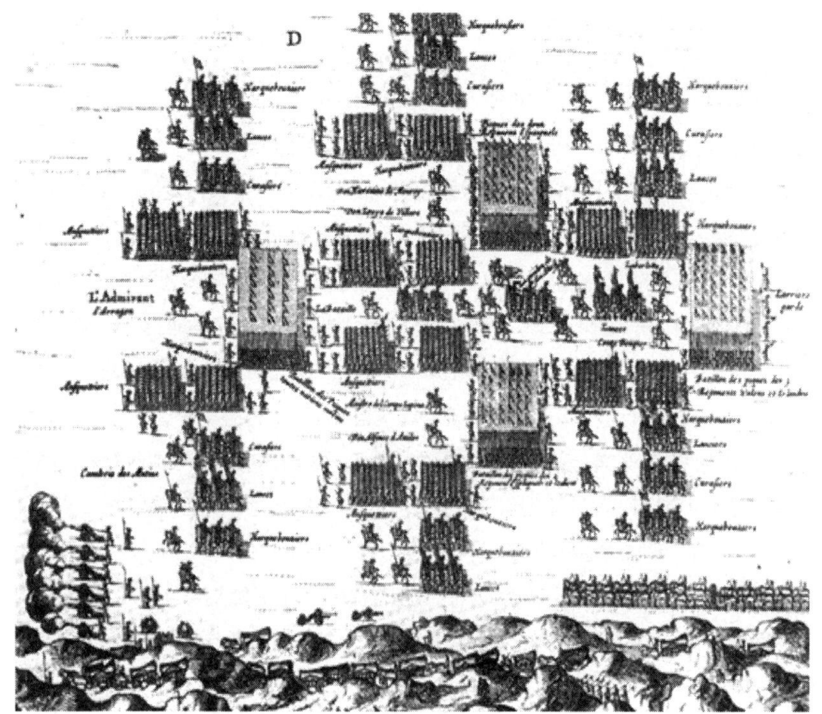

테르치오 운영 모습 | 테르치오는 기병의 엄호를 받는다.

도입하고 총병을 집중적으로 육성하기 시작했다. 석궁병과 중장기병은 사라져 갔으며 창병도 공격을 주도하기보다는 총병을 보호하는 역할을 맡았다. 중장기병 대신 정찰과 추격 등 보조적 임무에 적합한 경기병이 주로 육성되었고 화승총을 기병에게 무장시키는 방법이 도입되기도 했다. 이 시기는 이전에 보통 1:3~1:4가량이었던 기병과 보병의 비율을 한때 1:10까지 벌릴 정도로 전장에서 보병의 비중이 높아졌던 시기이기도 하다.

전장을 지배한 무기 이야기 ⑤ 총(Gun)

총은 인간의 근력이 아닌 화약이라는 화학물질로부터 에너지를 얻는 무기였다. 흔히 총이 나오자마자 강력한 무기였을 것이라고 생각하는 사람이 많은데 최초의 총은 단점투성이었으며 많은 유럽 군주들로부터 외면당했다. 총은 아주 점진적으로 발전되었으며 다양한 전술을 개발하여 단점을 보완함으로써 전장에 도입될 수 있었다.

최초의 총기는 아퀴버스라 불리는 화승총으로 발사원리는 다음과 같다. 총열에 주장약(발사용 화약)과 탄환을 넣고 뇌관에 화승(불이 붙은 심지)으로 불을 붙이면 뇌관이 약실에서 발화되고 그 불꽃이 주장약을 발화시키면서 탄환이 총열 밖으로 나간다. 그러나 최초의 화승총은 화승을 직접 약실에 갖다 대야만 해서 발사속도는 매우 느렸다. 게다가 지금의 탄약과는 다르게 당시 사용되던 탄환은 총열과 크기도 맞지 않았기 때문에 발사되더라도 매우 위력이 약했다.

이후 화승총은 사격속도가 느리다는 단점을 보완하기 위해 발사장치가 개선되기 시작한다. 화승발사장치(Fire lock)는 화승총에 기계적인 장치를 추가함으로써 화승총의 발사속도를 대폭 향상시켰다. 화승발사장치는 화승총에 방아쇠와 용두(Serpentine)를 달았는데, 용두는 약실(Pan)에 불붙은 화승(Slow Match)을 가져다 대 주는 막대이다. 화승총의 방아쇠를 당기면 용두가 작동하는데 용두에 달린 화승이 약실에 처박히면서 뇌관이 점화되어 탄환이 발사된다.

화승발사장치 이후 1500년경에 바퀴식격발방식(Wheel lock)이 출현했다. 바퀴식격발방식은 용두와 화승 대신 스프링 바퀴(Spring-powered Wheel)가 추가된 것인데 이 바퀴는 태엽처럼 감을 수 있게 설계되었다. 바퀴를 태엽처럼 감은 다음 방아쇠를 당기면 바퀴가 스프링에 의해 풀리면서 회전하기 시작한다. 이때 생긴 마찰은 불꽃을 일으키고 이 불꽃이 약실의 뇌관을 점화시켜서 탄환이 발사된다. 그러나 바퀴식격발장치

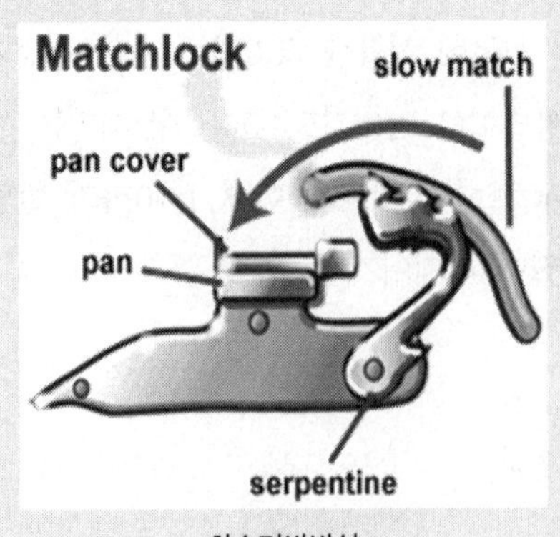

화승격발방식

는 비용이 너무 많이 들고 일반적으로 사용하기 어려웠으며 파손되기도 쉬워 광범위하게 사용되지는 않았다.

바퀴격발방식 이후 출현한 것은 스냅헨스(Snaphance)라 불리는 부싯돌격발방식(Flint lock)이다. 화승은 전투 중에 자주 꺼져서 믿을 만한 물건이 못 되었고, 바퀴식은 비싸고 사용하기 어렵기 때문에 이후에 출현한 부싯돌격발방식이 가장 널리 사용되기 시작했다. 부싯돌격발방식은 화승 대신 부싯돌을 사용한다. 방아쇠를 당기면 스프링의 힘으로 작동하는 공이치기(화승격발방식의 용두와 같은 역할)에 연결된 부싯돌이 톱니 모양의 강철판을 쳐서 불꽃을 일으켰고, 이 불꽃이 약실에 뇌관을 점화시켜서 탄환이 발사되었다.

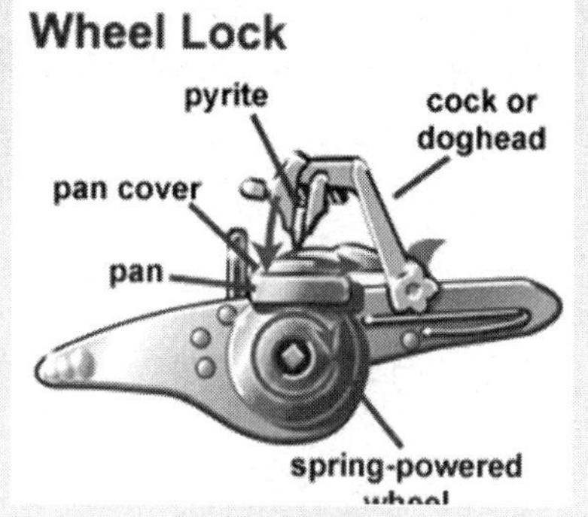

바퀴식격발방식

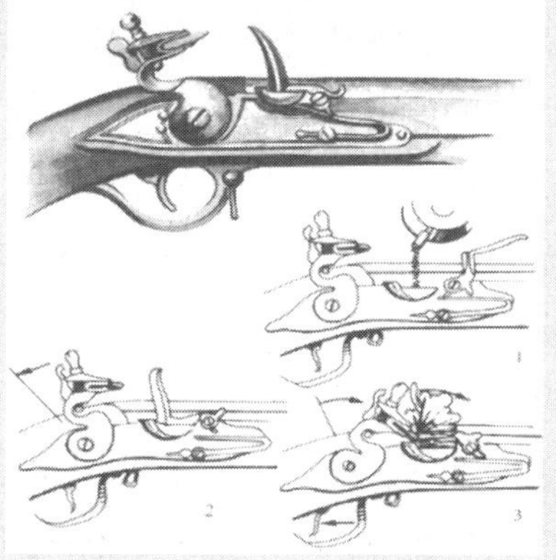
부싯돌격발방식

이후 부싯돌격발방식은 뇌관격발방식으로 대체되었다. 뇌관격발방식에는 먼저 수은과 염소산칼륨에 황이나 안티몬을 섞은 뇌산염과 구리 박편으로 싼 뇌관캡슐이 이용된다. 이 혼합물을 모루(약실과 비슷한 역할)에 놓고 방아쇠를 당기면 공이치기가 뇌관캡슐을 타격하게 된다. 이때 타격을 받은 뇌관캡슐은 연소하면서 불꽃을 일으키고 이 불꽃이 총열의 주장약을 점화시켜 탄환이 발사하게 되는 원리이다.

뇌관격발방식 이후 발명되는 노리쇠 작동식과 가스 작동식은 총의 사격속도를 획기적으로 늘려 주었다. '화약의 시대' 때 발명된 총은 활에 비해 사격속도가 느렸으며 유효 사거리나 정확성도 현저히 떨어졌다. 게다가 활에 비해 비용도 많이 들었다. 여러 면에서 총에 비해 활이 유리했음에도 불구하고 총이 전장에서 활을 몰아낸 이유는 무엇일까? 그 이유는 다음과 같다. 활은 사용하려면 신체적 능력(근력)

이 중요했고 숙달되는 데 매우 오랜 기간이 걸렸다. 그에 비해 총은 사용하는 데 신체적 능력과는 무관했고 활에 비해 쉽게 숙달될 수 있었다. 게다가 총기가 거듭 개량되면서 사격속도도 빨라졌고 정확성 및 유효 사거리도 증가했기 때문이다.

② 종교전쟁: 무기체계와 전술의 발달

종교개혁으로 시작된 종교전쟁은 전 유럽을 전쟁의 폭풍 속으로 빠져들게 만들었다. 네덜란드 독립전쟁, 위그노 전쟁, 30년 전쟁, 청교도 혁명 등은 모두 표면적으로 종교적 이유를 내세워—물론 내면적으로는 정치적 이유도 있었지만—발발했다. 특히 독일의 30년 전쟁은 독일을 분열시키고 철저히 파괴했다. 종교전쟁은 역사상 막대한 비극을 불러일으켰던 만큼이나 전쟁사적 측면에서 매우 큰 비중을 차지한다. 이 시기는 무기의 발전뿐만 아니라 나소의 모리스[1], 암브로히오 스피놀라[2], 크롬웰[3], 구스타프 아돌프스[4], 발렌슈타인[5]과 같은 유명한 지휘관들이 출현했던 시기이기도 했다. 이들은 화약무기의 단점을 보완하기 위해 새로운 전술을 개발했고 최강의 군대를 만들기 위해 다양한 무기들을 조합했다.

---

1) 네덜란드의 군인 · 정치가로서 빌렘 1세의 차남이다. 1588년 육해군 총사령관에 취임하여 군제개편과 군비증강에 힘쓰고 에스파냐군과의 전쟁에서 승리를 거두는 데 결정적인 역할을 했다.

2) 제노바 출신의 에스파냐 군사령관으로서 16세기 후반 가장 유명한 장군 중 하나이다.

3) 영국의 정치가이자 군인으로, 1642~51년의 청교도 혁명에서 왕당파를 물리치고 공화국을 세우는 데 큰 공을 세웠다. 1653년에 호국경(護國卿)에 올라 전권(專權)을 행사했다.

4) 스웨덴의 왕으로서 군사 · 제도적 측면에서 많은 업적을 세워 스웨덴을 강국으로 성장시켰다. 30년 전쟁에 신교를 지원하기 위해 참전하여 많은 공을 세웠지만 뤼첸 전투에서 전사했다.

5) 30년 전쟁 때 구교군대의 총사령관이었다. 덴마크를 무찌르고 뤼첸 전투에서 구스타프 아돌프스를 전사시키고 스웨덴군을 몰아낼 뻔한 훌륭한 지휘관이었다. 그러나 신성로마 제국의 황제 페르디난트의 미움을 사서 암살당했다. 물욕과 명예욕이 상당히 강했다고 한다.

퀴러시어(좌)와 아퀘버시어(우) ∥ 퀴러시어는 중장갑에 피스톨을 사용한 중기병이었고, 아퀘버시어는 가죽갑옷에 긴 기병총(Carbine)을 사용하는 경기병이었다.

중세 전장의 주역이었던 중장기병은 이제 더 이상 전장에서 살아남을 수 없게 되었다. 봉건 기사계급의 몰락이라는 역사적 흐름은 중장기병의 쇠퇴라는 전쟁사적 변화와 궤를 같이했던 것이다. 1605년에 출판된 소설 『돈키호테』에는 이러한 시대상이 극적으로 표현되어 있다. 그런 변화 속에서 유럽의 군주들은 중장기병 대신 경기병을 육성하기 시작했다. 에스파냐는 게니토(Genitor)라는 경기병부대를 편성했고 독일에는 피스톨(Pistol, 권총)로 무장한 기병부대인 라이터(Reiter)들이 출현했다. 특히 라이터는 선회동작(Caracole)이라는 새로운 전술을 사용했는데 이는 연속된 각 열이 적에게 총을 발사하며 말을 몰고 다가가다가 커브를 돌아 물러선 후, 재장전을 하고 다시 후미에 따라붙는 전술이었다.

그러나 선회동작은 기병의 가장 큰 강점—기동성을 이용한 충격력—을 희생했음은 물론 적이 대포나 총으로 무장하고 있다면 효과를 보기도 어려웠다. 특히 말에 탄 상태에서 적을 조준하고 맞춘다는 것은 매우 어려웠기 때문에 선회동작은 구스타프 아돌프스의 트롯(Trot)이라는 새로운 기병전술이 등장한 이후 점차 사라져 갔다. 물론 위그노 전쟁[6] 기간 동안 앙리 4세

6) 프랑스의 종교내전으로 구교와 신교들 간의 전쟁이었다. 위그노는 프랑스 신교도를 가리키는 명칭이다. 이 전쟁에서 신교 지휘관이었던 앙리 4세는 전쟁을 승리로 이끌었고 프랑스왕으로 즉위했다. 앙리 4세는 종교의 화합을 위해 카톨릭으로 개종했고 낭트칙령을 발표함으로써 프랑스 내의 종교적 자유가 인정되었다.

가 피스톨 기병과 선회동작을 이용하여 쿠트라 전투에서 승리를 거두기도 했지만 그것은 제한적인 승리였다. 구스타프 아돌프스는 선회동작 대신 트롯(총총걸음이라는 뜻)이라는 새로운 기병전술을 도입했다. 트롯은 피스톨과 칼로 무장하고 흉갑을 입은 흉갑기병(Cuirassier)들이 총총걸음으로 열을 맞추어 전진했다가 적군 앞에서(약 30m) 피스톨로 사격한 다음 칼을 빼들고 전력질주하여 돌격하는 전술이었다.

이후 이 전술은 크롬웰, 말버러 같은 지휘관들에 의해 전승되어 선회동작을 대신하는 새로운 기병전술로 자리 잡게 된다. 또한 구스타프 아돌프스는 이동 시에만 말을 타고 전투 시에 말에서 내려 싸우는 용기병(龍騎兵, Dragoon)이라는 새로운 기병부대를 만들기도 했다. 비록 과거에 비해 기병의 중요성이 떨어지기는 했지만 기동력이라는 특성 때문에 기병은 여전히 중요한 역할을 수행했다. 정찰·수색·추격과 같이 보병이 수행하기 힘든 작전을 수행함은 물론 구스타프 아돌프스, 말버러, 크롬웰, 모리스 같은 훌륭한 기병 지휘관들은 전투가 절정에 달했을 때 기병을 투입함으로써 적의 진영을 무너뜨리고 결정적인 승리를 쟁취했다.

선회동작(Caracole)

용기병(Dragoon)

이 시기에는 대포도 많이 개량되었다. 특히 16세기경 흑색 화약(Fire Powder)을 낱알 화약(Corned Powder)으로 교체했는데 흑색 화약에 비해 연소속도가 빨랐고 동일한 크기의 탄환을 훨씬 강하게 발사할 수 있게 되었다. 탄환도 계속 개량되었다. 최초의 대포들은 돌로 만든 탄환을 사용했지만 점차 철제탄환으로 바뀌었다. 그리고 다시 단순한 철제탄환(Round shot)에서 산탄(Canister), 포도탄(Grape shot), 연쇄탄(Chain shot)등으로 다양화되었다. 철제탄환은 멀리 나간다는 장점이 있었지만 터지지 않는 고체탄환이기 때문에 가까운 거리에서는 살상력이 좋지 못하다. 그래서 가까운 거리에서는 살상력이 좋은 산탄을 주로 사용했다. 산탄은 얇은 깡통 안에 쇳조각·총알·돌조각 등을 잔뜩 채운 포탄으로, 발사하면 그 충격으로 깡통이 찢어지고 안에 있는 내용물들이 적들을 향해 쏟아진다. 산탄의 살상력은 높았지만 근거리에서밖에 사용하지 못했다. 포도탄은 포도알 같은 구슬들로 이뤄진 포탄인데 산탄과 마찬가지로 근거리에서 사용했다.

철제포탄(위)과 산탄(아래)

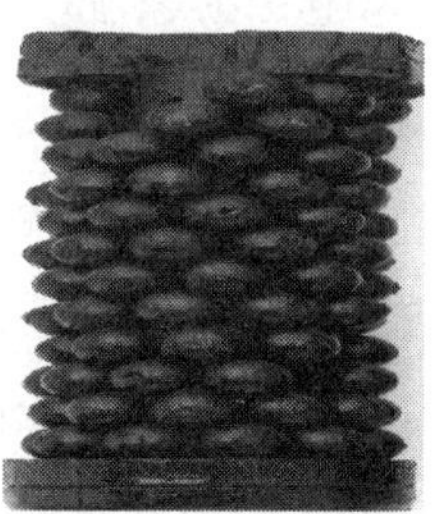

포도탄 | 주로 해전에서 목재로 된 뱃전 뒤에 숨어 있는 적을 공격하는 용도로 사용되었다.

포탄뿐만 아니라 포 자체에도 변화가 찾아오는데 바로 공성포와 야포의 구분이다. 스웨덴의 왕인 구스타프 아돌프스는 공성포와 야포를 구분했고 야포의 포신을 짧게 하여 포가를 가볍게 함으로써 야포의 기동성을 늘렸다. 이제 포의 무게가 가벼워지면서 전장에서 야포를 사용하기가 더욱 수월해졌다.

바퀴식격발방식(Wheel lock)과 과도기적 부싯돌격발방식(Flint lock)이 출현하면서 소총의 사격속도가 비약적으로 빨라졌고 화승총은 점차 머스킷으로 대체되기 시작했다. 머스킷은 화승총보다 유효 사거리가 길었고 더 정확했지만 크고 무거웠기 때문에 주로 받침대를 사용했다. 그러나 17세기를 지나면서 머스킷이 짧아지고 받침대도 필요없게 되자 구스타프 아돌프스와 크

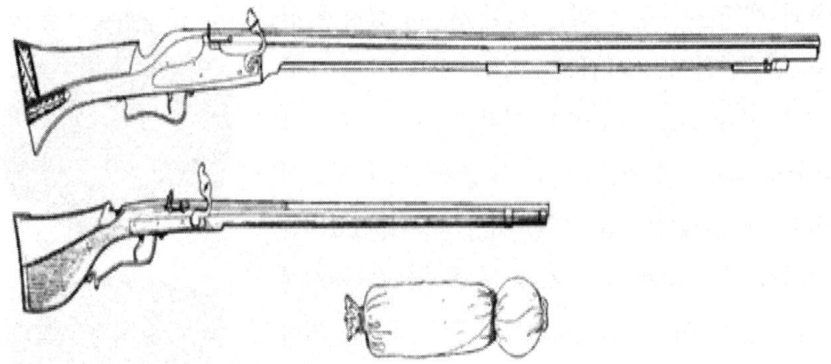

머스킷(위), 캘리버(가운데), 탄환통(아래) | 17세기에 이르러 머스킷은 보병이 들 수 있을 만큼 짧아졌다. 탄환통은 탄환과 화약을 종이로 싼 형태로 총기 발사시간을 단축하는 데 영향을 미쳤다.

롬웰 같은 지휘관들은 화승총 대신 머스킷을 주 무기로 삼았다. 또한 발사장치의 발전뿐 아니라 화약·솜뭉치·탄환을 종이로 만든 통에 담는 탄환통—구스타프 아돌프스가 직접 만든—의 개발도 소총의 사격속도 향상에 큰 영향을 미쳤다. 이 시기에도 여전히 창병과 총병을 혼합하여 보병부대를 구성했지만 시간이 흐를수록 창병의 비율은 줄어들고 총병의 비율이 늘어갔다.

17세기에 대부분의 군대는 창병(Pike), 소총병(Handgun), 포병(Artillery), 기병(Cavalry)을 조합하여 운용했으며 이 병과들을 어떻게 조합하고 어떻게 사용하는지는 지휘관의 역량에 맡겨졌다.

한 시대를 풍미했던 에스파냐의 테르치오는 점차 시대에 뒤떨어진 전술이 되어 갔다. 유럽 최강의 육군을 보유하고 있던 에스파냐는 네덜란드 독립전쟁(1572~1609) 당시 스피놀라라는 걸출한 지휘관이 있었음에도 불구하고 전쟁에서 패배했다. 물론 네덜란드 독립전쟁 때 지상전이 아닌 해전—에스파냐의 무적함대(Armada)가 1588년 영국의 드레이크에게 패배함—에서의 패배였으며 여전히 에스파냐의 보병은 강력한 모습을 보였다. 하지만 모리스가 지휘한 네덜란드군이 투른호우트와 니우포르트에서 승리를 거둠으로써 에스파냐 보병의 무적신화는 점차 역사의 뒤안길로 사라져 갔다.

테르치오의 무적신화는 30년 전쟁(1618~1648)에서 북방의 사자, 눈의 왕이라 불리는 구스타프 아돌프스의 스웨덴군에 의해 산산조각 난다. 구교와 신교의 갈등으로 벌어진 30년 전쟁에서 에스파냐는 구교를 위해, 스웨덴은 신교를 위해 참전했다. 에스파냐군이 포함된 카톨릭 동맹군과 스웨덴군은 독일 라이프치히 근처의 작은 도시 브라이텐펠트에서 부딪쳤다. 당시 카톨릭 동맹의 지휘관이었던 틸리(Johann Tilly)[7]는 테르치오 전술을 사용했고 스웨덴의 지휘관이었던 구스타프 아돌프스는 새로운 선형진을 들고 나왔다. 테르치오는 기병대의 돌격으로부터 총병을 보호하기는 좋았지만 부대가 밀집되어 있었기 때문에 야포의 포격에 매우 약했다. 카톨릭 동맹보다 좋은 야포를 더 많이 보유하고 있었던 스웨덴의 포격에 테르치오는 속수무책으로 당할 수밖에 없었다. 또한 스웨덴의 선형진은 부대가 일렬로 늘어져 있었기 때문에 필요에 따라 보병, 포병, 기병을 융통성 있게 투입할 수 있었다. 반면 테르치오는 항상 총병과 창병이 함께 사방진을 만들어야만 했기에 융통성이 부족했다. 결국 브라이텐펠트 전투에서 카톨릭 동맹군은 패배했고 지휘관인 틸리가 전사함으로써 테르치오 전술도 사양길에 접어들게 되었다.

이처럼 스웨덴군이 강력할 수 있었던 이유는 새로운 전술의 도입에서 찾을 수 있겠지만 그 전술의 완성도를 높인 것은 강도 높은 훈련이었다. 기사가 전장의 중심이었던 중세와 달리 이 시기에 보병들의 훈련은 매우 중요했다. 왜냐하면 중세의 군대는 개인의 근력과 능력에 비교적 많이 의존했지만 이 시기의 군대는 하나의 유기체처럼 맞춰진 행동과 전략에 의해서만 승리를 달성할 수 있었기 때문이다. 훈련을 제대로 하지 않고 화약무기를 사용한다면 화약의 양을 두배로 넣거나 꽂을대를 꽂고 사격하여 자신은 물론 동료들까지 피해를 입힐 수도 있었다. 또한 화약무기의 느린 발사속도와 부정

---

7) 네덜란드 플랑드르 지방 출신의 장군으로 독일로 건너가 바이에른 군대를 조직하여 최정예 부대로 양성시켰다. 30년 전쟁 당시 카톨릭군 총사령관을 지냈으며 보헤미아와 덴마크를 상대로 승리를 거두었다. 그러나 구스타프 아돌프스의 스웨덴군에 연거푸 패배하고 결국 브라이텐펠트에서 전사했다.

구스타프 아돌프스(좌)와 나소의 모리스(우) ‖ 스웨덴과 네덜란드의 명장인 이 두 사람은 근대전의 개념 정립에 큰 영향을 미쳤다.

확성을 극복하기 위해서는 훈련을 통해 협조된 상태에서 사격할 수 있어야 했으며 군대를 정확히 정렬시켜 서로 사격선을 막지 않게 함으로써 화력을 극대화시켜야만 했다. 특히 테르치오나 선형진처럼 새로 채택된 전술들은 수시로 전투대형을 바꿔야만 했기 때문에 훈련은 매우 필수적이었다. 나소의 모리스나 구스타프 아돌프스 같은 지휘관들은 훈련의 필요성을 일찍부터 인지하고 있었다. 모리스는 최초의 현대적 훈련가였으며 구스타프 아돌프스는 군복과 견장을 도입하고 기율을 중시했다.

그러나 이 시기에 유럽의 군대가 아무리 훈련과 기율을 중시했다고 하더라도 약탈, 살인, 강간 등 민간인에 대한 범죄 행위를 막지는 못했다. 특히 30년 전쟁 동안 독일인이 800만 명 희생당했는데 대부분이 군대에 의한 학살이었다. 국민개병제도(國民皆兵制度)에 의해서 의무적으로 복무하는 국민군과 달리 정부군은 자국민을 징병하여 구성한 인원만큼이나 많은 용병들로 이뤄진 군대였다. 그렇기 때문에 유럽의 군주들은 돈을 위해 전쟁에 참여했던 용병들의 약탈을 막을 수 없었다. 또한 당시의 열악한 병참능력으로는 군대의 모든 보급품을 조달할 수 없었기 때문에 대다수의 군대는 물자를 현지 조달할 수밖에 없었다. 30년 전쟁 당시 군인과 용병들은 현지 조달이라는 명목 아래 수많은 독일 농민들을 약탈했다. 군율과 기율을 중시했던 구스타프 아돌프스도 군대의 사기진작과 보급품 조달이라는 목적 아래 약탈을 묵인하고 조장했다. 이처럼 종교적인 광신과 전쟁을 돈벌이로 생각하는 사람들로 인해 17세기 전쟁은 비극을 초래하게 되었다.

발렌슈타인 | 그는 전쟁을 돈벌이 수단으로 삼았다.

30년 전쟁은 뤼첸 전투에서 구스타프 아돌프스가 전사하고 신성로마 제국 황제인 페르디난트[8]에 의해 발렌슈타인이 암살당함으로써 구교와 신교 양측 모두

뤼첸 전투 | 북방의 사자 구스타프 아돌프스는 이 전투에서 전사했다.

8) 신성로마 제국의 황제. 완고한 카톨릭 신자로서 신교도를 가혹하게 탄압함으로써 30년 전쟁을 불러일으켰다.

전쟁을 끝낼 수 있는 훌륭한 지휘관을 잃게 되었다. 결국 전쟁은 뤼첸 전투 이후 16년이나 지난 다음 끝이 났고 그 기간 동안 독일은 철저히 약탈당하고 파괴당했다.

역사를 바꾼 전투 이야기 ⑥ 브라이텐펠트 전투 (Battle of Breitenfeld)

1630년 7월 4일, 북방의 사자 구스타프 아돌프스가 이끄는 스웨덴군이 독일의 프로테스탄트(신교도)와 스웨덴의 정치적 이익을 보호하기 위해 독일 북부에 상륙했다. 스웨덴군과 독일 프로테스탄트 선제후(選帝侯)들이 합류할 것을 두려워 한 카톨릭 동맹군은 군대를 이끌고 대표적인 프로테스탄트 지역인 작센지방을 향해 진격한다. 카톨릭 동맹군은 프로테스탄트 지역을 약탈하며 작센의 수도 라이프치히를 향해 행군했고 작센의 선제후인 요한 게오르크는 구스타프의 스웨덴군과 협력하여 카톨릭 동맹군을 막으려 했다.

북독일에 상륙했던 구스타프의 2만 3천 명의 스웨덴군은 병력이 적었기 때문에 적극적인 군사 활동을 하지 못했다. 그러나 이제 만 8천 명의 작센군과 연합하자 카톨릭 동맹군 3만 5천 명보다 수적으로 앞서게 되었다. 수적 우위를 점한 구스타프는 이제 싸워볼만하다고 생각하여 브라이텐펠트에 주둔한 카톨릭 동맹군을 선제공격한다.

카톨릭 동맹군을 이끌던 72세의 노장 틸리는 30년 전쟁 동안 카톨릭 동맹군을 이끌면서 무수히 많은 프로테스탄트군대를 무찌른 명장이었다. 틸리는 37세의 젊은 스웨덴왕에게 전쟁이 무엇인가를 알려주기 위해 브라이텐펠트 외곽의 완만한 구릉지대에 진영을 폈다. 그의 진영은 태양과 바람을 등진 유리한 위치였다. 틸리는 2만 5천 명의 보병부대를 17개 테르치오로 편성해 중앙에 배치했다. 그리고 만 명의 기병을 좌우익에 배치했다. 카톨릭 동맹군이 구시대적인 테르치오 진형으로 나온 데 반해 구스타프의 스웨덴군은 병력을 길게 늘어놓은 선형진을 가지고 나왔다. 구스타프의 진형은 머스킷과 창으로 무장한 보병을 중앙에 배치하고 사이사이에 기병대를 배치했다.

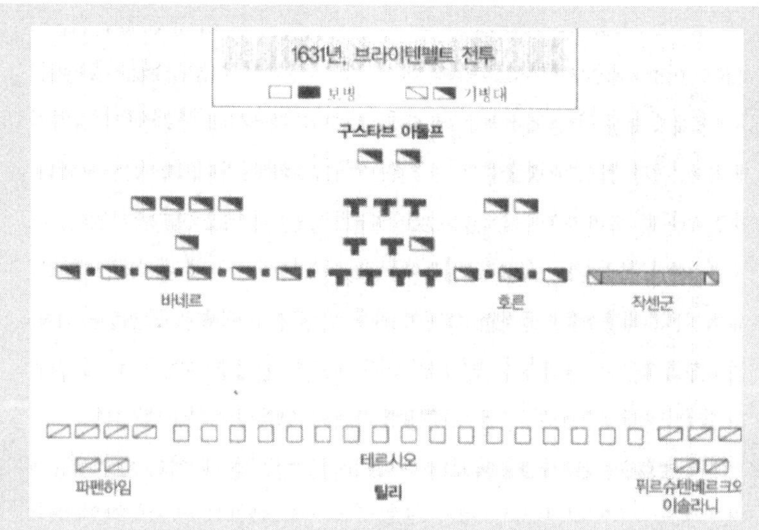

브라이텐펠트 전투(출처: 『전쟁이 만든 신세계 Made in war』)

1631년 9월 17일 전투가 시작되자 카톨릭 동맹군은 스웨덴군이 진형을 제대로 갖추지 못하게 하기 위해 대포를 발사했다. 그러나 선형으로 이뤄져 종심이 짧았던 스웨덴군은 대포의 사격에 큰 피해를 입지 않았다. 스웨덴군이 진형을 갖추자 곧이어 대포로 카톨릭 동맹군에게 반격을 하기 시작했다. 카톨릭 동맹군의 대포는 말 20마리가 끌어야 하는 무거운 중포였던 데 비해 스웨덴군의 대포는 말 1마리나 4사람이 끌어도 될 만큼 경량화된 야포였다. 게다가 카톨릭 동맹군보다 대포의 숫자도 많았고 사거리도 더 길었다. 스웨덴군의 포격이 시작되자 테르치오 진형으로 밀집 배치되어 있던 카톨릭 동맹군은 큰 타격을 입을 수밖에 없었다.

2시간이 넘게 쏟아지는 스웨덴군의 포격에 성미 급한 좌익의 기병대사령관 파펜하임은 더 이상 참지 못하고 5천 명의 기병대를 이끌고 스웨덴군의 우익을 공격했다. 당시 카톨릭 동맹군의 기병은 말을 타고 총을 사용하는 선회기동(Caracole)전술을 사용했는데 이 전술은 말 위에서 사격을 했기 때문에 명중률도 낮았고 머스킷으로 무장한 보병에게 취약했다. 파펜하임의 기병대는 7차례나 돌격했지만 스웨덴의 머스킷 총병과 기병대의 반격에 모두 막혔다.

카톨릭 동맹군 좌익의 파펜하임이 실수를 저지르고 있을 때 틸리가 이끄는 우익

요한 틸리 | 검소한 습관 때문에 '갑옷 입은 수사'라는 별명을 얻었다.

고트프리트 파펜하임 | 용맹한 기병대 지휘관이었던 그는 뤼첸 전투에서 전사했다.

은 스웨덴군을 몰아붙이고 있었다. 파펜하임의 무모한 공격을 총공격 신호로 오인한 틸리는 병력을 이끌고 스웨덴의 좌익을 공격했던 것이다. 스웨덴의 좌익은 구스타프 호른이 이끄는 4천 명의 스웨덴군과 만 8천 명의 작센군이 지키고 있었다. 틸리가 과감히 공격해 오자 싸울 마음이 없었던 작센군은 도망치기 시작했고 그 도중에 스웨덴군의 짐마차를 약탈했다. 만 8천 명의 병력과 전투 물자를 잃어버린 스웨덴군은 결정적인 위기를 맞게 되었다. 틸리는 기회를 놓치지 않고 4천 명의 스웨덴 좌익부대의 측면을 공격했다. 만약에 측면 공격이 성공한다면 스웨덴의 좌익은 무너질 것이고 곧이어 스웨덴 중앙군이 포위당할 것이다. 틸리는 승리를 확신했다.

그러나 독립대대로 이뤄진 스웨덴군의 선형진은 테르치오가 따라올 수 없는 전술적인 유연함을 갖고 있었다. 구스타프 아돌프스는 구스타프 호른의 스웨덴 좌익 4천 명을 선회시켜 측면을 공격하는 카톨릭 동맹군과 정면으로 바라보게 했다. 그와 동시에 중앙의 2개 연대를 좌측으로 보내 좌익을 보강시켰다. 시기 적절한 순간에 병력을 투입할 수 있는 유연성은 테르치오에서 볼 수 없는 선형진만의 특성이었다. 테르치오를 고집했던 틸리는 테르치오 특유의 경직성 때문에 빠르게 병력을 이동시킬 수 없었고 그 결과 승리할 수 있던 기회를 놓쳤다.

카톨릭 동맹군이 도착하기 전에 이미 보강되었던 스웨덴 좌익은 자신들에게 다가오는 카톨릭 동맹군을 선제공격했다. 선형진으로 펼쳐져 있던 스웨덴군은 카톨릭 동맹군을 향해 머스킷을 일제히 사격했고 곧 이어 야포가 불을 뿜었다. 밀집되어 있던 카톨릭 동맹군의 테르치오는 머스킷 사격과 야포의 공격에 큰 피해를 입을 수밖에 없었다. 곧 이어 스웨덴군의 창병이 쇄기꼴 대형으로 약해진 테르치오 진형을 파고들었고 카톨릭 동맹군은 무너지고 말았다.

브라이텐펠트 전투는 테르치오에 대한 선형진의 우수성을 보여준 전투였다. 선형진은 테르치오보다 유연했으며 화력 역시 우세했다. 브라이텐펠트 전투 이후 테르치오는 몰락했고 선형진이 테르치오를 대체하는 새로운 전술로 떠올랐다. 또한 이 전투 이후 카톨릭 동맹군은 스웨덴군에게 밀려 계속 후퇴했고, 스웨덴군의 우위는 구스타프 아돌프스가 뤼첸 전투에서 전사하기 전까지 이어졌다.

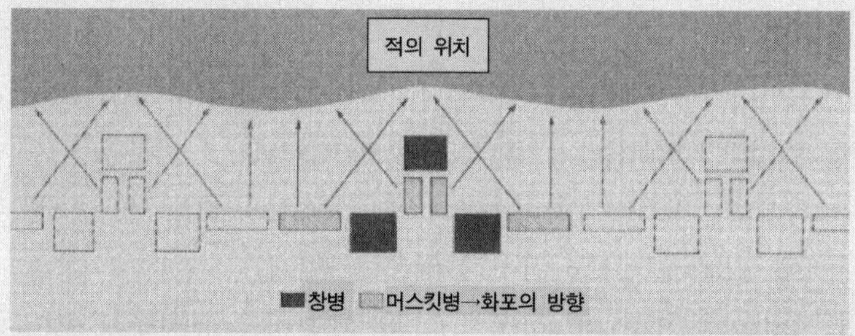

선형진 테르치오가 화력을 60%밖에 낼 수 없었던 반면 선형진은 거의 100% 가까이 낼 수 있었다. 선형진은 사격선을 교차시켜 화력을 집중시킬 수 있었고 유연하게 적재적소에 병력을 투입할 수 있는 우수한 진형이었다.

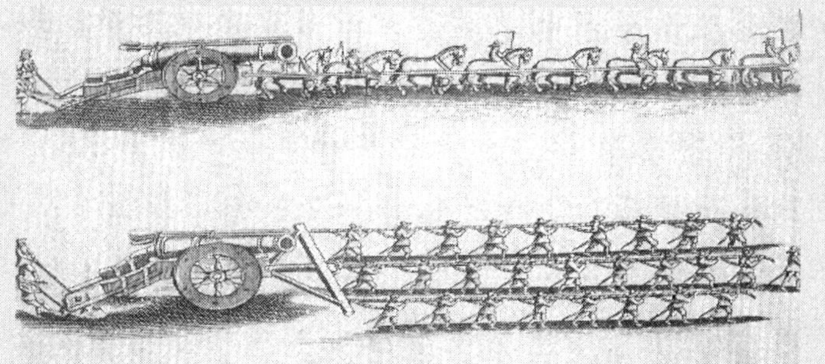

당시 카톨릭 동맹군이 사용하는 야포는 무거워서 기동성이 좋지 못했다.

2. 근대의 무기와 전쟁

① 절대왕정: 총검과 라인배틀

프랑스혁명으로 국가의 주권이 국민에게 돌아가기 전까지, 유럽의 대다수 국가에서는 절대왕정이라 불리는 군주정이 행해졌다. 물론 18세기 이전부터 절대왕정은 존재했다. 그러나 18세기를 주도했던 프랑스의 루이 14세, 프로이센의 프리드리히 대왕, 러시아의 표트르대제 같은 인물들은 절대왕정의 절정기를 누리고 있던 인물들이었고, 이 시기는 그들의 시대였다.

절대군주들은 부국강병을 위해 전쟁을 마다하지 않았으며 유럽의 주도권을 잡기 위해 서로 투쟁했다. 이 시기는 정치적 역학관계가 매우 복잡했을 뿐더러 전쟁양상도 다양하게 나타났다. 특히 전쟁사적 측면에서 18세기의 변화들은 절대왕정이라는 정치적 환경과 밀접한 관계가 있었다.

루이 14세의 치세 아래 프랑스군은 가장 강력한 군대로 성장했으며 콩데(Condè)와 튀렌(Turenne)이라는 훌륭한 지휘관들은 권리이전 전쟁(1667~1678), 네덜란드 전쟁(1672~1678), 대동맹 전쟁(1688~1697)에서 에스파냐를 비롯한 대(對)프랑스 연합군을 수차례 격파함으로써 프랑스를 유럽의 최강대국으로 만들어 놓았다.

이 시기에 가장 주목해야할 인물은 보방(Vauban)이다. 보방은 훌륭한 요새축성가이면서 최고의 공성전문가이기도 했다. 보방은 프랑스 국경에 수많은 요새를 축성함으로써 적들의 공격으로부터 프랑스를 보호했다. 보방의 요새는 매우 과학적으로 설계되어서 함락시키기 매우 어려웠다. 이처럼 보방이 프랑스 지역을 철저히 요새화시키자 프랑스는 야전보다 요새에 의지하는 전술을 사용했고 프랑스를 공격하려는 다른 국가들은 보방의 요새 앞에서 번번이 좌절했다. 보방의 요새 때문에 뛰어난 지휘관들은 부대의 기동성을 살릴 수 없었으며 오랜 시간과 노력이 필요한, 내키지 않는 포위 공격을

프랑스의 절대군주 루이 14세(좌)와 요새전문가 보방(우)

할 수 밖에 없었다.

특히 이 시기에 주목할 만한 변화는 보병무기에서 나타났다. 그것은 바로 총검의 발명이었다. 30년 전쟁까지만 해도 총병과 창병이 함께 보병부대를 구성했지만 총검이 도입되면서 창병은 전장에서 설 자리를 잃게 되었다. 왜냐하면 총검을 가진 총병은 사격을 하지 못하는 상황에서도 적과 백병전을 할 수 있는 능력이 생겼기 때문이다. 이처럼 총검을 가진 머스킷 보병이 창병의 역할까지 흡수함으로써 15~16세기에 가장 강력한 병과 중 하나였던 창병은 존재 의미를 잃게 되었다. 1704년에 영국에서 창병이 사라졌고 다른 유럽 국가들도 영국을 따라 창병을 없애기 시작했다.

최초의 총검은 총구에 꽂아 사용했다. 그러나 총구에 총검을 꽂으면 사격을 할 수 없었기 때문에 여러모로 사용하는 데 문제점이 많았다. 이후 개량형인 고리식 총검(Ring bayonet)이 나옴으로써 그 문제는 해결되었다. 고리식 총검은 총구 대신에 총신 외부에 총검을 끼어 사용했기 때문에 총검을 끼고도 사격할 수 있었다. 고리식 총검 이후 더욱 발전된 소켓식 총검(Soket bayonet)이 출현함으로써 보병의 지위는 한층 격상되었다.

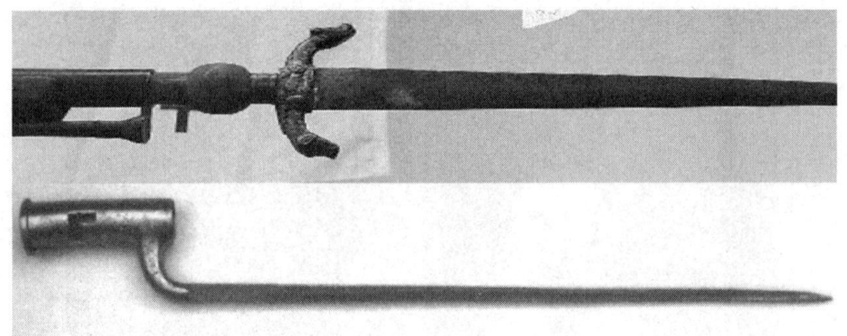

초기 플러그식 총검(위)과 소켓식 총검(아래) ▌플러그식 총검은 총구를 막아서 사용했기 때문에 총검을 끼고 사격할 수가 없던 반면 고리식과 소켓식 총검은 총검을 끼고도 사격할 수 있었다.

또 한 가지 변화는 이 시기에 부싯돌격발방식(Flint lock)이 완성되어 화승격발방식과 바퀴식격발방식을 대신하여 사용되었다는 것이다. 부싯돌격발방식은 화승을 사용하지 않았기 때문에 비오는 날에도 사용할 수 있었으며 발사율도 더 높았다.

창병이 사라지고 거추장스러운 화승을 소지하지 않게 되었으며 무거운 갑옷도 사라지면서 보병들에게 상당한 기동력이 부여되었다. 능력이 향상된 보병들은 전장에 널리 흩어져 더 큰 위력을 발휘했다. 로크루아 전투(Battle of Rocroi, 1643)[9]에서 알 수 있듯이 에스파냐의 테르치오처럼 보병을 밀집시키는 전술은 완벽한 구식 전술이 되었다. 이제 모든 유럽의 강대국들은 부대를 횡렬로 길게 늘어뜨린 선형전술을 사용했고 보병의 능력이 향상되면서 횡대대형도 감소하기 시작했다. 모리스나 구스타프 아돌프스와 같은 17세기 지휘관들이 사용한 횡렬 대열은 8~10개였으나 말버러를 비롯한 18세기 초의 지휘관들은 4~5개로 감소시켰다. 1740년에는 3개, 18세기 말에는

9) 30년 전쟁 중인 1643년에 프랑스 북부 아르덴의 로크루아에서 있었던 프랑스・에스파냐 두 나라 군대의 싸움. 앙기앵 공작인 콩데의 활약으로 프랑스는 에스파냐에게 대승했다. 이때 테르치오를 사용한 에스파냐군은 프랑스의 포격 앞에서 무력하게 당할 수 밖에 없었다.

2개 대열로까지 감소되었다.

모든 부대가 횡렬로 길게 늘어서서 전투하는 것(Line Battle)은 지휘관들이 병사들에게 새로운 것을 요구하게 만들었다. 이제 병사들은 머스킷을 쏠 수 있는 사정거리까지(약 70m) 질서정연하게 걸어가 장교의 명령에 따라서 일제히 사격해야 했다. 특히 머스킷은 여전히 사거리가 짧고 부정확한 무기였기 때문에 화력을 극대화시키기 위해서는 적에게 최대한 근접하여—적군의 눈 흰자위가 보일 때까지라는 표현이 말해주듯이—사격해야만 했다. 이처럼 유효 사거리에서 일제히 사격을 한다면 적에게 10~15%의 피해를 줄 수 있었다. 이 때문에 볼테르(Voltaire)가 이야기했던 것처럼, 폰테노이 전투에서 영국의 사령관 찰스 헤이와 프랑스 장교인 드 안테로세가 서로 먼저 사격을 정중히 권하는 웃지 못할 상황이 연출되기도 했다. 이제 전장에서 가장 중요한 것은 적의 사격 앞에서 대열을 이탈하지 않고 그 자리를 지켜야하는 확고한 부동자세와 두려움을 극복하는 일이었다. 두려움은 모든 군대의 가장 큰 적이었고 전염성도 강했다. 유럽의 지휘관들은 두려움을 극복하기 위해서 규율과 훈련을 강조했다. 또한 일체감을 주기 위해 군복을 통일했으며 전투 중에 병사들이 대열을 이탈하지 않도록 창과 칼로 무장한 장교들을 병

라인배틀은 병사들이 일렬로 서서 싸우는 방식이다.

사들 뒤에 배치하여 병사들이 대열을 이탈할 때 가차 없이 군법으로 다스리게 했다.

또한 이 시기의 지휘관 자질은 군대의 전투능력에 결정적인 영향을 미쳤다. 말버러, 빌라르, 프리드리히 대왕과 같은 훌륭한 지휘관들이 있는 군대는 적보다 불리한 상황에서도 믿기 힘든 승리를 만들어 내기도 했다. 병력의 숫자만큼이나 병력을 효율적으로 운용하는 능력도 중요하게 여겨졌다.

에스파냐 왕위계승 전쟁은 루이 14세의 손자가 에스파냐 왕이 되는 것을 막기 위해 영국, 네덜란드, 오스트리아 등 대프랑스 동맹군이 일으킨 전쟁이다. 권리이전 전쟁, 네덜란드 전쟁, 대동맹 전쟁에서 승리한 루이 14세의 프랑스는 당시 유럽 최고의 강대국이었다. 그러나 에스파냐 왕위계승 전쟁이 일어나기 전에 프랑스의 상황은 좋지 못했다. 콩데와 튀렌 같은 훌륭한 지휘관들은 이미 죽었고 낭트칙령의 폐지로 보방을 비롯한 상당수의 위그노 교도들이—그들은 근면한 상인, 군인, 공예인들이었다—프랑스를 떠났다.

동맹군을 지휘했던 사람은 당대 최고의 지휘관인, 말버러 대공(Duke of Marlborough)으로 불린 존 처칠이었다. 그러나 말버러는 정적들에게 끊임없이 모함을 받고 있었으며 병력을 잃는 것을 두려워하는 네덜란드 정치인들은 그에게 항상 족쇄를 채우고 있었다. 이런 상황 속에서도 말버러는 뛰어난 제너럴십을 발휘하여 블렌하임 전투(Battle of Blenheim)[10]에서 프랑스군을 무찌르고 포위당한 빈을 구해냈다. 말버러는 보병 훈련에 대단히 신경을 써서 효율적인 사격법과 소대원 50명의 집중 사격법, 저격법 등을 훈련시켰다. 또한 구스타프 아돌프스의 기병 전술인 트롯 전술을 완성시켰고 용기병 부대 운용으로 전체적인 기동력을 높였다. 프랑스 기병대가 달려가다가 정

10) 말버러와 외젠이 이끄는 동맹군이 탈라르가 이끄는 프랑스군을 독일 바이에른 근처 블렌하임에서 승리한 전투. 이 전투에서 말버러는 대담한 공격전술을 구사했다. 그는 네벨강을 건너 프랑스군을 선제공격했고 결국 승리했다. 에스파냐 왕위계승 전쟁에서 가장 유명한 이 전투로 초기에 프랑스가 갖고 있던 승기를 동맹군 쪽으로 뺏어 올 수 있었다.

왼쪽부터 말버러, 외젠, 빌라르

지한 다음 총을 쏘고 나서 개인적으로 돌격한 것과 달리, 말버러의 기병대는 총총걸음으로 전진하다 프랑스 기병대가 총을 쏘기 위해 멈추면 칼을 들고 전속력으로 돌격했다. 말버러의 뛰어난 기병 전술 때문에 블렌하임 전투에서 프랑스 기병대는 제대로 싸워 보지도 못하고 패배했다. 결국 유럽을 차지하려는 루이 14세의 야망은 말버러 때문에 좌절되었다.

그러나 말버러는 보방이 만들어 놓은 프랑스 국경요새를 돌파하기 위해 너무 많은 시간과 노력을 낭비함으로써 프랑스가 재정비할 수 있는 시간을 주고 말았다. 동맹군이 점점 프랑스 국경을 넘어오자 프랑스의 절대군주인 루이 14세가 프랑스 백성들에게 전쟁에 참여해 달라고 호소했고 그에 응답한 수많은 사람들이 군자금을 내주고 프랑스군에 자원입대했다. 비록 이 신병들은 총 쏘는 법조차 제대로 몰랐지만 애국심으로 무장하고 빌라르 원수의 지휘 아래 열정적으로 훈련에 임함으로써 강력한 프랑스군으로 거듭났다. 이후 프랑스군을 지휘하게 된 빌라르는 말버러와 말프라크 전투(Battle of Malplaquet)[11]에서 맞붙게 된다. 이 전투에서 비록 말버러가 승리하기는 했지만 너무 많은 피해를 입었기 때문에 해임당하고 말았다. 이후 프랑스는

11) 프랑스 말플라크에서 벌어진 이 전투는 말버러가 이끄는 동맹군이 빌라르가 이끄는 프랑스군에게 승리를 거두기는 했지만 2만 1천 명의 사상자를 내고 말았다. 이는 프랑스군의 2배에 달하는 병력이었고 이후 말버러는 정적들의 모함을 받아 총사령관직에서 해임당했다.

말플라크 전투 | 말버러는 이 전투에서 승리했지만 전쟁에서는 승리할 수 없었다.

빌라르 원수의 지휘 아래 다시 동맹군을 격파함으로써 치욕스러운 패배는 면할 수 있었다.

에스파냐 왕위계승 전쟁이 끝나고 체결된 위트레흐트 조약에서 가장 큰 이익을 본 것은 영국이었다. 이후 영국은 7년 전쟁(Seven Years' War, 1756~1763)[12] 동안 북아메리카에서 벌어진 프렌치-인디언 전쟁에서 프랑스령 캐나다 영토인 퀘벡을 점령함으로써 북아메리카를 손에 넣었다. 그러나 곧이어 벌어진 미국독립전쟁은 영국의 국제적 위상을 크게 손상시키는 사건이었다.

미국독립전쟁(American War of Independence, 1775~1783)은 미국의 탄생이라는 역사적 의미와 함께 전쟁사적으로도 매우 큰 의의를 갖는다. 당시 최강대국이었던 영국이 제대로 된 군사훈련도 받지 못한 식민지 오합지졸들에게 패배했다는 것은 영국에 큰 충격을 안겼다. 그러나 자세히 들여다보면 영국이 패배할 수밖에 없는 이유들을 찾아볼 수 있다. 먼저 영국 본토와 북

12) 프로이센의 슐레지엔 영유문제를 놓고 유럽이 영국·프로이센과 프랑스·오스트리아·러시아·스웨덴·작센으로 나뉘어 7년간 싸운 전쟁. 프로이센은 고전했고 프리드리히 대왕은 자살까지 결심했지만 러시아가 전쟁에서 빠지자 결국 승리하고 슐레지엔을 획득했다.

영국이 오합지졸이라고 생각했던 미국 민병대는 독립에 대한 의지와 자신들에게 맞는 전술로 당시 최강이었던 영국군을 무찔렀다.

아메리카 대륙의 거리로 인한 병참문제는 영국 입장에서 해결하기 매우 어려운 문제였다. 또한 당시 7년 전쟁에 지친 영국은 국고가 바닥나 있었고 군사적·정치적 리더십도 결여된 상태였다.

영국의 앙숙인 프랑스가 에스파냐와 네덜란드를 끌어들여 영국을 방해했던 점도 미국독립전쟁에서 중요한 변수를 차지했다. 특히 프랑스는 재건된 해군을 이용하여 영국의 식민지들을 공격함으로써 영국이 북아메리카 식민지에 신경을 쓰지 못하도록 했다.

그리고 라인배틀 전술을 이용한 정면대결에 특화되어 있었던 영국군의 전술이 미국 독립군에게 통하지 않았던 것도 패배에 한몫했다. 당시 유럽식 전투방식이었던 라인배틀은 북아메리카에서 통하지 못했다. 왜냐하면 당시 비정규군이었던 식민지 군대는 영국군처럼 라인배틀을 할 능력도 의지도 없었기 때문이다. 그들은 영국군이 들고 있는 머스킷 대신 비록 사격속도는 느리지만 사거리가 긴 소총(Rifle)을 들었고—소총에는 머스킷에 없는 강선이 있어서 사정거리가 더 길었다—서서 라인배틀을 하는 대신 숲속에 몸을 숨기고 엎드려서 영국군 장교들을 저격했다. 라인배틀에 익숙하던 레드코트

영국의 베이커 소총 | 베이커 소총은 영국이 최초로 사용한 제식 소총이다. 당시 영국의 주력총은 브라운 베스라 불리는 머스킷총이었다.

영국의 드라군 기병(좌)과 라이플 연대 소속 병사(우)의 군복 | 영국의 주력부대는 레드코트를 입고 머스킷총을 사용했지만 라이플 연대는 짙은 녹색의 군복과 소총(Rifle)을 사용했다.

(Red coat)[13]들은 식민지군의 새로운 전술에 대응하지 못했고 우수한 장교들이 식민지군의 저격에 하나둘씩 사라져갔다. 즉 화력을 위해 기동성과 유연성을 희생시킨 라인배틀은 보다 유연한 전술을 사용한 식민지의 경보병들 앞에서 그 힘을 제대로 발휘할 수 없었던 것이다.

미국독립전쟁 이후 영국은 거추장스러운 레드코트를 벗고 라이플로 무장한 경보병을 육성한다. 라이플 연대라고 불렸던 이들은 척후부대로서 빠른 기동성으로 주변 지형을 이용하여 적을 공격하거나 정찰하는 임무를 맡았다. 최정예들로만 구성된 경보병 부대의 출현으로 주력부대를 보완하고 전투 시 군대의 효율성도 높일 수 있었다.

18세기 말 가장 중요한 것은 대포의 발전이다. 먼저 1740년에 장 드 마리츠(Jean de Mariz)는 드릴로 대포에 구멍을 뚫는 방법을 개발하여 포신을 보다 강하게 했고, 구경(口徑)을 투사물의 원주와 보다 정밀하게 일치시켰다. 다음으로 영국의 수학자인 벤자민 로빈스(Benjamain Robins)는 보다 작은

13) 영국군을 지칭하는 말. 영국군이 입은 붉은색 코트에서 유래했다.

포탄과 보다 가벼운 대포로도 전과 같은 사정거리의 포격을 가할 수 있다는 것을 입증했다. 이 두 발견으로 대포는 사정거리와 파괴력을 잃지 않은 채 크기만 축소할 수 있게 되었다. 또한 1765년 이후 프랑스의 그리보발(Gribeauval)은 포신을 단축시키고 말을 이용하여 포를 끌게 함으로써 포병대의 기동력을 높였다. 이러한 노력들로 행군 시 포병대는 보병과 보조를 맞출 수 있게 되었고, 전투에서도 훨씬 더 수월하게 작전 행동을 할 수 있게 되었다. 또한 코크스(Coke) 제조법이 발명됨으로써 대포는 더욱 발전해, 과거에 사용했던 청동대포 대신 값싸고 개량된 철대포가 만들어졌다. 18세기 초기에는 거의 모든 부대가 400명당 1개의 대포를 보유하게 되었고 200명당 1개의 대포를 보유한 부대도 탄생했다. 포신이 짧아진 경포(輕砲)들은 원거리에서의 정확성은 떨어졌지만 기동성과 효율성이 높아지면서 없어서는 안 될 존재가 되었고—물론 화력과 기동력 사이의 적절한 타협점은 항상 논란의 대상이었지만—나폴레옹과 같은 포병 천재들의 등장으로 포병은 전장의 주역으로 격상되었다.

대포의 발전으로 전투에서 적의 보병 대형을 무너뜨리기 위해 포격을 가하는 포병의 존재는 필수적인 요소가 되었다. 이제 전투는 포격으로 인해 적의 대형에 커다란 구멍이 생기면 총검으로 무장한 보병 대열이 그 구멍을 확장하고, 이어서 기병대가 투입되어 돌파된 적의 양측면을 공격하여 결정타를 가하는 방식으로 전개되었다. 그러나 포병은 여전히 보병과 기병에 비해 자체적인 힘이 가장 약했기 때문에 보병, 기병과 긴밀한 협조를 통해서만 위력을 발휘할 수 있었다.

그리보발의 12파운드 포 | 그리보발은 포를 가볍게 만들고 말이 포를 끌게함으로써 상당한 기동력을 부여했다.

7년 전쟁 기간 동안 가장

주목해야 할 인물은 프리드리히 대왕이다. 프리드리히 대왕은 프로이센의 왕으로 7년 전쟁 동안 프랑스, 오스트리아, 러시아, 작센의 연합군을 상대로 많은 전투를 벌였다. 그는 전투에서 항상 부족한 병력을 가지고 싸웠으나 뛰어난 기동력으로 극복한 위대한 지휘관이었다.

분열된 독일 영방 중 하나였던 프로이센이 프랑스, 오스트리아, 러시아 같은 대국을 상대로 7년간 전쟁을 한 것은 놀라운 일이었다. 프로이센은 당시 유럽의 선진국은 아니었다. 그렇지만 프로이센은 다른 유럽 국가들이 따라올 수 없는, 고도의 효율적인 정부와 장교 집단을 가지고 있었던 유럽 최고의 군사 강국이었다.

프로이센을 이루고 있었던 핵심 세력은 융커(Junker)라 불리는 대지주들과 귀족들이었다. 30년 전쟁 이후 합스부르크가문은 쇠퇴했고 융커들을 지켜 줄 만한 어떤 형태의 정부도 존재하지 않았다. 융커들은 보호받기 위해서 호엔촐레른 가문의 프리드리히 빌헬름을 왕으로 모시고 프로이센이라는 국가를 탄생시켰다. 융커들은 자신의 특권을 보호받는 대신에 국왕에게 상비군을 유지할 수 있는 자금을 대주었고, 모든 가문들은 최소한 1명의 아들을 사관학교에 보냈을 정도로 군복무에 적극적이었다. 이들에게는 기강은 말할 것도 없으며 프로이센의 군인으로서의 자부심과 애국심이 몸에 배어 있었다.

하지만 프로이센은 인구 수가 유럽에서 20번째일 정도로 매우 적었다. 게다가 지배층인 융커 대다수가 지주였기 때문에 농민들을 군인으로 만들 수도 없었다. 그렇기 때문에 프로이센군의 상당수는—물론 프로이센군의 중추는 자국민으로 구성된 부대였다—국외의 용병들로 모집되었으며 때로는 납치까지 해서 충당했다. 돈을 위해 혹은 강제로 군대에 온 용병들은 사기와 전투력이 낮을 수밖에 없었다. 그렇기 때문에 프리드리히 대왕은 병사들보다 장교들을 더 신뢰했고 장교들은 무자비하고 야만스럽게 병사들을 통제함으로써 프리드리히 대왕의 믿음에 부응했다. 이처럼 프리드리히 대왕은 사기와 애국심이 결여된 외국인 군대에게 기강, 경각심, 응집력을 부여하기 위해 강제적인 방법을 동원했다.14)

프리드리히 대왕은 전투의 핵심이 기동성에 있다고 생각했다. 그리고 기동성은 혹독한 훈련을 통해서만 키울 수 있다는 것을 알고 있었다. 당시 유럽은 라인배틀을 하기 위해서 질서정연하게 기동하는 것이 매우 중요하게 생각했고 분당 90보씩 전방으로 걷게 만드는 군대를 가장 훌륭한 군대로 여겼다. 그러나 '졸병왕'이라고 불리는, 프리드리히 대왕의 아버지인 프리드리히 빌헬름 1세는 병사들을 발로 차고 때리는 등 잔인하게 지휘하여 분당 90보를 능가시켰다. 이후 프리드리히 대왕 시기에 와서는 프로이센군이 유럽에서 가장 강력한 기동력과 전투력을 보유하게 되었다. 그러나 프리드리히 대왕이 언제나 잔혹하게 병사들을 통제하기만 했다고 생각하면 곤란하다. 그와 관련된 숱한 일화에서 나타나듯이 프리드리히 대왕은 외국인 병사들에게 좋은 대우를 해주었다. 그들도 프리드리히 대왕을 좋아하고 잘 따랐다. 이처럼 프리드리히 대왕의 제너럴십은 매우 뛰어난 것이었고, 그것은 프로이센을 강하게 만든 또 다른 요소였다.

7년 전쟁이 벌어질 무렵 보병무기는 철로 만든 탄약 꽂을대가 도입되었다는 점만 달랐을 뿐, 에스파냐 왕위계승 전쟁에 사용했던 총검 머스킷을 그대로 사용했다. 이처럼 프로이센을 비롯한 모든 유럽 군대의 장비는 비슷했기 때문에 지휘관의 역량에 따라 전투의 승패가 갈렸다.

7년 전쟁 당시 프랑스, 오스트리아, 스웨덴, 작센 연합군에게 포위당한 프

---

14) 이른바 '프로이센 군기'라 불린 이 방법은 이후 사기가 낮은 군대를 유지하는 하나의 교범이 되었고, 훗날 제국주의적 근대화 시기에 프로이센을 모방해 군을 건설한 일본을 거쳐 해방 이후 한국의 군에도 영향을 미쳤다. 그러나 '프로이센 군기'는 18세기 프로이센의 특수한 상황에 적합한 방법이었을 뿐, 제도화된 넉넉한 병력 자원을 가진 군대에게는 오히려 비효율적일 뿐 아니라 많은 문제를 발생시키는 악습의 근원으로 작용할 수 있다. 이러한 한계점은 당장 프로이센에서부터 나타났다. 훗날 나폴레옹 전쟁에서 강제력의 통제에 의존한 프로이센군은 애국심에서 비롯하는 자발적 전투 의지로 사기가 높은 프랑스군을 이길 수 없었고 '프로이센 군기'는 수정이 불가피했다.

리드리히 대왕은 내선(Interior Lines)의 이점[15]을 활용하여 적이 모이기 전에 선제공격을 하기로 결정했다. 내선의 이점과 기동력을 활용하여 적을 각개격파한 프리드리히 대왕은 로이텐 전투(Battle of Leuthen, 1757)[16]에서 오스트리아군을 상대로 결정적인 승리를 거두었다. 이 전투에서 그는 테베의 명장 에파미논다스가 사용한 사선 전투 대형(Oblique order of battle)을 사용했는데 이 작전의 성공 여부는 기동력에 달려 있었다. 프리드리히 대왕은 적의 우익을 공격하는 척하여 오스트리아군을 우익에 집중시켰고 주력군의 빠른 기동력을 이용하여 적의 좌익을 포위하여 전투를 승리로 이끌었다. 최고의 장군 중 한 사람인 나폴레옹조차 "로이텐 전투만으로도 프리드리히는 불멸의 인물이 되기에 충분하며, 가장 위대한 장군의 반열에 오를 수 있다"고 추켜세웠다. 프리드리히 대왕 후에 출현한 나폴레옹은 기동력을 중요시한 프리드리히의 전술을 더욱 발전시켜 전 유럽을 지배하는 원동력으로 삼았다.

② 나폴레옹 시대: 전술과 제병연합부대

절대왕정의 대표적 군주였던 루이 14세 시대부터 프랑스는 전 유럽에서 끊임없이 전쟁을 일으켰다. 7년 전쟁 동안, 영국을 견제하기 위해 북아메리카 식민지를 지원해 주었으며 유럽에서는 프로이센과 싸움으로써 국가의 재정은 바닥을 보이기 시작했다. 결국 루이 14세의 손자인 루이 16세에 이르러서는 국가재정이 파산상태에 이르렀다. 다급해진 루이 16세는 삼부회를 소집하여 재정문제를 해결하려 했지만 1·2신분인 성직자와 귀족 그리고 3신분인 부르주아 사이의 의견차가 좁혀지지 않자, 루이 16세가 1·2신분

15) 포위된 군대가 포위한 적보다 작전상 기동거리가 짧다는 것.
16) 프리드리히 대왕이 이끄는 3만 명의 프로이센군이 8만 명의 오스트리아군을 로이텐에서 격파함으로써 오스트리아를 슐레지엔에서 몰아낸 전투. 오스트리아군을 이끌던 카를 대공은 이 전투의 결과를 보고 "나는 이 패배를 믿을 수 없다"고 말했다고 한다.

편을 들면서 혁명이 발생했다.

1789년 프랑스혁명을 통해 프랑스에서는 왕정이 폐지되고 공화정이 들어섰다. 절대군주 루이 16세가 단두대에서 처형당한 사실은, 늙어버린 봉건적 왕정제도에 내리는 사형선고와도 같았다. 프랑스를 제외한 다른 유럽의 절대군주들은 자신들에게도 루이 16세와 같은 일이 일어날까 두려워했고, 이미 번져버린 혁명의 불꽃을 끄기 위해 대프랑스 동맹군을 결성하여 프랑스를 공격하기에 이르렀다.

프랑스혁명에서 나폴레옹 전쟁으로 이어지는 시기는 역사적 맥락뿐 아니라 전쟁사적 측면에서도 눈여겨볼 만한 시대이다. 근대적 민족주의의 개화기라고 할 수 있는 이 시대는 나폴레옹, 넬슨, 웰링턴, 쿠투조프, 블뤼허와 같은 위대한 장군들의 시대였고, 전 시대와 비교가 될 수 없을 정도로 군대의 규모가 늘어났으며 전투의 격렬함도 더해 갔다.

여러 면에서 혁명 이후 프랑스의 운명은 결코 순탄하지 않았다. 혁명 때문

바스티유감옥의 함락과 프랑스혁명

에 수많은 귀족들이 해외로 망명했는데 그것은 군대에 치명적인 타격을 입혔다. 왜냐하면 당시 프랑스군의 장교층은 대부분 귀족 출신이었기 때문이다. 노련한 귀족 장교들이 떠난 자리를 열정적인 프랑스 국민들이 메우려 했지만 경험이란 열정만으로는 대신할 수 없는 것이었다. 언제나 값비싼 대가를 지불해야만 했고 그것은 프랑스혁명군에게도 마찬가지였다. 혁명의 열기와 민족주의에 사로잡힌 수많은 프랑스 젊은이들이 조국을 지키기 위해 군대에 자원했지만 반프랑스 연합군에게 도처에서 패배했다. 프랑스는 정치적으로 매우 혼란했고 인플레이션으로 인해 경제는 파탄상태였다. 군대에는 지도자가 없었을 뿐 아니라 기강도 훈련도 군수품도 없었다. 혁명군은 투르네와 리에주에서 대패했고 그들은 실패할 것만 같았다.

하지만 프랑스는 영국, 오스트리아, 프로이센의 인구를 합친 것보다 많은 2,500만 명 이상의 인구가 있었고 그들이 이뤄낸 혁명을 지키기 위한 사명감이 있었다. 더 이상 프랑스의 장교들은 과거처럼 병사들 뒤에 서서 그들이 대형을 이탈할까봐 지켜보고 있지 않았다. 이제 그들은 병사들보다 더 앞에 서서 그들을 이끌었다. 군대는 신분이 고귀한 자보다 능력 있는 자가 더 대우받는 곳으로 변했다. 프랑스군은 혁명 때문에 노련한 귀족 출신 장교들이 사라지면서 위기를 맞는 듯 했으나 궁극적으로 완전히 새롭게 재탄생했다. 가문에 의해서 운영되는 기존의 봉건적 군대 풍습은 와해되었고 능력에 따라 모든 것이 평가되었다.

프랑스군은 곧 초기의 고전 국면을 반전시켜 발미 전투와 주마프 전투를 기점으로 연합군을 압도하기 시작한다. “군인은 적을 무서워하는 것 이상으로 그들의 장교를 무서워해야 한다”고 말한 프리드리히 대왕의 군대와 달랐다. 프랑스혁명군은 스스로 지키고 싶은 것을 지키기 위해 싸웠기 때문에 연합국의 군대와는 비교할 수 없을 정도로 사기가 높았고, 이는 크나큰 강점으로 작용했다.

프랑스혁명은 국민군이라는 새로운 개념을 탄생시켰다. 물론 구스타프 아돌프스의 스웨덴을 비롯한 유럽 여러 나라에도 자국민을 징병하여 구성한 초기적 형태의 국민군이 존재했다. 그러나 그들 군대에는 국민군만큼이나 다른 나라의 용병들이 존재했다. 엄밀히 따지면 그것은 정부군(State army)이었지 국민군(National army)은 아니었다. 하지만 이 시기의 프랑스에는 근대적인 국민개병제가 실시되고 옛 정규군과 새로운 시민군을 합한 최초의 근대적인 국민군이 탄생했다. 국민군의 탄생으로 프랑스의 병력은 1793년, 30만 명에서 75만 명으로 늘어났다. 프리드리히 대왕은 군인의 숫자가 너무 많으면 작전하는 데 장애가 된다고 했다. 하지만 프랑스군은 천재적인 행정가 라자르 카르노(Lazare Carnot)의 노력 아래 병력 조직화에 성공함으로써 다수의 병력을 운용하는 데 발생하는 문제들을 해결할 수 있었다.

이 시기에 빼놓을 수 없는 인물이 바로 나폴레옹이다. 이 시기를 혁명의 시대가 아닌 나폴레옹의 시대라 명명한 것은 그만큼 전쟁사적 측면에서 나폴레옹이라는 한 인물이—물론 보다 엄밀히 표현하자면 나폴레옹이란 한 영웅의 이름으로 대표되는 군사적 변혁들이—차지하는 비중이 크기 때문이다. 코르시카섬 출신의 이 '키 작고'[17] 천재적인 프랑스 장교는 후에 프랑스 정부의 총재와 제1통령을 거쳐 마지막에는 제1제정의 황제자리에까지 오르게 된다.

나폴레옹은 군사적으로 탁월한 전략가였다. 나폴레옹 시대에는 라이플이 고안되었던 것 외에 무기체계에서 큰 변화는 나타나지 않았다. 게다가 라이플은 조작 시간이 오래 걸리고 값이 비싸서 별로 사용되지 않았기 때문에 전쟁양상의 변화에 미치는 영향은 거의 없었다. 하지만 이 시기의 전쟁은 전 시대와 완전히 다른 양상으로 전개되었다. 이것은 무기체계적 측면보다는 전술적 측면의 변화였고 나폴레옹의 천재성이 만들어 낸 결과였다.

17) 실제로 나폴레옹의 키는 작지 않았다. 당시 나폴레옹의 키는 167cm로서 당시 유럽 성인 남성의 평균 키였던 164cm보다 3cm나 컸다. 나폴레옹이 단신이라는 루머는 프랑스와 경쟁관계였던 영국이 퍼뜨린 악의적인 표현이다.

먼저 보병 전술의 변화를 살펴보자. 앞에서 살펴본 것과 같이 18세기 보병전술은 병사들을 횡렬로 길게 늘어놓고 싸우는 라인배틀 방식이었다. 횡대대형은 화력을 극대화할 수 있다는 장점이 있었지만 선두 2열 정도만이 머스킷을 사용할 수 있다는 단점도 있었다. 또한 병사들이 충분히 훈련받지 못하면 계속적인 사격을 할 수도 없었다. 횡대대형의 이런 문제점들 때문에 18세기 말부터 병력대형에 대한 논란이 생기기 시작했고, 폴라르(Folard)나 기베르(Guibert) 같은 사람들은 횡대대형을 종대대형으로 바꿀 것을 제안했다. 종대대형은 횡대대형보다 화력은 약했지만 기동성이 더 좋았으며, 부대를 분산시켜 다양한 지점에서 집중적인 공격을 가해 적의 횡대대형을 돌파할 수 있었다. 나폴레옹은 폴라르와 기베르의 전술을 받아들이고 더욱 발전시켜 보병을 혼합대형(Ordre mixte)으로 배치했다. 혼합대형은 횡대와 종대 그리고 소규모 산병(散兵)으로 이뤄진 대형이다. 나폴레옹이 사용한 이 혼합대형은 먼저 경보병으로 이뤄진 1개 중대 규모의 산병부대들을 운용하여 적을 견제함으로써 적의 병력이 집중되는 것을 막았다. 그리고 나서 주력부대

프랑스 수발총병(Fusiliers, **좌**)**과 척탄병**(Grenadies, **우**) ‖ 수발총병은 가장 기본적인 프랑스 보병이었다. 척탄병은 프랑스군 최고의 엘리트 보병으로 대부분 고참병들로 이뤄졌으며 곰털로 만든 모자를 쓰고 다녔다.

가 횡대대형으로 적에게 강력한 화력을 퍼붓는 사이, 뒤에 대기하고 있던 총검을 착용한 예비대가 종대대형으로 약해진 적군의 횡대대형을 돌파했다. 나폴레옹은 이런 전술을 운용함으로써 마랭고와 아우스터리츠[18]를 비롯한 수많은 전투에서 승리를 거둘 수 있었다.

이처럼 종대대형을 이용한 전술은 강력했지만 그만큼 실행하기가 매우 힘들었다. 왜냐하면 횡대대형으로 이뤄진 적의 화망을 받아내면서 종대로 적진을 돌파해야 했기 때문이다. 그렇기 때문에 종대대형을 이용하여 적진을 돌파하기 위해서는 두 가지가 필요했다. 바로 기동력과 죽음을 두려워하지 않는 용기였다. 나폴레옹은 그 두 가지를 이끌어 내는 데 천재적인 재능을 갖고 있었다. 특히 그는 민족주의 감정을 전술에 이용할 줄 알았고 병사들의 사기를 높이는 방법도 잘 알고 있었다. 그렇기 때문에 나폴레옹 부대는 빗발치는 적의 총탄 속에서 종대로 총검을 들고 적진으로 돌격할 수 있었고, 이런 작전은 한동안 큰 효과를 거두었다.

기동력에서도 나폴레옹 군대는 다른 유럽 군대에 비해 월등했다. 당시 유럽 군대의 평균 보속이 1분에 70~90보 사이였던 데 비해 나폴레옹의 프랑스군은 분당 120보의 보속을 갖고 있었다. 나폴레옹은 빠른 기동력을 바탕으로 적들보다 먼저 유리한 고지를 점령함으로써 항상 전투를 유리한 위치에서 시작할 수 있었다.

또한 나폴레옹은 도로망을 개선하는 등 행군속도를 높이기 위해 많은 노력을 기울였다. 그러나 보급 문제 때문에 행군속도를 더 높이기는 힘들었다. 왜냐하면 국민군이 탄생함으로써 병력의 규모가 매우 커짐에 따라 보급체계가 그 규모를 따라가지 못했기 때문이다. 보급은 나폴레옹을 비롯해 이 시기 지휘관들의 가장 큰 고민거리였다. 1792년에 프로이센-오스트리아 연합

---

18) 나폴레옹과 러시아-오스트리아 동맹이 맞붙어 아우스터리츠에서 치뤘던 큰 전투이다. 이 전투로 러시아-오스트리아 동맹은 크게 패배했다. 아우스터리츠 전투에서의 승리는 훗날 나폴레옹이 유럽에서 정치적 주도권을 잡는 데 크게 일조했다.

군을 이끌던 브라운슈바이크 대공이 프랑스 혁명군을 괴멸시킬 결정적 기회를 놓친 이유도 보급체계의 문제 때문이었다. 나폴레옹은 보급 문제를 해결하고 행군속도를 높이기 위해 통조림을 활용하기도 했으나 '현지자활'이라는 종교전쟁 시대의 관습으로 되돌아가기로 결정했다. 이로 인해 행군속도는 매우 빨라졌지만 무리하게 점령지의 현지자원을 징발하여 현지인들의 민족주의 감정의 고조를 초래했고 결국 격렬한 저항에 부딪치게 됐다. 특히 에스파냐에서 일어난 대규모 반란은 러시아 원정 중인 나폴레옹에게 큰 타격을 주었고 그가 몰락하는 요인으로 작용했다. 이런 나폴레옹의 보급체계는 러시아 원정에서도 취약점이 드러났다. 러시아가 나폴레옹의 침략에 맞서 현지에서 자원을 구하지 못하도록 청야 전술로 대항하자, 프랑스군은 러시아의 강추위와 광활한 대지 앞에서 굶거나 얼어 죽을 수밖에 없었다. 이처럼 기동성을 위해 보급체계를 희생시킨 나폴레옹의 현지자활 전술은 결과적으로 그의 몰락에 결정적인 역할을 하게 되었다.

나폴레옹 시대에 와서 가장 큰 변화가 나타난 것은 포병전술이었다. 나폴레옹은 포병장교 출신답게 포병을 운용하는 데 매우 독창적인 방법들을 사용했다. 포신이 짧아진 경포를 말로 끌게 하는 그리보발식으로 포병을 운용했고 전투 시 포병을 한 곳에 집중 배치하여 화력을 극대화시켰다. 대포는 여전히 조악한 화약으로 사격이 빠르지도 멀리 쏘지도 못했지만, 기동력이 좋아진 포병은 보병부대 앞에서 사격함으로써 적 대열에 균열을 가져오게 하는 역할을 충분히 수행할 수 있었다. 나폴레옹의 보병부대는 수많은 전투를 거치면서 많은 사상자가 발생하여 신병을 충원하면서 전체적인 질이 낮아질수록 그는 정예 포병을 많이 사용했으므로 포병의 전술적 비중은 상대적으로 매우 커졌다.

당시 유럽 군대에서 기병은 최정예 병사들로 주로 귀족계급 출신으로 이뤄져 있었기 때문에, 혁명 이후 대부분의 귀족들이 국외로 도망간 프랑스는 강력한 기병대를 재건하는 데 매우 오랜 시간이 걸렸다. 이 시기에 기병은 보병과 포병에 비해 그 중요도가 낮아졌지만 정찰과 추격 그리고 기동력 때문에 여전히 필요한 존재였다. 나폴레옹의 주력 기병은 경기병인 샤쇠르(Chasseur)와 후사르(Hussard)였다. 이들은 사단과 군단의 기병으로서 정찰과 추격 임무는 물론 측면공격, 적 제거, 정보수집, 위장과 같은 다양한 임무를 수행했다. 나폴레옹의 유능한 기병대 지휘관 중 한 사람인 라살르는 "후사르이면서 30세가 넘도록 살아 있는 자는 몰염치한 사람이다"라고 말했을 정도로, 나폴레옹의 기병대는 언제나 대담하고 적극적인 자세로 전투에 임했다. 몸통의 앞뒤를 가린 흉갑과 기병도로 무장한 중기병인 쿼러시어(Cuirassier)는 과거에 비해 규모가 많이 줄었지만 전투 시 적절한 순간에 대대적인 공격을 가하기 위해 집단 대형(Mass formation)으로 운영되었다.

이 시기의 기병대는 과거에 비해 약해진 위력을 상쇄하기 위해 적에게 위압감을 주는 다양한 심리적 방법을 사용하기 시작했다. 프로이센의 후사르는 검은 제복에 해골과 뼈 문양이 새겨진 모자를 썼으며 폴란드의 후사르는

프랑스 기병대

뒤에 날개를 달았다. 이런 방법들은 적에게 위압감을 주는 한편 아군의 사기를 높여 주었기 때문에 유럽의 군대들은 기병대를 화려하게 치장했다.

나폴레옹은 보병, 포병, 기병을 효과적으로 운용하기 위해 제병연합(諸兵聯合) 부대인 사단(Division)을 편성했다. 사단의 개념은 기베르가 최초로 창안한 것으로 기존에 있던 대대, 연대의 개념을 한층 발전시킨 개념이다. 나폴레옹 시대 전까지는 보병, 포병, 기병은 독립된 병과부대로서 전투 시마다 적당히 조합시켜 사용했다. 반면에 나폴레옹 시대에는 보병, 포병, 기병을 혼합편성한 사단이 출현함으로써 이전 시기에 비해 좀 더 효율적이며 유연하게 병력을 운용할 수 있게 되었다. 또한 나폴레옹은 3개 사단을 묶어 군단(Corps)으로 편성했고 독립포병, 독립기병부대도 따로 편성하여 운용했다.

사단과 군단이 출현하자 전군(全軍)이 1개의 집단으로 움직이는 일은 점차 사라졌다. 과거에는 의사소통의 문제 때문에 수많은 부대가 한 곳에 모여 지휘관의 지휘를 받았으나, 나폴레옹 시대에는 각 사단과 군단들이 상당한 규모로 산개하여 작전을 수행했음은 물론 사단장과 군단장의 명령에 의해 독자적인 작전행동도 가능해졌다. 이 시기의 의사소통 수단은 여전히 취약했지만 혹독한 훈련과 조직의 정비 그리고 교리의 정립으로 문제를 해결할 수 있게 되었다.

사단과 군단이라는 제병연합부대의 출현으로 지휘관들이 선택할 수 있는 전략적인 조합의 수가 엄청나게 증가했다. 과거에는 모든 부대가 한 곳에 모여 라인배틀로 답답하게 전투를 했던 것에 비해 나폴레옹은 군단체계를 이용해 다양한 전략을 사용했다. 이제 나폴레옹은 첫 번째 군단이 양동 작전을 펼쳐 적의 주의를 끌면, 두 번째 군단은 적의 측면을 포위하며, 세 번째 군단이 적의 증원부대를 차단하고, 네 번째 군단을 예비대로 편성하는 것처럼 예하 군단에게 전체 전투 계획 가운데 각각 다른 임무를 부여하였다.

위에서 살펴본 나폴레옹의 전략들을 종합하여 당시 전투상황을 그려 보면 다음과 같을 것이다. 먼저 중대 규모의 산병(散兵)들이 산개해 적들을 교란하는 사이 횡대대형의 보병부대가 일제 사격을 통해 적들을 압박한다. 이로 인해 적군은 어느 한 지점에 병력을 집중할 수 없게 되고 어쩔 수 없이 예비대를 투입한다. 이때 나폴레옹은 기병을 중심으로 한 부대를 이용해 적의 측면을 우회 기동하여 후방에 있는 보급로와 퇴각로를 공격한다. 이렇게 되면 적들은 후방을 지키기 위해 어쩔 수 없이 전방에 있는 부대를 빼어 내서 후방으로 돌릴 수밖에 없게 되고 정면에는 틈이 생기게 된다. 그때 나폴레옹은 후방에 있던 포병부대를 밀집시켜 화력을 극대화함으로써 적의 틈에 집중 포격을 가한다. 포병의 집중포격으로 인해 적의 대열에 균열이 확대되고, 그 균열을 향해 2개의 착검한 밀집종대 보병부대를 순차적으로 투입시킨다. 이때 적들이 머스킷으로 사격을 하더라도 연사속도가 매우 느리기 때문에 밀집종대의 총검돌격은 상당히 위력적이다. 2개 부대를 순차적으로 투입했기 때문에 적들이 제1부대를 막아낸다고 하더라도 2번째로 공격해 오는 부대를 막지 못해 결국 대열이 붕괴되고 만다. 이렇게 붕괴된 대열에 기병대를 투입하여 적군을 양분하고, 그 사이에 미리 우회기동 시켜 놓은 기병대가 합류하여 적을 둥그렇게 포위함으로써 결국 적군을 포위 섬멸한다. 이러한 방식의 전술로 한동안 나폴레옹의 프랑스군은 유럽에서 무적에 가까운 신화를 창조해 냈다.

나폴레옹

나폴레옹이라는 전쟁사에 우뚝 선 영웅적 인물의 출현과 대두 그리고 비상과 몰락은 온 유럽을 뒤흔들었던, 프랑스혁명이라는 시대적 배경에서 비롯된 산물이었다. 혁명기 프랑스군이 비록 발미 전투 이후 대프랑스 동맹군을 상대로 승리를 거두고 있었지만, 온 유럽의 거대한 반동 무력에 맞서 혁명 프랑스를 지키는 것은 점점 한계에 다다르고 있었다. 수많은 전투에서 프랑스군은 자신들이 죽인 적의 숫자만큼이나 희생자를 냈고 내부적으로는 정치적인 혼란이 계속되고 있었다.

나폴레옹이 패배하게 된 결정적인 원인은 이베리아 반도에서의 실패와 러시아 원정이었지만, 나폴레옹이 아우스터리츠 전투에서 승리할 때부터 그의 몰락은 예견되었던 일이었다. 혁명의 혼란과 잦은 전쟁으로 프랑스의 자원은 한계에 도달했다. 또한 계속되는 전쟁으로 병력의 질이 점차 낮아졌고 사단이 2개 여단 규모로 축소되면서 병력 운용의 유연성이 점점 떨어졌다. 특히 나폴레옹 휘하의 유능한 군인들이 러시아 원정 동안 추위와 굶주림 그리고 코사크 기병대의 칼날 아래 목숨을 잃으면서 그의 병력의 질은 더욱 나빠졌다. 이런 이유 때문에 집권 말기의 나폴레옹은 초기와 같이 유연한 전술을 사용할 수 없게 되었고, 프랑스군의 전투는 적군과 마구잡이로 격돌하는 총력전 양상을 띠게 되었다. 또한 시간이 흘러 다른 유럽 군대들도 나폴레옹의 전술을 도입함으로써 나폴레옹 특유의 우위마저 사라지게 되었다. 경보병과 저격병으로 이뤄진 나폴레옹의 산병전술에 대항하기 위해 영국은 라이플 연대, 프로이센은 야거(Jager)라 불리는 경보병 부대를 육성했던 것이다. 또한 영국에는 웰링턴, 프로이센에는 블뤼허와 같은 명장들이 출현하면서 더 이상 나폴레옹은 과거와 같이 압도적인 승리를 거둘 수 없게 되었다.

나폴레옹의 몰락은 곧 프랑스혁명의 몰락이었고, 나폴레옹 몰락 이후 유럽은 빈 체제라는 보수반동의 시대로 접어들었다. 하지만 궁극적으로 프랑스혁명은 실패한 것이 아니었다. 모든 것이 이전으로 돌아간 것 같았지만, 이미 유럽은 달라져 있었고 또 계속 달라지고 있었던 것이다.

역사를 바꾼 전투 이야기 ⑦ 워털루 전투(Battle of Waterloo)

라이프치히 전투 이후 몰락한 나폴레옹은 엘바섬으로 유배를 떠났고 프랑스에는 왕정이 복고되었다. 그러나 나폴레옹은 엘바섬을 탈출해 다시 프랑스로 돌아왔다. 프랑스의 왕 루이 18세는 탈출한 나폴레옹을 잡기 위해 한때 나폴레옹의 충실한 부하였던 네(Ney) 원수를 파견했다. 네는 루이 18세에게 나폴레옹을 잡아 철장 속에 가두겠다고 약속한 다음 떠났다. 그러나 나폴레옹과 만난 네는 나폴레옹을 체포하기는커녕 '폐하'라는 한 마디와 함께 그 자리에서 무릎을 꿇었다.

프랑스가 다시 나폴레옹 손에 넘어가자 주변국들은 다시 긴장하기 시작했다. 그들은 간신히 진정시켜 놓은 혁명의 불길이 타오를까 두려웠던 것이다. 나폴레옹의 재기를 막기 위해 유럽의 절대군주들은 다시 힘을 합쳤다. 웰링턴이 이끄는 영국-네덜란드 연합군 9만 3천 명, 블뤼허가 이끄는 프로이센군 11만 7천 명, 오스트리아군 21만 명, 러시아군 15만 명이라는 어마어마한 연합군이 구성되었다. 그에 비해 나폴레옹 군대의 숫자는 12만 4천 명밖에 되지 않았다. 비록 프랑스군이 숫자는 적었지만 유럽 최고의 명장인 나폴레옹이 돌아왔기 때문에 병사들의 사기는 하늘을 찔렀다.

나폴레옹은 연합군이 힘을 합친다면 프랑스에 승산이 없을 것이라고 생각했다. 그래서 그는 연합군이 합쳐지기 전에 각개격파하여 그들을 물리칠 생각이었다. 이 전술은 전성기 때 나폴레옹이 자신의 군대보다 많은 적을 상대할 때 흔히 사용했던

동맹군 지휘관인 웰링턴(좌)과 블뤼허(우)

프랑스 지휘관인 미셸 네(좌)와 그루시(우)

전술이었다. 다만 다른 점은 이 작전을 수행할 만한 훌륭한 부하들이 모스크바 원정 때 대부분 죽었다는 것이다. 새로 임명된 참모장 술트는 야전 지휘관이지 지략가 스타일은 아니었다. 좌익의 총사령관을 맡은 네는 훌륭한 기병대 지휘관이었지만 무모했고 성미가 급했다. 우익과 예비부대를 맡은 그루시는 이미 퇴물이 된 장군으로 전투에 의욕이 없었다. 또한 나폴레옹 자신도 치질과 같은 만성병에 시달리던 상태여서 육체적·정신적으로 건강하지 못한 상태였다. 나폴레옹의 지휘력이 흔들릴수록 곁에서 보좌해 줄 참모들의 비중이 컸지만 술트, 네, 그루시는 그 역할을 하기에 모자랐다.

나폴레옹은 먼저 벨기에에 주둔 중인 웰링턴의 영국군과 블뤼허의 프로이센군을 각개격파하기 위해 출발했다. 러시아군과 오스트리아군은 아주 멀리서 오고 있었기 때문에 그들이 도달하기 전에 영국–프로이센 연합군을 충분히 괴멸시킬 수 있었다. 나폴레옹은 영국군과 프로이센군이 합쳐지기 전을 노려서 공격했다. 그들 군대 사이로 파고들어 간 나폴레옹은 리니에서 프로이센군을 대파했다. 네가 제때 프로이센의 측면을 공격했다면 그들을 괴멸시킬 수도 있었지만 네는 카트르브라에 있는 소수의 영국군에 묶여서 그렇게 하지 못했다. 프로이센군은 지휘관인 블뤼허가 중상을 입을 정도로 치명적인 타격을 입었지만 괴멸은 면할 수 있었다. 블뤼허는 후퇴했고 나폴레옹은 그루시에게 3만 3천 명의 병력을 주고 프로이센군을 추격하라고 명령했다. 그리고 자신은 워털루에 있는 영국군을 공격하기 위해 움직였다.

나폴레옹의 명령을 받은 그루시는 프로이센군을 추격했다. 그러나 프로이센군을 이끌던 블뤼허는 역시 노련했다. 그는 부대를 둘로 나눠 미끼부대는 라인강으로 퇴각시키고 주력부대는 재정비해 영국군이 있는 워털루로 향했다. 그루시는 미끼부대를 쫓아 라인강으로 움직였고 이것은 워털루 전투 승패에 결정적인 영향을 미쳤다.

프랑스군은 몽생장의 영국군을 엄호하기 위해 만든 2개의 요새인 휴고몽과 라하예생트를 공격했지만 영국의 강력한 저항에 부딪혀 점령하지 못했다. 그때 한 무리의 군대가 웰링턴 부대의 좌측에서 나타났다. 나폴레옹은 그것이 웰링턴의 측면을 공격하기 위에 온 그루시의 예비부대라고 생각했으나 실은 웰링턴을 도우러 온 프로이센의 주력 부대였다. 나폴레옹은 그루시가 프로이센군을 저지하지 못했다는 사실에 경악했다. 사실 그루시의 부하들은 워털루에서 터지는 포 소리를 듣고 그에게 나폴레옹을 도우러 가야한다고 했지만 그루시는 프로이센군을 추격하라는 나폴레옹의 명령을 따라야만 한다고 고집을 부렸다.

시시각각 프로이센군이 다가오자 나폴레옹은 마음이 급해졌다. 그는 그루시에게 얼른 워털루로 합류하라는 전령을 보내는 한편 주력 병력을 동원하여 웰링턴의 주방어선을 공격하기 시작했다. 데를롱이 이끄는 4개 프랑스 사단이 영국군의 포격에도 굴하지 않고 1방어선을 돌파했다. 기세 좋게 2방어선을 향해 공격하던 프랑스군은 픽튼이 이끄는 영국 5사단의 결사항전에 결국 물러날 수밖에 없었다. 영국도 사단장 픽튼을 비롯해 많은 수의 병력을 잃었다.

프랑스군의 좌익을 맡고 있던 네는 전투에서 공을 세울 욕심으로 가득 차있었다. 그는 웰링턴의 주력부대를 공격해 자신의 명성을 드높이려 생각했고 나폴레옹의 명령도 없이 기병부대만 가지고 웰링턴 주력군을 향해 돌격했다. 보병의 지원 없이 기병만 가지고 보병과 포병이 연합된 부대를 공격하는 것은 자살행위였지만, 오만한 기병 지휘관인 네는 신경 쓰지 않았다. 그는 기병을 너무 신뢰한 나머지 보병과 포병의 역할을 간과했던 것이었다. 나폴레옹의 제제에도 불구하고 네가 이끄는 5천명의 프랑스 정예 흉갑기병(Cuirassier)들이 영국군을 향해 돌격했다. 프랑스 기병대는 영국포병의 산탄사격에 막대한 피해를 입긴 했지만 산 정상의 영국포대를 점령할 수 있었고 이로 인해 승기가 프랑스로 기우는 듯 했다. 그러나 웰링턴은 남은 보병부대를 방진으로 편성하여 기병의 공격에 대비했다. 총검으로 만들어진 방진 앞에서 프랑스 기병들은 마치 15세기 스위스 창병에게 당하던 프랑스 중장기병들

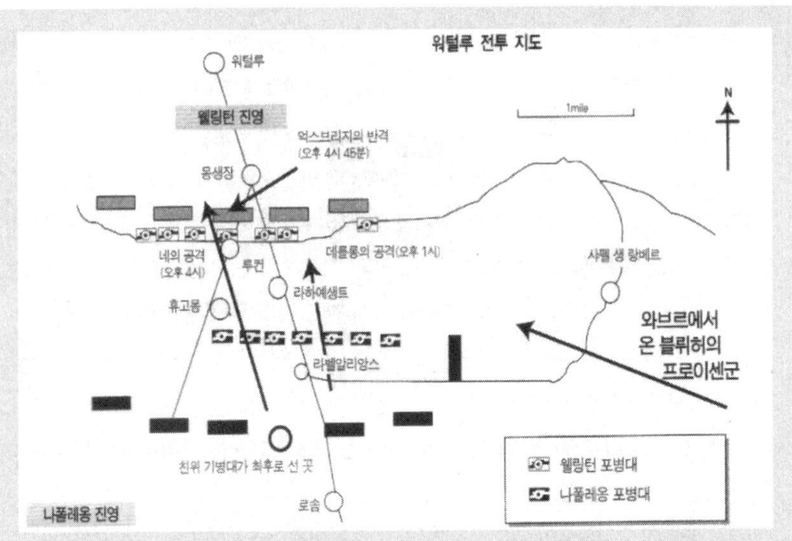

워털루 전투(출처: 『아집과 실패의 전쟁사』)

처럼 제대로 싸워보지도 못하고 물러날 수밖에 없었다. 만약 네가 보병을 함께 이끌고 오거나 자신이 점령했던 산 정상의 영국 대포를 이용해 방진을 공격했다면 웰링턴은 무너졌을 것이다. 그러나 네는 보병을 데리고 오지도, 점령한 영국 대포를 사용하지도 않았다. 이것은 그루시가 저질렀던 실수만큼 치명적이었다.

웰링턴은 나폴레옹이 보병을 보내 자신의 대포를 사용하기 전에 대포를 되찾아야만 했다. 그는 기병대 지휘관 억스브릿지경이 이끄는 5천 명의 기병을 네의 기병대를 공격하기 위해 출동시켰다. 영국의 기병대가 돌격하자 프랑스군과 영국군 사이에 치열한 기병 전투가 벌어졌다. 두 기병대 모두 최정예 병사였지만 이미 지쳐 있던 프랑스 기병대가 시간이 갈수록 밀리기 시작했다. 결국 영국군은 프랑스 기병대를 몰아냈고 자신들의 대포를 찾을 수 있었다.

공격에 실패했을 뿐더러 정예 기병 5천 명을 잃어버린 네는 뒤늦게 정신을 차리고 보병부대와 함께 다시 웰링턴의 중앙을 공격했다. 네의 공격에 호응한 데를롱이 웰링턴의 좌측을 공격하자 웰링턴 부대는 흔들렸다. 웰링턴의 방어선이 무너지는 것을 본 네는 나폴레옹에게 증원병력을 요청했다. 그러나 나폴레옹은 네의 증원요청을 거부했다. 만약 이때 나폴레옹이 마지막 예비부대였던 프랑스 정예 근위대 14

개 대대를 투입했다면 웰링턴은 무너졌을지도 모른다. 그러나 그는 이미 "전투에서 패한 것은 용서할 수 있어도, 전투에서 1분을 낭비하는 것은 용서할 수 없다"고 말한 예전의 나폴레옹이 아니었다. 나폴레옹은 결정적인 순간에 병력투입을 미룸으로써 다 잡았던 승기를 놓쳐 버렸다.

블뤼허가 이끄는 프로이센 주력군이 프랑스의 측면을 공격하자 나폴레옹은 다급해졌다. 그는 네의 증원 요청을 거부한 것을 후회하고 직접 6천 명의 정예 근위대를 이끌고 네가 있는 라하예생트로 향했다. 나폴레옹과 합류한 네는 마지막 힘을 다 짜내 영국군을 향해 돌격했다. 웰링턴도 역시 남은 병력과 부상자까지 모두 긁어모아 프랑스군에 대항했다. 프랑스군과 영국군 사이에서 치열한 전투가 벌어졌지만 결국 나폴레옹은 웰링턴의 방어선을 돌파하지 못했다. 마침내 블뤼허가 이끄는 프로이센군이 라하예생트에 도착하자 상황은 종료되었다.

나폴레옹은 남은 프랑스 근위대 6개 대대에 최후까지 항전하라는 명령을 내렸다. 근위대를 포위한 웰링턴은 근위대 지휘관 캉브론 장군에게 항복하라고 권유했다. 그러나 프랑스 근위대는 "죽으면 죽었지 항복은 없다"며 근위대 원칙을 철저히 지켰다. 웰링턴은 결사항전 의지를 불태우는 프랑스 근위대를 향해 대포를 조준했다. 그 대포들은 아까 네의 기병대가 산 정상에서 점령했던 것들이었다. 웰링턴은 모자를 아래로 떨어뜨렸고 그 순간 영국군 대포가 불을 뿜었다. 프랑스 근위대들은 장렬하게 전사했고 워털루 전투는 영국-프로이센 연합군의 승리로 끝났다.

워털루 전투

만약 그루시가 제때 나폴레옹에게 합류했더라면, 혹은 네가 기병 돌격을 감행할 때 미리 보병을 동원했더라면, 혹은 산 정상에서 점령한 대포로 웰링턴의 보병부대에 사격했거나 쇠못을 박아 그 대포를 영국이 다시 사용하지 못하게 했더라면, 혹은 나폴레옹이 네의 증원 요청을 거부하지 않았더라면 워털루 전투는 프랑스의 승리로 끝나고 역사는 바뀌었을지도 모른다. 그러나 결과적으로 그런 일은 일어나지 않았으며 나폴레옹의 귀환은 100일 천하로 끝나고 말았다.

지금까지 화약무기의 출현부터 그 전술이 완성되는 단계까지 살펴보았다. 화약무기는 등장하자마자 강력한 무기였던 것이 아니라 오랜 시간에 걸쳐 점진적으로 발전하고 개선되면서 강력해진 것이었다. 또한 많은 단점들이 있었기 때문에 이를 최대한 극복하고 효율적으로 운용하기 위한 전술이 필요했다. 역대의 뛰어난 지휘관들이 화약무기의 효율을 극대화시키는 전술들을 만들어 내면서 전투의 양상은 급격히 변화해 갔다. 곤살로 데 코르도바는 창병과 총병을 조합하여 에스파냐식 사방진인 테르치오를 만들었고, 구스타프 아돌프스는 모든 병력을 일렬로 늘어놓는 선형진을 만들어냈다. 그로부터 모든 유럽의 군대는 보병, 기병, 포병을 중심으로 구성되었으며 횡대대형으로 부대를 늘어놓고 싸우는 라인배틀이 일반적인 전투방식이 되었다. 그러나 프리드리히 대왕과 나폴레옹과 같은 기동력을 중시한 지휘관들이 출현하면서 단순한 횡대대형을 대신한 종대대형이 도입되었다. 이후 사단과 군단체계가 만들어지면서 그 이전 시기보다 유연하고 빠른 부대들이 출현했다. 기동력은 모든 군대의 핵심이 되었고 빠른 기동력을 이용하여 요새지대를 돌파하거나 우회하는 전술들이 생겨나면서 말버러를 괴롭혔던 보방의 요새지대도 무용지물이 되었다. 16세기부터 19세기에 걸친 이러한 일련의 변화들로 인해 이후의 전쟁은 그 전과 비교할 수 없을 정도로 규모가 커지고 잔혹해지게 된다. 결국 전쟁이 하나의 '시스템'으로 통합되면서, 더 효율적으로 더 빨리 더 많은 사람을 죽이는 방법들로 개발되기 시작한 것이다.

3. 동아시아의 무기와 전쟁(II)

'화약의 시대'로 넘어오면서 동아시아의 무기와 전술의 발전은 유럽에 비해 정체되기 시작했다. 등자의 발명 이래 근 천여 년이 지속되었던 유럽에 대한 기술 및 전술적 우위는 더 이상 유지될 수 없었을 뿐 아니라 오히려 역전되었다. 원인에는 여러 가지가 있겠지만, 일단 동아시아는 지나치게 평화로웠다. 그러나 그것이 긍정적인 의미의 평화가 아니었다는 데 문제가 있었다.

14세기에서 19세기에 이르는 동안, 유럽은 여러 국가들 간의 끊임없는 경쟁으로 전쟁이 그치지 않았다. 유럽의 최강국은 에스파냐에서 프랑스로, 다시 영국으로, 후에는 독일로 바뀌었다. 그리고 그 과정에서 한 국가의 패권은 끊임없이 여타 국가들의 도전을 받았다. 열거한 강대국들에 비해 작은 나라들—네덜란드, 스위스, 스웨덴 등—도 저마다의 자위력과 외교술로 나름의 생존 전략을 구사하며 큰 나라들과 어깨를 나란히 했다. 대등하고 다양한 주체들 간의 상호 견제와 경쟁이 계속되는 체제 속에서 그들의 무기체계와 전술은 발전할 수 있었던 것이다.

그러나 같은 시기의 동아시아는 달랐다. 14세기 말 몽골 제국이 몰락한 후 동아시아에는 회복된 중원의 한족 왕조인 명 제국을 중심으로 한 중화 패권 질서가 성립했다. 16세기 말까지 동아시아에서 명 제국의 패권에 도전하는 집단은 나타나지 않았고 중화 패권하의 평화는 지속되었다. 일본이 전국시대를 거치며 쌓은 여력을 한 차례 분출했던 조일전쟁[19]이 그 시기에 유

19) 1592년(선조 25)부터 1598년까지 2차에 걸친 왜군의 침략으로 일어난 전쟁. 임진왜란(壬辰倭亂)과 같은 말.

일한 대규모 국제전이었을 정도였다.

조선이 개국한 지 딱 200년째인 1592년부터 1598년까지 무려 7년이나 끌었던 조일전쟁은 일본, 조선, 명나라 삼국이 거의 50만 명이 넘는 대병력을 투입했다. 전쟁의 결과로 20만 명 이상의 전사자가 생겼고 희생된 조선인 수만도 거의 2백만 명에 이른, 참혹하기 짝이 없었던 대규모 전쟁이었다. 동양 근대사에서 20세기 초 러일전쟁이 일어나기 전까지, 300여 년 동안 일어났던 전쟁 중 가장 규모가 컸던 동아시아 국제전이었다. 120여 년간의 내전인 전국시대를 거치면서 당시 가장 용맹하고 기율이 엄정하며 무장이 잘 된 육군을 가진 일본이 왜구들의 침략을 방비하며 막강한 수군을 보유한 조선을 2차례에 걸쳐 침공한 전쟁이었다.

일본의 조선 침공은 도요토미 히데요시가 전국을 통일하는 과정에서 수많은 수하 영주들에게 포상으로 약속한 토지가 부족하자, 그들에게 나누어 줄 땅을 더 확보할 뿐만 아니라 내부의 불만을 외부로 돌리기 위한 방책으로 고안한 것이었다. 거기다가 이전에 삼포왜란과 을묘왜변이 일어나자 조선은 일본과의 무역량을 절반으로 줄였고, 명나라도 왜구의 침공이 잦자 아예 해금(금수) 정책을 실시하여 국교와 무역을 단절했기에 고립된 대외적 입장에서도 언젠가는 해야만 하는 전쟁이었다. 그렇기 때문에 대안으로 명과 조선을 접수하고자 그 길목인 조선부터 침공한 것이다.

조선은 개국 후 200년간 북장(北墻)[20]에서는 여진족, 서남해에서는 왜구와 잦은 충돌이 있었으나 모두 국지 전투였고, 한 번도 본격적인 전쟁을 치러본 일이 없었다. 거기다 전쟁 발발 당시에는 명분만 앞세우고 허례허식만 찾는 문관들이 모든 결정을 좌지우지하고 있어서 국가적인 위기대처 능력이 전무한 형편이었다. 또한 개국 초부터 지켜온 숭문천무의 전통 때문에 전쟁이 났을 때 문관들이 모든 군 지휘권을 장악하고 대부분의 전쟁을 지휘했고, 장군들은 직위만 있고 직책이 없어 휘하 병력을 별로 가지지 못했다.

---

20) 북쪽에 있는 담.

조선의 육군 체제는 진관체제(鎭管體制)에서 제승방략체제(制勝方略體制)[21]로 바뀌어 있었으나, 이는 대규모 전쟁에 대비하기에는 효용성이 크게 떨어지는 군 체제였다. 진관체제란 전국 각지의 요충지에 진을 설치하고 군대를 주둔시켜 적을 방어케 하는, 말하자면 지역 방어·진지 방어 개념의 군 배치 전략인데, 전쟁도 없는 데다 군정이 해이해져 상주인원이 몇 명인지 알고 있는 진장(鎭長)은 거의 없었다. 이 방어체제는 병력이 요새마다 소규모로 배치되어 있어, 대군이 쳐들어오는 경우 차례로 무너질 위험이 다분한 군 배치 체제였다. 그래서 제승방략체제로 바꾼 것인데, 이 체제 역시 막상 전쟁이 터지고나자 겁먹은 군졸들이 모조리 도망쳐 버려 병력이 모이지 않았고, 더구나 지휘하러 한양에서 내려간 장수와 현지 병사들 간의 신뢰감과 유대감이 전혀 없어 장졸일체의 시너지 효과를 기대할 수도 없었다. 그리고 군사들도 훈련을 받아본 적이 없고 병기는 제대로 없거나 녹슬어 쓸모가 없어진 것들뿐이었다.

이에 비하여 일본은 120여 년간의 내전에서 잘 훈련되고 무장된 정예 육군으로 군기가 엄정했고, 부대별로 10~20%정도의 조총병을 보유했다. 칼과 창술에도 모두 뛰어났고, 대부분의 부대 지휘관은 자신이 거주하는 곳의

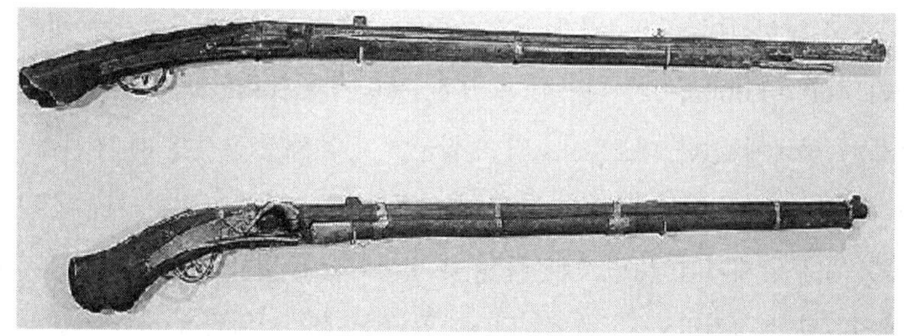

일본의 조총(鳥銃)

21) 제승방략체제는 유사 시 수령들이 군사를 이끌고 지정된 방위 지역으로 가서 중앙에서 파견된 장수나 각 도의 병·수사를 기다려 총 지휘를 받는 전술이다. 그러나 이는 대규모의 적이 침공해 왔을 시 시간차 공격에서 불리한 측면을 가지고 있다.

영주였기 때문에 병사들의 충성심도 매우 강한 편이었다. 게다가 조선과 명을 침공하기 위하여 수년간 철저히 준비를 한 전쟁 지도부가 있었다. 당시 일본의 조총 생산량은 유럽 전체의 조총 생산량과 맞먹었을 정도였다.

조일전쟁은 동아시아에서 일어난 2번째 국제전인데, 보통 침공군 일본의 신식 무기인 조총과 조선의 구시대 무기인 활의 단순한 대결로 생각하고 있다. 하지만 그런 생각들과 다르게 오히려 현대 화약병기의 초보 수준인, 당시 모든 종류의 첨단 화약무기가 총동원되었던 현대전에 가까운 격렬한 전쟁이었다.

최무선(崔茂宣)[22]이 한국 역사상 최초로 화약을 발명한 이후 조선의 화약무기는 태종대에 발전되기 시작했으며, 세종대에 들어서서는 대대적으로 개발되고 생산되어 전국 요새에 2만 문 이상의 포가 실전 배치되는 정도에 이르렀다. 15세기 초인 당시, 전 세계에서 대포를 수만 문씩 보유하고 있던 나라는 조선이 유일했다. 당시 조선군의 화약무기 체제는 중화기 중심이었으며, 단지 오늘날 군에서 사용되고 있는 무기에 비하여 초보적인 수준으로 성능만 떨어질 뿐, 거의 모든 종류의 화기가 다 있었다.

우선 총통(대포)으로는 천자, 지자, 현자, 황자총통으로 길이는 1~2m 정도, 무게는 80~300kg까지 다양한 모델의 대포를 보유하고 있었다. 총통들은 초대형 화살인 대장군전과 무쇠 철환을 쏠 수 있었고 사거리는 대포에 따라 600~4,000m까지 다양했다. 또한 불랑기자포라고 하는 포르투갈 상인들이 중국에 전한 대포로, 조명 연합군이 평양성을 공격할 때 조선에 처음 선을 보인 후장식 대포가 있다. 불랑기자포는 연속 사격이 가능했으며, 포가 위에 탑재되어 있어 포의 회전 및 발사각을 조절하면서 조준사격을 할 수 있었고 사정거리도 긴 편이었다. 이후 조선에도 도입되어 전함에도 장착

22) 고려 말기 · 조선 전기의 무기 발명가이자 장군(1325~1395). 중국 원나라 사람에게서 화약 제조법을 배워 화통도감을 설치하고 화약과 화통 · 화포 · 화전 따위를 만들었으며, 이를 이용하여 진포(鎭浦)에 침입한 왜구를 크게 무찔렀다.

되었으며, 거북선에도 장착된 기록이 있다. 유럽에서도 14세기 중반에 프랑스에서 대포가 발명되었으나, 유럽제 대포는 철판포로 주조해서 만든 조선 대포보다 성능이 형편없었다. 그들의 대포는 철판을 둥글게 만 다음 용접한 후 쇠테로 조인 것이어서 화약 폭발력을 감당 못해 포격 도중 자주 파열되었다. 유럽에 주조대포는 15세기에 들어서서 등장했으며 그때서야 비로소 탄환도 석탄 대신 철탄을 사용했고, 16세기에 들어서서야 포병전이 전개되기 시작했다.

완구는 오늘날 박격포와 유사한 화기로 석탄과 철탄 그리고 진천뢰들을 쏘아 보냈다. 크기에 따라 대완구・중완구로 나누어지며, 사거리는 300~400m 정도 되었다. 작열탄과 유사한 진천뢰는 12세기 말 중국의 금나라에서 개발되었으며, 초기에는 도자기로 된 용기 안에 화약을 넣어서 사용했으나 후에 철 용기로 바꾸었다. 이후 선조 때 이장손이 비격진천뢰로 개량하여, 손으로 던지거나 대완구 또는 중완구로 쏘았다. 비격진천뢰는 지름 21cm, 둘레 68cm,

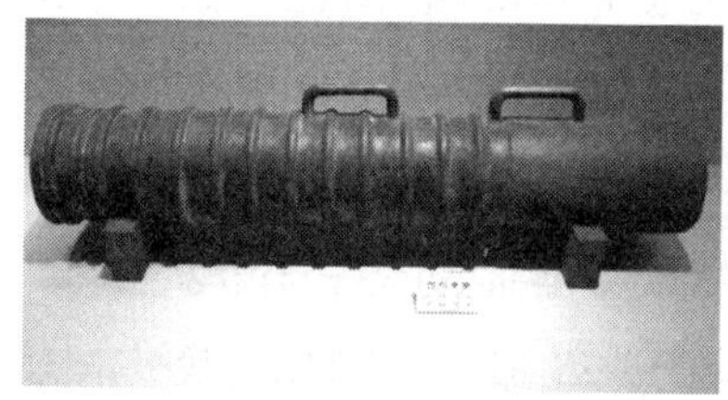
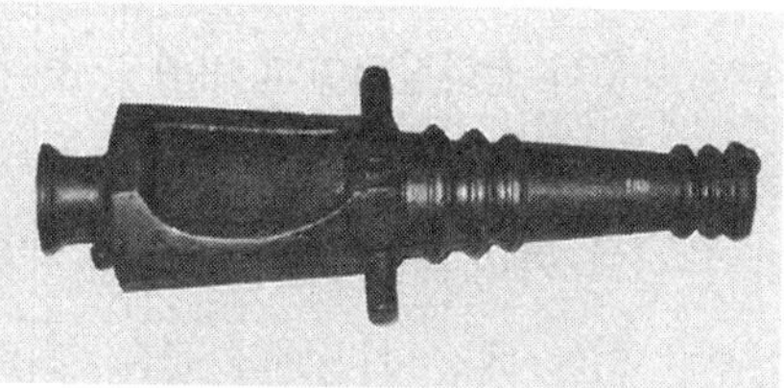

천자총통(좌)과 불랑기자포(우)

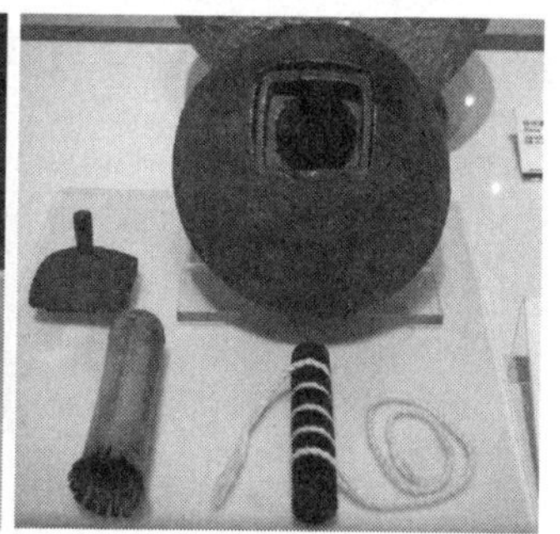

중완구(좌)와 비격진천뢰(우)

무게 22~23kg 정도의 쇠공 속에 철편과 화약을 섞어 넣은 뒤 약선을 꽂아 놓은 후 약선이 타들어가 화약에 불이 붙어 폭발하는 무기이다. 당시 모든 대포에서 쏘는 탄환은 날아가서 터지는 것이 아니었다. 신관 장치가 없어 그냥 날아가서 함선을 부수거나 성벽을 부수는 용도였으나, 비격진천뢰는 유일하게 발사하면 날아가 떨어지면서 폭발하는 작열탄이었다.

질려탄은 나무로 깎은 둥근 통 속에 뾰족한 질려(마름쇠, 쇠파편)와 화약과 쑥잎을 섞어 넣은 뒤 심지를 꽂아 놓고 뚜껑을 닫은 다음 불을 붙여 적진에 던지면 화약에 불이 붙어 쇠파편으로 인마를 살상하게 하는 오늘날의 수류탄과 같은 것이다. 크기에 따라 대·중·소 질려탄이 있었다. 화차는 승자총통 여러 자루를 한 데 묶어 사용할 수 있도록 연결한 무기이다. 수레 위에 사각 나무를 만들어 1줄에 총 10자루씩 5줄이 들어가도록 구멍을 뚫어 50자루를 장치한 다음, 뒤를 도화선으로 연결하여 한꺼번에 발사할 수 있었다. 또한 승자총통 대신 화살이나 신기전을 장전하여 쏘기도 했다. 승자총통은 조일전쟁 당시 조선의 소화기로서 비록 조총에 비해 사거리는 길었으나, 조총이 자동식 점화장치인데 비해 수동식 점화장치였고 개머리판이 없어서 조준 사격을 할 수 없으므로 조총에 비해 성능이 매우 떨어졌다. 그리고 휴대하기 쉽고 가벼우며 작은 총인 세총통이 있었는데, 이것은 기병용 총으로 자루가 없는 대신 쇠집게와 같은 철흡자가 따로 있어, 이것으로 총신을 잡고 쏘았다. 이것은 세종 때 여진 토벌을 위하여 제작된 여러 화기 중의 하나로 기병용 권총이라 할 수 있다. 적과 싸울 때에 말 위에서 쏘면 매우 간편

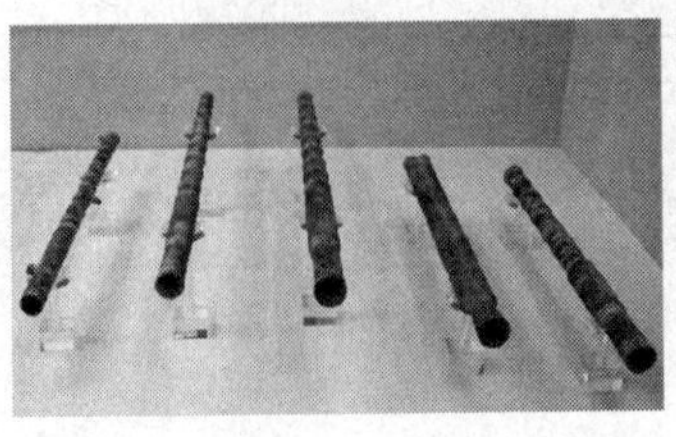
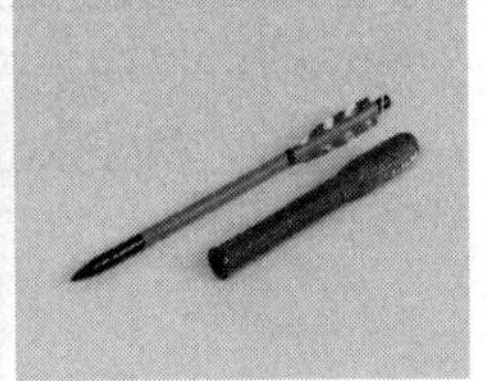

왼쪽부터 소질려탄, 승자총통, 세총통

할 뿐만 아니라 위급(危急)할 때도 능히 발사할 수 있어, 미리 여러 개를 장전해 둔 채 가지고 다녔다.

무엇보다 대표적인 조선의 화약무기로는 오늘날의 로켓과 유사한 신기전이 있다. 중국의 비창이 최초로 만들어진 후 아랍과 이탈리아에 이어 세계 4번째로 개발된 것으로, 최무선이 처음으로 개발하여 '달리는 불'이라는 뜻의 주화라고 이름 지었다. 이후 세종대에 신기전으로 이름이 변경되고 크기에 따라 대신기전, 산화신기전, 중신기전, 소신기전으로 나뉘게 된다.

신기전은 화약을 종이를 말아서 만든 통에 담은 후 화살에 부착하여 사용하는 무기로 크기에 따라 활로 쏘거나 화차나 포 같은 발사대를 이용하여 발사했다. 소신기전은 신기전 중 가장 작은 종류로 약실에 폭탄을 사용하지 않고 쇠 촉에 독약을 묻혀서 사용했다. 중신기전부터 약통의 앞부분에 '소발화(小發火)'라는 작은 폭탄이 장착되어 사용하기 시작했는데, 화약에는 쇳가루가 들어 있어 목표지점으로 날아간 후 약통 앞부분에 달린 소발화가 폭발

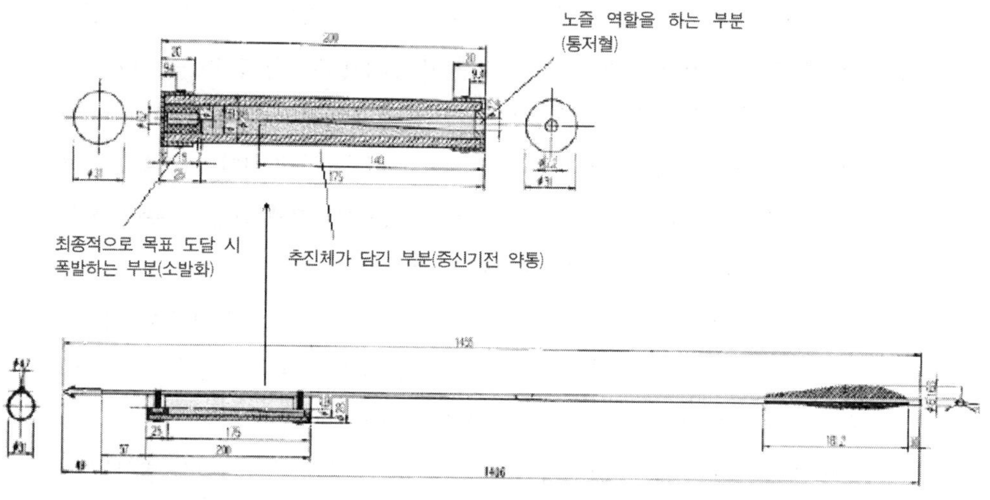

신기전 설계도 ∥ 폭발용 화약과 추진용 화약 사이에 한지로 공간을 나눠 놓고 추진용 화약 맨 앞쪽에 발화 점화선을 두어, 날아가는 도중 추진체가 다 소진되면 발화 점화선이 타들어가 소발화가 폭파했다. 분사구 노즐이 따로 없이 원뿔형의 빈 공간으로부터 추진가스가 방출된다.

할 때 파편 역할을 했다. 중신기전은 소신기전보다 멀리 날아가고 작은 폭탄까지 달려 있어 전투에서 무척 효과적인 화약무기였다. 대신기전은 길이 5.3m의 큰 대나무 앞부분에 길이 70cm, 지름 10cm의 대형 약통을 달고 약통의 앞부분에는 길이 23cm, 지름 7.5cm의 대형 폭탄과 최대 3kg의 흑색 화약을 채워 사용했다. 특히 대신기전은 세계 최대의 종이약통 로켓이지만, 중신기전에 비해 60배나 많은 흑색 화약을 써야 했다. 당시 가장 큰 대포였던 장군화통(將軍火筒)보다도 3배나 많은 화약을 사용하는 등 너무 많은 화약 소모량 등으로 인해 수명이 길지 않았으므로 자주 사용하지는 못했다. 산화신기전은 세계에서 가장 오래된 2단형 로켓으로, 대신기전 약통의 윗부분을 비워 놓고 그곳에 2단 로켓의 역할을 하는 지화통(地火筒)을 소형 폭탄인 소발화통과 묶어 사용했다. 신기전의 특징 중 하나는 중신기전·대신기전·산화신기전의 앞부분에 발화통(지금의 폭탄)을 장치했다는 점이다. 로켓의 앞부분에 지금의 미사일처럼 폭탄을 장치해 발사했던 것은 신기전이 처음이었다.

이처럼 조선은 중화기면에서는 일본군보다 압도적으로 우세했으나, 일본 육군의 최신 무기인 조총이 조선군의 활이나 개인 화기인 승자총통보다 성능에서 뛰어나 소화기면에서는 열세였다. 조총은 조일전쟁이 일어나기 딱 50년 전인 1543년에 포르투갈인이 일본 규슈의 다네가시마에 나타나 조총과 탄약 및 제조법을 전수해 주었고, 이를 토대로 일본에서 자체적으로 조총을 생산할 수 있게 되었다. 조총은 '나는 새도 잡는다' 하여 조선군이 붙인 이름이고 원래 서양에서의 명칭은 철포였다. 조총의 유효 사거리는 100m쯤이었는데, 보통 50m쯤 접근해서야 납탄으로 발포를 했으며 총에 맞았을 때 치사율은 약 20% 내외였다. 병사들이 조총으로 무장함에 따라 기병 시대가 가고 보병이 우위에 서게 되었다. 철포대는 저격수가 총을 쏜 후 다시 발사할 때까지 걸리는 시간을 단축하기 위해서 탄약병 또는 조수 등 2~3인이 한 조가 되었으며, 저격수는 30발분을 띠로 만들어 어깨에 걸쳤다. 또 당시 일본군이 사용한 조총은 위력적이었지만, 사정거리 · 명중률 · 연사력에서 궁수보다 뒤쳐졌기 때문에 삼첩진이라는 일제사격 전술과 궁수를 조합하여 운용했다. 삼첩진이란 조총병들을 3열로 배치시켜 앞줄이 쏘고 앉으면 뒷줄이 쏘고, 뒷줄이 쏘고 앉으면 맨 마지막 줄이 사격하는, 쉬지 않고 쏠 수 있는 연속 사격법이다. 그러나 조총은 야간에는 별 위력을 발휘하지 못했고, 비가 올 때는 거의 쓸모가 없었다. 전쟁 발발 다음 해부터 조선도 투항한 왜인인 사야가의 도움으로 조총보다 성능이 더 나은 정철(正鐵)총통[23]을 자체 제작하여 실전에 배치함으로써 대등한 화력을 갖게 되었다.

조일전쟁 때는 지뢰도 사용되었는데, 조선은 소형 지뢰인 지화 말고도 조일전쟁 직후에 개발된 파진포라는 대형 지뢰가 있었다. 파진포는 주철을 100여 근 사용해 만드는 대형 지뢰로 몸체, 폭발 장치, 화약으로 구성된다. 크기가 가마솥 정도로 무겁지도 않고 그리 크지도 않아 말 1마리로도 운반이 가능했으며, 적의 진입로에 묻어 놓고 사용하기에 매우 간편한 화기였다. 그 위를 지나다가 밟으면 안에 들어 있는 부싯돌과 아륜철이라고 불리는 금속제 바퀴가 마찰되어 불이 일어나면서 철포가 폭발하는 놀라운 무기였다. 일본은 사방 1척, 높이 3척의 나무상자에 화약 · 철편 · 못 등을 넣고 불을 붙인 선향을 판자 뚜껑 뒤에 달아 둔 다음, 그것을 밟으면 뚜껑이 부서지면서 선향의 불이 화약에 점화되어 폭발을 일으키는 지뢰를 만들어 사용했다.

이처럼 조선 전기에는 이미 화약무기가 크게 보급되었음에도 불구하고 전투병기로서 활과 화살에 의존하는 바가 컸다. 화약무기의 보급이 일반화되지 못했기 때문이기도 하지만, 궁술은 화약무기의 여러 가지 결함을 보완시켜 줄 수 있는 장점을 지니고 있었기 때문이다. 옛날부터 한반도는 강과 산이 많고 평야가 적어 전쟁이 일어나면 청야수성 전술(淸野守城戰術)[24]이 가

23) 이순신의 지휘 아래 군관 정사준이 일본 조총과 조선 승자총을 절충하여 정철(正鐵)로 만든 조총.

24) 적이 쳐들어 올 지대의 모든 것을 철수하고 들을 불사르고 우물을 메운 후 성을 지켜 싸우던 방어 전술.

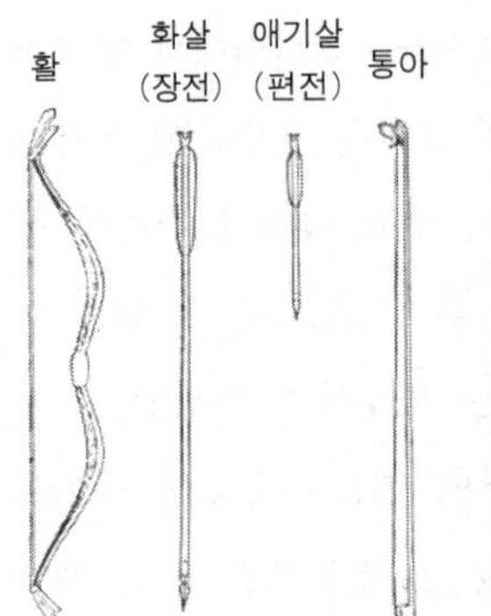

편전(좌)과 영화 〈최종병기 활〉 중 편전을 쏘는 장면(우)

장 효과적이었기 때문에 모두 성으로 들어가 농성을 하며 싸웠다. 농성에 가장 적합한 무기인 활이 발달되었으며 우리 민족의 활 쏘는 실력은 출중했다. 더구나 조선왕조는 사대부의 소양 가운데 하나로 활쏘기를 강조했기 때문에, 무관을 선발하는 무과(武科)에서도 궁시(弓矢)는 가장 기본적인 과목으로 채택되었다. 당시 무과 시험에서 창·칼 시범은 아예 빼거나 아주 낮은 점수를 주는 등 칼질 자체를 천하게 여겼다. 그러나 활은 무관만 쏘는 것이 아니라 문관도 쏠 줄 알아야 했고, 왕들도 활 쏘는 법을 배워야 했다. 결국 칼과 창 등 각개 전투에 쓰이는 무기의 사용이 상대적으로 줄어들었다. 고려와 조선시대의 활은 각궁(角弓)[25]이었고, 화살은 이 활에 맞는 편전(片箭)을 썼다. 편전은 화살의 길이가 짧기 때문에 일명 '애기살'이라고 했다. 작고 가벼운 대신 가속도가 빠르고 사정거리가 일반 화살보다 훨씬 길었다. 또 직사로 날아가기 때문에 관통력이 커서 보병전은 물론이고 기병전에서도 크게 활용되었다. 편전은 천 보 이상의 거리까지 날아가 적을 맞추었기 때문에 조선의 가장 중요한 비밀 병기로 활용되었다. 일반적인 화살보다 약 40cm 내외로 길이가 짧아서 활에 바로 메겨 쏠 수 없었고, 통아라는 대나무를 반으로 쪼갠 모양의 특수한 보조 기구를 사용해야만 발사할 수 있었다.

25) 소나 양의 뿔로 장식한 활.

또한 편전은 활로만 쏘는 화살이 아니고 총구에 꽂아 화약의 힘으로 쏘기도 했다. 크기가 작고 속도가 빨라 날아가는 것이 눈에 보이지 않았으며, 적군이 편전의 화살을 주워도 길이가 짧기 때문에 통아 없이는 사용할 수가 없었다. 또 편전을 다루는 기술도 전문적인 훈련이 필요했다. 이러한 이유로 조일전쟁 때는 조선의 편전, 중국의 장창, 일본의 조총을 최고의 무기로 쳤다.

일본 활은 물소 뿔을 사용하지 않은 일반 목궁으로 사거리도 떨어지고 관통력도 약해 조선 활과 비교가 되지 않았다. 조선군이 원거리 장병(長兵)[26] 전술에서 우위를 보인 반면에, 일본군은 단병(短兵)[27] 근접전에서 크게 우위를 보였다. 실제 병력 수 비율로 볼 때 일본군의 주력은 창검으로 무장한 근접전 보병이었으며, 일본 육군의 주 무기는 활이 아닌 조총·칼·창이었다. 육박전에 붙을 때마다 계속 일본군에게 패배하자 그제서야 조선은 훈련도감을 설치하여 칼과 창 쓰는 법을 군사들에게 가르치기 시작했다.

1377년 고려 우왕 때 최무선이 화약무기를 개발하여 배에 함포를 설치한 이래, 세계 최초의 현대식 전함을 건조하게 되면서 고려 말 수군의 전투력은 막강해졌다. 조선 수군은 척당 20문 내외의 강력한 함포를 장착한 전함인 판옥선을 다수 보유하고 있었으며, 판옥선 1척은 일본 함선 5~10척의 전력을 상쇄할 수 있는 것으로 간주되었다. 일본의 함선은 왜구의 전통을 이어받은 원양 항해용으로 가벼워야 했기 때문에 삼나무 송판으로 만들어져서 배가 가볍고 빨랐으나 방어력이 매우 약했다. 그래서 육지에서 보유하고 있는 수입 대포를 반동 때문에 배에 장착할 수 없으므로 함포를 장착한 전함이 별로 없었다. 그렇기 때문에 조선 수군의 주 전략은 함포사격이었으나, 일본 수군은 전함 없이 수송선과 지휘선만 보유하고 있어 쓸 수 있는 전략은 선상 육박전뿐이었다. 게다가 이중구조 갑판인 판옥선이 일본 측의 가장 큰 배인 아다케보다도 더 높기 때문에 판옥선과 일본 전함의 근접 전투는

---

26) 먼 거리에 쓰는 활, 총 따위의 병기.
27) 칼이나 창 따위의 길이가 짧은 병기. 흔히 가까운 거리에서 적과 싸울 때 사용한다.

한산도 대첩 | 1592년 7월, 모든 전선이 학익진(鶴翼陣)을 짜서 포위 공격을 하여 일본 함선 47척을 분파(焚破)했고 12척을 나포했다. 조선 수군이 남해안 일대의 제해권을 확보함으로써, 매우 불리했던 조일전쟁의 전세를 유리하게 전환할 수 있었다.

공성 전투식으로 이루어졌다. 조일전쟁 중 조선의 수군이 꽉 잡고 있던 해역은 대개 거제도 서쪽인 남해의 3분의 2 정도의 해역이었고, 부산 일대에는 조일전쟁이 끝날 때까지 조선 수군의 제해권이 미치지 못했다.

당시 조선군 병력은 의병을 포함하여 총 17만 2천 명으로 집계되었다. 이는 일본 침공군과 별 차이 없는 숫자이다. 조일전쟁에 투입된 세 나라의 총 병력은 일군 약 20만 명, 조선군 약 20만 명, 명군 약 10만 명으로 모두 50만 명이 넘는 대군이었다. 조선이 전쟁 초장에 박살난 원인은 전쟁이 일어날 것을 뻔히 알면서도 애써 골치 아픈 현실을 외면하고 아무런 대비도 하지 않은 선조 임금과 당파 싸움에 열을 쏟던 신료들 때문이었다. 그러나 풍전등화의 조선을 살린 것은 각지에서 일어난 의병의 기의(起義)와 명의 원군 그리고 이순신 장군의 해전 승리 등 세 가지 원인이 복합적으로 작용한 결과이다.

중국 서북방의 영하진에서 몽골이 일으킨 반란을 진압하고 마침내 조일전쟁 발발 8개월 만에 약 4만 3천 명의 명나라 대군이 조선에 파병되었다. 이때 파병된 명군은 남방의 화약무기 부대와 요동 기마부대의 혼성군이었다. 조일전쟁에서 조명 연합군이 결정적으로 우위를 차지하기 시작했던 것은 평양성 탈환 이후부터였다. 명군의 남병이 보유하고 있던 대포들을 사정거리에 따라 배치하고 집중 포격함으로써 강력한 화력 앞에 방어하는 화력이 조총뿐이었던 일군이 평양성을 포기하게 만들었다. 이후 모든 전선이 교착 상태에 빠져들게 되면서 4년 동안 강화회담을 하게 되지만, 아무런 성과 없이 결렬되었고 일군은 자신의 요구를 하나도 들어주지 않았다는 이유로 다시 쳐들어와 제2차 조일전쟁(정유재란)을 일으킨다. 하지만 얼마 후 전쟁을 일으킨 도요토미 히데요시가 죽자 일본에는 도쿠가와 이에야스를 중심으로 한 집단지도체제가 수립되었으며, 한 달 후 도요토미의 죽음을 공표하면서 조선 침공군의 철수가 결정되었다. 가장 치열한 해전으로서 서로 수백 척씩의 함대를 이끌고 근접전으로 맞붙은 노량해전을 끝으로 7년 전쟁이 종료되었다.

일본의 침공이 좌절된 원인은 크게 4가지가 있다. 첫째, 일본이 투입한 20만 명의 병력을 가지고 점령할 수 있을 정도로 조선이 만만한 나라가 아니었다. 아무리 허약하다고 하여도 200년을 버텨온 저력이 있는 데다가, 땅 넓이가 22만km^2나 되는데 침공 병력이 너무 적었던 것이다. 당시 일본이 조선을 점령하려면 최소한 투입했던 침공군 병력의 두 배인 40만 명 정도를 투입했어야 가능했을 것으로 보이지만, 도요토미가 동원할 수 있었던 전 병력은 본국 대기군까지 합쳐서 30만 명 정도였으니 애초에 조선 정복은 불가능한 꿈이었다.

둘째, 조선 국토를 거의 점령하면서 보급선이 길게 늘어서고, 의병들이 각지에서 일어나자 보급선을 지키기 위해 일군은 수송로 요로에 적지 않은 병력을 남길 수밖에 없어 시간이 지날수록 전투력이 약화되었다. 일본은 군량로의 확보를 위하여 투입한 병력의 3분의 1내지 4분의 1에 달하는 5만 명 이상을 수송로 경비로 남겨야 했다. 히데요시의 치명적인 오판 중 하나가 조선 의병의 기의였다. 의병의 기의로 일군의 전력이 길바닥에 새는 것과는 반대로 오합지졸이었던 조선군은 북쪽으로 쫓기다 보니 점점 밀집 형태가 되어가는 데다 실전 경험도 조금씩 쌓여서 점점 강군이 되어갔다. 또 전쟁 발발 다음 해부터는 일제보다 성능이 더 우수한 조총을 대량 생산해서 실전 배치함으로써, 무장에서 소화기는 대등해지고 중화기는 비교할 수 없는 우위를 점하게 되었다.

셋째, 부산 지역을 제외한 서남해의 제해권을 가지고 있던 조선 수군이 일본 수군의 서해 해상 진격로와 보급로를 봉쇄하는 바람에 곡창인 전라도 공략이 불가능해져서 수륙병진작전에 큰 차질이 생겼고, 이후 해로의 보급로를 포기하고 군수품 수송을 육상에만 의존할 수밖에 없어 극심한 군수품 부족에 시달리게 되었다. 이순신 장군은 해전에서 연승하여 일 수군의 서해 진출을 좌절시킴으로써 일군이 애초에 계획했던 한양이나 평양으로의 수륙병진작전을 포기하게 했고, 군수품 수송을 단지 육상로에만 의존케 만듦으로써 일군의 전력 약화에 크게 기여했다. 또 당시 유일한 군량 보급지였던 전라도에 대한 일군의 공략 기틀을 봉쇄함으로써 조선군이 어려운 중에서도 전쟁을 수행할 수 있도록 했다. 조정의 지원이 거의 없는 상태에서 전쟁이 소강상태에 들어서자 둔전을 일구고 해산물과 소금을 생산하여 군량을 자체 확충함으로써 수군 전력을 재건하는 큰 공을 세운 것이다.

마지막으로, 거의 10만 명에 달하는 명군의 대거 파병이 있었기 때문이었다. 명군 4만 3천 명이 투입된 평양성 탈환 작전에서 명의 원군 중 수많은 최신식 대포를 보유했던 남병인 절강병이 없었다면 승리는 불가능했을 것이다. 전쟁의 결정적인 터닝 포인트는 평양성 탈환이었다. 명군은 엄청난 군량미를 소비했고 민폐가 대단했던 것도 사실이며 평양성 탈환 이외에는 별로 큰 공을 세우지도 못했지만, 거의 10만 명에 달하는 그들이 조선에 원병으로 파병되어 조일전쟁이 끝날 때까지 조선군과 합동 작전을 펼침으로써 육해군 전력 증강에 결정적으로 기여했다.

이러한 오판 때문에 전쟁 초반 약 6개월 정도 승승장구하던 일군은 6개월이 지나고 겨울이 시작되면서부터 기세가 꺾여 차츰 밀리기 시작했다. 실제로 전후 일본은 조일전쟁의 패인 분석을 한 결과, 조선 수군과 의병 때문이라고 결론지었다.

역사를 바꾼 전투 이야기 ⑧ 명량해전

명량해전은 제2차 조일전쟁에서 조선의 명운이 걸린 전투였으며 이순신 장군의 절묘한 용병술을 확연히 살펴볼 수 있는 해전이다. 명량해전은 칠천량 해전이 있은 지 정확히 두 달 후에 일어났다. 칠천량 해전에서 조선 수군이 무너지자 일군은 승리의 기세를 타고 서쪽으로 거침없이 내달아 처음으로 전라도 깊이 발을 디디게 되었고, 남해의 제해권을 확보했다. 칠천량 해전에서 수년간 어렵게 건조하여 대함대가 된 조선 함대의 주력을 134척이나 하루아침에 사라지게 만들었다. 당시 조선 수군은 3척의 거북선을 보유하고 있었는데, 모두 칠천량 해전에서 불에 타 침몰했으며, 이후 전쟁이 끝날 때까지 다시는 거북선을 제조하지 않았다.

패전 소식에 경악한 조정은 명령불복종으로 파면한 이순신을 다시 삼도수군통제사에 임명했다. 전선으로 달려가는 이순신에게는 아무것도 없었다. 게다가 수군을 해체하라는 선조의 교서 내용에 이순신은 "지금 신에게는 아직도 전선 12척이 있사온데 죽을 힘을 다해 싸운다면 오히려 해볼 만합니다"라고 답했다.

명량해협의 길이는 약 1.5km에 폭이 평균 500m 정도이나, 양쪽 해안에서 50여m씩 수심이 얕아 실제 배가 항해할 수 있는 폭은 400m 정도이다. 게다가 울돌목은 화원반도(花源半島)와 진도 쪽에서 바위가 50여m씩 더 돌출되어 있어 폭이 300여m로 더 좁아진다. 그마저 양쪽에 수심 1m 정도 깊이에 90여m씩의 바위턱이 있어 조류 변동과 관계없이 배가 통과할 수 있는 폭은 겨우 120여m에 그친다. 명량해협은 우리나라에서 조류가 가장 빠른 곳이자 세계에서 5번째로 빠른 곳으로, 물살이 마치 우는 것 같은 소리를 낸다 해서 '울돌목'이라고 부른다. 하루 4번 밀물과 썰물이 번갈아 드나들며 밀물과 썰물이 뒤바뀔 때는 물결이 잠시 멈추는데, 그

속도가 보통 바다보다 3배 이상인 초당 5~6m—홍수로 자동차가 떠내려갈 때의 물살이 초속 2~3m정도—이다. 물살의 속도도 수시로 변해 배를 제어하기가 아주 힘든 곳으로, 한 사람이 막아 지켜도 능히 천 사람을 두렵게 할 수 있는 절지(絕地)이다. 명량해전에 참전한 조선 수군 병력은 판옥선 1척을 추가하여 13척이며, 이순신은 함대의 수를 위장하기 위해서 어선도 100여 척 동원했다.

마침내 1597년 9월 16일, 명량해협에서 진을 치고 기다리는 이순신의 함대를 목표로 거의 200척에 달하는 일본의 대함대가 몰려왔다. 해협 통과가 어려운 대선 70여 척은 입구에서 대기하고, 중·소선 130여 척이 해협 안으로 진공해 들어왔다. 해협의 폭이 좁아 함대는 종대로 전진해야 했다. 중앙으로 집결된 왜선들이 앞으로 전진하여 해협을 빠져나오는 순간, 조선 함대는 일본 함대를 향해 일제히 화포를 발사하기 시작했다. 우선 현자총통과 지자총통 등을 발사하여 일본 군함의 기동력을 마비시킨 후, 곧이어 조란환이라 불리는 새알 크기만한 쇳덩어리를 한 번에 100~200개씩 산탄으로 발사했다. 일본 함선들은 30~40척씩 4개 함대로 해협에 밀집대형으로 모여 있어서 조선군 함포의 좋은 탄착점이 되었다. 일본 함선들은

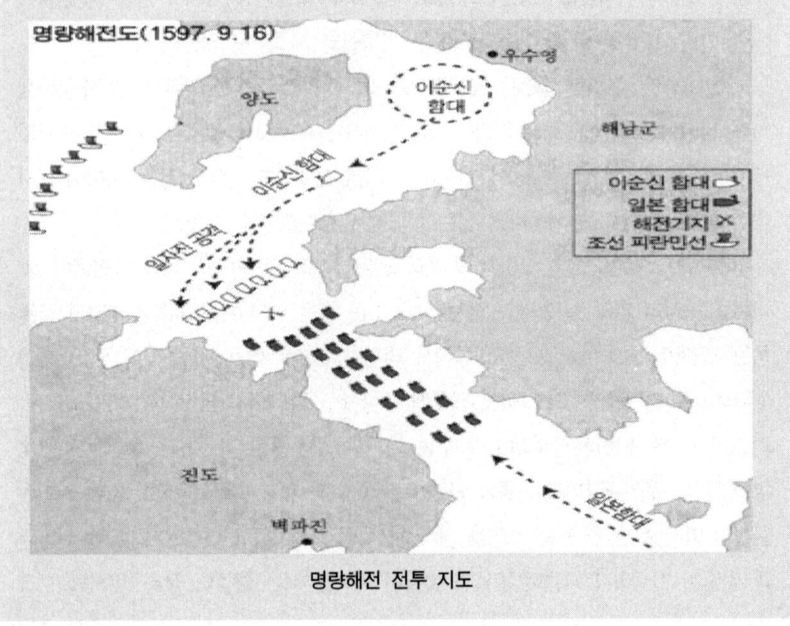

명량해전 전투 지도

그들의 뒤를 따르는 동료 함선들 때문에 뒤로 물러서고 싶어도 물러설 수가 없었다. 전투 지원을 위해 후방에서 좁은 해협을 따라 올라오던 함선들과 탈출하려는 함선들이 서로 충돌하게 되었고, 이를 피하려다 양 옆의 암초에 걸려 침몰하는 등 일본 함대는 막심한 피해를 입게 되었던 것이다. 그때 기함에 타고 있던 투항한 일본 군인이 바다에 떠 있는 일본군 시체 가운데 하나를 보며 "적장 마다시다"라고 외쳤다. 군사들이 그 시체를 건져 올려 목을 돛대에 높이 달아매자 일군들의 사기는 크게 떨어지고 조선군의 사기는 크게 올랐다. 조선군 전함들은 닥치는 대로 일본 함선과 충돌하여 충각으로 11척을 충파했으며, 포격으로 20척을 파괴하여 모두 31척을 격침시켰다. 나머지 100여 척도 조선군의 집중 포격을 받아 만신창이가 되었으며, 불타는 함선에서 뛰어내린 일본 수군의 시체와 부서진 함선의 잔해가 울돌목을 메워 갔다.

드디어 더 이상 견디지 못하게 된 일본 수군이 총 퇴각을 시작했고 조선의 추격이 뒤따랐다. 130대 13의 싸움은 겨우 3~4시간 만에 끝났고 조선 전함의 손실은 단 1척도 없었다. 조선 수군 전체의 희생자는 100명 미만이었다. 일본군은 적어도

명량해전

3천 내지 5천 명 정도가 전사했을 것으로 추정된다. 200여 척으로 구성된 최정예 함대에 10만 대병을 싣고 서울로 상륙하려던 일본군의 작전은 완전히 실패로 돌아가고 말았다. 반면에 조선은 부산 앞바다를 제외한 서남해의 제해권을 다시 찾을 수 있게 되었다.

조일전쟁은 조선이 일본의 침공을 막아냈지만, 딱히 어느 누가 승리했다고 말하기 힘든 전쟁이었다. 전쟁 후 조선을 제외한 두 나라는 기존 집권세력이 무너지며 새로운 정부가 들어섰고, 정부가 바뀌지 않은 조선도 나라 전체가 뒤집어졌다. 우선 조일전쟁의 전쟁터가 된 조선의 국토는 엄청나게 피폐해졌다. 전쟁 중 인구의 4분의 1에 해당되는 200여만 명이 전사 또는 아사·병사했으며 전사자만도 거의 20여만 명에 달했다. 수많은 문화재가 불타거나 약탈당했고, 약 10만 명 내외의 포로들이 일본으로 끌려갔지만, 전쟁 후 아무 것도 배상을 받지 못했다. 게다가 토지대장이 불타서 조세를 걷을 수 없게 되자 국고는 점점 피폐해졌다. 국고가 피폐해짐에 따라 국가에서 이를 채우기 위해 공명첩(空名帖)을 발행해서 매매함으로써 신분제도의 질서도 무너지기 시작했다. 하지만 꼭 나쁜 점만 있는 것이 아니었다. 전쟁 중 일본을 통해서 감자·고구마 등 구황식물(救荒植物)이 들어왔으며, 명의 참전으로 조선에 은이 화폐로 유통되었다.

일본에서는 도요토미가 몰락하고 도쿠가와가 새 시대를 열었다. 전후 일본으로 돌아간 도요토미 가신단들은 조선 출정으로 인한 손실을 극복하지 못한 채 온전히 예비대로 남아 있던 도쿠가와 세력과의 세키가하라 전투에서 패배하여 모두 처형되었고, 1615년 도쿠가와가 도요토미가의 본거지인 오사카성을 함락시킴으로써 에도 막부시대가 시작되었다. 전쟁을 치르는 동안 일본군은 10~15만 명의 조선인 포로들을 잡아갔다. 그 포로들 가운데에는 수백 명의 도공들도 섞여 있어서 이들로 인해 일본의 도자기 문화가 꽃

피우게 되었다. 전쟁 동안 숱한 조선 명장 도공들이 일본으로 납치되어 끌려가서 조선의 선진 도자기 기술을 일본 땅에 뿌리내리게 함으로써 일본에 자기 문화를 꽃피웠고, 다도 문화를 풍성케 했다. 또 이를 일본화시킨 다음 많은 자기를 유럽에 수출하여 19세기 후반 명치유신 때까지 일본의 국부를 키웠다.

명나라는 궁한 판에 막대한 재정 지출과 전력 소모로 조일전쟁에 개입한 지 46년이 지난 후 청에게 멸망당했다. 동아시아 최대 국제전에서 조선을 위하여 대병을 파병했던 명은 조일전쟁이 일어나기 전부터, 이미 조정은 부패했고 당쟁이 격화된 데다가 각지에서 반란이 잇따르고 있었다. 결국 조선 출병으로 막대한 전비를 소모하여 국력이 피폐한 상태에서 명은 농민반란인 이자성의 반란으로 무너지고, 오삼계의 난을 거쳐 청나라에게 무릎을 꿇고 말았다.

17세기로 접어들면서 드디어 만주에서 일어난 여진족의 후금-청 제국이 명 제국에 도전했지만 부패한 명 제국이 너무 빨리 스스로 무너져 버렸기 때문에 시대상은 크게 바뀌지 않았다. 명 제국은 중국 대륙의 인구와 물산(그리고 그것을 동원하는 정교한 행정조직)에 바탕을 둔 막대한 물량과 홍이포, 호준포, 가화전차 등 상당한 수준의 중화기를 비롯하여 우수한 무기체계를 보유했던 군사력이 있었다. 이는 중장기병과 전통적 전술이 중심이었던 팔기군 등의 후금-청 제국 군사력으로 쉽게 격파할 수 있는 상대가 아니었다.

홍이포(좌)와 가화전차(우)

팔기군은 만주의 행정제도에서 비롯된 청나라의 군사제도로서 만주족의 전통적인 군역 및 봉급지급의 단위, 장비와 봉토의 관할권을 구분하는 등 주로 행정적 편의에 의해 나뉘어졌다. 중국을 정벌하는 기간 동안 팔기군은 점차 전문적이고 관료적인 기관으로 변모하게 되었고 청나라가 중원을 통일한 후에는 청나라의 제도를 중심으로 발전했다. 팔기군 중 상위 3개 깃발군(정황기, 양황기, 정백기)은 황제의 직속부대였고 나머지 5개의 깃발군은 여러 제후들의 관할이었다. 이들은 화살과 화승총 탄환도 막을 수 있도록 경갑주로 중무장한 기병으로 주로 구성되었으며, 유사 시 말이 없을 경우에도 적을 능가할 수 있도록 보병위주 전술도 훈련받았다. 또 기마부대의 가장 큰 위협인 모・극(긴창)부대를 제거할 수 있도록, 지원보병부대로 중무장 보병들을 같이 묶어 편성했다. 실제로 후금-청 제국은 명 제국의 변방인 요동을 빼앗은 이후, 중원 정복을 목표로 명과 전쟁을 벌였지만 제국의 창립자인 누르하치가 전사할 정도로 고전을 거듭하며 좀체 전진하지 못하고 있었다. 그러나 부패한 명 제국은 내부부터 스스로 무너져 갔다. 중원에 극적으로 무혈입성한 청군은 명 제국의 영토와 패권을 고스란히 물려받아 그대로 중

팔기군 모습 ▌팔기군은 19세기 서양 열강이 침공하는 아편전쟁과 그에 잇달은 태평천국의 난을 거치면서 점차 세력이 약화되었다가 마지막 황제가 자금성에서 떠날 때 완전히 사라졌다.

국 왕조가 되어버렸고, 더 이상 위협적인 도전자가 없는 안락한 패권을 누리며 안일과 자만에 빠져들어 갔다.

청 제국 성립 이후 중국의 무기체계는 19세기의 그 굴욕적인 아편전쟁이 일어나기까지 큰 변화가 없었다. 서양의 저술가들은 종종 그 원인이 '전쟁을 천성적으로 싫어하는 민족이기 때문'이라고 쓰기도 했는데, 오리엔탈리즘적인 편견과 무지의 소산에 불과하다는 것은 중국과 그 주변 민족들 간의 지난한 투쟁의 역사를 조금만 들춰 봐도 드러난다. 한때 세계 최고 수준이었던 중국의 군사기술이 정체되고 쇠퇴한 원인은 그들을 위협하는 적들이 사라졌기 때문이라고 보는 편이 훨씬 사실에 가까울 것이다. 청 제국은 19세기에 이르기까지, 군사 기술로는 저만치 앞서나갔던 서양 국가들과 지속적으로 교류했으면서도 탐욕스러운 서양인들이 결국은 총부리를 들이대리라고는 생각지 못한 것일까!

한반도의 조선은 16세기에 들어 명 제국의 패권하에서 성리학적 세계관에 안주하며 군사력 증강에 신경쓰지 않았다. 조일전쟁을 겪은 후, 황폐화된 국토를 복구하기 위해 중립외교노선을 시도했으나 명에서 청으로 교체되는 과정에서 다시 2차례의 전쟁을 겪었고, 북벌론과 북학론이 차례로 대두되면서 조선사회 내부에서도 새로운 질서가 형성되었다. 명 제국이 멸망하고 '오랑캐' 청 제국이 등장하자 조선의 지배층은 상상 속 성리학의 세계에서 '소중화'를 자처했다. 하지만 당시 강대국이었던 청 제국 질서하에서 변화되는 세계를 외면한 채 문을 걸어 잠그고 상상의 세계에 빠진 조선은 성리학의 '소우주'에 다름 아니었다. 그만큼 성리학은 학문적으로 발전했지만, 구질서의 온존(溫存)은 구식 무기체계의 온존으로 이어져 조선의 무기체계는 17세기에서 19세기 말에 이르도록 획기적인 변화가 없었다. 청의 요청으로 출병한 나선정벌[28]과 벨테브레와 하멜의 조선표류를 통해 이전보다 많은 발전이

28) 조선 효종 때 연해주 흑룡강 방면으로 남하하는 러시아 세력을 조선 군사(총수병)가 청나라 군사와 함께 정벌한 일.

있었으나, 2백 년 동안 유럽에서의 무기체계 발전이 어느 정도였는지를 생각하면 더딘 발전 속도에 가공할 만하다.

동아시아의 변방에 위치한 조용한 섬나라였던 일본은 조일전쟁을 통해 얼핏 중화 패권에 도전자로 나서는 듯 보였지만, 기실 동아시아를 변화시킬 의지도 능력도 없었다고 봄이 옳을 것이다. 조일전쟁 후 일본은 다시 조용한 섬나라로 돌아갔을 뿐이다. 그들의 무기체계도 이후 계속된 평화 속에 별다른 변혁이 없었다는 점에서 조선과 비슷했다. 다만 무사 사회인 일본은 유학자 사회인 조선에 비해 덜 폐쇄적이었고, 지정학적 조건으로 인해 유럽 세력과의 교류가 일정하게 계속되어 세계 정세의 변화에 보다 밝았다는 점에서는 달랐다. 이것이 19세기에 이르러 유달리 민첩한 근대화가 가능했던 요인으로 작용했을 것이다.

몽골 제국 멸망 이후 동아시아에서는 중화 패권하에 정체된 '평화 시대'가 그렇게 질기게 이어졌던 것이다. 그 이전 시대의 모습은 그렇지 않았으므로 동아시아의 제 민족은 '전쟁을 싫어하는 천성'이라 정의하는 것은 옳지 않다.

변혁이 없으므로 경쟁이 없고, 경쟁이 없다면 발전은 더딜 수밖에 없다. 동시대 유럽이 폭풍과도 같은 변혁을 겪던 4백여 년을, 동아시아 세계는 경직된 구체제하에서 정체된 평화 속에 흘려보냈고 결국은 훗날에 그 대가를 혹독하게 치러야만 했던 것이다.

4. 화약 시대의 해상 전투

고대와 중세시대 동안 지중해를 지배했던 국가는 그리스, 로마, 베네치아 등이었다. 이 국가들은 모두 지중해를 무대로 성장했고 군선으로서 노 젓는 갤리선을 사용했다는 공통점을 가지고 있다. 그러나 지중해와 달리 거칠고

험한 북해에서는 노 젓는 갤리선보다 돛을 이용한 범선이 발달했다. 특히 범선의 한 종류인 코그선(Cog)이 백년전쟁 동안 군선으로도 활약하는 등 북해 쪽에서는 점차 범선이 노선들을 대체하기 시작했다. 그러나 북해와 달리 지중해에서는 16세기가 지나가도록 노선들이 활약하고 있었고 1571년에 있었던 레판토 해전(Battle of Lepanto)은 노선의 발전에 정점을 찍었던 시기였다.

레판토 해전은 오스만투르크(Osman Türk)가 점차 서지중해로 세력을 확대해 오자 위협을 느낀 베네치아와 에스파냐가 연합하여 오스만투르크에 대항하여 싸운 전투이다. 당시 레판토 해전에 참가한 에스파냐, 베네치아, 오스만투르크 모두 주력 함선은 갤리선이었다. 물론 국가마다 사용하는 전술이 달랐기 때문에 갤리선의 크기는 차이가 있었다. 에스파냐는 해상백병전을 즐겨 사용했기 때문에 최대한 많은 병력을 실을 수 있는 커다란 갤리선을 선호했고 베네치아는 원거리에서 교전하는 것을 선호했기 때문에 갤리선의 크기가 적당했다. 반면 오스만투르크는 갤리선의 기동력을 중시했기 때문에 크기가 작았다.

레판토 해전은 과거 해전들과 마찬가지로 갤리선을 사용했던 전투였지만 군선에 대포를 도입하여 싸운 최초의 대규모 해전이라는 것에 의의가 있다.

레판토 해전 | 이 전투는 해전이라기보다 바다 위 공성전에 가까웠다.

당시 지상전에서는 이미 화승총과 대포를 이용하고 있었고 그 강력함에 매료된 사람들은 해전에도 화포를 도입하려고 했다. 그러나 갤리선에 화포를 도입하는 일은 여러 가지 문제에 부딪혔다. 먼저 갤리선 특성상 양옆에는 다중 열의 노가 장착되어 있어서 양옆에 포좌를 설치할 수 없었기 때문에, 주로 뱃머리에 4~5개 정도의 대포만 장착할 수 있다. 또한 대포 주조기술이 열악하고 탄도학이 발전하지 않았기 때문에 대포의 유효사정거리가 매우 짧고 정확성도 떨어졌다. 지상에서도 정확하지 않는 대포가 흔들리는 배 위에서 정확하게 발사될 가능성은 거의 없었기 때문에 함선의 포격능력은 기술적인 측면보다 포수(砲手)의 개인적인 경험과 감에 의해 좌우되었다.

레판토 해전까지만 해도 포격능력이 형편없었기 때문에 해전에서 함포사격은 적함을 침몰시키는 용도가 아니라 적함이 가까이 붙었을 때 사격하여 적함에 탑승한 선원들을 살상하는 용도로 사용되었다. 또한 장전속도가 느려서 해전이 벌어지는 동안 1발 정도 밖에 사용할 수 없었기 때문에 해전의 승부는 함포사격이 아닌 과거와 마찬가지로 선상백병전으로 가려질 수밖에 없었다. 레판토 해전도 대포가 사용되기는 했지만 화승총, 석궁, 복합궁, 창, 칼을 사용한 선상백병전 중심의 해전이었다. 그렇기 때문에 적함을 침몰시키기보다는 적함 위에 올라서 적함을 점령하는 방식으로 전투가 진행되었고, 해전이라기보다 마치 공성전에 가까운 전투였다.

레판토 해전에 사용된 갤리어스(Galleass)라는 대형노선은 갤리선 건조술의 극치를 보여 준다. 노선과 범선의 특징이 혼합되었으며, 중세 노선과 근대 범선의 과도기적 형태였던 이 군함은 바다 위의 요새라고 불릴 정도로 엄청난 규모를 자랑했다. 특히 전후방에 10문의 대포를 장착하

갤리어스

고 양측에 각각 6문의 화포가 장착되어 있어 보통 갤리선에 비해 화력이 매우 뛰어났다. 크기와 화력을 위해 기동력을 희생시킨 갤리어스는 레판토 해전에서 에스파냐와 오스만투르크 양측에 깊은 인상을 남겼다. 이후 에스파냐와 오스만투르크는 경쟁적으로 갤리어스를 건조했지만, 노선의 가장 큰 강점이었던 기동력을 희생시켰기 때문에 갤리어스는 약 20년 정도 활약하다가 후대에 출현한 범선에게 그 자리를 물려 줄 수밖에 없었다.

16세기 말 동아시아의 한반도에서 벌어진 조일전쟁에서 이순신이 지휘하던 조선 수군이 보여 준 함대운용전술은 레판토 해전에서 운용되었던 에스파냐와 베네치아 해군의 그것보다 발전된 전술이었다. 조선 수군도 판옥선이라는 노선을 사용했지만 조악한 포술을 가지고 있던 에스파냐나 베네치아와는 달리 함포 사거리가 2천보(步)나 됐을 정도로 매우 뛰어난 포술을 가지고 있었다. 당시 조선 수군의 화포는 조총 등 소화기의 사거리가 닿지 않는 거리에서 적선의 하단을 조준 사격하여 명중시킬 수 있을 정도였는데, 이는 동시대 세계 어느 곳에도 없던 수준이었다. 이처럼 뛰어난 포술을 보유한 수군과 이순신이라는 뛰어난 제독이 있었기에 조선 수군은 수적 열세 및 각종 열악한 상황에도 불구하고, 효과적인 전술 운용으로 옥포·사천·한산도·명량·노량 등 여러 해전에서 일본 수군을 격파할 수 있었다. 특히 한산도 해전에서는 규모면에서 우세했던 일본 수군의 주력함대를 유인하여 포위한 뒤 일제 사격으로 일거에 섬멸하는 전술의 극치를 보여 주었다. 이후 무능한 제독인 원균이 지휘한 칠천량 해전에서의 대패로 조선 수군이 해산될 위기에서 치러진 명량 해전에서는, 불과 12척의 조선 함대가 130척의 일본 함대를 격퇴하는 극적 반전을 연출하기도 했다.

당시 일본 수군의 주력선은 세키부네라 불리는 작고 빠른 군선이었다. 일본 수군은 세키부네의 기동력을 이용하여 적함에 접근한 다음 선상백병전을 벌이는 전술을 사용했다. 반면 조선 수군의 주력인 판옥선은 평저선(平低船)으로 기동성은 떨어졌지만 함포탑재 능력과 선회성이 뛰어났고, 선상백병전

일본 수군의 주력함인 세키부네(좌)와 지휘함인 아다케(우)

조선 수군의 주력함인 판옥선(좌)과 돌격함인 거북선(우)

에 약했던 조선 수군은 함포와 궁시를 이용한 원거리 교전을 선호했다. 근접전 무기인 창검의 성능은 오랜 세월에 걸쳐 발전시키고 독자적인 강철 제련술을 가진 일본이 조선보다 우위[29]였다. 그러나 활과 화포의 성능에서는 조선이 일본을 압도했다는 점에서도 양군의 전술 스타일은 극명하게 엇갈릴 수 밖에 없었다.[30] 이러한 상황에서 이순신은 효율적으로 함포를 운용하여

29) 조일전쟁 당시 근접전 과정에서, 조선군의 창검은 일본군의 창검에 부딪칠 때 부러지거나 손상되는 경우가 많았다. 근접 전투 역량은 양적·질적 측면 모두 일본군이 우세했던 것이다.

30) 조일전쟁의 이러한 양상은 지상전에서도 마찬가지였다. 일본군은 단병 근접전에서 크게 우위를 보였고 조선군은 원거리 장병 전술에서 우위였다. 흔히 당시 일본군이 사용한 조총이 위력적이었다고 알려져 있지만, 조총은 유럽의 개량형 화승총 수준으로 유효 사거리가 50m에 불과하며 숙련된 총병이라도 분당 2발을 쏘기가 어려운 화기였다. 조총병은 사정거리, 명중률, 연사력에서 궁수보다 형편없이 뒤쳐졌기 때문에 일본군은 조총의 약점을 보완하기 위해 삼첩진이라는 일제 사격 전술과 궁수를 조합하여 운용했다. 또한 실제 병력 수 비율로 볼 때 일본군의 주력은 창검으로 무장한 근접전 보병이었다. 활의 성능에서 일본군의 장궁은 세계 최고 수준의 사거리와 관통력을 가졌던 조

조선 수군의 장점을 극대화하기 위해 일자진(一字陣), 학익진(鶴翼陣)과 같은 진법을 해전에 도입했다. 특히 한산도 해전에서 완성된 전술(함포의 일제 사격으로 적선을 격파)은 여전히 선상백병전에 의존하고 있던 유럽의 해군보다 앞섰다. 세계 최초의 근대적 해상전술이라 할 만하다.

이와 관련하여 당시 조선의 조선술에도 주목할 필요가 있다. 아무리 우수한 화포가 있어도 그 화포를 제대로 탑재하여 운용할 수 있는 선박이 없다면 해상에서는 무용지물이기 때문이다. 당시 유럽에서는 다중 노를 장착한 갤리선이 선체 양옆에 다수의 포좌를 설치할 수 없었던 반면, 조선의 판옥선은 다중 노를 장착했음에도 포의 설치가 가능했다. 이는 특수 돌격선인 거북선[31]도 마찬가지였다. 유럽의 갤리선보다 조선의 판옥선과 거북선의 선체가 높고 이중 구조의 갑판을 가졌기 때문에 가능한 일이었는데, 이는 16세기 말 조선의 선박건조술 수준이 동시대 유럽보다 높았다는 것을 의미한다.

흔히 '대항해 시대'라 불리는 시기까지도 동아시아의 선박건조술은 세계로 뻗어가기 시작했던 유럽보다 오히려 우위에 있었던 것이다. 그보다 백여 년 전인 15세기 초, 명 제국 정화(鄭和)[32]의 원정 함대가 사용한 함선과 동시대 유럽의 함선(예를 들면 콜럼버스의 함선)을 비교해 보면 우열은 한층 현저하게 드러난다.

선군의 복합궁에 상대가 되지 않았다. 그러나 조일전쟁 당시 전반적으로 취약했던 조선군에는 체계적으로 육성된 대규모 궁수부대가 없었기에 이러한 우위는 드러나지 못했다. 무엇보다 정규군의 병력 수와 훈련도 및 실전 경험에서 차이가 현격했던 탓에 전쟁 내내 지상전에서 조선군은 일본군에 비하여 열세했다. 한편 근래 미디어에서 당시 조선군의 화포·화차·신기전 등 중화기의 성능이 많이 강조되었듯이, 조선군의 중화기가 일본군의 그것에 비해 압도적으로 우세했다. 그렇지만 동시대 유럽과 마찬가지로 당시의 포병은 보조적이고 제한적인 역할에 그쳤으므로, 그것만으로 지상군 전반의 현격한 열세를 만회하기에는 역부족이었다.

31) 흔히 '세계 최초의 철갑선'이라는 타이틀이 붙지만, 거북선이 실제로 철갑선이었는지에 대해서는 논란의 여지가 있다. 다만 조일전쟁 당시 대단히 위력적인 특수 돌격선이었다는 점은 분명하다.

32) 중국 명나라의 무장(1371~1435?). 윈난성(雲南省) 출신의 이슬람교도로, 대함대를 거느리고 동서·서남 아시아를 원정하여 국위를 떨치고 통상 무역에 공헌했다.

레판토 해전은 갤리선 발달의 정점을 찍은 전투이면서 갤리선 몰락의 시발점이 된 전투였다. 레판토 해전이 끝난 후 갤리선은 점차 사라지고 범선들이 그 자리를 대신하기 시작했다. 갤리선이 쇠퇴하게 된 이유로는 먼저 갤리선을 운용하기 위해서는 많은 인력이 필요한데, 그것은 국가 재정에 큰 부담이 되었다는 점을 들 수 있다. 특히 갤리선은 노잡이라는 비효율적인 병력을 많이 태워야 했기 때문에 비용낭비가 심했던 반면, 범선들은 노잡이를 태우지 않았기 때문에 더 적은 비용으로 운용할 수 있었다. 두 번째로 갤리선의 짧은 작전 기간을 들 수 있다. 갤리선은 지중해 같은 연안항로나 내해에서는 중간 기항지가 많아서 운용하기 어려움은 없었지만, 신항로가 개척되고 대해로 나가게 되면서 짧은 작전 기간을 갖고 있던 갤리선은 점차 쇠퇴할 수밖에 없었다. 레판토 해전 이후 지중해 무역이 쇠퇴한 것도 갤리선의 퇴장을 부채질했다.

레판토 해전을 승리로 이끈 에스파냐는 지중해 무역으로 얻는 이득보다 아메리카 대륙에서 들어오는 은으로 얻는 이득이 더 컸기 때문에 지중해에 더 이상 관심을 기울이지 않았다. 이제 국제무역의 중심이 지중해에서 대서양으로 옮겨가자 대양항해에 유리한 범선들이 발전하기 시작했다. 최초의 전투 범선인 코그선은 백년전쟁 동안 크게 활약했지만 함포를 탑재할 만큼 튼튼하지 못하다는 단점을 가지고 있었다. 이후 코그선을 대체한 최초의 함포탑재 범선은 카락(Carrack)이라고 불리는 함선이다. 카락은 최초로 대포를 탑재한 대양항해 범선이었다. 카락은 한개의 돛대(Mast)만을 가지고 있던 코그선과 달리 3개의 돛대를 가지고 있었기 때문에 코그선에 비해 항해성이 더 좋았다. 또한 2, 3층으로 된 높은 선미루를 가지고 있어서 선상백병전에 유리했다. 그러나 높은 선미루로 인해 카락 자체의 균형성이 약화되었고, 거기에 대규모 함포를 장착하다보니 메리로즈호[33]처럼 선박이 전복당하는 일

33) 1545년 영국의 카락인 메리로즈호는 약간의 침수 때문에 배의 경사가 급격히 기울어져 허무하게 전복되었다.

이 잦았다.

카락이 등장함으로써 함포를 갖춘 전장범선이 출현하기는 했지만 코그선과 마찬가지로 이때까지는 상선과 군함이 구분되지 않았다. 당시 대서양 무역이 활발해지면서 무역선을 노리는 해적과 사략선들로부터 보물을 지키기 위해 무장한 상선들이 많이 존재했다. 그렇기 때문에 전문적인 해군이 존재하지 않았던 유럽 국가들은 이런 무장상선을 징발하여 해군에 편입시켰다. 그러나 무장상선만으로는 강력한 해군을 육성할 수 없으므로 국가가 중앙집권화될수록 전문적인 해군 양성이 꼭 필요하게 되었다.

카락은 최초의 함포탑재 전장범선이기는 했지만 높은 선미루 때문에 안정성에 큰 문제가 있었다. 그런 카락을 대신해 출현한 것이 갤리온(Galleon)이었다. 갤리온은 카락에 비해 무게 중심이 낮아 선체의 복원성이 좋았을 뿐만 아니라 상부구조물이 바람의 저항을 적게 받아 조정성이나 선회성도 좋았다. 또한 많은 수의 함포를 탑재할 수 있도록 포갑판과 포문들을 강화했고 카락보다 더 유선형이다. 갤리온이 등장하면서 유럽국가들은 갤리온을 중심으로 한 순수 군함으로 이뤄진 함대를 편성하기 시작했으며, 이때부터 상선과 군함의 구분이 명확해졌다.

갤리온이라는 순수 군함이 출현하자 무장상선들이 쇠퇴한 대신 상선들을 보호하는 호위함들이 등장했다. 이제 에스파냐와 포르투갈 같은 국가들은

카락(좌)과 갤리온(우)

영국의 해적들로부터 상선을 보호하기 위해, 여러 상선을 그룹으로 묶어 무장한 호위함을 붙여서 대서양을 건너게 만들었다. 이것은 경제적, 행정적으로 엄청나게 비효율적이었지만 드레이크(Francis Drake)와 같은 갤리온으로 무장한 영국 해적들로부터 상선을 보호하기 위해서는 다른 방법이 없었다. 그러나 이런 에스파냐의 노력을 비웃기라도 하듯 드레이크는 골드하인드호를 타고 1577년부터 1580년까지 세계일주를 하면서 에스파냐 상선을 습격하여 큰 성과를 올렸다.

선박이 발전함에 따라 선박에 탑재되는 함포도 발전했다. 레판토 해전에서 사용되었던 에스파냐의 함포는 베르소라고 불리는 작은 구경의 함포였다. 베르소는 적함을 격침시키는 것보다 적함의 승무원을 사살하는 용도로 개발되었으며 사거리도 짧았을 뿐만 아니라 사고 위험도 컸다.

베르소 이후에 포신과 약실이 분리되어 있는 조립포(Built-up gun)가 등장했다. 조립포는 후미 장전식포로 베르소보다는 강한 화력과 긴 사정거리를 가지고 있었지만 발사 시 가스누출이 심각했고 장전하는 속도가 매우 느렸기 때문에 장점보다 단점이 더 많았던 함포였다. 조립포를 대신하여 등장한 것은 청동, 황동, 철 등을 녹여 포신을 만든 포구 장전식 주조포였다. 주조포는 조립포에 비해 사거리가 길고 장전속도도 빨랐을 뿐 아니라 사고 위험도 적었다.

주조포가 발달함에 따라 함포의 화력은 증가되었지만 지상과 달리 해상에서 포를 사용하는 것은 매우 어려운 일이었다. 특히 함포를 사용하면 그 반동 때문에 함포가 뒤로 밀려났기 때문에 함포를 다시 장전하고 조준하는 일이 매우 어려웠다. 유럽의 국가들은 함포사격 시 일어나는 반동을 최소화시키기 위해 포가(砲架, Gun Carriage)를 개량하기 시작했다. 에스파냐에서는 2바퀴로 된 포가를 개발했으며 영국은 4바퀴로 된 포가를 개발했다. 에스파냐의 2륜 포가보다 영국의 4륜 포가가 함포사격 시 더 많은 반동을 흡수할 수 있었고, 영국은 여기에 완충형 로프—선체와 함포를 밧줄로 연결시킨—를 결합하여 함포사격의 효율을 극대화시켰다. 이 결과는 나중에 벌어진 무적함대해전(Battle of Armada)에서 적나라하게 나타났다. 에스파냐 함대가 1발의 함포를 사격할 때 영국 함대는 무려 3발의 함포를 사격할 수 있었다. 결국 더 효율적인 함포사격 시스템을 갖고 있던 영국이 무적함대해전에서 승리했다.

포가의 발전과 함께 포신의 절삭가공법이 출현하면서 함포가 표준화되고 포신외부와 포강이 정확히 평행을 이루게 됨으로써 이전에 비해 명중률이 크게 향상되었다. 또한 헨리 8세가 청동보다 값이 싼 철로 포신을 주조하는 것에 성공함으로써 값싼 대포들이 많이 생겨났고 선박에 실을 수 있는 대포의 양도 늘어났다.

역사를 바꾼 전투 이야기 ⑨ 무적함대해전(Battle of Armada)

1588년에 일어난 무적함대해전(Battle of Armada)은 갤리온 시대의 대표적인 해전이었다. 당시 유럽 최고의 해군력을 자랑하던 에스파냐는 신항로를 개척하고 아메리카 대륙에 진출했다. 곧이어 코르테스와 피사로는 아즈텍과 잉카 제국을 정복했고 에스파냐는 아메리카 대륙에서 들어오는 막대한 은을 바탕으로 부를 축적했다. 이러한 부를 바탕으로 에스파냐는 유럽의 최강국으로 부상했고 한동안 경쟁국들을 압도할 수 있었다. 카톨릭의 수호자를 자청하는 에스파냐는 전 유럽에서 카톨릭의 세력을 확산시키면서 신교도를 억압하기 시작했다.

에스파냐의 이런 움직임은 당시 신교도 국가였던 영국에게 매우 위협적으로 다가왔다. 하지만 당시 영국은 아직 후진국이었고 에스파냐의 무적함대(Armada)와 싸울만한 해군력이 존재하지 않았기 때문에 그들과 전면전을 펼친다는 것은 있을 수 없는 일이었다. 그래서 영국은 에스파냐와 전면전을 벌이는 대신 사략선을 이용하여 에스파냐의 대서양 무역선을 약탈하는 전략과 네덜란드에서 일어난 독립전쟁을 지원해 주는 전략으로 에스파냐를 견제하기 시작했다. 드레이크를 비롯한 영국의 사략선들의 약탈 행위는 에스파냐의 지도자 펠리페 2세에게 심각한 재정적 타격을 주었다. 물론 에스파냐에는 상선을 호위해 주는 호위함들이 존재했지만, 아직 전략적 지휘통제 기술이나 통신기술이 발달하지 않았기 때문에 호위함들이 모든 무역선들을 지켜줄 수는 없었다. 영국의 사략선들은 호위함과 떨어진 무역선들을 약탈했고 때로는 호위함들을 직접 공격하면서 에스파냐에게 큰 두려움을 안겨 주었다. 또한 네덜란드에 일어난 독립전쟁에서도 영국의 지원으로 에스파냐가 곳곳에서 패배를 맛보고 있었다. 상황이 이렇게 되자 영국은 에스파냐의 눈엣가시 같은 존재가 되었고 이 가시를 완벽히 뽑아 버리지 않으면 고통이 계속될 것만 같았다.

마침내 1588년 에스파냐의 무적함대는 영국을 향해 움직이기 시작했다. 당시 에스파냐는 127척, 영국은 80척의 함대로 전투에 임했다. 이 해전에서 신형 갤리온은 에스파냐 22척, 영국 12척 정도 밖에 참여하지 않았고 주력함의 대부분은 무장한 상선이나 과거 사용했던 갤리선들이었다. 그러나 양군에는 결정적인 차이가 있었으니, 바로 함포의 차이였다.

당시 에스파냐는 과거 갤리선 시대의 전술에서 발전하지 않았기 때문에 이때까지도 선상백병전을 주 전술로 사용했다. 에스파냐의 대포는 선상백병전을 위한 보조적 수단에 불과했기 때문에 짧고 큰 대구경 캐논(Canon)대포로 무장했다. 반면 영국은 선상백병전이 벌어지면 승산이 없었기 때문에 최대한 원거리에서 적과 교전하기를 원했다. 다행히 영국은 헨리 8세 이후—이 시기에 철로 포신을 만드는 주조 기술이 개발되었다—유럽 최고의 대포 제조국으로 거듭나 있었기 때문에 에스파냐보다 더 좋은 많은 대포로 무장할 수 있었다. 특히 에스파냐의 짧은 캐논대포와 달리 긴 사정거리를 갖고 있는 중무장 대포인 컬버린(Culverin)포로 무장한 영국은 에스파냐보다 함포전에서 유리한 입장을 차지하고 있었다. 또한 영국은 4바퀴로 된 포가를 개발하여 에스파냐보다 더욱 효율적으로 함포를 운용할 수 있었고, 에스파냐의 갤리온에 비해 더 날렵하고 기동성이 뛰어난 레이스빌트(race-built)갈레온선[34]을 보유하고 있었다.

전투가 시작되자 에스파냐는 레판토 해전에서 그랬던 것처럼 함대를 초승달 대형으로 배치시킨 다음 선상백병전을 하기 위해 영국 함대에 돌진했다. 영국 함대는

34) 레이스빌트 갤리온선은 영국의 존 호킨스가 발명한 것으로 선수와 선미의 성곽의 크기를 줄이는 대신 포열 갑판의 크기를 늘리고, 선체를 보다 길고 날렵하게 만든 갤리온선이다.

드레이크

존 호킨스

무적함대

빠른 기동성과 강력한 화력을 이용하여 에스파냐 함대의 접근을 허용하지 않고 멀리서 포격을 가했다. 에스파냐 함대는 영국의 강력한 포격 때문에 제대로 접근할 수 없었고 일방적으로 에스파냐 함대에 포격을 퍼부은 영국군은 탄약을 아끼기 위해 후퇴했다. 계속 북진하던 무적함대는 영국에 상륙시킬 지상군을 태우고 있던 파르마 공작의 함대와 합류하기 위해 프랑스 북부인 칼레(Calais)에 정박했다. 영국은 이 기회를 놓치지 않고 화공선을 무적함대가 정박하고 있던 칼레 해안으로 보냈다. 폭약을 가득 실은 화공선이 정박해 있는 무적함대에 충돌하자 순식간에 아수라장이 되었다. 무적함대가 자랑하던 초승달 대형이 무너졌고 화공선을 피하려다 보니 거센 바람과 파도에 밀려 여기저기로 선박이 흩어졌다. 이 순간을 놓치지 않고 영국의 함대가 공격해 들어오자 무적함대는 속수무책으로 당할 수 밖에 없었다. 무적함대는 간신히 그래블린(Gravelines) 근해에서 재집결했지만 곧이어 드레이크와 존 호킨스가 이끄는 영국 해군의 집중 공격을 받았다. 이후 살아남은 무적함대들은 더 이상의 전투는 승산이 없다는 것을 깨닫고 에스파냐로 돌아가려 했지만 스코틀랜드와 아일랜드 영해상에서 폭풍을 만나 대부분 침몰하거나 영국군에게 나포되었다. 당시 출정했던 무적함대 127척 중 돌아온 것은 단 60척에 불과했고 2만 6천 명의 병사 중 1만 2천 명을 잃었다. 에스파냐의 명백한 패배였다.

그러나 우리가 무적함대해전에 대해서 잘못 알고 있는 사실이 몇 가지 있다. 바로 사정거리가 긴 컬버린포를 대량으로 보유하고 있던 영국이 함포사격으로 무적함대를 침몰시켰다는 이야기이다. 사실 당시 영국의 함포사격으로 침몰한 무적함대 함선은 1～2척밖에 되지 않았다. 무적함대 대부분은 화공과 폭풍우에 의해 침몰되거나 영국과 네덜란드 사략선에 나포 당했다. 무적함대해전까지만 해도 포술이 발달하지 않았고 적함을 침몰시킬 만큼 강력하지 않았기 때문에 함포로 적함을 침몰시키는 일은 매우 드물었다. 함포사격으로 적함을 침몰시키는 일은 후에 전열함이 출현하면서부터 가능해진 일이었고 이때까지만 하더라도 함포는 아직 보조적 수단에 불과했다. 또 영국이 무적함대해전에서 승리한 이후 에스파냐로부터 제해권을 빼앗고 유럽의 강대국으로 부상했다는 것 역시 맞는 이야기는 아니다. 무적함대해전 이후 에스파냐는 침몰된 함대만큼 신형함선들을 건조하여 무적함대를 재건했을 뿐만 아니라, 이후 영국과의 해전에서 승리함으로써 제해권을 지킬 수 있었다. 단 에스파냐가 몰락하고 영국이 성장한 것은 단순히 무적함대해전 때문이라기보다 에스파냐가 상업자본을 산업자본으로 바꾸지 못했던 반면 영국은 산업자본으로 전환했기 때문이라고 보는 편이 더 타당할 것이다.

무적함대해전 이후 해전의 양상이 선상백병전 중심에서 대함포격전으로 점차 변하기 시작했다. 해전의 양상이 변하자 사용하던 전술도 변할 수밖에 없었다. 에스파냐의 무적함대가 사용했던 초승달 대형처럼, 기존까지 사용했던 횡대대형은 대함포격전에 적합하지 않았다. 유럽 국가들은 포격의 효율을 극대화하기 위해 함대를 넓게 늘어놓는 횡대대형을 버리고 일렬로 항해하는 종렬진으로 바꾸기 시작했다. 전술이 변하자 전투형태 역시 변하기 시작했다. 이제 해전은 선상백병전을 하기 위해 무작정 적함으로 돌진하는 것이 아니라 종렬로 나란히 항해하면서 측면에 위치한 적함과 서로 포화를 주고받는 방식으로 바뀌게 되었다.

이처럼 전투방식이 변화하자 과거처럼 해전에 무장한 상선이나 구식 선박을 참여시켜 봤자 아무런 도움이 되지 못했다. 왜냐하면 종렬로 항진하면서 전투를 할 때 모든 함선이 일정 수준의 화력과 방어력을—적함의 포격을 견뎌낼 만큼—갖추지 못하면 전열에서 탈락하거나 도리어 아군 함대의 항진에 피해만 주기 때문이다. 이후 유럽 국가들은 전술 운용의 효율과 화력을 극대화하기 위해 단일한 함종으로 구성된 함대를 만들기 시작했고 이런 요구를 충족시키기 위해 출현한 것이 바로 전열함(Ship of the line)이다.

1650년 최초의 전열함이 출현했을 때는 30문의 함포를 탑재했지만 기술이 발전하자 함포의 수는 50문(1700년), 64문(1750년), 74문(1800년), 80문(1840년)으로 계속 증가했다. 또한 전열함은 크기에 따라 표준 전열함과 대형 전열함으로 구분되기 시작했으며, 1740년 이후 2층 포갑판과 74문의 함포를 보유하고 있는 전열함이 표준 전열함으로 규정되었다. 전열함이 해상전투의 주력함으로 자리 잡자 정찰 및 초계, 선단호위와 해적퇴치와 같은 임무는 좀 더 작은 크기의 프리깃(Frigate)함에게 이전되었다. 전열함보다 무장이 가볍고 기동성이 좋은 프리깃함들은 30~40문의 함포만을 탑재한 채 주로 단독작전을 하는 경우가 많았고 영국은 늘어나는 해외식민지 및 해상교통로를 보호하기 위해 프리깃을 적극적으로 운용했다.

전열함의 출현과 함포의 발달에도 불구하고 여전히 바다 위에서 함포를 사격하는 것은 어려운 일이었다. 또한 먼 거리에서의 함포사격은 무적함대 해전에서 보다시피 적들에게 공포심을 심어 주기는 했지만 적함을 침몰시키기에는 충분하지 못했다. 그렇기 때문에 선박들은 함포사격의 부정확성을 줄이고 화력을 극대화시키기 위해 최대한 적선에 가까이 붙어서 포격하려 했다. 이제 해전은 영국의 해군제독 리처드 존 호킨스(Richard Hawkins)가

전열함(좌)과 프리깃함(우)

"적함과 가능한 한 거리를 좁혀서 사격하는 것이 최상의 전투법이다"라고 말한 것처럼, 적함에 최대한 가까이 붙어서 일제히 사격하는 근거리 일제포격의 원칙에 의해 이루어졌다. 함포도 사정거리가 긴 장포신의 컬버린포보다 사정거리가 짧지만 화력이 강한 캐논대포들이 주력을 이루기 시작했다. 선상백병전이 아예 사라진 것은 아니어서 적함이 침몰하기 직전에 포격을 멈추고, 칼과 총으로 무장한 병력이 적함으로 넘어가 적함을 점령하는 방법이 사용되기도 했지만 그런 상황은 많지 않았다.

전열함, 종렬진, 근거리 일제포격 원칙이 정립되면서 전술적인 지휘통제도 변했다. 과거에는 함대사령관만큼이나 각 함정의 함장의 판단력과 지휘력도 해전의 승패를 가르는 중요한 요소였다. 그러나 모든 함대가 일렬종대로 항진하면서 함포사격을 주고받는 전투양상에서는 함대사령관을 제외한 각 함정의 함장의 개인적인 판단력은 더 이상 중요한 요소가 되지 못했다. 함대의 모든 함정은 교범에 정해진 대로 행동해야만 했으며 만약에 이것을 어기고 전열을 이탈하면 군법재판에 회부될 정도로 엄격한 처벌을 받았다. 이제 각 선박들과 선장들은 마치 인형극에서 실에 매달린 인형과 같은 처지로 전락했다.

전술 운용의 효율성과 화력의 극대화를 위한 전열 유지의 엄격한 원칙은 역으로 전술의 경직성을 가지고 왔다. 적의 함대가 도주를 해도 전열을 유지해야만 했기 때문에 빠른 속도로 추격할 수가 없었다. 또한 전열 유지에만 급급하다가 유리한 기회를 놓치는 경우도 많았다. 1744년 툴룽 해전에서 영국의 매튜스 제독은 전열을 깨뜨렸다는 이유만으로 해임당했고, 1756년 미노르카 해전에서 영국의 빙 제독은 전열을 지키기에만 급급하다가 결국 함대의 절반을 잃었으며 군법재판에 회부되어 총살까지 당했다. 이처럼 전열에 대한 강박관념은 많은 비극을 불러 오게 되어 이후에는 과거에 대한 반성으로, 전열 유지 기준을 완화하기도 했다. 전열 유지에 대한 기준이 완화되자 적의 종렬진을 파고들어 적을 차단하는 차단법(Breaking)이나, 전열

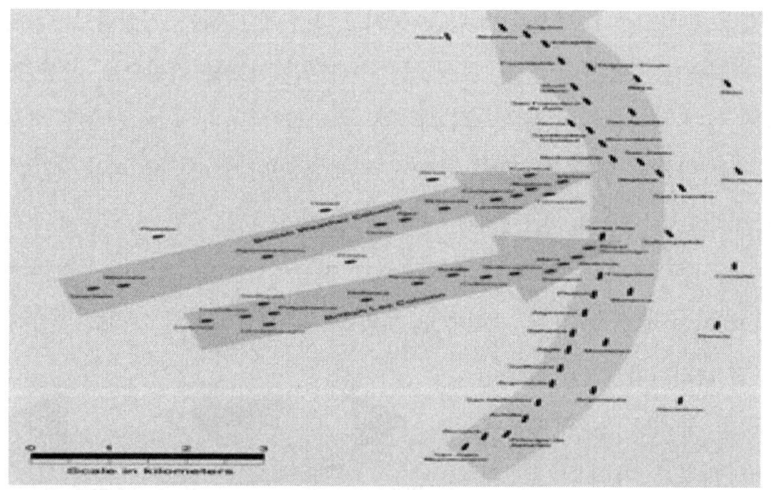

트리팔가 해전의 전술 사진 ‖ 넬슨제독은 '넬슨터치'라 불리는 2열 종렬진으로 프랑스 대열에 접근해 적의 대열을 분단시켜 각개격파하여 승리를 얻을 수 있었다.

내의 함정의 간격을 좁혀서 다수의 함정을 집중적으로 투입하는 밀집법(Massing) 등 다양한 전술들이 출현하기 시작했다. 특히 넬슨 같은 천재적인 해군 지휘관은 종종 전열을 이탈하여 적함에게 치명적인 공격을 가함으로써 자신의 명성을 드높이기도 했다.

에스파냐 몰락 이후 유럽의 제해권을 장악한 나라는 영국이었다. 전 유럽이 나폴레옹에게 짓밟히고 있을 때 영국이 안전했던 이유는 강력한 해군이 제해권을 잡고 있었기 때문이다. 당시 프랑스는 영국보다 선박 제조기술이 뛰어났고 더 좋은 선박을 가지고 있었음에도 불구하고, 영국만큼 좋은 선원들을 보유하지 못했기 때문에 해전에서 영국을 이기지 못했다. 때때로 프랑스는 더 유리한 상황에서도 영국 해군에 대한 두려움 때문에 승기를 놓치기도 했으며, 적함을 찾아서 격멸하는 것보다 함대 보존을 원칙으로 하는 소극적인 전술을 사용했다. 반면 영국은 프랑스보다 느리고 작은 함정을 보유했음에도 불구하고 뛰어난 선원과 자신감으로 프랑스 함대를 압도했다.

이러한 차이는 영국과 프랑스의 전투방식에서 고스란히 나타난다. 영국은 공격적인 사고를 바탕으로 바람을 등지고 전투에 임하는 기상담보(Weather gage)전술을 사용했던 반면, 프랑스는 수비적인 사고를 바탕으로 항상 도망가기 쉽게 바람을 마주하고 전투에 임하는 바람담보(Lee gage)전술을 사용했다. 기상담보를 취한 영국군은 바람을 등지고 있었기 때문에 프랑스보다 더 빠른 속도로 적함에 접근할 수 있었다. 그러나 프랑스는 바람을 마주하고 있었기 때문에 전투가 벌어지면 적에게 접근하기보다 제자리를 고수했고, 불리해지면 배를 돌려 빠른 속도로 도망갔다. 이런 차이는 양측의 포술에서도 잘 나타난다. 영국 함대는 바람을 등지고 있기 때문에 항상 함포가 아래쪽으로 기울게 되어 자연스럽게 적함의 아랫부분을 조준하게 된다. 반면 프랑스는 바람을 마주보고 있었기 때문에 함포가 위를 향하게 되어 적함을 침몰시키기보다는 적의 돛대를 겨냥하게 되었다. 또한 영국은 적함을 침몰시키는 데 초점을 맞춘 반면에, 프랑스는 트라팔가 해전(Battle of Trafalgar)에서 영국의 넬슨을 전사시킨 것처럼 선원들을 돛대 위에 배치하여 소총으로 적의 갑판을 기총 소사하는 전술을 사용했다.

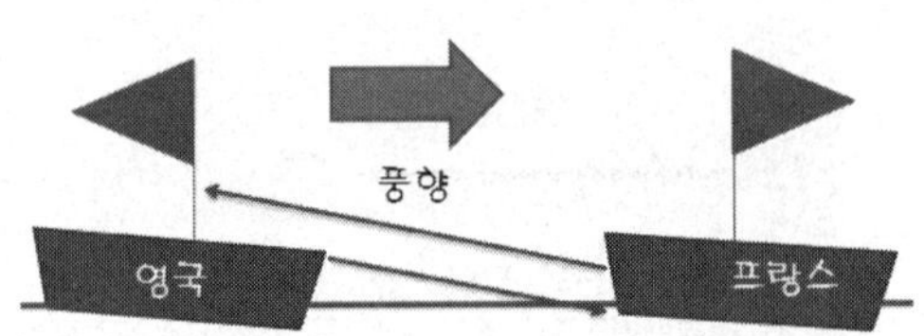

영국의 기상담보는 적함의 아랫부분을 공격해 침몰시키는 전술이었다. 반면 프랑스의 바람담보는 적함의 윗부분에 있는 돛대를 공격하여 적함의 기동성을 줄이는 데 초점을 두었다.

유럽의 선박이 발전하면서 오랜 기간 항해가 가능해지자 그들은 전 세계에 식민지를 건설하기 시작했다. 한때 '해가 지지 않는 나라'[35]라 불린 영국은 전 세계의 1/3을 지배했고 아시아, 아프리카, 아메리카 대륙이 그 침략의 희생양이 되었다. 유럽의 함대들은 중앙집권적 국가가 존재하지 않았던 곳은 물론, 청 제국과 같이 고도로 중앙집권화된 국가의 영역에까지 진출하여 정복하기에 이르렀다.

35) 지구상 곳곳에 식민지 영토가 있으므로 어느 한 곳에서 밤이 되어 해가 지더라도 다른 쪽 영토는 낮이 되어 해가 뜬다는 의미이다.

넬슨제독(좌)과 트리팔가 해전(우)

선박의 발달은 유럽인들이 유럽 대륙을 벗어나게 되는 기회를 제공했고 19세기에 제국주의가 팽배하는 데 결정적 요소로 작용했다. 이후 증기선이 출현할 때까지 전장범선의 시대는 계속되었으며, 증기선과 철제군함이 출현하면서 해상 전투는 또 다른 전환점을 맞게 되었다.

Ⅲ. 시스템의 시대(Age of system)

AD 1815~1945

‖ 시스템의 시대 전쟁사 연표 ‖

※ 약어표[대상에서 회색은 전쟁(전투)에서 승리한 세력을 뜻함]

터-오스만투르크(터키), 그-그리스, 청-청나라, 영-영국, 이-이탈리아, 오-오스트리아, 러-러시아, 프-프랑스, 남-남군(미국), 북-북군(미국), 독-독일(프로이센), 에-에스파냐, 중-중국, 소-소련, 일-일본, 연-연합군, 추-추축군

시 기	대 상	내 용
1821년	터vs그	그리스 독립전쟁(~1829년)
1840년	청vs영	아편전쟁(~1842년)
1849년	이vs오	쿠스토차 전투, 피에몬테(이탈리아) 오스트리아군에게 패배
1850년		미니에탄 개발
1851년		태평천국 운동(~1864년)
1853년	러vs영 · 프	크림전쟁(~1856년)
1859년	오vs이 · 프	이탈리아 통일전쟁, 솔페리노 전투, 산마르티노 전투
1861년	남vs북	남북전쟁(~1865년)
1862년		개틀링 기관총 개발
1863년	남vs북	게티스버그 전투, 북군의 결정적 승리
1866년	오vs독	프로이센-오스트리아 전쟁, 쾨니히그래츠 전투
1870년	프vs독	프로이센-프랑스 전쟁, 스당 전투
1871년	프vs독	파리 코뮌, 파리 함락, 빌헬름 1세 독일 제국의 황제 즉위
1882년		독일, 오스트리아, 이탈리아 삼국 동맹 체결
1884년	청vs프	청프전쟁(~1885년)
1894년	청vs일	청일전쟁(~1895년)
1896년	터vs그	그리스-터키 전쟁(~1898년)
1898년	에vs미	미국-에스파냐 전쟁, 미국이 필리핀 · 괌 · 푸에르토리코 획득
1899년	보vs영	보어전쟁(~1902년)
1904년	러vs일	러일전쟁(~1905년)
1912년		1 · 2차 발칸전쟁(~1913년)
1914년	러vs독	제1차 세계대전(~1918년), 타넨베르크 전투
1915년	독vs영 · 프	이프르 전투, 독일군 최초로 독가스 사용
1916년	영 · 프vs독	제1차 솜강 전투, 영국 최초로 전차 투입
1917년		러시아 혁명 발생, 미국 참전
1918년	독vs영 · 프	제2차 솜강 전투, 독일 항복, 제1차 세계대전 종전
1936년		에스파냐 내전 발생

1937년	중vs일	루커오차우 사건 발생, 중일전쟁 발발
1939년		제2차 세계대전(~1945년)
1940년	영・프vs독	덩케르크 철수, 프랑스 항복
1941년	소vs독 미vs일	독일 소련침공(바르바로사 작전), 일본 진주만 기습
1942년	일vs미	미드웨이 해전, 일본 해군 괴멸
1943년	독vs소	스탈린그라드 전투, 쿠르스크 전투, 연합군 시칠리아 상륙
1944년	독vs영・미	노르망디 상륙작전, 발지 전투, 파리 해방
1945년	추vs연	미군 이오지마 상륙, 소련 베를린 함락, 히틀러 자살, 히로시마 원폭투하, 일본 무조건 항복, 제2차 세계대전 종전

전쟁은 근본적으로 잔혹하고 파괴적일 수밖에 없지만, 그 역시 인간이 주체가 되어 이루어지는 일이었기에 인간적인 측면도 포함하고 있었다. 동서양을 막론하고 전쟁은 흔히 왕조의 명멸 등 역사의 전환기를 이룩했다. 전쟁은 그 과정에서 '영웅'을 탄생시켰고, 대규모 사회이동을 가능케 함으로써 역사에 활력을 불어넣었다. 왕조의 창업자는 대개 전쟁 영웅이었으며, 전란의 시기에는 평화 시에 찾아보기 힘든 비천한 출신에서 자수성가한 입지전적 인물들이 대거 출현하기도 했다. 앞서 설명한 '도구의 시대'에서 '화약의 시대'에 이르기까지, 전쟁은 열정과 명예로 이루어졌고 그것들에 의해 좌우되었다. 그렇기에 전쟁은 그것이 본질적으로 잔혹한 파괴 행위임에도 불구하고 심지어 아름답기까지 했다. 그 때문에 동서양의 문학, 음악, 미술 등 제 예술분야의 수많은 고전 명작들은 전쟁의 '아름다움'을 소재로 하여 탄생하기도 했다. 그들은 전쟁 영웅을 찬양하고, 전쟁을 움직인 열정과 명예의 '아름다움'을 노래했다. 특히 나폴레옹의 시대는 그러한 '아름다움'이 절정에 달했던 시대였다고도 할 수 있다.

하지만 이른바 산업혁명이 본격화되면서, 전쟁은 점차 그렇지 않은 모습으로 변해갔다. 인간이 만들어낸 전쟁은 더 이상 인간의 것이 아니게 되었다. 이제 전쟁에서 열정이나 명예는 무의미했고 이전과 같은 영웅은 탄생하지 않았다. 열정은 허무했고, 명예는 껍데기일 뿐이었으며 전장이 아닌 벙커

안에 있던 사람들이 '전쟁 영웅'으로 일컬어졌다. 산업혁명 이후의 전쟁에서 이전 시대에 있었던 인간적인 요소는 거의 사라졌으며, 그것은 다만 지옥을 의미할 뿐이었다. 이전 시대의 그 누구도 상상하지 못했던 현세지옥(現世地獄)의 출현 앞에 인류는 경악할 수밖에 없었다. 산업혁명 이후의 현대 문학은 종종 전쟁을 소재로 했지만, 그것들은 더 이상 이전 시대의 고전들처럼 전쟁의 '아름다운' 측면을 찬미하는 것이 아니었고 하나같이 전쟁의 참혹함과 허무함을 고발하는 것들이었다.

산업화 이후의 전쟁은 더 이상 화약무기만의 전쟁이라 할 수 없다. 물론 이것은 화약무기가 사용되지 않았다는 말이 아니다. 총과 대포 등 재래식 화약을 사용하는 무기의 성능은 앞장의 '화약의 시대'보다도 산업화 이후의 시대에 절정에 이르렀고, 창검과 기병 등 '도구의 시대' 유물들은 서서히 퇴장했다. 그러나 이제 전쟁은 마치 공장과 같은 거대한 시스템으로 통합되어 움직이게 되었으며, 그 점이 화약무기의 성능과 전술의 발전보다도 더 중요해졌다. 그렇기에 이 시대를 '시스템의 시대'라고 지칭하고자 한다.

이제 전쟁은 인간과 인간의 대결이 아닌 시스템과 시스템의 대결로 변했다. 효율적인 시스템을 가지고 있는 국가만이 전쟁에서 승리할 수 있었다. 여기서 말하는 시스템이란 빠르고 효율적인 동원능력, 전선까지 병력과 자원을 빨리 보낼 수 있는 수송능력, 그것을 지속적으로 가능하게 만들 병참능력 등과 그 모든 것을 가능하게 만들 훌륭한 참모진과 조직들을 포함한 것을 말한다.

이제 더 이상 인간은 전쟁의 주체가 아니었다. 산업사회에서 그랬듯이, 시스템의 시대 전쟁에서 인간은 어떻게 보면 전쟁이라는 커다란 공장 속의 부속품으로 전락하게 되었다.

1. 산업혁명시대의 무기와 전쟁

① 산업혁명: 자본이 만들어 낸 괴물

온 유럽을 뒤흔들었던 나폴레옹 시대는 워털루 전투에서 프랑스군이 패배함으로써 종말을 맞았다. 이후 오스트리아 외무장관 메테르니히의 주도 아래 1814년 오스트리아 빈에서 열린 빈 회의는 전 유럽을 혁명 이전으로 되돌리기로 결정했다. 프랑스에서는 왕정이 복구되었고 루이 16세의 동생인 루이 18세가 왕위에 올랐다. 그리고 오스트리아, 러시아, 프로이센과 같은 제정국가들은 프랑스혁명과 같이 인민이 국가의 주인이 되는 끔찍한 일을 피하기 위해 신성동맹을 맺었다. 영국은 제정국가는 아니었지만 자국의 이익을 위해 이 동맹에 가담했다.

그러나 이미 나폴레옹의 시대에 프랑스혁명 이념이 전 유럽에 전파되었다. 그리고 무엇보다 경제・사회・문화의 모든 조건이 변하고 있었기에 단순히 정치체제만을 혁명 이전으로 되돌리려는 반동책동은 궁극적으로 성공하기 어려워졌다.

마침내 1848년에 혁명이 전 유럽을 강타했고 결국 권력자들은 권력의 일부를 인민에게 나눠 줄 수밖에 없었다. 프랑스에서는 왕정이 무너지고 다시

빈 회의(좌)와 빈 회의를 주도한 메테르니히(우)

공화정이 들어섰으며 영국에서는 선거법이 개정되었던 것이다. 그러나 프로이센은 오히려 더욱 거세게 정치적 혁신 운동을 저지했고, 독일에서의 1848년 혁명은 강력한 탄압 속에서 별다른 성과 없이 소멸되고 말았다. 프로이센은 독일의 통일이라는 민족적 과업을 내세웠는데, 그것은 비스마르크의 말대로 오직 '철과 피'로만 얻을 수 있는 것이었다. 이후 독일에서는 자유주의보다 민족주의가 더 강조되었으며 서유럽과 달리 시민혁명이 없는 근대화가 이루어졌다.

근대의 절정기라 할 만한 산업혁명의 19세기는 과학기술이 급격히 진보했던 시대이기도 하다. 그것은 군사 분야에도 커다란 변혁을 가지고 왔다. 물류 교류의 효율을 높이기 위해 설치된 철도는 자원의 수송만큼 수많은 군인들을 수송하게 되었고, 공장들은 의복을 만들어 내는 만큼이나 소총과 총탄을 만들어 냈던 것이다. 인구의 폭발적 증가는 인클로저 운동과 맞물려 엄청난 규모의 노동력을 만들어 냈고 이 노동력은 공장으로 그리고 군대로 몰렸다.

나폴레옹 시대 이후 전 유럽으로 확산된 국민동원 제도로 인해 유럽의 군대는 그 유례를 찾아보기 힘들 정도로 규모가 커졌다. 비용상의 이유로 평화 시 유지하는 상비군의 숫자는 줄었지만 전쟁이 일어나면 즉각 동원될 수 있는 병력의 규모는 엄청나게 커졌다. 국민 총동원제의 확산으로 전 국민이 군사훈련을 받게 되었는데, 이들은 평화 시에 자신의 일을 하다가 전쟁이 발발하면 언제든지 국가에 동원되었다.

산업혁명은 여러 가지 사회적 문제들을 야기했다. 특히 아동노동 문제는 심각한 수준이었다.

동원 체계가 성립되면서 많은 병력을 빠르게 동원할

수 있는 능력과 그 병력들을 신속히 전선으로 투입할 수 있는 능력이 매우 중요해졌다. 이 시스템에 결정적인 영향을 미친 것은 철도와 전신이었다. 나폴레옹과 그의 군대가 전선까지 걸어서 이동한 것과 달리 이제 군대는 철도를 타고 이동할 수 있게 되었다. 원래는 민수용으로 제작된 철도를 최초로 군사 분야에 도입한 것은 프랑스였다. 프랑스는 크림전쟁(Crimean War, 1853~1856)에서 세바스토폴 요새 앞까지 철도를 이용하여 군수물자를 조달했으며 이탈리아-오스트리아 전쟁에서는 총 병력 100만 명 가운데 1/4을 철도로 수송했다.

철도를 군사 분야에 더 효과적으로 운용한 나라는 프로이센이었다. 프로이센의 참모총장 헬무트 폰 몰트케(Helmuth Karl Bernhard von Moltke)는 철도를 이용한 병력과 군수물자 수송의 장점을 깨닫고 철도를 도입하려고 했다. 하지만 프로이센 장군들은 양호한 도로가 침략을 촉진시킬 것이라는 프리드리히 대왕의 금언을 환기시키며 철도의 도입을 반대했다. 그러나 1848년 혁명을 진압하는 과정에서 철도의 효용성이 드러남에 따라 프로이센의 왕 빌헬름 1세는 철도 관련 부서를 신설하고 전국에 철로를 설치하기 시작했다. 그 후 철도는 프로이센-오스트리아 전쟁(보오전쟁)[1]과 프로이센-프랑스 전쟁(보불전쟁) 그리고 미국의 남북전쟁에서 긴요하게 사용되었다.

철도의 발전으로 병참능력은 대폭 개선되었다. 물론 남북전쟁 당시 북군이 모든 병참을 철도에만 의존했기 때문에 어려움을 겪었고, 보오전쟁 시의 프로이센은 철도역에 하역한 군수품을 옮길 수 있는 수단을 마련하지 못해 어려움을 겪기도 했다. 그렇지만 철도가 등장하기 전과는 비교할 수 없을 정도로 군수물자 수송이 빨라졌다. 또한 철도로 병력을 최대한 분산시킬 수

1) 독일 통일 방법에 대한 갈등과 독일 통일의 주도권 때문에 발생한 전쟁이다. 당시 오스트리아는 프로이센보다 강한 군사력을 지니고 있음에도 불구하고 프로이센 참모총장 몰트케의 탁월한 지휘와 드라이제 라이플이라는 신형 후장식 소총 때문에 패배하고 말았다. 이후 오스트리아는 독일연방을 탈퇴하고 프로이센을 중심으로 한 북독일 연방이 결성됨으로써 독일이 통일을 맞이하게 된다.

있게 됨으로써 기존 전략에 큰 변화를 가지고 오게 되었다. 나폴레옹 시대까지만 하더라도 병력을 한 곳에 집중시키는 것은 기본적인 전략이었다. 그러나 병력이 한 곳에 집중되어 있는 것은 무기와 철도가 발전함에 따라 더 이상 장점이 될 수 없었다. 철도를 이용해 모여 있는 적 주변으로 병력을 분산 하역시키고 적을 커다랗게 포위하여 작전을 전개함으로써 집중되어 있는 적에게 치명적인 타격을 가할 수 있기 때문이다.

하지만 철도에도 문제가 없던 것은 아니었다. 철도를 이용한 전략은 철도가 설치되어 있는 지역에서만 가능하므로, 무엇보다 전 국토에 철도를 설치하는 데 너무나 많은 비용이 들어갔다. 또한 전선에 가까운 역에 병력을 하역시킨다면 적으로부터 기습을 당할 염려가 있기 때문에 전선보다 후방에 병력을 하역시킬 수밖에 없으므로 결국 작전 지역까지 일정거리는 걸어가야만 했다.

전신기의 발명도 철도와 맞물려 전투에 혁명적인 영향을 미쳤다. 전통적인 지상군은 5~6km 정도로 병력을 전개시킬 수 있었고 나폴레옹은 25~75km까지 병력 간의 이격거리를 늘렸다. 그러나 나폴레옹 군대는 적절한 지휘통신체계가 존재하지 않았기 때문에 1812년 러시아원정에서 넓은 범위로 분산된 부대를 효과적으로 지휘통제할 수 없게 되었고, 그 결과 치명적인 패배를 했다. 그러나 전신기가 발명되어 지휘통제범위가 늘어났으며 부대의 광범위한 분산이 가능해졌다. 이제 모든 지상군 전선이 깔려 있는 곳까지 분산이 가능해졌고 장군들과 장교들은 직접 부하들을 이끌고 앞장서기보다 전신기가 있는 곳에 대기하면서 명령을 전달받고 하달하는 역할을 담당하게 되었다. 물론 작전범위는 전선이 깔려 있는 곳까지만 한정되었고, 적진까지 전선을 설치하는 일은 쉽지 않았다. 이런 문제는 나중에 무전기가 개발되면서 해결되었다.

국민동원제도와 철도・전신기의 발달로 군대의 훈련, 동원, 물자 공급문제가 대두됨에 따라 그것을 관리하는 효율적인 조직이 필요하게 되었다. 또한 과거에 비해 넓은 범위로 부대가 분산되면서 광범위한 지역에 걸친 지휘와 통솔의 조직화도 필요했다. 이제 전쟁은 나폴레옹과 같은 최고 지휘관의 천재성보다 효율적인 조직에 더 의존하게 되었다. 이런 필요성에 의해 등장한 것이 바로 참모였다. 참모는 최고 지휘관을 보좌하고 전쟁에 관한 모든 계획과 시행을 담당하는 조직이었다. 나폴레옹 시대에도 참모가 존재했지만 그 당시에는 많은 지휘관들이 그 중요성을 간과하고 있었다. 또한 나폴레옹이 몰락한 지 한참이 지난 19세기 후반에도 역시 프랑스와 오스트리아를 비롯한 많은 나라의 군대에서 참모의 역할을 간과했다. 참모의 중요성을 최초로 인식한 군대는 프로이센군이었다. 프로이센은 몰트케의 지휘 아래 유럽에서 가장 효율적인 참모조직을 갖추기 시작했다. 참모장교들은 공식적인 지휘권을 갖고 있지 않았지만 각 군단·사단·연대 등 예하부대로 파견되어 지휘관의 부관으로 임명되었다. 이들은 프로이센군의 최고 엘리트들로서, 지휘관들의 부족한 부분을 채워 줄 수 있는 존재였다. 참모의 가장 중요한 역할은 전쟁계획을 세우는 것이었다. 물론 지휘관들도 전쟁계획을 세웠지만 그것은 전쟁이 임박하거나 이미 터졌을 때 급하게 마련한 것이기 때문에 여러 가지로 문제가 많았다. 하지만 참모진은 평상 시에도 항상 주변 국가들을 가상의 적으로 하는 전쟁 계획을 세웠다. 이제 잘 수립해 둔 전쟁계획 때문에 예기치 않게 전쟁이 발생하더라도 침착하게 대처할 수 있게 되었다.

유럽 국가들은 나폴레옹 전쟁 이후 한동안 전쟁을 하지 않았다. 왜냐하면 1848년 혁명을 전후하여 저마다 국내의 혁신 운동을 진압하기에 바빴기 때문이다. 서유럽이 혁명으로 정신이 없는 사이에 러시아는 노쇠한 오스만투르크를 집어삼키기 위해 끊임없이 흑해와 지중해방면으로 진출했다. 러시아는 제1차 러시아-투르크 전쟁과 제2차 러시아-투르크 전쟁에서 연이어 승리하면서 흑해 연안과 다뉴브 지방에 대한 지배권을 확립할 수 있었다. 이처럼 러시아가 세력을 넓히자 영국과 프랑스는 러시아를 견제하기 위해 오스만투르크를 도와 군대를 파견했다. 러시아는 서쪽에 있는 오스트리아의

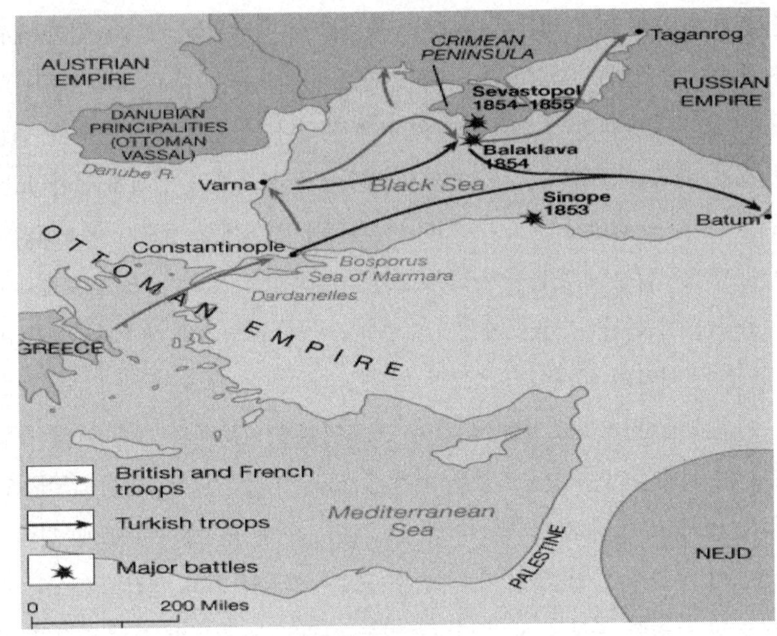

크림전쟁 지도

위협에 대처하기 위해 이미 많은 병력을 오스트리아 국경선에 배치했기 때문에 영국, 프랑스, 투르크, 세르데냐 연합군이 쳐들어오자 크림 반도의 세바스토폴 요새로 병력을 후퇴시켰다. 그러나 연합군은 러시아를 응징하기 위해 세바스토폴 요새 공격을 단행함으로써 크림전쟁(Crimean War, 1853~1856)이 발발했다.

크림전쟁에서 가장 주목할 만한 무기의 변화는 소총(Rifle)의 발달이다. 소총은 기존 머스킷과 달리 총신 안에 강선을 팠는데, 발사할 때 탄알이 강선을 따라 회전하면서 나가게 만든 총기였다. 탄알을 회전시키면 더 정확하게 그리고 더 멀리 탄알이 나간다는 장점이 있다. 하지만 나폴레옹을 비롯한 유럽의 지휘관들은 소총이 장전하기 어렵다는 이유를 들어 소총 대신 활강총[2]인 머스킷을 주로 사용했다. 소총이 장전하기 어려웠던 이유는 당시에

2) 총신 안에 강선이 없는 총.

탄알이 강선을 따라 발사되기 위해서는 탄알을 강선에 꽉 끼게 억지로 쑤셔 넣어야 했기 때문이다. 이처럼 소총은 장전 방법이 어려웠기 때문에 장전시간이 오래 걸렸고 순간적으로 일제 사격을 해야 하는 유럽 군대에 어울리지 않았다. 그러나 경보병 여단이나 미국독립전쟁 당시의 미국민병대들처럼 비정규전을 주로 하는 부대들은 소총을 효율적으로 사용했다. 하지만 1850년 프랑스 육군 대위 클로드 에티엔 미니에(Claude-Etienne Minie)가 강선에 적합한 원뿔형 소총탄을 개발함에 따라 소총의 재장전 문제가 해결되었다. 일명 미니에탄이라고도 불린 이 원뿔형 소총탄은 소총이 발사될 때 강선의 빈틈을 채워 공기가 새지 않도록 팽창했으며, 총구에 무리하게 쑤셔 넣을 필요가 없어서 장전하기 쉬웠다. 탄알뿐만 아니라 격발 방식도 이 시기에 크게 개선되었다.

강선 | 총알이 강선홈을 따라 회전하면서 나가면 사거리와 파괴력이 더 강해진다.

과거 수세기 동안 사용되었던 부싯돌격발방식(Flint lock)은 여전히 비가 오면 사용하기 힘들다는 단점이 있었다. 1800년에 에드워드 하워드가 수은 뇌산염을 발명해 낸 후 부싯돌격발장치를 대체할 새로운 격발장치가 탄생했다. 바로 뇌관격발장치(Percussion cap lock)였다. 뇌관격발장치는 부싯돌 대신 뇌산염을 새로운 점화약으로 사용했기 때문에 비오는 날에도 사용 할 수 있었고 전체적으로 안정성이 더 좋았다. 뇌관격발방식은 뇌산염(Percussion)을 캡(Cap)에 넣어, 점화구에 연결되는 돌기(Nipple)에 씌운 다음 공이치기(Hammer)로 쳐서 격발하는 방식이다.

원뿔형 소총탄의 개발과 뇌관격발장치의 발달로 소총은 완전히 새로운 무기로 바뀌었다. 비록 전장식(총구장전식)이기 때문에 여전히 장전 시의 어려움은 남아 있었지만 사거리가 과거의 활강 머스킷총에 비해 8배나 증가했고 오발률은 25배나 낮아졌다. 또한 미니에탄이 출현함에 따라 파괴력이 과거

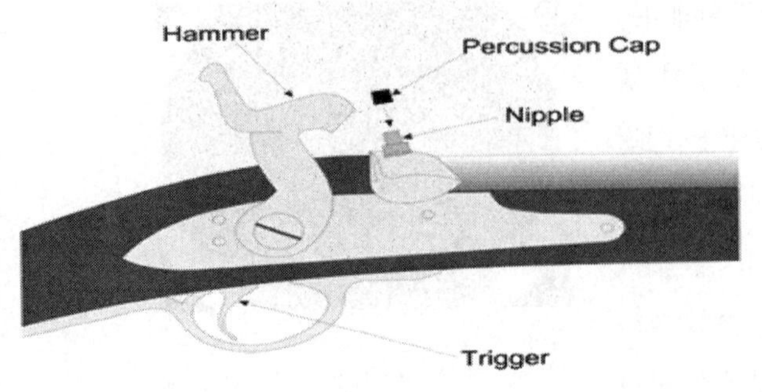

뇌관격발방식

에 비해 엄청나게 상승했다. 미니에탄은 강선을 따라 회전하면서 발사되었기 때문에 명중 시 피격자의 인체조직을 크게 손상시켰다. 미니에탄의 피격자들은 총알이 들어간 곳에는 작은 구멍이 생기지만 총알이 관통해 나온 자리를 보면 손바닥만 한 큰 구멍이 나 있는 경우가 많았다. 이러한 파괴력은 당시로서는 경악할 만한 것이었으며, 총이라는 무기의 위상이 미니에탄 출현 이전과는 판이하게 달라졌다. 이제 총을 맞으면 그 자리에서는 운 좋게 살더라도 뼈와 장기에 손상이—탄알은 납으로 만들기 때문에 더 심각했다—가서 후유증로 대부분 죽게 되었다. 미니에 소총(Minie Rifle)으로 무장한 영국군과 프랑스군이 크림전쟁에서 압도적인 화력으로 러시아군을 무찌르면서, 다른 유럽 국가들도 머스킷을 버리고 소총을 주력 개인 화기로 삼기 시작했다.

이러한 무기의 발달에도 불구하고 결과적으로 크림전쟁은 "전쟁을 이렇게 해서는 안 된다"는 교훈을 남겼다. 연합군과 러시아군 모두 부실한 행정조직 때문에 많은 병사들이 이렇다 할 전투도 없이 추위와 질병 때문에 죽어갔다. 국제적십자사와 제네바협약 출현의 계기가 된, 유명한 나이팅게일의 헌신적인 노력 등이 있었음에도 열악한 위생조건으로 인한 참사를 막을 수 없었다.

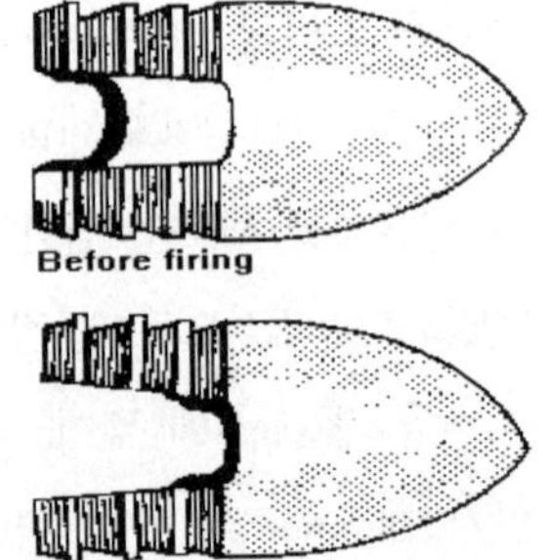

미니에탄 | 원추형 소총탄인 미니에탄은 그 전까지 볼 수 없었던 파괴력을 보여 주었다.

크림전쟁에서는 무능한 행정조직만큼이나 무

능한 지휘관들이 대참사를 연출하기도 했다. 대표적인 사건은 발라클라바에서 영국 경기병(Light Brigade)여단의 돌격이었다. 프랑스 장군 보스케(Bosquet)의 말처럼 "그것은 장엄했지만 전쟁이 아니었다." 무능한 지휘관들의 명령에 따라 영국 경기병 여단은 러시아 포병이 3면으로 포진하고 있던 발라클라바 계곡으로 공격해 들어갔고 20분 만에 부대가 전멸했다. 당시 영국군은 장군직을 돈으로 살 수 있었기 때문에 무능한 지휘관들이 많았고 그것은 러시아도 마찬가지였다. 이후 영국과 러시아는 군사개혁의 필요성을 인식하게 되었다.

발라클라바에서 벌어진 영웅적이지만 멍청했던 기병대의 돌격사건은 기병의 몰락을 상징적으로 보여 준다. 19세기 중엽 이후에는 앞서 설명한 미니에탄과 뒤에 나올 후장식 소총 및 기관총 등 화기의 괄목할 만한 발달로 나폴레옹 시대와 같은 장엄한 정면 돌격은 더 이상 가능하지 않았다. 그에 따라 돌격을 주된 전술로 삼는 기병의 입지는 점점 좁아져 갈 수밖에 없었다. 그럼에도 아직도 자신들이 최정예 부대라고 착각하고 있던 전통적인 유럽 기병대 장교들—이들 대부분은 귀족출신이다—은 빗발치는 사격 속에서도 웅장하게 적진을 향해 돌격했다. 대부분 강력한 화력 앞에서 전멸하는 일이 많았고 설사 성공하더라도 그 피해가 엄청났다. 기병은 제1차 세계대전까지 존속했지만 이미 전장의 주역이 아니었고, 이후 서서히 자취를 감추었다. 제2차 세계대전에서 볼 수 있었던 기병대의 유일한 활약은 폴란드의 최정예

발라클라바에서 이뤄진 영국 경기병 여단의 돌격 | 그것은 장엄했지만 전쟁이 아니었다.

크림전쟁은 전쟁은 이렇게 하면 안 된다는 교훈을 남겼다.

창기병부대가 독일 전차를 향해 용감하게 돌격하여 허무하게 전멸했던 전투뿐이었다. 하지만 어떤 의미에서 기병이라는 병과 자체가 사라진 것은 아니었다. 수천 년 동안 전장을 누볐던 말이라는 동물의 역할을 전차(Tank)라는, 훨씬 끔찍한 인조 괴물이 대신하게 된 것이다.

미국 남북전쟁(American Civil War, 1861~1865)은 노예해방을 두고 북부와 남부로 갈라져서 싸운 전쟁이다. 주로 산업시설에 기반을 두고 있던 북부가 농장에 기반을 두고 있던 남부에 비해 전쟁을 하는 데 여러모로 유리했다. 북부의 인구는 1,800만 명이었던 반면 남부의 인구는 900만 명—그 중 1/3은 흑인 노예—이었다. 그리고 북부가 미국 산업의 90%를 차지했고, 철도도 총 길이의 2/3를 소유하고 있었다. 이처럼 남북전쟁은 "북부는 한 손만 가지고 전쟁을 했다"고 표현한 어느 한 역사가의 말이 과장이 아닐 정도로 처음부터 북부가 압도적으로 유리했던 전쟁이었다.

그럼에도 불구하고 전쟁 초기에는 남군의 로버트 리(Robert E. Lee) 장군의 활약으로 북군은 수세에 몰려 있었다. 하지만 북군에 율리시스 그랜트(Ulysses Simpson Grant)와 윌리엄 셔먼(William Tecumseh Sherman)이라는 걸출한 지휘관이 출현하고 총력전에 돌입한 북군의 물량공세가 본격화되면서 남군의 일시적인 우세는 오래가지 못했다. 남군은 결정적인 전투에서 북군의 주력을 무찌르면 전쟁에서 이길 수 있다고 생각했지만 압도적인 산업생산력에 바탕한 북군의 물량은 계속 쏟아져 나왔다. 결국 게티즈버그 전투 이후 남군은 수세에 몰리기 시작했고 리 장군이 1865년 4월 9일 애포매톡스 코트 하우스(Appomattox Court House)에서 항복한 후 붕괴되었다.

미국 남북전쟁은 총력전 개념이 최초로 도입된 산업 전쟁이었다. 전쟁 초기 남군에게 밀리던 북군은 전쟁을 승리로 이끌기 위해 엄청난 규모의 군수공장을 가동시키는 한편, 해군을 이용해 남부의 해안을 봉쇄함으로써 남부가 재정의 대부분을 의지했던 목화와 옥수수의 수출을 막았다. 또한 윌리엄 셔먼 장군은 남부의 철도, 농장, 집 등을 파괴하면서 남군의 전쟁 수행능력

왼쪽부터 그랜트, 셔먼, 로버트 리 장군

을 약화시켰다. 그 결과 남군은 전투에서는 승리할 수 있었을지언정 전쟁에서는 승리할 수 없게 되었다.

미 대륙에서의 전쟁은 유럽보다 더 광대한 지역에서 벌어졌기 때문에 철도의 전략적 이용이 매우 중요했다. 하지만 북군은 너무 철도 수송에만 얽매인 나머지 별도의 물자공급노선을 마련하지 못한 것이 전쟁 초기에 남군에게 밀린 결정적인 이유가 되었다. 이후 윌리엄 셔먼이 철도를 이용한 군수품 수송에만 의존하지 않게 되자 북군은 다시 승기를 잡을 수 있었다. 전신기도 남북전쟁에서 사용되었지만 도청의 위험 때문에 제한된 임무에서만 사용될 수밖에 없었다.

미국의 남북전쟁은 머스킷으로 시작해서 미니에 소총으로 끝난 전쟁이었다. 최초에는 북군, 남군 모두 전통적인 유럽식 전투를 했지만 1863년 무렵에 미니에 소총이 전해지자 전쟁양상이 완전히 바뀌기 시작했다. 미니에 소총은 엄청난 살상력을 발휘했고 이것은 제대로 훈련도 안 된 채 모집된 양쪽 병사들에게 재앙으로 다가갔다. 미니에 소총의 엄청난 살상력 때문에 남북전쟁은 무려 62만 명의 사상자를 냈으며 이것은 다른 모든 미국 전쟁의 전사자를 합친 것보다 많은 수였다. 소총의 위력을 뒤늦게 깨달은 지휘관들은 참호를 파 몸을 숨기게 하거나 최대한 병력을 분산시킴으로써 피해를 줄이기 위해 노력했다. 이제 서로 마주보고 서서 싸우는 전통적인 유럽식 전술은 점

남북전쟁

개틀링 기관총

차 자취를 감추었다. 이제 모든 보병은 낮은 자세로 참호와 같은 야전엄폐물에 의지한 채 싸워야만 했다. 그렇지 않으면 적과 아군 모두 다 엄청난 재앙—62만 명이라는 숫자가 말해 주듯이—에 직면하게 될 것이 뻔했다.

남북전쟁에서는 소총뿐만 아니라 리볼버(Rivolver)와 같은 연발총들이 활약하기도 했다. 리볼버는 1832년 새뮤얼 콜트(Samuel colt)라는 천재 무기제작자가 만들어낸 연발총이다. 리볼버는 공이치기를 젖힘으로써 여러 개의 약실이 있는 원통이 회전하고, 위쪽 약실이 총신과 일직선을 이루어 탄환이 자동으로 장전되도록 만들어진 무기이다. 리볼버는 인디언과의 전투에서 맹활약했고 남북전쟁 때 개량돼 북군과 남군에서 모두 사용되었다. 그뿐만 아니라 남북전쟁에서는 수동식 개틀링 기관총이 사용되기도 했다. 그러나 개틀링 기관총은 보수적인 북군 군수당국의 반대에 부딪혀 몇 차례 사용되지 못했다.

② 독일의 탄생: 철도, 전신기 그리고 참모

미국이 남북전쟁을 거치면서 새로워진 전쟁방식에 익숙해질 무렵에도 유럽의 군사개혁은 제자리걸음이었다. 무기와 기술은 계속 발전했지만 프랑스, 오스트리아를 비롯한 대부분의 유럽 국가들은 그 발전 시스템을 이용할 만한 조직체계를 갖추지 못하고 있었다. 프랑스와 오스트리아 같은 강대국들이 낡은 전술에 연연하고 있을 때 유럽의 변방이었던 프로이센은 무서운 속도로 변화하고 있었다.

과거 프리드리히 대왕 시절에 최고의 전성기를 누렸던 프로이센은 프랑스 혁명이 전 유럽을 휩쓸었을 때 나폴레옹에 의해 속국으로 전락해 버렸다. 예나전투(Battle of Jena, 1806)[3]의 결과에서 나타났듯이 19세기 프로이센군은 아무런 발전 없이 18세기 프리드리히 대왕 시절의 구식 군대에 머물러 있었을 뿐이었다. 예나전투 이후 프로이센은 게르하르트 폰 샤른호스트(Gerhard von Scharnhorst)와 아우구스트 폰 그나이제나우(August von Gneisenau)의 주도 아래 대규모 군사개혁을 실시했다.

그들은 먼저 프리드리히 대왕 시절의 외국인 모병제도를 프랑스 스타일의 국민군제도로 탈바꿈시켰다. 프로이센은 외국인 모병을 중지하고 부자들도 돈으로 면제받을 수 없는 보편적인 징병제를 제도화했다. 모든 프로이센 국민들은 20세부터 3년간 현역으로 복무했고, 군 복무를 마치면 2년간 예비군에서 그리고 14년간 란트베어(Landwehr)라 불리는 향토방위군에서 복무했다. 프로이센의 동원시스템은 다른 유럽 국가들이 모방할 만큼 훌륭한 시스템이었다. 또한 프로이센은 훌륭한 공교육 시스템을 도입해 모든 사람에게 초등교육을, 일부에게 중등교육을, 엘리트에게는 고등교육을 받게 했다. 이제 군대에 복무하는 병사들은 과거처럼 멍청한 농부가 아닌 학교에서 군사기술을 습득한 이미 준비된 군인이었다. 또한 프로이센은 융커(Junker)라는 귀족에게만 장교 자리를 주는 제도를 타파하고 혈통보다 능력에 따라 장교를 임명하도록 했다. 과거 군대의 중추를 이루고 있던 늙고 무능한 장군들은 옷을 벗을 수밖에 없었고 젊고 유능한 장교들이 들어와 군대는 활기를

3) 나폴레옹 전쟁 당시 작센 지방의 예나와 아우어슈테트에서 벌어진 전투이다. 12만 2천 명의 프랑스군과 11만 4천 명의 프로이센·작센군이 맞붙은 이 전투에서 나폴레옹은 프로이센 군대를 격파했다. 그 결과 1807년 7월, 틸지트 조약에 따라 프로이센의 영토는 절반으로 줄어들었다.

띠게 되었다. 그뿐만 아니라 사관학교와 전쟁대학을 설립하여 젊은 장교들을 체계적으로 교육했다.

프로이센 군사개혁의 가장 핵심적인 부분은 참모제도의 강화를 들 수 있다. 프로이센은 1803년에 참모본부(Great General Staff)를 창설한 다음 군 최고의 엘리트들을 참모본부에서 근무하게 했다. 프로이센 참모 중 가장 유명한 사람으로 몰트케를 꼽을 수 있을 것이다. 덴마크 출신의 몰트케는 1857년 참모총장에 오른 이후 비스마르크, 론과 함께 프로이센의 중흥을 이끌어 낸 뛰어난 참모였다.

개혁에 성공한 프로이센이 독일의 주도권을 놓고 오스트리아와 전쟁을 시작했을 때까지만 해도 프로이센이 오스트리아를 이길 것이라고 생각하는 사람은 거의 없었다. 그 당시 오스트리아는 프로이센보다 인구는 78%, 병력은 38%, 국방 예산은 54%나 많았다. 게다가 오스트리아는 7년 전 프랑스와의 전쟁으로 경험도 풍부했으며 루트비히 폰 베네덱(Ludwig von Benedek)이라는 유명한 장군이 부대를 이끌고 있었다. 반면 프로이센의 수상인 비스마르크가 할 줄 아는 싸움이라고는 난상토론뿐이었고 참모총장이었던 몰트케도 야전경험이 없었다. 프로이센 왕 빌헬름 1세는 나약했고 비스마르크와 몰트케가 하는 대로 할 뿐이었다. 만약 나폴레옹 시대의 전투였다면 경험 많고 훌륭한 지휘관과 용맹한 병사들을 보유하고 있었던 오스트리아군이 승리했을지도 모른다. 그러나 이제 전쟁의 승패는 지휘관의 천재성에 좌우되는 것이 아니라 효율적인 참모조직과 뛰어난 전쟁 수행 계획과 능력에 의해서 결정되었다. 프로이센은 모든 것이 불리했지만

프로이센의 중흥을 이끌어 낸 지휘관들 | 왼쪽부터 비스마르크, 론, 몰트케

오스트리아보다 뛰어난 참모조직을 갖고 있었고, 철도를 사용했으며, 후장식 소총으로 무장하고 있었다는 점에서는 유리했다.

당시 오스트리아군은 전장식 로렌츠 소총으로 무장했던 반면 프로이센군은 니들건(Needle Gun)이라 불린 드라이제 후장식 소총으로 무장했다. 니들건은 요한 니콜라우스 폰 드라이제(Johan Nikolaus von Dreyse)가 발명한 후장식 소총으로 격발하는 공이치기가 바늘(Needle)처럼 생겼기 때문에 니들건으로 불렸다. 전장식 소총이었던 로렌츠 소총과 달리 뒤로 총알을 장전할 수 있었기 때문에 더 빠른 장전이 가능했을 뿐만 아니라 엎드려서도 장전할 수 있었다. 엎드려서 장전할 수 있다는 점은 엄청난 행운으로 다가왔다. 로렌츠 소총만 하더라도 장전하기 위해서는 총구에다 탄알을 넣어야 했기 때문에 총을 세운 다음 서서 장전해야만 했다. 서서 장전하면 적에게 무방비로 노출될 수밖에 없기 때문에 많은 병사들이 총을 장전하다가 적탄에 맞아 전사했다. 하지만 니들건으로 무장한 프로이센군은 총을 쏘거나 장전할 때 엎드려서 할 수 있었기 때문에 전장식 소총을 사용하는 오스트리아군에 비

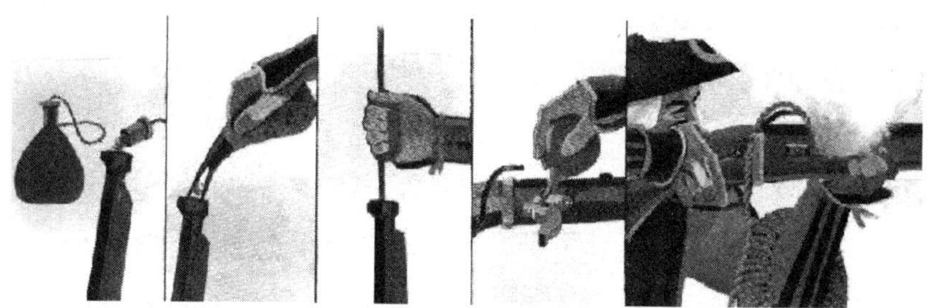

총구로 탄환과 화약을 집어넣는 전장식 장전 모습 | 자신이 장전하여 쏠 경우, 보통 병사는 1분에 겨우 1~2발 정도만 쏠 수 있었다.

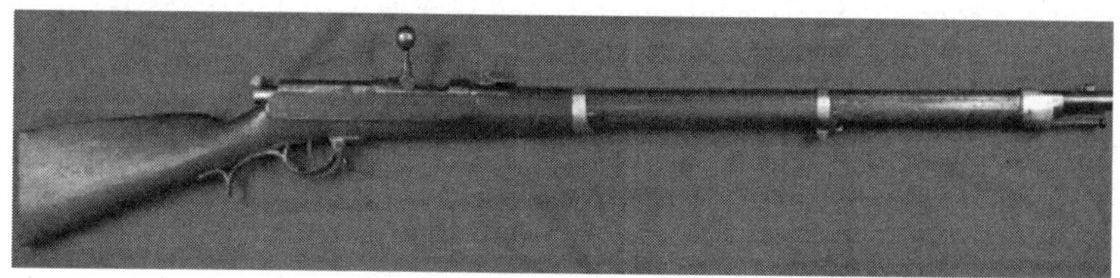

드라이제 후장식 소총 | 일명 바늘총(Needle gun)

해 사상자가 훨씬 적었다. 발사속도도 니들건이 훨씬 앞섰는데, 로렌츠 소총으로 무장한 오스트리아군이 1발을 쏠 때 니들건으로 무장한 프로이센군은 무려 6발을 쏠 수 있었다.

니들건이 도입될 당시 소총탄에도 혁신적인 변화가 일어나고 있었다. 과거에는 탄알과 화약을 따로 준비해서 총에 넣어야 했는데 이런 방식은 후장식 소총에 어울리지 않았을 뿐더러 복잡하고 손이 많이 가 불편했다. 이런 불편한 공정을 없애기 위해 탄알과 화약을 하나의 탄약으로 묶은 일체형 탄약이 출현했다. 탄약 속에 탄알과 화약이 있어 공이가 탄약을 치면 탄약 속 화약이 점화돼 탄알이 발사되는 방식이었다. 이제 번거롭게 탄알과 화약을 가지고 다닐 필요가 없었고 탄약만 있어도 사격이 가능했다. 일체형 탄약이 출현하면서 더 이상 뇌관격발방식은 어울리지 않게 되었으며, 이에 등장한 것이 노리쇠격발방식(Breechblock)이다. 노리쇠격발방식은 노리쇠를 뒤로 후퇴시킨 다음 탄약을 약실에 넣어 장전하는 방식이다. 장전한 후 방아쇠를 당기면 공이치기가 탄약의 뒷부분에 있는 장약을 폭발시켜 탄알이 발사되고, 탄알은 총열의 강선을 따라 목표물을 향해 날아간다. 사격이 끝난 다음 노리쇠를 후퇴시키면 탄피가 배출되고 다시 탄약을 약실에 장전하여 사격한다. 노리쇠격발방식은 뇌관격발방식보다 더 안전하고 빨리 장전할 수 있었기 때문에 니들건 이후 대부분의 총들은 노리쇠격발방식을 사용했다. 그렇다고 단점이 없었던 것은 아니었다. 당시의 후장식 소총은 가스가 누출되어 파괴력이 약하고 사거리가 짧았다. 또한 바늘처럼 생긴 공이가 자주 고장났기 때문에 여분의 공이를 가지고 다녀야 했다. 그러나 이런 결함은 후장식 소총이 가지고 있는 장점으로 충분히 극복할 수 있었다.

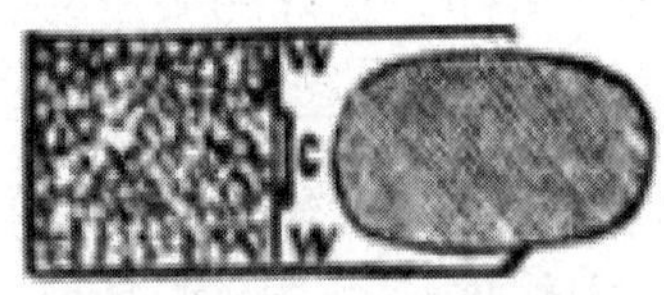

니들건의 탄약 ∥ 니들건은 처음으로 일체형 탄약을 사용했다. 니들건에 사용했던 일체형 탄약은 종이로 만들어졌다.

하지만 오스트리아가 무기발전에서 프로이센에게 뒤지고 있었다고만 볼 수는 없었다. 소총은 분명 프로이센이 유리했지만, 야포는 최신식 강선대포로 무장한 오스트리아가 구식 활강대포로 무장한 프로이센에 비해 유리했다. 활강 대포의 사거리가 1,500야드를 넘지 못했던 반면 강선대포의 사거리는 4~5천 야드 정도였다. 오스트리아는 1859년 프랑스에 패배한 이후 모든 대포를 강선대포로 바꾸었으며, 프로이센-오스트리아 전쟁 당시에는 무려 736문의 강선대포를 보유하고 있었다.

총에 강선을 넣음으로서 총의 사거리와 파괴력이 획기적으로 향상되자 대포 전문가들은 대포에 강선을 넣는 시도를 했다. 이렇게 탄생한 강선대포는 활강식에 비해 사거리가 압도적으로 늘어났다. 대포 전문가들은 이어서 후장식 소총처럼 후장식 대포를 개발하려 했지만 세가지 이유—기동성 저하, 포미 밀폐장치 설치의 어려움, 엄청난 비용—때문에 포기하고 만다. 프로이센-오스트리아 전쟁까지만 해도 개발되지 않았던 후장식 대포는 이후 프로이센-프랑스 전쟁 때 개발되어 프로이센 승리에 결정적인 영향을 미치게 되었다.

비록 오스트리아의 포병 전력이 우세했다고 하나 니들건의 장점을 상쇄시킬 만큼은 아니었다. 물론 대포 역시 고체탄환이 아닌 폭발탄으로 바뀌면서 살상력이 늘어났지만 소총에 비할 정도는 아니었다. 그것을 단적으로 보여주는 예가 바로 미국 남북전쟁일 것이다. 미국 남북전쟁 동안 대포에 의한 사상자가 9%밖에 되지 않았던 것에 비해 소총에 의한 사상자는 무려 86%나 되었다. 그리고 그 차이는 프로이센-오스트리아 전쟁에서도 여실히 드러나게 된다.

프로이센군이 새로 도입한 니들건을 이용하여 소총 사격훈련에 주력하는 동안, 오스트리아군은 돌격구보(Wind sprint)[4] 훈련에 열을 올렸다. 프로이센군이 새로운 전술을 익힐 동안 오스트리아군은 아직도 나폴레옹의 유물인 총검과 종대대열을 이용한 돌파작전에 매달리고 있었던 것이었다. 오스트리

4) 전체 힘의 3/4 정도의 속력을 내어 뛰는 방법.

아군은 프랑스군이 솔페리노 전투(Battle of Solferino)에서 승리를 거둔 것처럼, 병사들의 정신력을 증강시켜 강력한 소총 사격의 위협 속에서도 총검으로 적진을 향해 돌격시키려고 했다. 실제로 오스트리아군은 프로이센의 엄청난 소총 사격 속에서도 적진을 향해 돌격하여, 스비프발트와 츨럼언덕에서 프로이센군을 거의 몰아낼 뻔 했다. 그러나 정신력으로 버티는 것은 한계가 있었다. 결국 오스트리아군이 쾨니히그래츠 전투에서 패배함으로써 프로이센–오스트리아 전쟁은 프로이센의 승리로 끝났다.

후장식 소총이 승리하는 데 하나의 요소로 작용했음은 분명하지만, 단지 그것만으로 프로이센군이 오스트리아군에게 승리를 거두었다고 볼 수는 없다. 프로이센–프랑스 전쟁 때 프랑스군은 니들건보다 더 훌륭한 후장식 소총인 샤스포(Chassepots)소총으로 무장했지만 프로이센군에게 패배했다. 프로이센–오스트리아 전쟁의 승리는 무기뿐만 아니라 철도와 효율적인 참모조직이 있었기 때문에 가능한 것이었다. 당시 오스트리아군은 최대한 병력을 집중시켜야 한다는 나폴레옹의 금언을 철저히 지킨 반면 프로이센군은 병력을 3개 야전군—제1야전군, 제2야전군, 엘베군—으로 편성하여 분산 배치시켰다. 프로이센의 참모총장 몰트케는 1개 야전군이 적의 주력을 붙잡는 사이 다른 2개 야전군으로 그들을 포위하여 섬멸하려 했다. 이 전략은 잘못하면 각개격파당할 위험도 있었다. 3개 야전군이 동시에 오스트리아군을 포위한다면 좋겠지만 이때까지는 지휘통신 장비가 발달하지 않았기 때문에 실패할 가능성 역시 컸고, 이 작전은 적지 않은 반대에 부딪혔다. 심지어 이 작전을 본 엥겔스는 "그런 작전을 제안하는 자는 심지어 중위 자리도 아깝다"고까지 표현했다. 하지만 몰트케는 그대로 밀어붙였고 결국 승리를 거둘 수 있었다. 몰트케가 성공할 수 있었던 이유는 철도를 이용해 병력을 효과적으로 동원했고 전신기를 이용해 부대 간의 협조를 긴밀하게 한 것 그리고 그 모든 것을 계획하고 시행한 참모조직의 존재 때문이었다.

역사를 바꾼 전투 이야기 ⑩ 쾨니히그래츠 전투 (Battle of Königgrätz)

독일 통일을 둘러싼 프로이센과 오스트리아의 갈등은 결국 전쟁으로 번졌다. 이 전쟁을 계획한 사람은 비스마르크였지만 전쟁을 수행한 것은 프로이센 참모총장인 헬무트 폰 몰트케였다. 몰트케는 뛰어난 참모로서 빈틈없이 전쟁을 준비했다. 그는 전 병력을 드라이제 후장식 소총으로 무장시켰고 부대를 3개로 나눠—제1야전군, 제2야전군, 엘베강군—오스트리아군을 공격하는 과감한 작전을 세웠다. 오스트리아군의 지휘관이었던 베네덱은 뛰어난 군인이었지만 어디까지나 야전 지휘관이었지 20만 명이나 되는 병력의 총지휘를 맡을 만한 인재는 아니었다.

1866년 6월, 전쟁이 시작되자 프로이센군은 오스트리아를 지지하는 독일공국들을 제압한 다음 오스트리아를 공격했다. 전초전에서는 드라이제 후장식 소총으로 무장한 프로이센의 가공할 만한 화력에 오스트리아군은 상당한 피해를 입었다. 피해를 입은 베네덱은 부대를 쾨니히그래츠 요새로 후퇴시켜 다가올 큰 전투를 준비했다. 쾨니히그래츠는 앞에 2km나 되는 벌판이 있어 방어하기 매우 좋은 위치였다. 그는 적을 공격하는 대신 강력한 방어 전략을 채택함으로써 프로이센의 공격에 대비했다.

프로이센의 제1야전군과 엘베강군을 이끌고 있던 칼 왕자는 쾨니히그래츠 전장에 도착하자, 왕세자가 이끄는 제2야전군이 13마일이나 멀리 떨어져 있음에도 불구하고 오스트리아군을 즉시 공격하기로 했다. 칼 왕자는 오스트리아군을 물리치는 영광을 독차지하고 싶었기 때문에 아무런 상의 없이 독자적으로 부대를 움직였다. 뒤늦게 이를 파악한 몰트케는 왕세자의 제2야전군에게 전령을 보내 칼 왕자의 부대를 지원해 줄 것을 부탁했다.

제2야전군이 없는 상태에서 프로이센군은 12만 4천 명으로 20만 명이 넘는 오스트리아의 대군을 상대할 수밖에 없었기 때문이다. 칼 왕자의 공세는 날카로웠지만 시간이 지날수록 지지부진해졌다. 프로이센의 후장식 소총은 강력했지만 유효사거리까지 근접하기 위해서는 오스트리아의 맹렬한 포격을 뚫어야만 했다. 오스트리아는 언덕을 따라 파 놓은 참호에서 최신식 폭발탄으로 무장한 250문의 후장식 강선포로 프로이센을 공격했다. 오스트리아 포병이 사용한 폭발탄은 터질 때마다

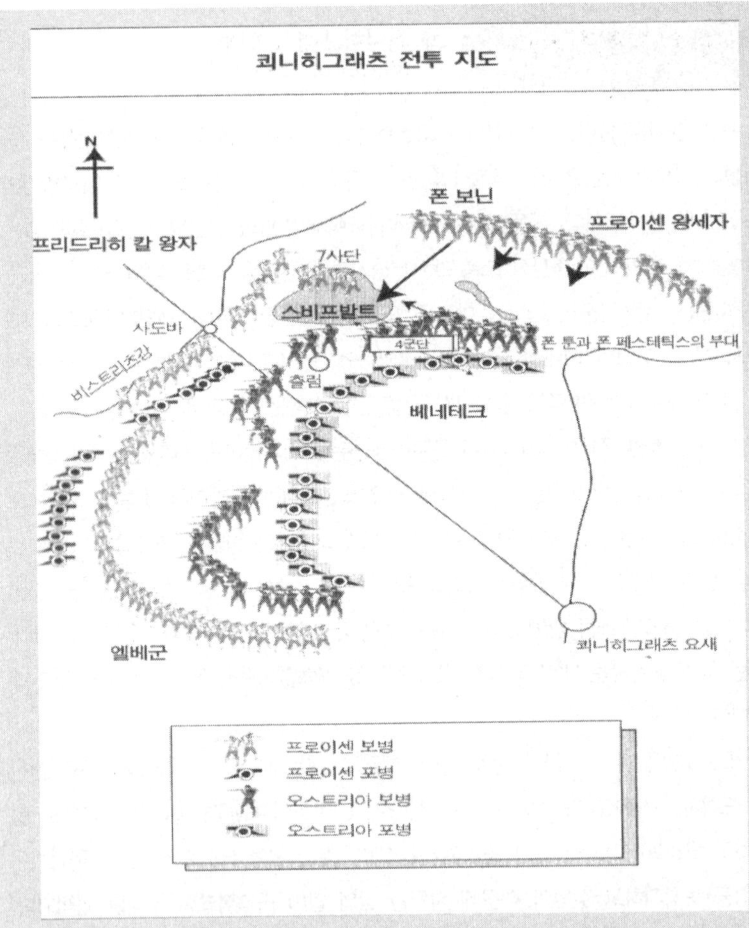

쾨니히그래츠 전투 지도(출처: 『아집과 실패의 전쟁사』)

파편이 퍼져 프로이센군에게 큰 피해를 입혔다.

오스트리아의 막강한 화력 앞에 프로이센군 중앙이 고전하고 있었지만 프로이센 좌익의 상황은 더욱 안 좋았다. 프로이센군은 스비프발트(Swiepwald)라는 나무가 빽빽한 숲을 점령하고 있었는데, 오스트리아군이 이 숲을 다시 뺏기 위해 50개 대대가 공격을 가해오고 있었다. 이 숲을 지키는 부대는 프란제키 장군이 이끄는 프로이센 제7사단으로 단 19개 대대밖에 없었다. 더구나 스비프발트의 빽빽한 숲 앞에서는 프로이센의 우수한 소총도 큰 힘을 발휘하기 힘들었다. 화력을 대신하여 정신력을 강화한 오스트리아군의 막강한 공격 앞에 프로이센 제7사단은 2천 명이나 되는 병력을 잃고 점점 밀려나기 시작했다. 만약 스비프발트에서 프로이센군이 밀려나면 오스트리아군이 프로이센 왼쪽을 돌아 프로이센 후방을 공격할 수 있게 된다. 이렇게 되면 프로이센은 전투에 패배할 것이 분명했다. 프란제키 장군은 몰트케에게 지원병을 요청했지만 몰트케는 중앙에서 오스트리아군이 역습할 것이 염려되어 지원요청을 거부했다. 프란제키 장군의 제7사단은 왕세자의 제2야전군이 도착할 때까지 오스트리아군의 가공할 만한 공격을 자력으로 버텨야만 했다.

전세가 오스트리아에게 유리하게 진행되자 베네덱은 초반의 열세를 만회하고 운이 좋다면 승리할 수 있을지도 모른다고 생각했다. 그러나 폰 툰과 폰 페스테틱스라는 2명의 명문귀족 출신 지휘관들의 돌발 행동 때문에 베네덱은 결정적인 승기를 놓치게 된다. 이 두 귀족 지휘관은 베네덱이 프로이센 왕세자의 제2야전군을 막기 위해 우익에 배치해 놓았던 지휘관이었다. 이들은 평민 출신 베네덱의 명령에 복종하기에는 너무나 부자였고 출신 배경도 좋았다. 그들은 전투가 시작되고 한참이 지나도 왕세자의 제2야전군이 오지 않자 공을 뺏길 것 같은 조바심이 났다. 결국 그들은 전 병력을 스비프발트에 몰아넣는 치명적인 실수를 저지르고 만다. 너무나 많은 병력이 스비프발트의 빽빽한 숲 속에 몰리자 아무리 많은 병력을 가지고 공격해도 소용이 없었다. 그 사이에 기다리던 왕세자의 제2야전군이 전장에 도착해 오스트리아의 우익을 공격했다. 우익이 무너지려 하자 스비프발트에 있던 오스트리아군에게 퇴각해서 우익을 방어하라는 명령이 떨어졌다. 이제 간신히 스비프발트에서 우세를 점한 그들에게 퇴각 명령은 재앙과도 같았다. 사기는 바닥을 쳤고 피해는 더 커졌다.

오스트리아의 중앙에서 가장 중요한 곳은 츨럼(Chlum)언덕이었다. 왜냐하면 츨럼언덕은 쾨니히그래츠 요새로 가는 길목에 위치해 있었고 지금까지 프로이센에게 막대한 피해를 입힌 오스트리아 포병대가 위치한 곳이었기 때문이다. 프로이센군은 전략적 요충지인 츨럼언덕을 장악하기 위해 공격을 감행했다. 츨럼언덕에 주둔하고 있던 오스트리아 포병대는 프로이센 제2야전군의 기습공격에 결국 츨럼언덕을 내줄 수밖에 없었다.

쾨니히그래츠 전투

츨럼언덕 함락을 보고 받은 베네덱은 그 요충지를 탈환하기 위해 모든 수단을 동원했다. 흰 군복의 오스트리아군은 용감했다. 기병은 기병도를 들고 돌격했고 보병은 총검을 들고 돌격했다. 그러나 그것은 구시대적인 전술이었다. 프로이센의 정확한 포격과 후장식 소총의 사격 앞에 오스트리아군은 1시간도 안 돼 6천 명이 넘는 사상자를 냈다. 결국 프로이센의 대대적인 역공에 오스트리아군은 무너졌고, 설상가상으로 프로이센의 엘베강군이 오스트리아의 좌익을 격파하자 오스트리아는 포위될 위기에 직면했다. 사방에서 몰려드는 프로이센군의 대대적인 공세에 베네덱은 전군 후퇴명령을 내렸다. 결국 쾨니히그래츠 전투는 프로이센의 승리로 끝났다. 쾨니히그래츠 전투 결과 오스트리아군은 2만 4천 명이 전사했고 1만 9천 명이 포로로 잡혔다. 오스트리아군이 막대한 피해를 받은 것에 비해 프로이센군은 단지 9천 명의 사상자를 냈을 뿐이었다.

쾨니히그래츠 전투에서의 오스트리아군은 그 어떤 군대보다 용감했지만 아직도 총검전술과 전장식 소총을 사용하던 구식 군대였다. 반면에 프로이센군은 후장식 소총으로 무장했고 총검돌격보다 사격 연습에 집중했다. 그 결과 오스트리아군은 패배를 맛보았다. 쾨니히그래츠 전투 이후 오스트리아는 독일 지역의 패권을 잃어버렸고 시대에 뒤떨어진 채 점점 몰락한 반면, 프로이센은 새로운 강대국으로 부상하게 되었다.

프로이센-오스트리아 전쟁 이후 프로이센이 독일을 통일하면서 한순간에 유럽 강대국 반열에 오를 수 있었다. 이제 프로이센은 노쇠해 가는 오스트리아의 합스부르크 왕조를 대신할 독일의 맹주임이 분명해졌다. 프로이센 중심으로 독일이 통일된다면 프랑스에 심각한 위협으로 다가올 것이 분명했다. 프로이센도 프랑스를 제압하지 못한다면 독일 통일이 힘들어질 것이라는 사실을 잘 알고 있었다. 이런 속사정을 안고 프로이센과 프랑스는 에스파냐 국왕선출로 서로 대립했고, 노련한 정치가인 비스마르크는 엠스전보사건[5]을 이용하여 프로이센의 민족주의 감정을 폭발시킴으로써 프로이센-프랑스 전쟁(Franco-Prussian War, 1870)을 일으켰다.

프로이센-프랑스 전쟁에서 프랑스군은 프로이센의 니들건보다 더 훌륭한 후장식 소총인 샤스포 소총으로 무장했다. 샤스포 소총의 사거리가 1,000~1,200m에 달한 것에 비해 니들건은 400~650m밖에 되지 않았다. 이제 프로이센군은 4년 전 오스트리아군이 그랬던 것처럼 적의 소총사격을 뚫고 유효 사거리까지 전진한 다음 사격해야만 했다. 프랑스군의 엄청난 샤스포 소총 사격 때문에 프로이센군은 생프리바 공격에서 20분 동안 8천 명이나 되는 사상자를 냈을 정도로 큰 피해를 입었다. 전체적인 전세는 프랑스에게

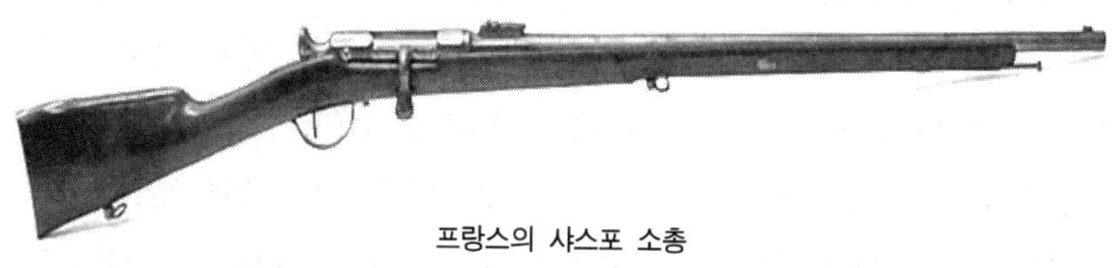

프랑스의 샤스포 소총

5) 1870년 7월 13일 에스파냐 왕위계승 문제에 대하여 프랑스와 프로이센의 관계가 악화되자, 프랑스 대사 베네데티는 프로이센왕 빌헬름 1세를 엠스(독일 헤센 나사우에 있는 온천장)로 방문하여 회담했다. 이 회담 내용은 베를린의 수상 비스마르크에게 전보로 알려졌는데, 비스마르크는 프랑스에 대한 개전(開戰)을 위하여 이 전보를 이용했다. 프랑스 대사가 프로이센 국왕을 모욕했다는 인상을 주는 내용으로 전문 내용을 바꾸어 신문에 발표했다. 프로이센의 국민 여론이 높게 일어 프랑스에 대한 강경론으로 기울어졌다. 이 때문에 프랑스 측도 프로이센에 대한 개전론이 강해져서 프랑스-프로이센 전쟁이 벌어졌다.

나쁘지 않았다. 그러나 프랑스 지휘관인 바젠(Bazaine)은 승기를 이용할 줄 몰랐고 결정적인 순간에 공격 대신 수동적인 방어 태세를 취함으로써 승리할 수 있는 기회를 여러 번 잃었다. 반면에 프로이센군은 불리한 상황속에서도 계속 공세적인 작전을 펼친 결과, 글라블로트–생프리바 전투에서 승리를 거둘 수 있었다. 이후 퇴각하던 프랑스군은 스당에 갇히게 되었고 프로이센군은 샤스포 소총 사정거리 밖에서 대포를 쏘아 프랑스군을 괴멸시켰다. 스당 전투 결과 프로이센군은 단 9천 명의 병력만을 잃고, 프랑스 2제정의 황제 나폴레옹 3세를 포함한 10만 4천 명의 포로를 붙잡았다.

프로이센–프랑스 전쟁은 프로이센–오스트리아 전쟁과는 반대의 상황(소총의 화력이 좋았던 프랑스군은 대포의 화력이 좋았던 프로이센군에게 패배)이 연출되었다. 4년 전에 오스트리아의 대포에 큰 인상을 받은—몰트케가 그들은 정말 포를 잘 쐈다라고 표현했을 정도로—프로이센은 구식 활강 대포를 버리고 1866년에 싸고 내구성 있는 후장식 강선대포(크룹사가 주철강으로 제조)를 도입했다. 반면에 프랑스군은 1842년에 사용했던 전장식 강선대포였다. 보다 우수한 대포를 보유하고 있던 프로이센군은 우세한 포병 전력으로 프랑스군을 몰아붙일 수 있었고, 이것은 승리의 또 하나의 원동력이 되었다.

그러나 우세한 포병 전력을 가지고도 프로이센에게 패배했던 오스트리아의 경우를 비춰볼 때 프로이센의 승리를 단순히 무기의 성능만 가지고 평가할 수는 없을 것이다. 프로이센 승리의 진정한 원동력은 무기가 아니라 시스템에 있다. 프로이센은 유럽에서 가장 발달된 동원시스템과 철도를 가지고 있었으며 뛰어난 참모진을 보유하고 있었다. 프로이센과 프랑스의 모든 지휘관들은 프로이센–프랑스 전쟁에서 똑같은 실수들을 저질렀지만, 프로이센의 실수들은 그것을 보좌해 줄 훌륭한 참모진을 가지고 있었던 반면에 프랑스는 그렇지 못했다. 시종일관 수동적인 자세를 취하던 프랑스는 강력한 전력을 가지고 있었음에도 불구하고 너무나 무력하게 패배를 당했다.

어찌 보면 프랑스의 패배는 이미 예견되어 있었다. 1866년에 국방 장관

니엘(Niel)은 프랑스군을 프로이센 수준으로 맞추기 위한 군사개혁을 실시했으나 중산층 부르주아지들의 격렬한 저항에 부딪혀 실패하고 말았다. 국가 전체가 하나의 병영처럼 움직였던 프로이센보다 자유로웠던 프랑스에서는 프로이센식 국민총동원제도가 정착하기 어려웠다. 또한 군인이 우대받았던 프로이센과 달리 프랑스에서는 군인이 천대받는 직업이었고 얼마든지 돈을 내고 병역을 면제받을 수 있었다. 니엘은 "미리 조심하지 않는다면 프랑스 전체가 공동묘지로 바뀔 것이다"라고 경고했지만 많은 프랑스 사람들은 그의 말을 귀담아 듣지 않았다.

스당에서 나폴레옹 3세 휘하의 프랑스 주력군이 괴멸되자 파리에서는 혁명이 일어났다. 그 결과 2제정이 몰락하고 공화정이 들어섰다. 프랑스인들은 각지에서 프로이센군을 상대로 끈질기게 게릴라전을 펼쳤지만 스당 전투 이후 어떤 조직화된 군대도 보유하지 못했기 때문에 결국 항복할 수밖에 없었다. 그동안 파리에서는 최초의 노동자 정부인 파리코뮌이 수립되었다. 하지만 파리코뮌도 오래가지 못했다. 프로이센과 결탁한 부르주아지 정부군이 파리를 공격했기 때문이다. 파리코뮌은 동물원에 있는 동물까지 잡아먹으면서 버텼지만 결국 1871년 3월에 이르러 함락되었다. 이후 빌헬름 1세가 베르사유 궁전에서 독일황제임을 선포하고 독일군이 파리 시가에서 개선행진을 하는 동안, 프랑스인들은 코뮌 세력과 정부군으로 갈려 서로를 학살했다. 그리고 프로이센군은 이 피비린내 나는 싸움을 단지 지켜보고만 있었다.

19세기는 이른바 산업혁명의 시대로 그 전시대와 비교할 수 없을 정도로 전쟁의 규모가 커졌던 시기이다. 19세기 후반에 유럽의 인구는 멜서스가 '기하급수'라는 표현을 사용했을 정도로 폭발적으로 증가했다. 이러한 인구증가는 곧 병력의 증가로 귀결되었다. 프로이센을 비롯한 유럽 국가들은 병력을 효율적으로 동원할 수 있는 시스템을 갖추기 시작했고 그들이 동원할 수 있는 군인은 연간 120만 명에 달했다. 또한 산업혁명으로 인해 무기의 발달이 이전의 그 어느 때보다 급속도로 진행되었다. 1866년에 최고의 신무기였던 니들건은 1870년에 이미 구식 무기 취급을 받았다. 과거 영국군처럼 수세기에 걸쳐서 브라운 베스 같은 한 가지 총기를 제식무기로 사용하는 국가는 어디에도 존재하지 않게 되었다.

산업혁명시대의 전쟁은 다가올 전쟁의 예고편에 지나지 않았다. 국민동원 시스템의 정착으로 전쟁의 규모는 과거와 비할 수 없이 커졌고, 더하여 미니에탄・후장식 소총・기관총・후장식 대포와 같은 신무기들의 연이은 출현은 앞으로의 전쟁이 더욱 참혹해질 것임을 예고했다. 하지만 그것들조차도 이후에 등장한, 그야말로 현세지옥 그 자체인 총력전(Total War)의 모습을 예견하기에는 턱없이 부족할 뿐이다. 실제로 세기가 바뀐 후 벌어진 2차례의 큰 전쟁에서, 스스로를 최고의 문명인으로 여겼던 유럽인들은 경악을 금치 못했다. 그들이 만들어 낸 과학과 시스템이 그들 스스로를 무수히 학살하는 데 사용되었기 때문이다. 결국 20세기 초 유럽은 문명이 만들어 낸 최고의 야만을 경험하게 된다.

2. 양차 세계대전의 무기와 전쟁

① 제1차 세계대전: 참호전쟁

프로이센-프랑스 전쟁이 끝난 후 유럽 대륙에서는 한동안 전쟁이 없었다. 독일 통일의 염원을 이뤄낸 프로이센의 총리 비스마르크가 유럽의 평화 조정자 역할을 담당하며 유럽 내 분쟁을 외교로 해결했기 때문이다. 비스마르크는 전쟁에서 프랑스를 이기기는 했지만 내심 프랑스가 두려웠다. 그는 독일이 프랑스를 계속 자극하면 프랑스가 독일에게 복수하기 위해 전쟁을 일으킬지 모른다고 생각했다. 독일은 프랑스와 러시아 사이에 위치했으므로 만약 프랑스와 러시아가 연합하여 공격해 온다면 승리를 장담할 수 없었다. 비스마르크의 뛰어난 정치적 수완 때문에 유럽은 한동안 평화 상태를 유지할 수 있었다. 이제 전쟁은 유럽 밖에서 일어났다. 유럽 내부의 갈등이 사라지자—적어도 한동안은 그렇게 보였다—유럽 국가들은 식민지를 확대하기 위해 열을 올렸다. 유럽 밖에서는 치열한 식민지 쟁탈전이 벌어졌고, 유럽의 군대는 그들이 야만인이라고 불렀던 다른 대륙의 '인종'들을 상대로 새로운 무기들을 시험했다.

유럽의 19세기 말은 번영의 시대였다. 과학기술이 발전해 생활에 편리한 도구들이 끊임없이 발명되었다. 동쪽에 설치된 시베리아 횡단 열차는 유럽과 아시아를 이어 주었으며, 유럽인들은 이제 증기선을 타고 아메리카와 유럽을 왕복했다. 전화는 대서양에 해저 케이블이 깔리면서 유럽은 물론 아메리카 대륙까지 확대되었다. 이제 왕이나 귀족이 아닌 일반인들도 세계를 여행하고 여가를 즐길 수 있게 되었다. 전쟁이 아예 없지는 않았지만 그것은 유럽 대륙의 밖이거나 유럽의 변방인 발칸 반도에서 일어났다. 또한 자유주의자들과 공산주의자들의 반전운동이 활발하게 전개되었다. 특히 이제 유럽에서 무시하지 못할 세력으로 성장한 공산주의자들은 전쟁이 일어나면 혁명을 일으키겠다며 부르주아들을 협박했다. 이처럼 한동안 전쟁을 막기 위한 움직임들은 성공하는 듯 보였고 유럽은 유례 없는 장기간의 평화를 누릴 수 있었다.

하지만 1888년 비스마르크가 실각하고 독일의 빌헬름 2세가 황제에 즉위하면서 유럽 내부에 잠재되어 있던 불안요소들이 점차 폭발하기 시작했다. 부르주아지들은 노동자 계급, 특히 공산주의자들의 위협으로부터 부르주아지 사회를 지키기 위해 제국주의를 강화했다. 유명한 제국주의자인 세실 로즈(Cecil Rhodes)가 "내란을 피하려면 제국주의자가 될 수밖에 없다"고 말한 것처럼, 부르주아지들은 내부갈등을 외부로 돌림으로써 기득권을 유지하려고 했다.

이제 유럽 내부의 갈등은 고스란히 유럽 밖에서 펼쳐졌다. 유럽 열강들의 식민지 쟁탈전은 그 어느 때보다 치열해졌으며, 식민지 통치방식도 그 어느 때보다 가혹해졌다. 뒤늦게 식민지 쟁탈전에 뛰어든 빌헬름 2세의 독일은 모로코·터키·발칸 반도에서 프랑스, 영국, 러시아와 부딪혔다. 빌헬름 2세가 추진한 세계정책과 범게르만주의는 결과적으로 독일의 적들—프랑스, 영국, 러시아 등—을 하나로 묶어 주었다. 프랑스, 영국, 러시아는 삼국협상이라는 깃발 아래 단합했고 독일, 오스트리아, 이탈리아는 삼국동맹이라는 깃발 아래 뭉쳤다. 이들은 한 나라가 공격받으면 동맹국도 자동 참전하게 되는 시스템으로 맺어졌다.

군사적 긴장이 고조되면서 유럽 내부에서 사용이 금지되었던 기관총과 연발소총들이 다시 등장했다. 미국 남북전쟁에는 개틀링 기관총이, 프로이센-프랑스 전쟁에서는 미트라예즈 기관총이 등장했지만 매우 제한적으로 사용되었고 전세에 큰 영향을 미치지 못했다. 보수적인 군 지휘관들은 기사도 정신에 위배되는 기관총의 사용을 금지했고 1914년에 세계대전이 일어나기 전까지 유럽 내부에서는 기관총이 거의 사용되지 않았다. 그러나 '기사도 정신'은 '식민지 야만인'에게는 적용되지 않았다. 유럽인들은 기관총을 식민지 사람들에게 사용했고 그 결과 대량살상이 일어났다.

이 시기에 등장한 맥심 기관총은 첫 발 발사 시에 나온 반동의 힘을 이용하여 탄피제거, 장전, 발사 메커니즘을 작동시켜 탄약 벨트 전체가 소모될 때까지 연속사격을 할 수 있었다. 맥심 기관총은 총신의 과열을 막기 위해 구리로 만든 워터 재킷(Water Jacket)을 장치했고 워터 재킷에 끊임없이 물

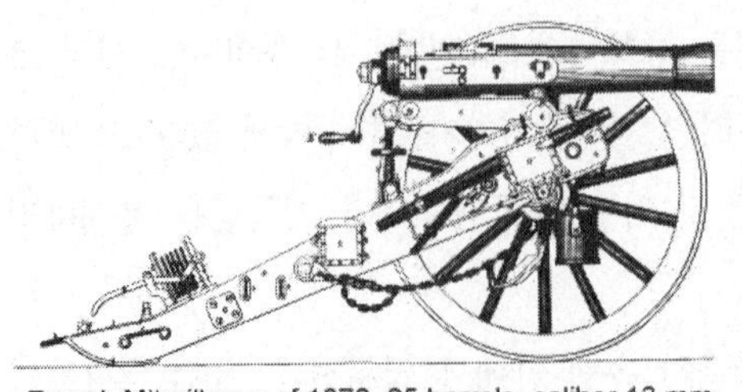

French Mitrailleuse of 1870, 25 barrels, caliber 13 mm

미트라예즈 기관총(좌)과 맥심 기관총(우) ‖ 기관총은 최초의 대량 살상 무기였다.

을 채워 넣는 한 사격할 수 있었으며 무게는 60파운드였고, 화력은 100개의 소총과 맞먹었다.

소총에서도 큰 변화가 있었다. 프로이센의 니들건과 프랑스의 샤스포 소총에 이어, 1869년에 영국이 마티니-헨리 소총을 제식화기로 채택하면서 이제 전 유럽은 전장식 소총을 버리고 후장식 소총을 사용하게 되었다. 마티니-헨리 소총은 종이탄약을 사용한 니들건, 샤스포 소총과 다르게 최초로 황동으로 된 금속탄약을 사용했다. 금속탄약은 종이탄약보다 장전하기 쉬웠을 뿐만 아니라 안전성도 좋았다.

그러나 마티니-헨리 소총은 앞의 두 총과 마찬가지로 탄약을 쏠 때마다 매번 장전해야 하는 한계가 있었다. 이제 소총의 사격능력을 더 향상시키기 위해서 1발씩 장전하여 사용하는 단발식(單發式) 소총보다는 여러 발을 한 번에 장전해 사용하는 연발식(連發式) 소총이 등장해야만 했다. 연발식 소총은 미국 남북전쟁 동안 이미 활약한 적이 있었다. 스펜서 연발식 소총은 7발들이 관 모양의 탄창을 개머리판에 넣어 사용했는데 단발식 후장총보다 사격속도에서 우세했다. 그러나 이런 장점에도 불구하고 스펜서 연발식 소총은 보수적인 미국군부의 반대로—반대 사유는 연발식 소총을 사용하면 탄약소모가 많아진다는 것이었다—사라지게 되었다.

그러나 플레벤 전투[6]에서 윈체스터 연발소총으로 무장한 투르크군이 단발

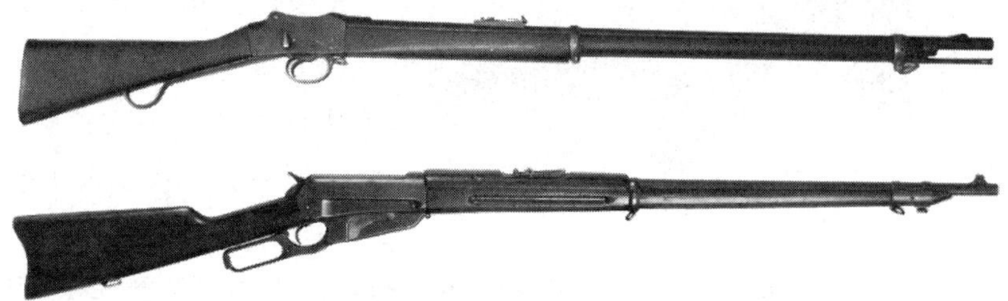

마티니-헨리 소총(위)과 윈체스터 소총(아래) | 마티니-헨리는 대표적인 단발식 소총이고 윈체스터는 대표적인 연발식 소총이다.

6) 1877년 제6차 러시아-투르크 전쟁 때 투르크가 점령하고 있던 플레벤을 러시아가 포

식 소총으로 무장한 러시아군을 효과적으로 저지하는 일이 있자 유럽 국가들은 다시 한 번 연발식 소총에 주목하게 된다. 이후 리매트포드(Lee-Metford) 연발식 소총을 비롯한 다양한 연발식 소총이 출현하여 단발식 소총을 대체하기 시작했다. 리매트포드 소총은 스펜서 소총과 다르게 상자 모양의 탄창을 사용했는데 이는 현재 사용되는 탄창의 모습과 유사하다. 또한 리매트포드의 제작자인 재임스 패리스 리(James Paris Lee)는 노리쇠 작동 탄창을 개발한데 이어 프랑스의 폴 비에유(Paul Vieille)가 백색화약7)을 개발해 내자 연발식 소총의 화력은 대폭 증강되었다.

대포 분야에서도 몇 가지 혁신이 일어났다. 이제 전장식과 후장식 중 어느 것이 더 좋은가에 대한 논쟁은 후장식 대포의 승리로 끝났다. 후장식 대포들은 기술이 발전함에 따라 과거에 안고 있었던 치명적인 결함들을 개선시킬 수 있었다. 또한 속도와 사정거리가 증가됨에 따라 포신이 점차 길어졌는데, 포신이 길어지면 전장식으로 장전하기 어려워졌다. 이런 이유 때문에 제1차 세계대전이 발발할 때쯤에는 모든 군대가 후장식 대포로 무장했다. 영국은 무게가 2톤 정도 되는 12파운드 야포를, 프랑스는 보다 세련된 75mm 야포를 채택했다.

프랑스의 75mm 야포

오스트리아 황태자가 사라예보에서 세르비아 청년에게 총을 맞았을 때, 그 우발적인 사건이 끔찍한 세계대전으로 발전하리라고는 아무도 상상하지 못했다. 물론 위기가 없

위 공격하여 승리를 거둔 전투. 러시아군은 세 차례의 돌격과 143일 간에 걸친 포위 끝에 간신히 돌파했다. 이후 러시아는 아드리아노플을 점령했고, 1878년에 신스테파노 조약을 체결했다.

7) 니트로셀룰로스, 에테르, 알코올을 섞어 만든 화약. 전에 사용하던 흑색 화약보다 화력이 강했으며 흑색 화약처럼 검은 연기가 나오지 않아 사격할 때 더욱 편리했다.

베르타포 ▌일명 '파리 포'라고도 불린 베르타포는 130km라는 엄청난 사거리를 가진 포이다. 베르타는 독일의 대포 제조업체 크룹사를 설립한 크룹의 부인 이름이었다. 이 포는 서부 전선에서 파리까지 포격이 가능했으며 총 303발의 포탄을 파리에 명중시켰다.

미국의 7인치 야포 ▌야포에 캐터필러를 달아 기동성을 부여했다. 제1차 세계대전 이후로 야포의 자주화가 추진되어 많은 야포들이 자주포로 변했다.

었던 것은 아니었다. 유럽의 화약고인 발칸 반도에서는 범슬라브주의와 범게르만주의가 충돌하고 있었고 유럽 외부에서는 보어전쟁(Boer War, 1899~1902)과 러일전쟁(Russo-Japanese Wars, 1904~1905)이 일어났다. 그러나 그것은 어디까지나 유럽 밖의 일이었다. 적어도 유럽 내부에서는 전쟁이 일어나면 부르주아지 정권을 전복시키겠다는 공산주의 세력의 협박과 자유주의 세력의 반전운동이 어느 정도 먹혀들고 있는 듯 보였다. 전쟁의 불씨가 점차 사그라질수록 그들은 안심했고 무감각해져 갔다.

그러나 1914년 이전에 여러 가지 모순들이 이미 곪아 터져 나오고 있었다. 내부 갈등을 잠재우기 위한 외부팽창은 더 이상 팽창할 곳이 없어지자 다른 제국주의 국가의 땅을 차지하려는 움직임으로 나타났다. 이른바 2차 산업혁명으로 인해 생산량은 폭발적으로 늘어났고 남는 재고품을 팔기 위해 자본가들은 전쟁을 종용했다. 군수산업은 유사 이래 최고의 호황기를 누렸고 비커스, 크룹, 윈체스터, 슈나이더 같은 무기회사들은 자신의 신무기를 팔기 위해 세계 각국의 지도자를 찾아다녔다. 제국주의 국가들은 전쟁을 막는다는 명목으로 군비를 더욱 확장했으며 장기간의 평화와 따분한 삶에 지쳐 있던 유럽인들은 어느덧 모험을 원하고 있었다.

1914년 7월 28일에 오스트리아의 최후통첩이 세르비아에게 묵살되자 오스트리아는 세르비아에 선전포고를 했다. 서로 조약관계에 얽혀 있던 유럽 국가들은 두 편으로 갈라져 서로에게 선전포고함으로써 제1차 세계대전이 시작되었다. 막상 전쟁이 터지자 사람들은 환호했다. 전 세계의 수많은 젊은이들이 너도나도 모병소에 모여들어 자원 입대했고 지식인들은 젊은이들을 전쟁터로 내모는 글을 썼다. 심지어 부르주아지 정부가 전쟁을 일으키면 혁명을 일으킬 것이라고 협박했던 공산주의자들까지 자신의 조국을 위해 전쟁터로 향했다. 온 유럽이 흥분과 광기에 빠졌다. 이 젊은이들은 나중에 춥고 고독한 참호 속에서 전쟁의 참혹함을 뼈저리게 느끼고 후회하지만 그때는 이미 빠져나올 수 없었다.

독일의 참모총장이었던 알프레드 폰 슐리펜(Alfred Graf von Schlieffen)[8)]

---

8) 1833년 2월 28일에 베를린에서 출생하여 1913년 1월 4일에 에벤다에서 사망. 이 백작은 독일 제국의 육군 원수였다. 제1차 세계대전 초반 독일군의 작전 계획인 '슐리펜

독일 황제 빌헬름 2세(좌)와 참모장 슐리펜(우)

은 전쟁이 터지면 프랑스와 러시아 사이에 있는 독일이 양쪽에 전선을 갖기 때문에 불리해질 것이라고 생각했다. 그는 독일이 병력을 양분하여 싸우게 된다면 승리하기 힘들기 때문에 한쪽 전선에 힘을 주어 쳐부순 다음 다른 전선을 막는, 이른바 슐리펜 계획(Schlieffen Plan)이라고 불리는 작전을 계획한다. 그 내용은 러시아가 병력을 동원하는 데 6~8주가 걸릴 것이므로 일단 동부 전선에는 소수의 병력만 보내고 대부분의 병력을 서부 전선에 집중시킨다는 것이었다. 그 후 중립국인 벨기에를 경유하여 프랑스 북부를 침공하고 파리를 우회해 프랑스 주력군을 커다랗게 포위해 괴멸시킨 후, 병력을 다시 동부 전선으로 옮겨 러시아를 쳐부순다는 대담한 계획이었다. 그러나 이 계획은 애초부터 여러 가지 문제가 많았다. 계획을 작성한 슐리펜은 전쟁이 일어나기 전에 죽었고 그 후임들은 그의 계획을 여러 차례 수정했다. 또한 슐리펜 계획은 영국을 굴복시킬 계획과 총력전을 준비하는 계획이 빠져있었다. 그리고 정작 전쟁이 시작되자 러시아는 독일이 생각했던 것보다 빠르게 병력을 동원하여 동부 전선을 위협했고, 독일은 알자스와 로렌지방을 지키느라 프랑스 북부에 병력을 집중할 수 없었다.

작전'의 고안자로 알려져 있다.

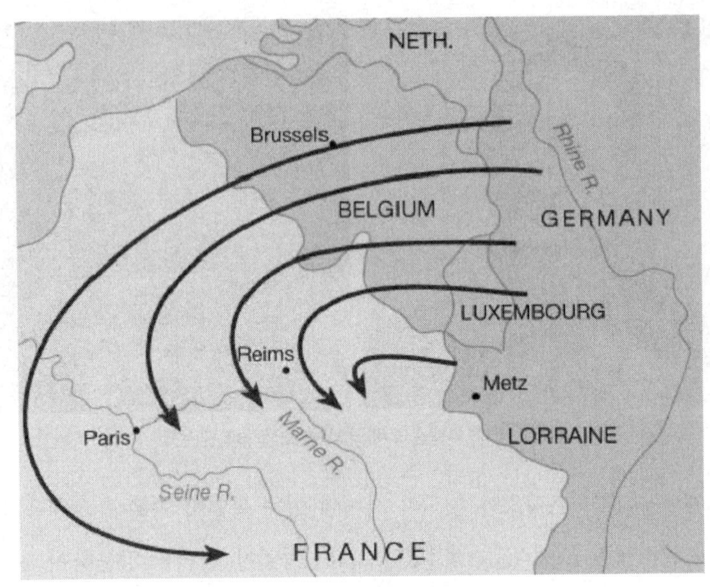

슐리펜 계획(Schlieffen Plan)

전쟁 초반은 독일이 유리했다. 독일은 확실한 전쟁 계획이 있었으나 프랑스와 영국은 그렇지 못했다. 프랑스와 영국이 우왕좌왕하는 사이 독일은 프랑스 주력을 쳐부수고 벨기에 국경까지 도달했다. 프랑스군과 영국군은 계속 후퇴했고 독일의 계획은 성공하는 듯 보였다. 그러나 러시아가 생각보다 빨리 병력을 동원하자 독일이 서부 전선 병력 일부를 동부 전선으로 빼기 시작하면서 계획은 점차 틀어졌다. 이후 연합군이 마른강에서 독일군을 상대로 승리를 거두었고 기세 좋게 전진하던 독일군은 앤강 너머로 후퇴할 수밖에 없었다. 마른강 전투 이후 독일과 연합군 모두 기동력이 사라졌고 이후 전쟁은 참호전 양상으로 펼쳐졌다.

제1차 세계대전 시기에 이르러서는 소총과 기관총의 발달로 위장이 보편화되었다. 이제 세계의 모든 군대가 위장을 위해 화려한 색깔의 군복 대신 짙은 푸른색이나 짙은 갈색과 같이 눈에 잘 들어오지 않는 어두운 색깔의 군복을 입기 시작했다. 무기도 종전처럼 광택을 내는 대신 어두운 페인트를 칠했고 화려하고 뾰족했던 투구는 광부들이나 쓸 법한 철모로 바뀌어 갔다. 유사 이래 수천 년간 계속되었던, 군인이 전장에서 멋을 내던 전통이 사라진 것이다.[9] 또한 소총과 기관총 같은 직사화기의 사격으로부터 병사들을 지켜 주는 참호의 중요성도 커졌다. 참호 안에 몸을 웅크리고 있으면 소총과 기관총으로 공격할 방법이 없었다. 참호가 중요해질수록 야전삽도 중요해졌다. 이제 모든 군대는 로마의 전투공병단이 그랬던 것처럼 피를 적게 흘리기 위해 땀을 흘려야만 했다. 그리고 그들이 흘린 땀만큼이나 깊게 파인 참호는 전쟁터에서 그들의 목숨을 지켜 주는 중요한 안식처가 되었다.

서부 전선에서 독일군과 연합군 양쪽이 길게 참호를 파고 대치하는 상황이 오자 이제 먼저 공격하는 쪽이 훨씬 불리한 입장에 서게 되었다. 안전한 참호에서 나와 적의 기관총과 소총 사격을 뚫고 적의 참호까지 전진하는 것은 자살행위나 다름없었다. 기관총은 무거웠고 설치하는 데 오래 걸렸기 때문에 공격보다 방어에 유리했다. 그렇기 때문에 병사들은 적의 참호를 공격하기 위해서 오로지 소총만 들고 나가야 했고, 공격 측의 화력은 참호에 엄폐한 상태에서 기관총과 소총으로 사격하는 방어 측의 화력보다 훨씬 약했다.

참호로 인해 공격자가 매우 불리해졌지만, 구시대 전술에 매달리고 있던 각국의 장군들은 세부적인 전술 없이 막연히 공격해야 한다는 생각만 가지고 병사들을 사지로 내몰았다. 참호전의 양상은 대단히 참혹했다. 공격자들은 공격에 앞서 적의 참호로 포격을 가했지만 그것으로 결정적인 타격을 주지 못했다. 도리어 수비군에게 공격이 임박했음을 알려 주는 신호가 되어 기습 효과만 사라지게 만들 뿐이었다. 참호에서 나온 공격자들은 적의 철조망지대를 뚫고 수비군의 참호로 가야했는데 이때 수비군의 포격과 기관총 사격에 엄청난 피해를 입을 수밖에 없었다. 간신히 참호를 점령하더라도 수비군이 2중·3중으로 참호를 설치했기 때문에 제2참호를 점령하기 위해 또

9) 물론 이것은 수없는 희생을 치르고서야 일어난 변화였다. 특히 제1차 세계대전 초기 프랑스군은 화려한 색의 군복 때문에 독일군의 저격에 큰 피해를 입었다.

참호전은 다시는 겪고 싶지 않은 끔찍한 전쟁 방식이었다.

아군과 상대편 참호 사이에는 서로의 참호를 점령하기 위해 죽어간 수많은 시체가 쌓여 있었다. 사람들은 그 땅을 'No Man's Land'라고 불렀다.

전진해야만 했다. 이런 지긋지긋한 참호전은 제1차 세계대전이 끝날 때까지 계속되었고 공격밖에 모르던 구시대적 지휘관들의 명령 속에서 수많은 병사들이 허무하게 목숨을 잃었다.

참호를 돌파하기 위해 곡사화기인 박격포가 사용되었고 야포와 곡사포를 이용해 적진에 막대한 포격을 퍼붓는 전술도 도입되었다. 그러나 그것들로는 참호전을 끝낼 수 없었으며 설사 성공하더라도 진격속도가 매우 느렸다. 독일군과 연합군 중에서 참호를 돌파할 수 있는 새로운 기술이 나오지 않는 한 이 앉은뱅이 전쟁을 끝낼 수 없었다.

동부 전선은 서부 전선과 조금 다르게 돌아가고 있었다. 러시아의 차르 니콜라이 2세는 독일의 예상보다 빠르게 병력을 동원하여 독일 동부를 공격하려고 했다. 러시아의 발 빠른 행동은 독일군을 당황하게 했지만 니콜라이 2세가 서두르는 바람에 러시아군은 전쟁 준비가 잘 되지 않은 상태에서 독일군과 맞붙었다. 처음 몇 번의 전투에서는 압도적으로 많은 숫자의 러시아군이 승리를 거두었지만 타넨베르크에서 힌덴부르크(Paul von Hindenburk)가 이끄는 독일군에게 대패를 당했다. 타넨베르크 전투 이후 러시아군은 독일군에게 연이어 패배를 당했고 차르의 무능함과 전쟁에 지친 러시아인들은 혁명을 일으켜 차르를 몰아냈다. 2월 혁명으로 차르가 물러났음에도 불구하고 러시아는 전쟁을 멈추지 않았다. 새로운 임시정부의 케렌스키(Aleksandr

왼쪽부터 힌덴부르크, 루덴도르프, 삼소노프, 렌넨캄프 | 힌덴부르크와 루덴도르프는 타넨베르크 전투에서 삼소노프와 렌넨캄프가 이끄는 러시아군을 대파했다.

Fyodorovich Kerenskii)가 프랑스와 영국으로부터 차관을 받는 대신 동부 전선에서 독일군과 전투를 멈추지 않기로 밀약을 맺었기 때문이다. 독일은 러시아를 전쟁에서 탈락시키기 위해 비밀리에 스위스에 있던 사회주의 지도자인 레닌(Vladimir Il'ich Lenin)을 러시아로 입국시킨다. 케렌스키의 임시정부는 코르닐로프 쿠데타 때문에 무너졌고, 이후 레닌이 이끄는 볼셰비키 10월 혁명이 성공하면서 러시아에 세계 최초로 공산주의 정권이 들어섰다. 새로운 러시아는 무의미한 전쟁에서 빠지기로 결정했고 이제 독일은 서부 전선에만 전력을 기울일 수 있게 되었다.

영국으로부터 해안 봉쇄를 당한 독일은 미국에서 영국으로 가는 원조를 차단하기 위해 무제한 잠수함 작전을 실시한다. 무제한 잠수함 작전은 연합국으로 향하는 모든 선박을 무차별 공격하는 것이다. 이로 인해 미국 상선의 피해가 커지자 미국은 마침내 연합국 측으로 참전했다. 미국이 참전하자 독일은 마음이 급해졌다. 팽팽한 균형을 이루는 서부 전선에 미군이 상륙한다면 전선이 무너질 위험이 있기 때문이다. 독일은 미군이 유럽에 오기 전에 전쟁을 끝내기 위해 공세를 강화했다. 그러나 독일의 공격은 참호 앞에서 번번이 막히고 말았다. 이후 미군이 유럽에 상륙했고 그때까지 모든 에너지를 쏟아 부은 독일군에는 그를 막을 만한 힘이 남아 있지 않았다.

참호라는 거대한 방어진지를 돌파하기 위해서는 기동력을 가진 무기가 필요했다. 그러나 과거처럼 기병을 이용한 돌격은 자살행위일 뿐이었다. 이제 전장에는 기병을 대체할 만한 기동력과 강력해진 총탄을 막을 수 있는 장갑력을 갖춘 새로운 병기가 출현해야만 했다. 1916년에 드디어 전쟁을 끝낼 수 있는 새로운 무기가 출현했다. 바로 전차(Tank)였다. 최초로 전차를 전장에 투입한 나라는 영국이었다. 최초의 전차인 마크 원(Mark I)이 출현했고 솜강 전투에서 사용되기도 했다. 그러나 솜강 전투에서는 소수가 사용되었기 때문에 큰 활약은 하지 못했다. 많은 지휘관들이 전차의 효용성에 대해 의문을 품었지만 윈스턴 처칠과 존 마내시 같은 선구적인 지휘관들은 전차의 잠재적인 능력을 충분히 인식하고 있었다. 이들은 전차를 이용해 전쟁을 끝내려면 한꺼번에 대규모로 투입해야 한다고 주장했고, 이들의 주장대로 대량생산된 전차는 캉브레 전투에서 독일군을 참호 밖으로 몰아내는 데 큰 역할을 해냈다. 전차와 보병 간의 협조가 긴밀히 이뤄지지 않아서 성공적이지만은 않았지만 전차의 가능성을 보여 주기에는 충분했다. 이후 독일군은 연합군의 공세에 점차 프랑스 밖으로 밀려나기 시작했고 동맹국 측의 불가리아, 오스만투르크, 오스트리아가 연이어 연합국에 항복했다. 독일에서도 수병반란이 일어나 독일 황제 빌헬름 2세가 퇴위했으며, 1918년 11월 11일에 마침내 독일이 항복함으로써 9백만 명의 목숨을 앗아간 제1차 세계대전은 종결되었다.

Mark I 전차

제1차 세계대전은 전쟁사에 큰 획을 긋는 전쟁이었다. 이 전쟁의 가장 큰 특징은 최초로 대규모의 총력전(Total War)이 벌어졌다는 점이다. 이전까지만 해도 전쟁은 군인끼리의 싸움이었다. 그러나 제1차 세계대전처럼 엄청난 규모의 전쟁이 벌어지자 군인들만으로는 전쟁을 수행할 수 없었다. 이제 군인은 물론이고 전 국민들이 전쟁을 위해 자신의 모든 에너지를 쏟아 부어야만 했다. 총력전은 한 국가의 정치・경제・군사・사회・심리 등 각 분야의 힘을 전체적으로 종합해서 전쟁에 투입하는 것이었다. 또한 국가 총동원제도 아래 군인이 아닌 사람도 군수업과 수송 등에 종사함으로써 전쟁에 참여하도록 만들었다. 이제 한 국가의 전쟁 능력은 군대와 무기의 질뿐만 아니라 후방의 산업생산 능력까지 포함하게 되었다. 그렇기 때문에, 적국의 전쟁 수행능력을 약화시키기 위해서는 적의 후방, 즉 적국의 산업시설이나 그곳에 종사하는 민간인들까지 공격해야만 했다. 총력전이 실시되면서 전쟁의 규모와 범위가 엄청나게 증가했으며 군인뿐만 아니라 수많은 민간인들까지 목숨을 잃었다. 이제 전쟁은 군사기지뿐만 아니라 산업시설까지 철저히 파괴시켰으며 이로 인해 엄청난 참극이 발생하게 되었다. 물론 제1차 세계대전까지만 해도 후방의 민간인과 민간시설을 공격할 능력이 없었기 때문에 민간인에 대한 공격은 거의 이루어지지 않았다. 그러나 20년 후에 벌어진 제2차 세계대전에서는 기술이 발달함에 따라 그러한 공격 능력을 갖추게 됨으로써 전쟁의 참혹함은 인간의 상상을 뛰어넘게 된다.

또한 제1차 세계대전 시에는 최초의 근대적인 화학전이 실시되기도 했다. 독일군은 다양한 유형의 화학무기를 도입했는데 이것을 방어하기 위해서 연합군은 상당히 거추장스러운 방독면과 보호복을 입을 수밖에 없었다. 최초의 화학가스 공격은 공기 중에 살포하는 형태였지만 나중에는 포탄에 넣어 발사하는 형태로 변했다. 화학가스 공격은 적을 살상하거나 무기력하게 만들 수 있어서 잘 운용만 한다면 전술적으로 매우 성공적이지만, 독일은 화학가스 공격을 자주 사용하지는 않았다.

제1차 세계대전에 처음 모습을 드러낸 항공기는 가장 큰 가능성을 보여

독가스 공격은 방독면과 같은 거추장스러운 방호장비를 강요했다.

준 무기였다. 처음에는 정찰과 수색 임무가 전부였지만 나중에는 소총이나 기관총을 장착하여 항공기끼리 전투를 벌이기도 했다. 또한 폭탄을 들고 공중에서 떨어뜨리는 원시적인 폭격작전을 수행하기도 했다. 그러나 항공기의 주된 임무는 어디까지나 포병의 탄착관측과 정찰이었기 때문에 제1차 세계대전 당시에는 현대적인 공중전이나 폭격작전은 실행되지 않았다.

전장을 지배한 무기 이야기 ⑥ 전차 II (Tank)

기병이 사라진 전장에 새로운 기동력을 부여한 것은 바로 전차(Tank)였다. 최초의 전차는 1914년에 영국 육군의 E. 스윈튼 중령에 의해서 개발되었다. 스윈튼 중령은 트랙터에 화포와 기관총을 장착한 전차를 고안해서 영국 육군성에 건의했지만, 부결되는 바람에 개발이 중단될 뻔했다. 하지만 당시 해군성 장관이었던 W. 처칠은 전차의 잠재력을 눈치 채고 해군의 예산으로 전차를 개발함으로써 최초의 전차인 마크 I (Mark I)이 탄생하게 되었다. 최초의 전차 마크원은 M1 전차라고도 한다. 무게 28t, 최고속도 6km/h, 항속거리 약 20km이며 57mm 포 2문과 기관총 4문을 탑재했다.

전차가 최초로 투입된 솜강 전투에서는 자주 고장 나는 바람에 별다른 효과를 거두지 못했지만 뒤이어 벌어진 캉브레 전투에서는 전차를 대규모로 투입하면서 큰 성과를 거두었다. 비록 전차가 여러 가지 결함으로 완벽하지는 않지만 기병이 사라진 전장에서 기동력을 부여할 수 있는 유일한 대안이라는 사실은 모두가 인정하지 않을 수 없었고, 앞으로의 전장의 주인은 바로 전차가 될 것이라는 사실도 너무나 분명해 보였다. 이에 영국에 이어 프랑스, 독일, 소련, 미국 역시 전차 개발에 서두르게 되었다.

자동차 기술의 발달에 따라서 전차의 성능도 급속도로 향상되었다. 전차 기술은 처음에 영국과 프랑스가 독일과 소련보다 앞서 있었지만, 영국과 프랑스의 보수적인 지휘관들은 전차를 육성하는 데 소홀히 하여 결국 독일과 소련에게 추월당했다. 이것은 비단 전차기술만 국한된 것이 아니었다. 영국과 프랑스의 지휘관들은 전차를 전술적으로 운영하는 데에도 독일과 소련의 지휘관들보다 무능했고, 그 결과

제2차 세계대전 초창기까지만 해도 영국과 프랑스의 전차가 훨씬 성능이 유리했음에도 불구하고 패배하고 만다.

제2차 세계대전은 전차의 발전에 한 획을 그은 전쟁이었다. 제2차 세계대전 초기만 해도 각국의 전차는 대부분 얇은 장갑과 기관총, 소형 대전차포(37~50mm)로 무장한 경전차들이었다. 하지만 전차의 중요성이 점차 증가되면서 75mm, 88mm 등 대형 주포를 장착하고, 포탄의 충격력을 완화시키기 위한 경사 전면장갑과 두꺼운 장갑 등을 보유한 중전차들이 출현되었다. 이런 중전차들의 출현으로 전차는 기동력에 화력까지 겸비한 팔방미인으로 전장을 지배하기 시작했다.

제2차 세계대전 시기 독일과 소련이 맞붙은 동부 전선은 전차의 개발에 촉매제 역할을 했다. 동부 전선 초기만 해도 독일의 전차 전력이 소련을 압도했다. 하지만 소련이 개발한 T-34, KV-1 같은 전차가 동부 전선에 투입되자 상황이 역전되고 말았다. 특히 T-34는 세계 최초로 경사 전면장갑을 채택한 전차였기 때문에 독일의 어떤 전차로도 소련의 T-34의 전면 장갑을 관통시킬 수 없었다. 게다가 T-34는 76mm 주포를 장착해 독일의 어떠한 전차든 한 번에 파괴시킬 수 있었고, 속도도 53km/h로 상당히 빠른 편이었다. 게다가 단순성과 내구성까지 갖추고 있어서 소련을 승리로 이끄는 데 큰 공헌을 했다.

T-34라는 괴물이 최초로 출현했을 때, 독일군 수뇌부가 받은 충격은 대단한 것이었다. 자국의 어떤 전차의 주포로도 쉽게 파괴되지 않는 소련의 신형 전차에 대항하기 위해 독일은 새로운 전차를 개발하는 데 주력했다. 그렇게 태어난 것이 바로 5호 전차 판터(Panther)와 6호 전차 티거(Tiger)이다. 판터와 티거는 소련은 물론 미국을 포함한 모든 연합군 전차들보다 훨씬 뛰어난 성능을 가지고 있었다. 특히 88mm 주포와 110mm의 전면 장갑을 장착한 티거는 연합군이 공중지원을 받지 않는 한 파괴하지 못할 정도로 강력한 전차였다. 독일의 미하일 비트만(Michael Wittmann)이 티거를 이용하여 연합군 전차 138대, 대전차포 132대를 격파한 사실은 이 티거라는 전차가 얼마나 강력했는지 단적으로 보여준다.

제2차 세계대전 동안 이뤄진 전차의 발전은 놀라운 것이었다. 그 성능은 물론 종류까지도 다양해졌기 때문이다. 전차는 크게 경전차, 중전차, 구축전차, 자주포, 반궤도 차량 등으로 세분화된다. 경전차는 가볍고 기동성이 빠른 전차이기 때문에

독일의 6호 전차 티거(Tiger) 괴물 같은 화력으로 연합군에게 공포의 대상이었다.

주로 정찰, 보병지원, 게릴라 소탕 등의 임무를 맡는다. 대표적인 경전차로는 미국의 M3 스튜어트, 독일의 1·2호 전차 등이 있다. 중전차는 주력 전차로 전력의 핵심을 이룬다. 대표적인 중전차로는 소련의 T-34, 독일의 판터와 티거, 미국의 M4 셔먼전차 등이 있다. 구축전차는 적의 기갑차량의 격파를 목적으로 한 차량이다. 이들은 주로 기존 전차의 차체에 회전식 포탑이 아닌 대구경의 고정 포탑을 장착했고, 독일은 돌격포(Assault gun)라는 독특한 형태의 전차를 운용하기도 했다. 대표적인 구축전차로는 독일의 헤처전차, 소련의 SU-85가 있다.

자주포는 야포를 자주화한 화포이다. 구축전차와 마찬가지로 고정식 포탑을 장착하되 직사포가 아닌 곡사포를 사용함으로써 주로 화력지원 임무를 담당했다. 대표적인 자주포로는 미국의 M7 프리스트, 소련의 SU-100 등이 있다.

반궤도 차량은 무한궤도를 단 전차와 달리 반은 무한궤도를, 반은 바퀴를 단 차량으로써 주로 병력 이동·야포의 견인·물자 수송 등의 임무를 맡았다. 대표적인 반궤도 차량으로는 미국의 M3 반궤도 차량, 독일의 하노마그(Hanomag) 등이 대표적이다. 제2차 세계대전 후에 냉전이 시작되면서 전차는 미국과 소련 중심으로 발전해 나갔다. 냉전 후 출현한 전차들은 90mm와 100mm 강선포(Rifle)[10]를 탑재한

10) 강선포는 소총의 총열과 마찬가지로 포신 내부에 나선모양으로 꼬아지는 강선을 만들어서 포탄이 포신을 통과할 때, 회전력을 부여함으로써 탄의 직진능력을 향상시켜 주고 궤적을 유지시켜 줄 수 있는 포 주조 방식이다. 하지만 강선포는 포탄과 강선이 거의 밀착하는 수준으로 맞물리기 때문에 마찰에 의한 운동에너지가 상실된다는 단점이 있다.

미국의 M4 셔먼 전차 | 미국의 주력 전차였으며 6 · 25전쟁 때에도 사용되었다.

M7 **프리스트 자주포** | 셔먼 전차 차체를 개조하여 자주포로 만들었다. 이처럼 제2차 세계대전 당시 자주포들은 주로 주력 전차들의 차체를 이용하여 제작되었다.

전차들로서 흔히 1세대 전차라고도 불린다. 1세대 전차는 사격통제장치(FCS: fire control system)로서 광학식 조준경과 스테레오식 거리측정기를 탑재하여 정확성 면에서 제2차 세계대전 전차보다 훨씬 진일보한 형태였다. 대표적인 1세대 전차로는 미국의 M48, 소련의 T-54/55 등이 있다.

이후 1960년대 후반부터 1970년대에 1세대 전차의 발전형인 2세대 전차가 출현하기 시작했다. 2세대 전차는 105mm와 115mm 강선포를 장착했는데 이때 활강포(Smoothbore)[11]가 일부 전차에 탑재되기도 했다. 또한 제2차 세계대전 때의 경

11) 주로 전차포에 적용되는데 포신에 강선이 없는 것이 특징이다. 강선포의 단점인 마찰

사장갑 개념을 뛰어 넘는 폭발성 반응장갑(ERA: Explosive Reactive Amor)[12]이 출현함으로써 방어력도 증가되었다. 2세대 전차들은 사격통제장치로서 초보적인수준의 야시장비와 아날로그 탄도계산 컴퓨터, 스테레오식 거리측정기, 컴퓨터를 이용한 사격통제장치를 탑재했다. 대표적인 전차로는 미국의 M60, 소련의 T-72·T-80 이스라엘의 Mk-1·2 등이 있다.

3세대 전차는 1970~80년대 초에 개발되어 실전 배치되기 시작했다. 3세대 전차는 105~125mm 활강포를 주포로 탑재했으며, 장갑으로는 폭발성 반응장갑, 복합장갑[13] 등을 채택하여 방어력을 더욱 강화시켰다. 사격통제장치로는 열영상조준경, 디지털 탄도계산 컴퓨터, 레이저 거리측정기를 탑재했고 헌터킬러능력[14]을 보유하기도 했다. 대표적인 3세대 전차로는 미국의 M1A1, 러시아의 T-80U, 독일의 레오파드 2, 한국의 K1A1 등이 있다. 이후 전 세계적으로 전차 개발에 대한 예산이 삭감됨에 따라 4세대 전차는 개발되지 않았고, 대신 3세대 전차에 C4I시스템과 차량정보시스템을 장착한 3.5세대 전차가 출현하기도 했다.

1990년대에 냉전이 종식됨에 따라 세계적으로 전면전이 일어날 가능성이 점차 줄어들었다. 따라서 전면전에 유리한 전차의 용도는 점차 낮아지게 되었고, 주로 국제

에 의한 운동에너지 감소를 최소화시켜 강선포에 비해 높은 운동 에너지를 낼 수 있다. 따라서 사거리와 화력이 증대된다. 활강포는 운동에너지에 의한 관통을 목적으로 개발된 날개안정식철갑탄(APFSDS)을 주로 사용한다. 하지만 강선이 없기 때문에 탄의 궤적에 직진성이 다소 부족하고, 바람 같은 외부요인에 의한 궤적변화가 나타날 수 있는 단점이 있다. 날개안정식철갑탄은 이런 궤적변화에 대응하기 위해 관통자 후미에 작은 날개를 부착하여 직진성을 추구한다.

12) 2장의 장갑판 사이에 폭발성 물질을 채워 넣는 형태의 장갑이다. 적탄에 피탄당했을 때, 폭발성 물질이 폭발하여 바깥쪽 장갑판을 강하게 튕겨 낸다. 이처럼 바깥쪽 장갑판을 튕겨 내면 운동에너지탄이나 성형작약탄과 같은 포탄의 관통력을 약화시킬 수 있다.

13) 장갑 차량의 방어력을 높이기 위해 장갑판을 이중으로 만들고 장갑판과 장갑판 사이에 세라믹스 등 복합소재를 채워 넣은 장갑으로써 하이브리드 아머라고도 한다. 주로 피탄 가능성이 큰 차체 정면과 포탑 정면·양 측면에 사용된다.

14) 짧은 시간에 여러 개의 목표와 동시에 교전할 수 있는 능력이다. 포수가 표적을 향해 전차포를 발사하는 동안 전차장이 다음 표적에 대한 정보를 획득한 뒤, 포수에게 전달하여 바로 다음 표적을 공격할 수 있도록 한다. 사격통제장치의 포수 조준경과 독립된 전차장 조준경을 포수 조준경과 연계하여 운용하는 방법으로 정확한 사격을 확보할 수 있다.

우리나라의 K1A1 전차 | 현재 우리 군의 주력 전차이다.

미국의 M1A1 에이브람스 전차 | 현재 미국의 주력 전차이면서 대표적인 3세대 전차이다.

분쟁에 유리한 보병전투지원차량(IFV)이나 헬기 등이 전차의 자리를 대신하기 시작했다. 보병전투지원차량과 헬기는 전차보다 방어력은 약했지만 훨씬 빠른 기동력과 수송 능력을 보유했기 때문에 전차대신 전장에서 새로운 기동력을 불어 넣어 주고 있다.

② 제2차 세계대전: 인류 역사상 최대의 총력전

제2차 세계대전은 제1차 세계대전의 연속선상에 있는 전쟁이다. 왜냐하면 제1차 세계대전의 결과가 제2차 세계대전의 직접적인 원인이 되었고 양차 세계대전 사이의 시간이 20년밖에 되지 않기 때문이다. 제1차 세계대전이 끝나고 베르사유 조약이 체결되었는데, 그것은 독일에게 너무 가혹한 내용을 담고 있었다. 독일은 무장해제 당했으며 군대 규모도 제한되었다. 게다가 많은 영토를 연합국에게 넘겨줘야 했으며 상환 능력을 초과하는 액수의 전쟁배상금을 물어야만 했다. 베르사유 조약 내용을 들은 프랑스의 포슈 원수는 "그것은 평화가 아니다. 그것은 20년간의 휴전일 뿐이다"라고 말했으며, 세계 언론들 역시 "클레망소[15]가 독일이라는 오렌지에서 마지막 한 방울까지 짜내려고 한다"고 베르사유 조약의 가혹함을 비판했다. 또한 맥밀란 위원회를 이끌고 독일의 배상능력을 조사했던 존 메이너 케인스(John Maynard Keynes)는 "독일에게 가혹한 배상금을 요구하면 독일이 붕괴될 것이고, 유럽 중앙에 있는 독일이 붕괴되면 유럽에 공황이 닥칠 것"이라고 경고했다. 이런 경고에도 불구하고 연합국은 베르사유 조약을 강행함으로써 또 다른 전쟁을 불러오는 결정적인 원인을 제공하고 말았다.

베르사유 조약상의 가혹한 배상금과 1929년에 닥친 세계대공황으로 독일 경제는 완전히 무너졌다. 세계대공황은 독일뿐만 아니라 영국, 프랑스, 미국과 같은 연합국의 경제도 풍비박산을 내버렸다. 연합국은 자국경제를 살리

베르사유 조약 당시 연합군 수뇌부(좌)와 베르사유 조약에 항의하는 독일 국민들(우)

15) 프랑스의 정치가이자 언론인이며 의사. 상원의원과 총리 겸 내무장관을 지냈으며 육군장관이 되어 제1차 세계대전에서 프랑스를 승리로 이끌었다. 파리강화회의에 프랑스 전권대표로 참석했고 베르사유 조약을 강행했다.

기 위해 독일에게 빨리 배상금을 갚을 것을 종용했고 프랑스와 벨기에는 독일 공업지대를 강제점령하기도 했다. 제1차 세계대전 이후 독일에 들어선, 세계에서 가장 민주적이라고 칭송받았던 바이마르공화국[16]은 이 사태를 해결할 능력이 없었다.

정국이 최악의 암흑 속으로 빠져들자 나치스와 같은 극우 세력이 성장했고, 나치스의 지도자인 아돌프 히틀러(Adolf Hitler)가 대중의 지지 속에 1933년에 독일 수상이 되었으며 1934년에는 국가원수인 총통자리에 올랐다. 이로써 바이마르 공화국은 해체되었고 이른바 제3제국[17]이 출현했다. 제3제국은 연합국에 대한 배상금 지불을 거부하고 경제를 살리기 위한 공공사업과 재무장을 추진했다. 독일의 경기는 회복되기 시작했고 실업자는 줄어들었다.[18] 눈부실 정도의 경제회복 성과에 대중들은 히틀러에게 열광적인 지지를 보냈고 "배고픈 사람에게 빵을 주면 자유니 민주니 같은 말을 안하게 된다"는 히틀러의 생각은 옳은 것처럼 보였다.

무솔리니(좌)와 히틀러(우) | 제1차 세계대전 종전 후 혼란한 유럽사회 속에 극우 파시스트 세력은 크게 성장했다.

이후 히틀러는 1936년에 벌어진 에스파냐 내란을 이용해 독일의 새로운 무기들을 시험했고, 비무장 지대였던 라인란트로

16) 제1차 세계대전 후인 1918년에 일어난 독일혁명으로 1919년에 성립하여 1933년 히틀러의 나치스 정권 수립으로 소멸된 독일 공화국의 통칭.

17) 나폴레옹에 의해 해체된 신성로마 제국과 1918년에 혁명으로 무너진 독일 제국을 계승한 나라라는 의미이다. '제국'은 흔히 독일을 가리키는 관용어로 쓰이기도 한다.

18) 대공황 당시 40%를 넘었던 독일의 실업률은 나치 집권 후 경제부흥과 함께 급격히 줄어들어 한때 0%를 기록하기도 했다.

진군했다. 또한 범게르만주의를 내세워 체코슬로바키아의 수데텐 지구19)와 오스트리아를 병합했다. 독일이 재무장하고 영토를 확장했지만 영국과 프랑스는 히틀러를 달래기에 바빴다. 연합국의 수동적인 태도에 자신감을 얻은 히틀러는 1939년 폴란드를 침공했고 결국 '아무도 원하지 않았던(심지어 히틀러조차도!) 전쟁'인, 제2차 세계대전이 발발했다.

제2차 세계대전의 무기와 전술은 제1차 세계대전의 반성에서 시작된다. 제1차 세계대전의 참호전은 다시는 겪고 싶지 않은 경험이었다. 참호전은 기동성을 잃으면 전쟁이 얼마나 멍청하고 지루해지는지를 보여 주는 좋은 본보기였다. 이런 이유들 때문에 제2차 세계대전 초기의 모든 무기와 전술은 참호전을 극복하는 데 초점이 맞춰져 있었다.

보병화기는 제1차 세계대전에 비해 몰라볼 정도로 발전했다. 과거부터 끊임없이 개량되어 오던 연발소총은 이제 그 절정기를 맞는 듯 보였다. 독일의 마우저 Kar98k, 소련의 모신-나강, 영국의 리엔필드, 프랑스의 베르티에, 미국의 스프링필드와 같은 소총들은 제1차 세계대전에서 사용되었던 소총보다 사거리와 정확성이 증가했다. 그러나 장전방식이 과거처럼 한 발 한 발 쏠 때마다 일일이 노리쇠를 당겨 줘야만 하는 수동 장전식이었기 때문에 빠르게 사격할 수는 없었다. 노리쇠격발방식을 대체할 수 있는 기술이 개발되지 않는 한 사격 속도를 과거보다 높일 수는 없었다.

노리쇠격발방식을 대체하기 위해 새로 등장한 소총작동원리는 가스 작동식이다. 가스 작동식은 사격을 할 때 발생하는 가스를 이용해 자동으로 탄약을 재장전하는 새로운 방식이었다. 이 방식이 발명되자 과거처럼 노리쇠를 잡아 당겨 수동으로 장전할 필요성이 사라지게 되었고 총을 쏠 때마다 자동으로 장전되는 자동장전식 소총들이 출현했다. 이후 반자동 소총인 미국의 M1 시리즈나 소련의 토카레프 SVT40, 독일의 게베르43(G43)과 같은

19) 체코슬로바키아 내의 게르만족 거주 지역이다. 독일군 진입 당시 그들을 환영하는 인파가 거리를 메웠다.

M1카빈(위)과 STG44(아래) | M1카빈은 대표적인 반자동소총이었고 STG44는 대표적인 자동소총이었다.

소총들이 등장했다. 그뿐만 아니라 완전 자동 사격이 가능한 미국의 브라우닝자동소총 BAR(Browning Automatic Rifle), 독일의 슈트름게베르44(STG44) 같은 자동소총들도 출현했다. 하지만 자동장전식 소총들이 출현했다고 해서 수동장전식 소총들이 사라진 것은 아니었다. 수동장전식 소총들은 자동장전식 소총보다 단가도 쌌고 무엇보다 고장이 잘 나지 않아 여전히 애용되는 무기였다. 수동장전식 소총들은 자동장전식 소총이 나왔음에도 불구하고 여전히 광범위하게 사용되었으며 심지어 제2차 세계대전이 끝난 후에도 계속 사용되었다.

그러나 소총의 화력만으로는 기관총과 철조망으로 보호되는 참호지대를 돌파할 수 없었다. 세계의 모든 지휘관들은 보병화력을 지원해 줄 무기를 찾기 시작했고 그 결과 기관총이 다시 주목을 받았다. 과거 맥심과 비커스 같은 기관총은 화력은 강했지만 무게가 너무 무거워 공격보다 방어용으로 사용되었다. 그러나 시간이 지나면서 기관총의 무게는 공격에도 이용될 만큼 가벼워졌음은 물론 화력도 과거보다 강해졌다. 독일의 MG42, 미국의 캘리버, 영국의 브렌 같은 기관총들은 방어뿐만 아니라 공격할 때도 보병을 지원해 주는 가장 중요한 화기로 사용되었다.

MG42 기관총 ▌MG42는 발사 시 나는 특유의 소리 때문에 히틀러의 전기톱이라는 별명이 붙었다. 제2차 세계대전 중 연합군을 가장 많이 살상한 무기이다.

그러나 기관총은 여전히 무거웠기 때문에 기동성에 많은 제약을 받았다. 특히 좁은 참호 안에서 적들을 제압할 만한 무기가 되지 못했다. 이제 지휘관들은 좁은 참호 속에서 가볍고 빠른 사격이 가능한 새로운 무기를 원하고 있었다. 새로 등장한 기관단총들은 이런 지휘관의 욕구에 딱 알맞은 무기들이었다. 기관단총은 소총의 개머리판을 없앤 형태로 소총보다 가볍고 빠르게 사격할 수 있는 무기이다. 총열이 짧고 권총탄을 사용했기 때문에 파괴력이나 사정거리가 소총에 못 미쳤지만 빠르게 사격할 수 있다는 장점 때문에 적진을 향해 돌격할 때 아주 유용하게 쓰였다. 대표적인 기관단총으로는 독일의 MP40, 미국의 톰슨, 소련의 PPSH41, 영국의 스텐이 있다.

그 밖에도 전차의 위협에 대처하기 위해 대전차 무기인 독일의 파우스트, 미국의 바주카, 영국의 PIAT 같은 무기들이 출현했다. 또한 소총에 유탄을 달아 발사하는 초기적인 형태의 유탄발사기들이 등장하면서 보병 화력이 제1차 세계대전에 비해 몇 배나 증가하게 되었다.

보병무기의 개발로 보병의 화력이 증가했지만 그것만으로 참호를 돌파하기에는 힘들었다. 실제로 제1차 세계대전 말에 독일은 소총, 화염방사기, 경기관총으로 무장한 돌격부대(Storm Trooper)를 이용해 연합군의 참호를 돌파하려고 했다. 돌격부대는 잠시나마 연합군의 참호를 점령함으로써 성공하는

톰슨기관단총(위)과 MP40 기관총을 들고 돌격하는 독일군(아래) ‖ 기관단총은 참호나 건물같이 좁은 공간에서 강력한 위력을 발휘했다.

듯 보였지만 계속 진격하는 만큼 후속부대를 증원하기 어려웠기 때문에 결국 실패했다. 결과적으로 돌격부대는 괜찮았지만 기동력이 결여되어 있었다. 참호를 돌파하기 위해서는 기동력이 필요했다.

이에 제1차 세계대전 말기에 등장한 전차가 말을 대신해 전쟁에서 기동력을 부여할 수 있는 유일한 대안으로 떠오르고 있었다. 전차는 캉브레 전투에서 참호전을 끝낼 수 있는 무기로서 그 가능성을 충분히 보여 줬지만 아직도 많은 지휘관들은 이 새로운 무기에 대한 의구심을 버리지 않고 있었다. 풀러(J.F.C. 'Boney' Fuller)와 리델하트(Basil Liddel Hart), 드골(Charles de Gaulle) 같은 사람들은 전차가 참호전을 끝낼 수 있는 중요한 병기라고 생각하고 전차의 대량생산과 기갑부대의 창설을 주장했지만 보수적이었던 영국과 프랑스 군부는 이를 받아들이지 않았다. 특히 전차를 최초로 생산한 영국은 솔즈베리 평원(Sailsbury Plane)에서 대규모 전차기동훈련까지 했지만 결국 군부의

기계화의 아버지들 | 왼쪽부터 풀러, 리델하트, 드골, 구데리안, 투하체프스키

반대에 전차 전력을 육성하는 데 실패했다. 이처럼 영국과 프랑스가 전차를 경시하고 구시대적인 기병 전력 육성에 치중하는 사이 풀러와 리델하트, 드골의 전차교리는 적국이었던 독일과 소련이 받아들이고 있었다.

세상일이 늘 그렇지는 않지만, 승자는 승리에 만족하여 발전하지 못하다가 뒤처지는 반면 패자는 왜 패배했는지 고민하던 끝에 결국 성공하는 스토리가 존재한다. 아마 독일이 이 스토리에 해당하는 좋은 사례가 될 것이다. 제1차 세계대전 동안 독일은 전차를 경시한 결과 연합군의 참호를 뚫지 못해 패배하고 말았다. 제1차 세계대전 패배 이후 독일은 베르사유 조약에 따라 원칙상 참모본부가 해산되고 전차와 항공기를 보유하지 못하게 되었다. 그러나 뼛속부터 군인이며 프로이센 출신의 독일 군 수뇌부를 베르사유 조약이라는 족쇄로 묶는다는 것 자체가 불가능한 일이었다.

독일은 참모본부를 이름만 육군통수부(Truppenamt)로 바꿔 존속시켰고 전차와 항공기를 해외에서 개발함으로써—이후 적국이 될 소련에서 개발했다—연합군을 속일 수 있었다. 물론 독일 군부도 초기에는 전차를 반대하고 기병을 육성할 것을 주장했다. 그러나 독일은 영국과 프랑스와 달리 서로 대립되는 원칙들을 실험해 보는 지적인 엄격함을 갖추고 있었다. 그것은 몰트케 이후 독일군의 전통과도 같은 것이었다. 독일은 연합국을 속이기 위해 자전거나 자동차 위에 캔버스로 전차 윗부분을 얹은 전차대용품을 만들어 실험했고, 그 결과 전차의 잠재적인 능력을 알 수 있었으며 곧바로 기계화 부대를 창설하기 시작했다.

독일 기갑부대의 아버지라 불리는 하인츠 구데리안(Hienz Guderian)은 풀러와 리델하트의 이론을 일찍부터 연구해 독일에서 기계화 부대를 육성할 것을 히틀러에게 건의했다. 항상 혁신적인 것을 좋아했던 히틀러는 구데리안의 의견을 적극 받아들였다. 우여곡절 끝에 독일에서 최초로 탄생한 기계화 부대는 풀러와 리델하트가 주장했던 기갑부대와는 다른 성격의 부대였다. 풀러와 리델하트는 전차부대가 독자적인 작전을 펴기를 바랐지만 구데리안은 전차가 단일 전력만으로는 너무 취약하다는 사실을 알고 있었다. 전차는 참호를 돌파할 수 있어도 참호 안에 있는 적군을 공격하기 힘들었고 보병이 사용하는 대전차 병기에 취약했다. 전차는 보병과 항공기를 비롯한 다른 병과에 적절히 혼합되었을 때만 강력한 힘을 보여 줄 수 있었다. 이런 이론 속에서 구데리안이 만든 독일 기계화 사단은 주력인 전차를 비롯해 차량으로 견인하는 포병과 자주포, 전차와 속도를 맞출 차량화된 보병, 장갑차로 무장한 정찰부대, 통신망을 유지하는 통신부대, 장애물을 해체하는 공병부대, 적의 전차를 저지할 대전차포와 대전차보병 등으로 이루어져 있었다. 이렇게 잘 짜인 기계화 사단은 독일 공군(Luft Waffe)이 보유하고 있는 급강하 폭격기로 근접항공지원(Close Air Support)까지 해준다면 지상전에서만큼은 대적할 상대가 없었다.

전차만큼이나 항공기의 발전도 눈여겨봐야 할 변화였다. 제2차 세계대전이 일어날 때 항공기는 이제 단순한 정찰기가 아니라 적을 직접 공격하는 강력한 병기였다. 총력전이 도입됨에 따라 적 후방의 산업시설—민간인도 포함하는—에 대한 공격이 매우 중요해졌다. 이러한 이유로 항공기는 적의 후방을 공격하는데 매우 유효한 수단으로 각광받았고 폭격기를 이용해 적의 후방을 폭격하는 전략적 폭격[20]이 영국과 프랑스 공군의 주요 전략으로 사용되었다.

---

20) 적의 전쟁 수행능력 또는 전쟁 의지를 없애기 위해 도시나 주요 생산시설, 전력시설, 교통·통신시설 등을 대상으로 실시하는 폭격.

수투카(좌)와 독일 공수부대 팔슈름야거(Fallschirmjager, 우) | 수투카와 팔슈름야거는 전격전에서 중요한 역할을 담당했다.

그러나 독일공군은 전략적 폭격만큼이나 전술적 폭격[21]의 중요성을 인식하고 그것을 실전에 도입했다. 독일의 전술적 폭격은 슈투카(Stuka)와 같은 급강하 폭격기(Dive Bomber)[22]들에 의해 이뤄졌다. 전쟁 초기 독일의 급강하 폭격기들은 굉음을 내면서 하강하여 적의 주요 거점들을 타격했고 연합군을 공포에 몰아넣었다. 전략적 폭격에만 매달려 있던 영국 공군은 그것을 보고 "공군의 매춘행위"라고 경멸했지만 나중에는 그것이 효율적인 방법이라는 것을 인정할 수밖에 없었다.

제2차 세계대전이 발발했을 때 영국과 프랑스는 독일보다 전력이 약하지 않았다. 그러나 영국과 프랑스는 소극적인 행동으로 화를 자초했다. 독일이 폴란드를 침공했을 때 폴란드는 연합국에 도움을 요청했다. 독일은 많은 병력을 동쪽으로 동원하고 있어서 서쪽 방비가 취약했기 때문에 연합군이 적극적으로 행동했다면 역사는 달라졌을지도 모른다. 그러나 영국과 프랑스는 독일에게 선전포고만 했을 뿐 공격하지는 않았다. 인구 3,300만의 폴란드가 독일과 소련에 의해 양분될 때까지 영국과 프랑스는 단지 지켜보고만 있을 뿐이었다.

---

21) 전술적인 작전을 위해서 실시하는 폭격. 적 일선부대의 무력화, 병참선의 차단, 병력이나 보급품의 전선 수송 저지, 작전 지역 상공의 제공권 확보 등을 위해 적 일선부대의 병력 집결지·포병 진지 등을 대상으로 실시하는 폭격.

22) 가능한 목표까지 접근하여 폭격할 수 있도록 제조된 급강하 전용폭격기.

1호 전차(좌)와 3호 전차(우) | 독일의 주력 전차인 3호 전차가 마틸다, 소뮤아 전차를 격파하려면 가까이 접근한 다음 포탄을 발사해야만 했다.

전쟁 초기에 연합군이 저질렀던 실수는 치명적이었다. 독일이 새로운 사고방식을 도입해 전쟁의 근본을 바꿔 놓았던 반면 연합군은 그때까지도 제1차 세계대전 시기의 전술에 머물러 있었다. 영국은 자국 영토를 지키기 위해 해군과 공군력만 증강했을 뿐 육군을 육성하는 데 등한시했다. 프랑스의 실수는 더 치명적이었다. 제1차 세계대전 때 참호로 독일군을 막아 냈던 그들은 제1차 세계대전이 끝난 지 20년이나 됐지만 아직도 같은 전술을 구사했다. 프랑스가 독일국경에 공들여 건설한 마지노선(Maginot Line)[23]은 당시 프랑스의 생각을 잘 나타내고 있었다. 만약 제1차 세계대전이었다면 마지노선은 큰 성공을 거두었을지 모른다. 그러나 불행하게도 적들은 20년 전과 달랐다. 독일은 마지노선을 피해 네덜란드와 벨기에를 돌파해 프랑스 북부를 공격함으로써 마지노선을 무용지물로 만들어 버렸다. 160억 프랑이라는 거금을 들여 만든 세계 최고의 요새는 전쟁 중 단 한 발의 포탄도 사용해 보지 못했고, 단지 관광 명소로만 사용됐을 뿐이었다.

프랑스가 방어적인 전략에 치중한 반면 독일은 전격전(Blitz Krieg)이라는 새로운 공격전술을 개발했다. 전격전은 먼저 제공권을 장악할 목적으로 항공기들이 적의 공항을 공격하면서 시작된다. 동시에 적 후방에 공수부대가

23) 제1차 세계대전 후 프랑스가 독일군의 공격을 저지하기 위하여 양국의 국경을 중심으로 독일에 대한 방위선으로 구축한 대규모의 근대적 요새선.

낙하해 주요 군사시설, 교량, 거점지대를 지상군이 점령하기 전까지 확보한다. 그 다음에 지상군이 적의 정면을 공격하여 돌파구를 만들고, 강력한 기갑부대를 집중 투입해 그 돌파구를 파고든다. 이때 공군은 기갑부대를 엄호하며 적의 포병이나 전차를 집중 공격한다. 적의 전선을 돌파한 기갑부대는 적의 전선을 양분(兩分)시키고 적 후방으로 전개하여 적의 병력을 고립시킨다. 기갑부대가 적의 병력을 여러 단위로 고립시켜 집중화되는 것을 막으면 뒤이어 투입된 보병부대가 고립된 적의 부대를 손쉽게 제거한다. 전격전에서의 승리는 적을 섬멸시키는 것이 아니라, 적을 혼란과 무질서 속에 빠지게 하여 부대를 해체시키거나 공황상태인 적을 생포하는 것이었다.

전격전은 서부 전선에서 큰 성공을 거뒀다. 네덜란드는 지상군이 도착하기도 전에 독일공수부대(Fallshirm Jagers)에게 점령당했고, 벨기에가 자랑했던 세계 최강의 요새인 에벤 에마엘(Eben-Emael) 요새도 독일공수부대에 게 36시간 만에—연합군의 예상 대로라면 최소 5일은 버텼어야만 했다—점령당했다. 프랑스는 제1차 세계대전 때처럼 넓은 범위의 참호지대를 건설하면서 독일군을 기다렸다. 그러나 상황은 20년 전과 달랐다. 독일은 전격전을 이용해 적의 종심(縱深)을 돌파했고 프랑스군은 포위되었다. 그 후 프랑스군에는 대혼란이 일어났다. 프랑스 육군 원수 가믈랭이 통제할 수 없을 정도로 모든 병력은 공황상태에 빠졌다. 결국 프랑스군은 괴멸되었고 남은 연합군은 독일군에게 쫓겨 덩케르크(Dunkirk)[24]에서 영국으로 철수했다.

제1차 세계대전에서 독일군이 4년간 해내지 못한 일을 새로운 독일군은 단 6주 만에 끝냈다. 연합군의 총 사상자가 220만 명에 이르렀던 것에 비해 독일군은 단 2만 7천 명만 전사했을 뿐이었다. 독일군이 135개 사단을 보유했던 것에 비해 연합군은 152개 사단을 보유했으며 전차도 연합군(4,204

24) 제2차 세계대전 초기인 1940년 5월 26일부터 6월 4일까지 유럽 파견 영국군 22만 6천 명과 프랑스・벨기에 연합군 11만 2천 명은 프랑스 북부 해안인 이곳에서 최소의 희생을 내고 영국 본토로 철수를 감행했다.

영국의 마틸다 전차(좌)와 프랑스의 소뮤아 전차(우) | 이것들은 독일 전차보다 강력했지만 이것들을 사용했던 지휘관들은 독일 지휘관보다 유능하지 못했다.

대)이 독일군(2,439대)보다 많았다.[25] 전차의 성능 역시 영국의 마틸다 전차와 프랑스의 소뮤아 전차가 독일의 1·2·3호 전차보다 성능이 좋았다. 독일 전차들의 화력으로는 마틸다나 소뮤아 전차를 격파할 수 없었지만—독일군이 연합군 전차들을 격파하기 위해서는 88mm 대공포를 끌고 와야만 했다—연합국 전차는 독일 전차를 단번에 격파할 수 있었다. 하지만 영국과 프랑스의 지휘관들은 전차를 움직이는 포병정도로만 생각했던 반면 독일은 전차의 기동력을 중요시해 그것을 기병처럼 사용했다. 이런 발상의 차이는 믿을 수 없는 결과를 만들어 냈다. 독일 전차는 마틸다와 소뮤아 전차를 격파할 만한 파괴력을 가지고 있지 않았지만 빠른 기동력을 앞세워서 연합군의 전차부대를 괴멸시켰다. 특히 구데리안은 전차끼리는 물론 다른 병과와의 긴밀한 협력을 위해 전차 내부에 무전기를 장착했지만 연합군은 그렇지 않았다. 결국 연합군은 독일군의 긴밀한 협동 공격에 더 강력한 전차를 보유하고 있음에도 불구하고 무너질 수밖에 없었다. 이런 상황을 종합해 보면 연합군이 패배한 진짜 이유는 병력이나 무기의 성능 차이가 아니라 생각의 차이였다.

프랑스가 무너지자 남은 것은 영국이었다. 영국은 섬나라였기 때문에 공격하기 위해서는 도버해협을 건너야만 했고 강력한 영국 해군을 쓰러뜨려야

25) 항공기는 연합군이 4,981대를 보유했고 독일군은 3,369대를 보유했다. 중포는 연합군이 13,974문, 독일군이 7,378문을 보유했다.

했다. 독일군은 영국에 상륙하는 바다사자작전(Operation Sea-Lion)을 계획했다. 독일군이 상륙하기 위해서는 먼저 영국의 생산시설과 군사시설에 치명적인 타격을 줘야만 했다. 이것은 괴링이 이끄는 독일 공군이 맡았다. 독일 공군은 영국의 주요 산업시설과 시가지를 폭격했고 영국 공군은 독일 폭격기를 요격했다. 영국본토항공전(Battle of Britain)이라 불리는 이 전투는 최초의 대규모 항공전투였다. 영국은 레이더를 이용한 잘 짜여진 방공망과 허리케인, 스핏파이어 같은 전투기들을 활용함으로써 괴링의 독일 공군을 물리칠 수 있었다.

영국 침공이 실패하자 히틀러는 소련의 광활한 영토를 노렸다. 소련은 공산주의 혁명 이후 벌어진 적백내전[26]과 스탈린의 숙청작업으로 큰 혼란에 빠져 있었다. 특히 스탈린은 유능한 지휘관들을 많이 숙청했는데 그 중에 독일의 구데리안과 같은 전차전술의 대가로서 종심작전이론(Deep Battle Theory)[27]을 창안한 미하일 투하체프스키도 포함되어 있었다. 이후 소련군은 급속도로 약화되었고 핀란드와 벌인 겨울전쟁에서 무능함이 극에 달했음을 보여 주었다.[28] 이에 히틀러는 자신감을 얻어 소련을 침공하기로 결정한다.

독일이 일명 바르바로사작전(Operation Barbarossa)이라고 불리는 소련침공을 시작했을 때, 소련군은 독일의 전격전 앞에서 급격히 무너졌다. 독일은 파죽지세로 모스크바까지 밀어붙였고 모스크바가 거의 함락되는 듯 보였다.

---

26) 러시아 내전으로도 불린다. 10월 혁명 이후 볼셰비키가 페트로그라드를 장악하자 옛 러시아 제국 영토를 둘러싸고 여러 당파와 교전 세력이 전투를 벌인 전쟁이다. 소련에 반대하는 자본가, 중산층, 지주, 공화주의자들이 백군을 조직하여 소련 정부와 전쟁을 벌였다.

27) 이 작전이론의 목표는 동시 공격을 하기 위해 적의 두터운 방어력을 돌파하여 적의 방어 체계를 분쇄하는 것이다. 이 작전이론의 장점은 고도의 유동적인 구조이며, 궁극적으로 적의 종심을 유린하여 적의 방어능력을 소멸시키는 역할을 한다. 독일의 전격전과 유사하다.

28) 그러나 최근에는 스탈린 군 지휘관들을 숙청함으로써 늙고 구시대적 사고에 머물고 있던 소련 장교단이, 젊고 열정 넘치는 젊은 장교단으로 교체되어 독일과의 전쟁에서 승리할 수 있었다는 주장이 나오고 있다.

그러나 독일군은 소련군의 격렬한 저항과 추위 앞에서 후퇴할 수밖에 없었고 소련은 군대를 정비할 수 있는 시간을 벌게 되었다. 전격전은 서부 전선과 같이 짧은 거리의 적을 공격하는 데 적합했지만 소련과 같이 광활한 대지를 가지고 있는 적을 상대로는 적합하지 않았다. 왜냐하면 보급 속도가 진격속도를 따라갈 수 없었기 때문이다. 독일군은 기계화된 사단을 20개밖에 보유하지 못했고 대부분의 보급은 말과 사람에 의해서 이뤄졌다. 게다가 전차의 출현으로 보급해야 할 물품들은 제1차 세계대전 시에 비해 몇 배나 늘었기 때문에 그 속도는 더욱 더딜 수밖에 없었다. 독일군은 식량, 연료, 탄약, 동계장비 등이 모두 부족했고 소련군은 점점 강해져만 갔다.

이후 스탈린그라드 전투에서 독일군이 소련군에게 괴멸되면서 전세는 역전되기 시작했다. 독일은 패배를 만회하기 위해 쿠르스크에 대규모 공세를 펼치지만 이 전투에서도 소련이 승리를 거둠으로써 독일은 전쟁의 주도권을 소련에게 넘겨 주고 말았다. 이어진 미국의 본격적인 참전으로 독일은 더욱 어려운 상태에 빠졌다. 마침내 영미연합군이 노르망디에 상륙했고 프랑스를 해방시킨 후 독일 영토로 진군하기 시작했으며, 동부 전선에서는 소련이 바그라티온작전(Operation Bagration)을 실시해 동부 전선의 독일군을 괴멸시켰다. 그리고 마침내 1945년 5월 8일 소련군에 의해 베를린이 함락됨으로써 제3제국은 종말을 고했다. 동맹국이었던 아시아의 일본이 약 3개월 후인

스탈린그라드 전투(좌)와 독일 6군의 항복(우) ‖ 스탈린그라드 전투는 제2차 세계대전의 전세를 바꾼 중요한 전환점이었다.

같은 해 8월 15일에 항복함으로써 제2차 세계대전은 종결되었다.

역사를 바꾼 전투 이야기 ⑪ 쿠르스크 전투(Battle of Kursk)

1943년 2월, 스탈린그라드를 공격했던 독일 제6군이 괴멸되었다. 스탈린그라드 전투는 개전 이래 독일군이 맛본 최악의 패배였고 군 전체가 적에게 항복했다는 사실 자체가 충격적이었다. 스탈린그라드 전투 이후 소련은 전 전선에 걸쳐 반격을 시도했고 모스크바까지 육박했던 독일은 후퇴할 수밖에 없었다.

반격을 가하던 소련은 우크라이나의 하르코프를 탈환하는 데 성공했지만 갑작스런 독일군의 반격으로 막대한 피해를 입고 다시 하르코프를 내어줄 수밖에 없었다. 그러자 북쪽의 오렐과 남쪽의 하르코프 사이에 위치한 쿠르스크에 거대한 돌출부가 형성되었다. 독일군은 북쪽과 남쪽을 동시에 공격해 쿠르스크 돌출부에 있는 소련군을 포위·격멸하려는 대담한 작전을 계획했다. 일명 성채(Zitadelle)작전이라고 불린 이 대담한 작전이 성공한다면 소련군은 막대한 타격을 입고 전쟁은 독일에게 유리해질 것이 분명했다.

이 작전을 계획한 독일의 만슈타인 원수는 소련의 방어선이 보강되기 전에 공격할 것을 주장했지만 히틀러는 5호 전차 판터와 6호 전차 티거가 배치될 때까지 작전을 미룰 것을 지시했다. 독일이 머뭇거리는 사이 독일의 공격의도를 간파한 소련은 엄청난 노동력을 동원해 쿠르스크 주변에 방어선을 구축하고 있었다. 그리고 마침내 1943년 7월 5일에 성채작전이 개시되었다.

북부로 진격하던 모델의 독일 제9군은 소련의 강력한 방어망을 극복하지 못하고 5일 간 15km밖에 전진하지 못했다. 반면 남부로 진격하고 있던 호트 장군의 4기갑군은 소련의 방어망을 돌파해 쿠르스크 방어선의 핵심 지역인 쿠르스크-보얀 도로로 30km나 진격해 나갔다. 독일군의 엄청난 진격에 놀란 소련군은 황급히 제1전차군을 투입해 독일의 진격을 간신히 막아낼 수 있었다.

공세가 막힌 호트는 주공 방향을 프로호르프카로 돌렸다. 적의 주공이 프로호로프카로 집중되자 소련군도 로트미스트로프의 제5전차 근위군을 투입하여 독일을 저

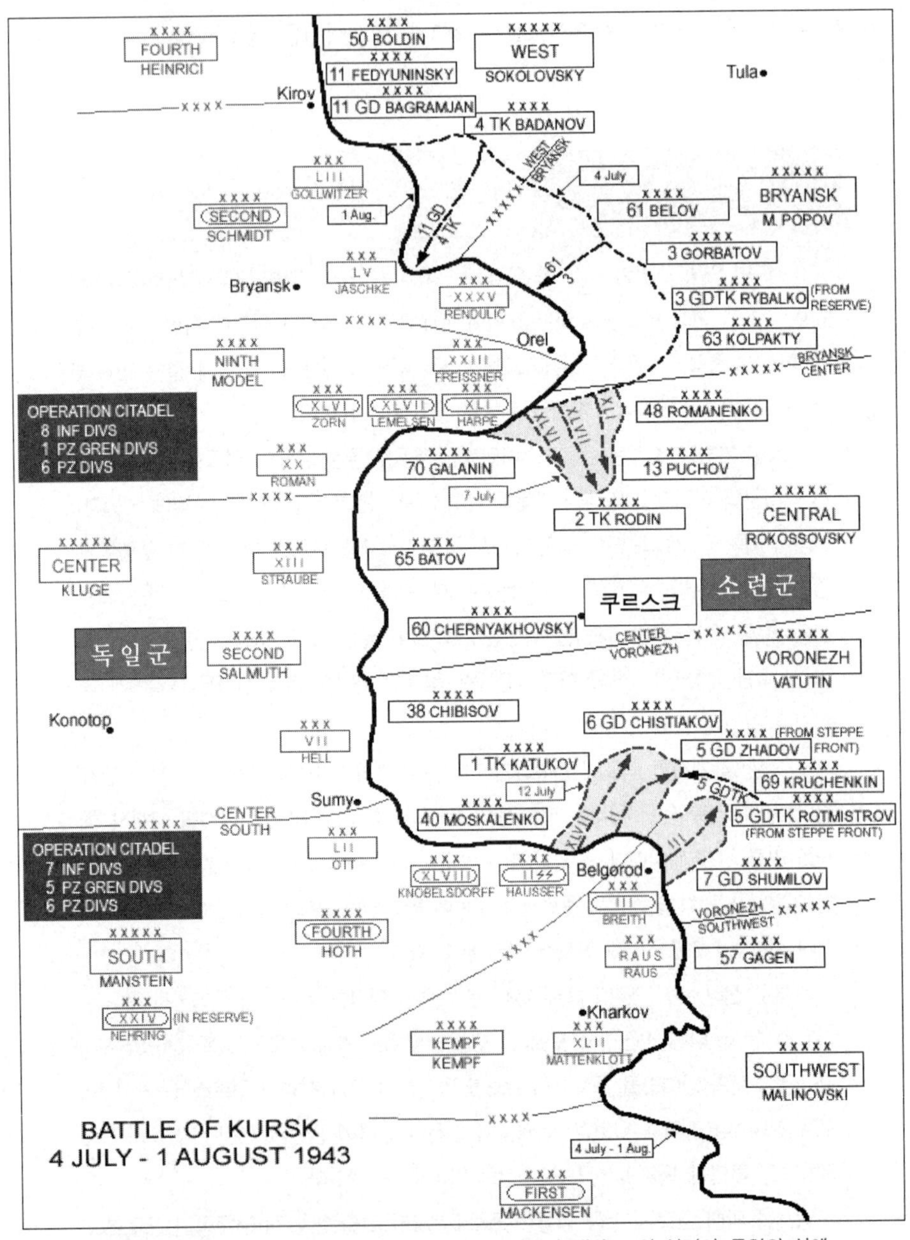

쿠르스크 전투 지도 | 쿠르스크 돌출부에 있는 소련군에 대한 포위 섬멸이 독일의 성채 작전의 핵심이었다.

소련의 T-34 전차 최초의 경사장갑을 채택한 이 전차가 출현했을 때 독일군은 큰 충격에 휩싸였다. 독일군은 5호 전차 판터와 6호 전차 티거가 아니면 T-34 전차를 대적할 수 있는 수단이 없었다.

지하게 했다. 프로호로프카를 향하던 독일군은 곧 소련 제5전차 근위군의 반격에 직면하게 된다. 당시 프로호로프카에 있던 독일군은 제1SS 기갑사단의 전차 98대, 제2SS 기갑사단의 전차 68대, 제3SS 기갑사단의 전차 101대를 합쳐 총 267대의 전차를 보유하고 있던 반면, 소련군은 600대 가량의 전차를 보유하고 있었다. 독일은 제2차 세계대전 후반에 거의 무적에 가까운 위력을 보였던 신형 티거 전차를 18대 보유했지만 소련도 강력한 T-34 전차를 500대 가까이 보유하고 있어서 전력 면에서는 소련이 압도적으로 유리했다.

프로호로프카에서는 200대의 독일 전차와 600대의 소련 전차 사이에 대규모의 전차전이 펼쳐졌다. 소련은 T-34 전차와 보병을 이끌고 공격했고 독일은 3·4호 전차와 티거 전차 그리고 88mm 대공포로 반격했다. 소련의 공격은 매서웠지만 독일의 가공할 만한 방어에 결국 막힐 수밖에 없었다. 전투가 끝날 무렵 소련은 330대에 달하는 전차를 잃은 데 반해 독일의 전차 손해는 60대에 불과했다. 이 전투로 인해 단 50대의 전차만 제5전차 근위군에 남아 있었고, 제5전차 근위군 사령관 로트미스트로프는 스탈린으로부터 남은 전차를 참호 속에 묻어서 토치카로 사용하라는 치욕적인 명령까지 받게 된다.

비록 독일군이 프로호로프카에서 큰 승리를 거두기는 했지만 전세를 뒤집을 수는 없었다. 독일군 주력이 약해져 가는 사이 소련군은 대규모 예비부대를 투입시켜

프로호로프카 전투 상상도 | 속설로는 민첩한 T-34 전차가 티거 전차를 향해 돌격해 격파했다고 하지만 사실 확인이 되지 않는 이야기이다. 또한 프로호로프카 대전차전은 소련의 선전공세에 의해 소련이 승리했다고 잘못 해석되기도 하는데 실상은 독일의 압도적인 승리였다.

반격에 나섰고, 엎친 데 겹친 격으로 연합군이 시칠리아 섬에 상륙하자 히틀러는 동부 전선에서 일부 부대를 빼낼 수밖에 없었다. 결국 독일은 7월 15일에 쿠르스크공세를 중지함으로써 작전이 실패했음을 인정했고 이후 소련의 맹렬한 반격에 수백km를 후퇴할 수밖에 없었다.

프로호로프카 전차전은 독소전 최대의 전차전이면서 역사상 최초이자 최후의 대규모 전차전이었다. 독일군은 프로호로프카에서 승리를 거뒀지만 전체적인 작전에서는 실패했고, 그 결과 막대한 손실을 입었다. 쿠르스크 전투 동안 소련군이 입은 손실은 독일보다 컸지만 광대한 영토에서 나오는 엄청난 인력으로 손실을 빠르게 회복할 수 있었다. 반면 독일군은 피해를 복구할 수 없었고 쿠르스크 전투 이후에는 소련군의 공세를 방어하기에만 급급하게 되었다. 독일군은 전투에서는 이겼지만 전쟁에서는 이길 수 없었던 것이다.

전쟁 초반에 독일군은 연합군과 달리 기계화 부대를 보유함으로써 승리를 거둘 수 있었다. 그러나 이런 장점은 오래가지 않았다. 시간이 지날수록 소련과 미국을 비롯한 연합국들은 독일군과 마찬가지로 기계화 부대를 보유하게 되었고 그 숫자는 독일군보다 훨씬 많았다. 특히 미국의 셔먼 전차나 소련의 T-34 전차 등 가격 대비 성능이 뛰어난 양산형 전차들이 출현하자 전차에 대한 독일의 독보적인 위치는 곧바로 무너졌다.[29] 또한 연합군은 독일군의 전술을 모방하여 독일군의 전술적 우위도 사라지게 되었다. 특히 소련은 가장 열심히 독일의 전술을 배웠다.

무엇보다 이제 전쟁은 총력전이 되었고, 많은 전투에서 승리한다고 전쟁에서 승리한다는 보장이 없었다. 아무리 전투에서 승리를 거두고 많은 적군을 격멸한다고 해도 적국에서 계속 예비 전력을 동원하는 시스템이 가동되는 한 전쟁에서는 승리할 수 없었다. 과거에는 한두 사람의 천재적인 전략가나 지휘관의 능력에 의해 전쟁의 승패가 엇갈리기도 했지만 이젠 그들조차도 총력전이라는 거대한 시스템하의 부속품일 뿐이었다. 제2차 세계대전 시 독일에는 연합군이 '사막의 여우'라 부르며 두려워한 에르빈 롬멜(Erwin J. E. Rommel)을 비롯한 뛰어난 지휘관들이 있었지만, 시스템으로 통합된 전쟁은 이제 더 이상 한두 사람의 영웅으로 인해 좌우되지 않았다.

총력전에서는 전투에서 승리하는 것만큼이나 공장에서 총·탄약·전차·항공기를 끊임없이 생산하고 그것들을 운용할 인력을 동원하는 것이 중요했다. 미국과 소련이 이 점을 매우 중요하게 생각했던 반면 독일은 이 점을 등한시했다.[30] 그리고 무엇보다 소련과 미국이 전투에서 잃은 것보다 많은 병

29) 독일은 1호부터 6호 티거를 비롯해 돌격포, 자주포, 구축전차와 같은 다양한 종류의 전차를 만들어 냈다. 그렇기 때문에 독일은 다양한 라인의 공장에서 전차를 생산해야만 했기 때문에 비효율적이었다. 반면 미국과 소련은 셔먼과 T-34에 집중하여 한 라인에서 많은 전차를 생산할 수 있었고 제한된 자원을 좀 더 효율적으로 사용했다. 결국 전차의 생산량에서 독일은 연합군을 이길 수 없었다.

30) 독일은 놀랍게도 종전 시까지 연합국과 같은 전시 체제를 가동하지 않았다. 이는 나치 집권 후 독일의 경제체제 자체가 이미 군수에 특화되었기 때문이기도 했지만, '전체주의 국가'라는 이미지와 달리 총동원 시스템이라는 측면에서 독일은 연합국보다 우위에 있지 못했다. 나치 선전가 괴벨스는 이러한 상황에 대해 "장병들은 전선에서 죽어 가는 데 베를린의 부르주아들은 호의호식하고 있다"며 불평하기도 했다.

독일의 명장들 ‖ 왼쪽부터 롬멜, 만슈타인, 모델 원수. 이들은 훌륭한 지휘관들이었고 불가능한 승리들을 만들어 낸 명장들이었다. 독일의 지휘관들은 연합군 지휘관들보다 자질이 뛰어났고, 실제로 수많은 전투에서 승리했다. 하지만 전투에서는 승리했지만 전쟁에서는 승리하지 못했다.

력과 전차를 만들고 운용할 수 있는 능력이 있었던 반면 독일과 일본은 그렇지 못했다. 특히 이전 시대와는 달리 항공기와 전차가 전쟁의 핵심 전력으로 대두하면서 그것들을 운용하는 데 필요한 자원인 석유의 확보와 공급이 대단히 중요해졌다. 독일과 일본은 결정적으로 이 점에서 광대한 영토와 막대한 자원을 보유한 연합국의 상대가 될 수 없었다. 우수한 성능의 무기와 효과적인 전술로 무장한 독일군은 거의 전쟁 내내 자신들이 받은 피해보다 더 많은 연합군 병력을 격파했지만, 총력전의 시스템하에 끝없이 밀어닥치는 연합군을 끝내 감당해 낼 수 없었다.

총력전에서는 적군을 죽이는 것만큼이나 산업시설과 그것에 종사하는 인력에 피해를 주는 것이 중요했기 때문에 전후방이 구별되지 않았다. 연합국과 독일은 서로의 전쟁 수행능력에 타격을 주기 위해 주요 산업시설이나 도시에 폭격을 퍼부었기 때문에 많은 민간인 희생자가 발생했다.[31] 독일군은

31) 이 시기에 유행했던 우생학이 인종주의와 결합되면서 나타난 제노사이드(Genocide) 현상도 전쟁 희생자를 턱없이 증가시킨 요인이었다. 전후 세계의 권력을 장악한 유대인들에 의해 잘 알려지게 된 '홀로코스트' 외에도, 슬라브족과 집시 등 나치가 경멸한 민족들이 독일군에 의해 숱하게 학살당했다. 슬라브족으로 피해 당사자인 소련군은 이에 대한 보복을 자행했고, 아시아에서도 일본군에 의한 학살과 만행들이 숱하게 드러난

드레스덴에 산처럼 쌓여 있는 폭격으로 희생된 시체들 | 전쟁, 산업과 전혀 거리가 멀었으며 독일의 베니스라 불렸던 드레스덴은 연합군의 융단폭격에 잿더미로 변하고 말았다. 이처럼 제2차 세계대전 동안 벌어졌던 전쟁 범죄는 홀로코스트만 있었던 것이 아니었다. 총력전이라는 이름하에 벌어졌던 전략폭격 역시 홀로코스트의 제노사이드만큼이나 많은 사람들을 죽인 전쟁 범죄였다. 그러나 뉘른베르크재판에서 유태인을 학살한 나치전범들은 재판을 받았던 반면 드레스덴을 폭격한 연합군의 장군들은 그 어떤 재판도 받지 않았다.

영국의 코번트리와 런던에 폭격을 퍼부었고 연합군은 독일의 쾰른과 베를린을 초토화시켰다. 특히 연합군이 독일 드레스덴을 폭격한 것은 전쟁이 아니라 학살이었다. 드레스덴은 산업시설도 군사시설도 없는, 독일의 베니스라 불리는 아름다운 도시였다. 연합군은 당시 피난민이 몰려 있던 이 도시에 보복성 폭격을 가했고 30만 명에 달하는 민간인이 희생되었다.[32] 또한 미국

바 있다. 이러한 집단 학살이 이전 시기에는 없었던 것은 물론 아니다. 하지만 중요한 것은 이 시기에는 전쟁과 마찬가지로 학살도 통합된 시스템에 의해 이루어지면서 그 규모가 어마어마하게 불어났다는 사실이다.

32) 독일에 대한 연합군의 무차별적 융단폭격은 연합군이 내건 '무조건 항복'이라는 어이없는 종전조건과 맞물려, 괴벨스 등 나치 선전가들에게는 더없이 좋은 아이템을 제공했고 전쟁이 더욱 잔혹해지는 원인이 되었다. 연합군에 대한 분노와 증오로 가득한 많은 독일인들이 이미 기울어진 전세 속에서 '결사항전'하다가 희생되었다. 이러한 사정은 일본도 마찬가지였다.

은 일본의 히로시마와 나가사키에 원자폭탄을 투하해 수많은 민간인들을 이 신무기의 실험대상으로 삼기도 했다.

양차 세계대전을 겪으면서 전 세계는 전쟁의 공포를 몸소 체험했다. 이제 세계대전과 같은 비극은 다시는 겪지 말아야만 한다는 생각이 대두되기 시작했다. 그래서 국제연합(UN)이 창설되었고 평화를 위해 전 세계가 협력해야 한다는 공감대가 형성되었다. 그러나 이는 사실상 명분의 수준을 넘어서지 못했으며, 제2차 세계대전이 끝난 후 전 세계가 자본주의 진영과 공산주의 진영으로 나눠지면서 또 다른 비극이 시작되었다.

3. 시스템 시대의 해상 전투

나폴레옹 시대에 범선은 최고의 완성도 수준에 도달했다. 그러나 나무로 만든 군함은 선박의 내구성에 한계가 있었다. 1820년대에 프랑스 포병 장교인 페앙(Paixhans)이 제작한 파열탄(Shell)은 포탄 속에 화약을 채워 시한신관(Time Fuse)으로 폭파시켰는데, 이 포는 매우 정확했고 목재 선박에 큰 피해를 주었다. 세계 각국이 파열탄의 위력을 눈여겨보고 이를 채택하자 이제 군함은 목재보다 더 강력한 금속으로 보호받아야만 했다.

철제군함을 바다에 띄우기 위해서는 동력이 가장 중요한 문제였다. 과거 범선은 돛과 바람의 힘으로 움직였으나 철로 만든 군함은 바람과 돛의 힘으로 움직이기를 기대할 수 없었다. 18세기 중엽 토마스 뉴코멘(Thomas Newcomen)이 증기기관을 창안하자 새로운 동력에 대한 해결점이 보이는 듯했다. 제임스 와트(James Watt)는 분리형 보일러를 개발했고, 리차드 트레비치(Richard Trevitchik)는 고압증기를 이용한 엔진을 최초로 개발했다. 그리고 로버트 풀톤(Robert Fulton)은 외륜(Paddle Wheel)을 엔진에 연결하여 철제선박이 바다에 떠오를 수 있게 만들었다. 그러나 외륜을 연결한 선박은 전쟁

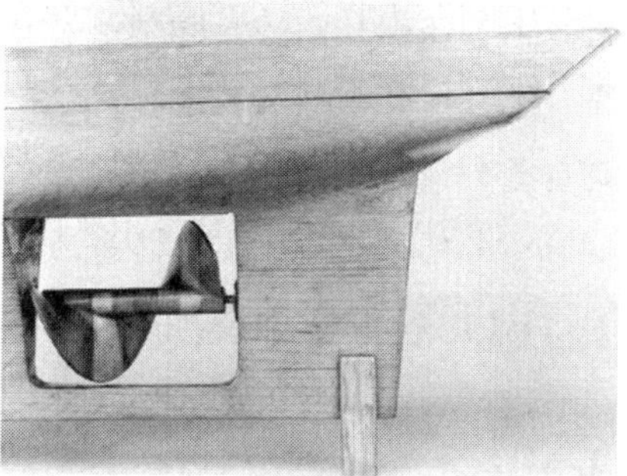

외륜(좌)과 스크류 프로펠러(우)

미국 남북전쟁 시 남군의 메리맥호(좌)와 북군의 모니터호(우)

에 쓰기에는 취약했고, 전쟁용으로 쓸 증기기관 군함을 건조하는 일은 1840년대에 스크류 프로펠러가 개발될 때까지 기다려야만 했다.

증기기관과 스크류 프로펠러의 개발로 동력문제가 해결되자 철제군함들이 출현하기 시작했다. 크림전쟁에서 영국과 프랑스가 철제군함을 투입하기도 했지만 그것은 철판을 씌운 부유포대(Floating Battery) 수준이었지 군함이라

부르기 힘들었다. 최초의 철제군함끼리의 전투는 미국 남북전쟁에서 일어났다. 북군의 철제군함 모니터호와 남군의 철제군함 메리맥호가 햄프턴로즈 해전에서 격돌했지만 둘 다 침몰하지 않았고 사상자도 없었다. 햄프턴로즈 해전에서 모니터호와 메리맥호는 둘 다 20여 발의 포탄을 맞았음에도 어떠한 피해도 입지 않자 사람들은 철제군함의 견고성에 주목하기 시작했다.

1866년에는 아드리아 해의 리싸(Lissa) 해전에서 이탈리아와 오스트리아 철제군함이 격돌했지만 햄프턴로즈에서와 마찬가지로 함포로는 서로 어떤 피해도 줄 수 없었다. 함포사격으로 피해를 줄 수 없자 오스트리아 군함이 이탈리아 기함인 르 디탤리아(Re d'Italia)를 충각으로 들이받아 침몰시켰다. 이 사건을 기점으로 갤리선 시대의 충각전술이 다시 한 번 주목 받기 시작했고—많은 사람들이 이탈리아 군함이 함포를 맞아 이미 기능이 정지된 상태였다는 사실을 망각했다—이후 함포와 충각 중 어느 것이 효율적인지에 대한 논쟁은 쓰시마 해전이 끝나기 전까지 계속되었다.

철제군함의 출현과 함께 함포에도 새로운 변화가 나타났다. 철제군함을 공격하기 위해서 철판을 뚫고 들어간 다음 폭발하는 포탄(Armor-piercing explosive shell)이 개발되었고, 지상에서처럼 포구 장전식 활강포(전장포)는 점차 포미 장전식 강선포(후장포)로 교체되었다. 이때 선체의 측면에 함포를 설치하는 대신 증기기관의 동력을 이용하는 회전식 포탑이 출현했다.

건조술과 무기의 발달로 인해 탄생한 영국의 데바스테이션호(Devastation)는 무게가 9,330톤이었고 배의 27%가 철갑이었다. 증기기관의 발달로 더 이상 돛이 필요 없었기 때문에 돛이 사라졌고 그 자리에는 회전식 함포가 장착되었다. 데바스테이션호에는 전방위 포격이 가능한 2개의 포탑에 35톤 대포 4문이 설치돼 있었다. 1870년대에 이르러 철제군함은 목제군함을 전장에서 완전히 쫓아냈다. 석탄을 에너지로 삼고 증기기관을 동력으로 삼으며 강력한 철갑으로 방호받는 철제군함들이 바다의 새로운 지배자가 되었다. 그러나 철제군함들은 과거의 목제군함처럼 돛과 바람만 이용해서 원거리 항

데바스테이션 전함(위)과 드레드노트 전함(아래) | 드레드노트 전함은 출현 이후 상대국의 모든 주력 전함들을 제압했다. 또한 드레드노트 전함은 드레드노트급(級) 전함이라는 하나의 등급을 만들기도 했다.

해를 할 수 없었기 때문에 석탄, 기술자, 수리부속품 및 정비시설을 갖추고 있는 해군기지가 필요했다. 영국과 프랑스 같은 제국주의 국가들은 자신의 영토는 물론 식민지에도 이런 해군기지를 건설했으며, 때로는 해군기지를 확보하기 위해 약소국을 공격하기도 했다.

1866년에 오스트리아 해군의 G. 루피스와 영국인 기사 R. 화이트헤드의 협력으로 발명된 어뢰는 철제군함에 심각한 위협을 가했다. 어뢰는 많은 화약을 탑재하고 수면 밑으로 발사되어 적함의 밑을 강타하여 침몰시키는 무기이다. 대형 철제군함들에게 강력한 장갑 덕택에 함포사격에도 오래 버틸 수 있었지만 어뢰는 강력한 대형군함에게도 치명적이었다. 어뢰가 발명되기 전까지만 해도 대형군함을 침몰시키는 것은 대형군함의 함포만이 가능했지만, 이제 어뢰를 장착한 소형함정들이 대형함정을 위협할 수 있게 되었다.

어뢰를 장착한 소형함정들—어뢰정이라 불렸다—은 대형함정의 주위를 빙빙 돌면서 어뢰로 침몰시켰고, 이런 소형함정들의 공격 앞에서 대형함정들은 속수무책으로 당할 뿐이었다. 1877년에 러시아는 터키의 군함을 어뢰정으로 침몰시키기도 했다.

그러나 대형함정들이 어뢰정을 방어하기 위해 사격속도가 빠른 소구경 부포(副砲)로 무장하자 어뢰정들은 과거처럼 큰 성과를 거두기 힘들었다. 또한 어뢰정으로부터 대형군함을 방어하기 위해 특별하게 설계된 구축함이 출현했다. 구축함은 함대 외곽에 배치돼 어뢰정이나 이후 출현한 잠수함으로부터 함대를 지키는 역할을 수행했다.

어뢰정이 실패로 돌아가자 기술자들은 잠수함이라는 새로운 무기에 집중하기 시작했다. 잠수함을 최초로 설계한 사람은 레오나르도 다빈치였지만 그것이 처음으로 출현한 것은 1890년대였다. 미국의 존 홀랜드가 설계한 잠수함은 2개의 엔진을 가지고 있었는데, 물속에서는 전기식 엔진을 물 위에서는 가솔린 엔진을 사용했다. 잠수함에 어뢰를 장착하자 소형 어뢰정보다 더욱 위협적인 존재가 되었다. 대형군함들은 보이지 않는 곳에서 어뢰를 발사하는 잠수함의 존재가 항상 부담스러웠다. 잠수함은 제1·2차 세계대전 때 독일 해군의 주력 무기로 활약하기도 했다.

어뢰만큼이나 기뢰의 발명도 눈여겨봐야 할 사건이다. 1855년에 러시아는 발트해에서 기뢰를 최초로 사용했다. 기뢰는 물위에 떠 있다가 적함과 충돌하면 폭발하는 일종의 지뢰와 같은 역할을 했다. 이후 기뢰는 적함의 이동경

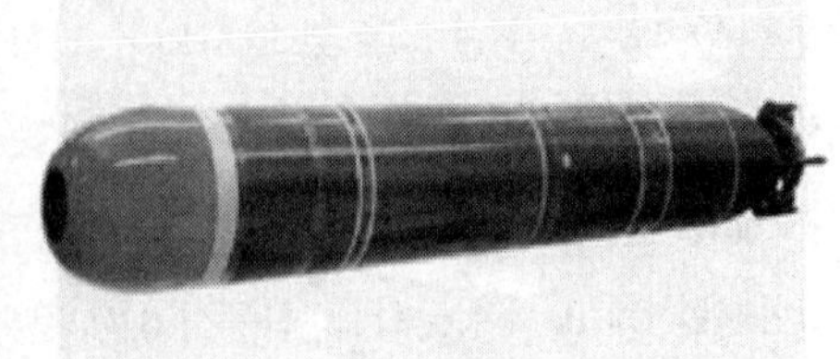

기뢰(좌)와 어뢰(우)

쓰시마 해전 | 러시아의 발틱함대는 일본 도고제독에게 괴멸당했다.

로를 제한하거나, 항구 진입을 막는 용도로 아주 유용하게 사용되었다.

러일전쟁 때 벌어진 1904년의 쓰시마 해전은 철제군함시대에 처음으로 벌어진 대규모 해상전이었다. 이때 러시아의 발틱함대는 도고 헤이하치로 제독이 이끄는 일본 함대에게 괴멸되었다. 일본 함대는 러시아 함대보다 빠른 기동력을 이용해 T자 긋기 전술을 사용하여 싸웠다. T자 긋기 전술은 아군 함대가 적의 함포사격을 적게 받을 수 있는 각도로 기동하는 전술이다. 쓰시마 해전은 다른 조건이 같은 함대라면 기동력이 더 좋은 쪽이 승리한다는 것과, 함대가 5~8km 이격되어 싸우는 대규모 함포전에서는 충각전술이 쓸모없다는 교훈을 남겼다.

군함건조술이 계속 발전하자 거포(巨砲)를 장착한 큰 규모의 전함들이 출현하기 시작했다. 이 거대한 전함들은 각국의 영웅의 이름이나 지명 등을 이름으로 붙여 마치 그 나라를 상징하는 상징물로 여겨지게 만들었다. 이렇게 탄생한 거함거포주의로 인해 모든 국가들은 전함의 크기로 군비경쟁을 하기 시작했다. 전함은 한 국가의 상징물이었기 때문에 그것이 침몰하거나 나포되면 군인들은 물론 국민들의 사기에도 큰 영향을 줄 수 있었다. 그렇

야마토 전함(위)과 비스마르크 전함(아래) ‖ 이 두 전함은 거함거포주의를 대표했던 전함이었다. 항공모함과 함재기의 출현으로 거함들은 몰락하기 시작했고 야마토 전함과 비스마르크 전함도 제2차 세계대전 중 아무런 활약도 못하고 침몰당했다.

기 때문에 대형전함의 지휘관들은 과감하게 적을 공격하기보다 침몰되지 않기 위해 애를 썼다. 결국, 쓰시마 해전과 유틀란트 해전 이후 이렇다 할 대규모 해전이 일어나지 않은 이유는 바로 전함을 잃지 않으려고 모든 국가들이 노력했기 때문이다.

제1차 세계대전 당시 독일은 연합군에게 피해를 주기 위해 U보트라 불리는 잠수함을 건조했고, 연합국 상선을 무차별적으로 공격하는 무제한 잠수함 작전을 실행하여 성공을 거두기도 했다. 잠수함 전술은 제2차 세계대전 때 더욱 발전했는데 그것은 무선통신기술의 발전과

독일의 U보트

맥락을 같이 한다. 제1차 세계대전 때의 잠수함이 통신체계의 문제로 단독행동을 한 것에 비해 제2차 세계대전 때의 잠수함은 무선 통신을 이용해 단체로 움직였다. 특히 독일의 U보트는 이른바 '이리 떼 전술'을 구사했다. 이 전술은 1대의 U보트가 적국 상선을 발견하면 주위에 있는 다른 U보트 전대에 무선으로 신호를 보낸 다음 여러 대의 U보트가 모여 상선을 집중 공격하는 전술이었다. 이 전술로 연합국 상선은 종전까지 큰 피해를 입었고 독일의 U보트 전대는 한동안 연합군에게 공포의 대상이 되었다.

그러나 잠수함에 대한 대책이 강구되면서 U보트는 점차 몰락의 길을 걷게 된다. 음파탐지기 소나(SONAR)는 너무 늦게 출현하여 제1차 세계대전 때는 활약하지 못했지만, 제2차 세계대전 때는 수중에 위치한 잠수함을 찾는 데 큰 역할을 했다. 소나로 적의 잠수함을 발견하면 구축함이 폭뢰(Depth charges)를 이용하여 공격하는 전술은 제2차 세계대전 때 연합군이 사용했던 일반적인 전술이다. 그러나 소나는 수심, 수온, 염도 등 다양한 변수에 의해 잠수함 탐지가 어렵기 때문에 완벽한 방어책은 되지 못했다. 그래서 등장한 것이 소형 레이더를 부착한 항공기였다. 이 항공기는 소나의 부족한 부분을 채워 줄 수 있는 존재였다. 소형 레이더를 장착한 항공기는 적의 잠수함을 발견하면 서치라이트로 비추고 폭뢰를 투하하여 공격했다. 잠수함은 대공포를 달아 항공기의 위협을 극복하려 했지만, 제2차 세계대전 후반으로

전함은 대공포로 함재기를 저지하려 했지만 함재기의 공격을 막을 수 없었다. 함재기의 출현으로 해상 전투의 모습은 완전히 달라졌다.

뇌격기 ‖ 공중에서 어뢰를 투하하는 뇌격기에 전함들은 속수무책으로 당할 수밖에 없었다.

갈수록 U보트는 효과를 발휘하기 힘들었다.

제2차 세계대전이 시작될 무렵에는 항공기를 이용해 함정을 격침시키는 시도들이 이뤄졌다. 이것은 보수적인 해군제독들의 큰 반발을 일으켰지만, 그들도 시간이 지날수록 함정에 대한 항공기의 이점을 인정하지 않을 수 없었다. 그런데 비행시간과 거리의 한계 때문에 항공기를 탑재하여 움직일 수 있는 함정이 필요하게 되었다. 그래서 등장한 것이 바로 항공모함이다. 최초의 항공모함은 1921년에 영국 해군이 순양함을 개조한 것이었다. 항공모함은 1922년에 워싱턴 군축조약으로 전함의 톤수와 무장에 제한을 부여받자 개발이 촉진되었다. 항공모함에 탑재된 함재기들은 소구경 경포, 자유낙하폭탄, 어뢰로 무장했다. 특히 어뢰로 무장한 뇌격기들은 함정에 강력한 공격력을 발휘했다. 전함들은 철갑을 강화하고 대공포를 설치하여 함재기를 막으려 했지만 결국 실패했다. 일본이 미국의 해군기지 진주만을 기습했을 때 미국의 대형전함들은 일본의 항공모함에서 발진한 함재기들을 막지 못하고 침몰하고 말았다. 함재기들의 능력이 더욱 발전할수록 함정에 대한 함재기의 우위는 높아져만 갔다.

함재기들의 함정 공격을 가장 효율적으로 막을 수 있는 방법은 바로 함재기를 이용하는 것이었다. 미드웨이 해전에서 보여줬듯이 이제 해전은 구식 함포 간의 사격보다는 항공모함에 탑재된 함재기들의 공중전에 의해 결정되었다.

미국 엑세스급 항공모함 인트라피드

제2차 세계대전 중 유럽 전선에서는 별다른 해전이 없었던 반면 미국과 일본의 태평양 전쟁에서는 해전과 섬을 점령하는 상륙작전이 큰 비중을 차지했다. 범선시대까지만 해도 해안포대의 강력함 때문에 상륙작전이라 불릴 만한 작전이 없었지만 이 시기에는 군함, 항공기, 상륙함들의 발전으로 그것이 가능해졌다. 제1차 세계대전에서 갈리폴리 상륙작전이 실패했던 것과 달리, 제2차 세계대전의 상륙작전들은 힘들기는 했지만 대부분 성공적으로 이뤄졌다.

유럽 전선에서 벌어진 노르망디 상륙작전 말고도 태평양 전선에서는 미국과 일본이 무수히 많은 섬들을 장악하기 위해 끊임없이 상륙작전을 감행했다. 상륙작전을 성공하기 위해서는 먼저 제해권을 장악하는 것이 중요했다. 그 다음에야 항공기와 전함을 이용해 적의 해안포대에 포격을 가하고 아군 함대에서 발진한 상륙주정(LCP)에 병력을 태워 해안에 상륙시켰다. 상륙한 병사들은 해안방어진지의 포격과 기관총 사격을 극복하고 적의 진지를 점령해야만 상륙작전은 성공할 수 있었다. 태평양 전쟁처럼 섬을 장악하는 것이 필수불가결한 전쟁에서는 상륙작전이야말로 매우 중요하였다. 섬을 장악하면 그곳의 공항을 이용할 수 있고 섬을 중심으로 항공기의 활동이 가능하므로 해전에서 매우 유리한 위치를 차지할 수 있기 때문이다.

노르망디 상륙작전 중 상륙주정에 타고 있는 미군

제2차 세계대전 때 출현한 항공모함은 해전의 양상을 바꿔 놓았다. 모든 함대는 항공모함을 중심으로 편성되었다. 그러나 이제 항공모함은 그 자체만으로는 강력하지 못했다. 구축함, 순항함, 잠수함과 같은 다양한 함정들의 조합으로 함대를 구성해야만 위력을 발휘할 수 있었다. 이를 가장 성공적으로 실천한 국가는 미국이었다. 결과적으로 미국은 대공무장 등 다양한 기능의 함정으로 구성한 함공모함 함대를 운영함으로써 여러 해전에서 승리할 수 있었으며 막강한 해군력을 보유하게 되었다.

ㄷ
AD 1945~현재

‖ 최첨단 시대 전쟁사 연표 ‖

※ 약어표[대상에서 회색은 전쟁(전투)에서 승리한 세력을 뜻함]

북-북한, 남-남한, 프-프랑스, 베-베트남, 이-이집트, 엘-이스라엘, 미-미국, 소-소련, 아-아프가니스탄, 란-이란, 크-이라크, 체-체첸, 러-러시아, 헨-아르헨티나

시 기	대 상	내 용
1945년		유고슬라비아 사회주의 연방공화국 성립, 독일·한국 분단
1948년		대한민국 정부 수립, 조선민주주의인민공화국 성립, 이스라엘 건국
1949년		국공내전 종식, 중화인민공화국 성립, NATO 출범
1950년	북vs남	6·25전쟁 발발(~1953년), 인천상륙작전, 서울 수복
1951년	북vs남	1·4후퇴, 지평리 전투, 현리 전투
1952년	북vs남	백마고지 전투, 수소폭탄 개발
1953년	프vs베	6·25전쟁 휴전협정 조인, 디엔비엔푸 전투
1956년	이vs엘	제2차 중동전쟁(수에즈 전쟁)
1957년		대륙 간 탄도미사일(ICBM) 개발
1959년		쿠바혁명
1960년	미vs베	베트남전쟁(~1975년), MIRV 개발
1962년	미vs소	쿠바 미사일 위기
1964년	미vs베	통킹만 사건, 베트남전쟁 확대
1967년	시vs엘	제3차 중동전쟁(6일 전쟁)
1968년	베vs미	베트남 구정공세, 케산 전투
1969년		전략무기제한협정 I (SALT I) 체결
1973년	시·이vs엘	제4차 중동전쟁(10월 전쟁), 석유파동
1979년	소vs아	소련이 아프가니스탄 침공(~1989년)
1980년	란vs크	이란-이라크 전쟁
1982년	헨vs영	포클랜드 전쟁
1990년		독일 재통일
1991년	크vs미	걸프전쟁, 소련 해체
1993년		유럽연합(EU) 발족
1994년	체vs러	체첸 사태(~1999년)
1998년		코소보 사태
2001년	아vs미	911테러 발생, 아프가니스탄 전쟁(~현재)
2003년	크vs미	이라크 전쟁
2011년		리비아 내전, 빈 라덴 사망

산업사회가 인간을 공장의 부속품으로 만들었듯이 시스템에 의해 통합된 전쟁은 인간을 시스템의 소모품으로 전락시켰다. 그 결과는 총력전이라는 현세지옥의 출현이었고 양차 세계대전 특히 제2차 세계대전에서 그것은 절정에 다다랐다. 대량살상을 위한 기술의 발전으로 무기의 파괴력이 그야말로 '기하급수적'으로 증가한 끝에 마침내 궁극의 종말적 병기가 등장함에 이르렀으니 그것은 바로 핵무기이다.

대량살상을 특성적 목적으로 하며 무기발달의 정점에 위치한다고 할 수 있는 핵무기는 역설적으로 대량살상을 위한 무기발전과 시스템적인 총력전에 종지부를 찍게 만들었다. 그래서 핵무기라는 궁극의 병기는 마치 금지된 주술처럼, '보유해야 하지만 사용되어서는 안 되는' 희한한 무기가 되었다.

또한 양차 세계대전은 인류에게 시스템적 총력전의 끔찍함을 체감하고 반성하게 하는 계기가 되었다. 그러면서 무기의 발전은 무차별적 대량살상보다는 제한된 목표를 최대한 정확하게 타격하는 방향으로 점차 선회했다. 눈부시게 진보된 과학기술이 그것을 가능하게 했으니, 이른바 최첨단 시대의 개막이다. 전쟁양상도 무제한적인 총력전이 아닌, 명시적 혹은 암묵적으로 제한된 범위 내에서 수행되는 제한전의 성격을 띠게 되었다. 이제 그렇지 않은 전쟁은 곧 인류의 공멸을 의미하는 것이기 때문이다.

그러나 양차 세계대전 후에도 무차별적 대량 살상이 사라진 것은 결코 아니며, 앞으로도 그것이 재연될 가능성은 상존하고 있다. 또한 핵무기가 사용되면 인류의 공멸을 초래할 수 있다는 점에는 모두 공감하지만, 핵무기를 보유한 국가들은 결코 그것을 포기하려 하지 않고 있다. 그리고 핵무기를 보유하지 못한 국가들 가운데 많은 국가들이 기회가 되면 언제든 그것을 보유하기 위해 노력하고 있다. 인류는 그렇게 '공포의 균형' 속에서 존속하고 있을 따름이다.

최첨단의 시대에도 전쟁은 결코 사라지지 않았고, 세상을 지배하는 힘의 논리는 달라지지 않았다. 그것은 아마 앞으로도, 인류가 존속하는 한 변치 않을 것이다.

1. 냉전시대의 무기와 전쟁

① 냉전: 핵무기의 등장과 견제

미군과 소련군이 엘베강에서 만나면서 유럽 전선은 종결되었다.

베를린이 함락되고 미군과 소련군이 엘베강에서 만났을 때[1)]까지만 해도 미국과 소련은 같은 연합국의 일원으로써 전쟁을 승리로 이끈 동맹국이었다. 이후 세계는 미국이 주도하는 자본주의 진영과 소련이 이끄는 공산주의 진영으로 양분되었으며 끊임없이 대립했다. 이처럼 미국과 소련, 두 강대국이 전쟁은 하지 않고 군비경쟁을 하며 대립했던 기간을 흔히 냉전(Cold War) 시대라고 부른다.

미국과 소련이라는 두 강대국이 오랜 기간 동안 대립하면서도 전쟁을 벌이지 않았던 이유는 바로 가공할 만한 위력을 가진 핵무기가 있었기 때문이다. 제2차 세계대전 말에 미국은 일본 본토에 상륙하면 엄청난 피해가 있을 것으로 예상하고 전쟁을 빨리 끝내기 위하여 원자폭탄을 사용하기로 결정했다. 맨해튼 프로젝트(Manhattan Project)[2)]라는 이름으로 비밀리에 개발되었던

1) 자본주의 국가인 미국・영국과 사회주의 국가인 소련은 독일 타도를 위해 연합군을 이루었을 뿐 서로가 엄연한 적성국이었다. 소련이 추진하는 '세계 혁명'은 자본주의의 맹주인 미국과 영국을 타도하는 것을 최종 목표로 삼고 있었다. 그래서 독일의 패망과 동시에 양측의 충돌로 인한 새로운 전쟁이 우려되었지만 엘베강에서 조우한 미군과 소련군 사이에는 아무런 충돌도 일어나지 않았고, 이것은 제2차 세계대전의 종전을 의미하는 상징적인 사건으로 남았다.

2) 제2차 세계대전 중 비밀리에 취한 미국의 원자폭탄 제조 계획. 1945년 7월 15일에 최

원자폭탄은 1945년 8월 6일에는 히로시마, 9일에는 나가사키에 투하되었다. 그 위력에 놀란 일본이 8월 15일 결국 무조건 항복함으로써 제2차 세계대전이 종전되었다.

이 가공할 만한 무기는 한 도시를 잿더미로 만들 수 있는 능력을 가지고 있었고, 지금까지 사용됐던 그 어떠한 무기보다—제2차 세계대전 때 사용됐던 가장 큰 폭탄이 TNT[3] 10톤 정도였던 것에 비해 원자폭탄은 TNT 만 5천 톤이었다—강력했다. 한동안 미국은 유일한 원자폭탄 보유국으로서 그 지위를 누렸지만 오래가지 못했다. 소련이 맨해튼 프로젝트에서 빼돌린 정보를 이용해 1949년에 원자폭탄 실험에 성공하자, 미국은 더 이상 자국의 안전을 보장할 수 없게 되었다. 만약 미국과 소련 간에 전쟁이 일어난다면 미국이 소련의 본토에 원자폭탄을 투하할 수 있겠지만 그 반대의 경우도 일

히로시마 원폭투하

초의 원자폭탄 실험이 실시되었다. 이때 제조된 원자폭탄은 리틀보이와 펫맨으로 불리며, 히로시마와 나가사키에 떨어졌다.

3) TNT는 폭발성의 화학 물질인 트라이나이트로톨루엔을 가리킨다. TNT는 질소, 수소, 탄소, 산소로 이루어져 있는데 기폭 장치가 터지면 충격파로 분자 결합이 깨지고 초속 6.7km의 속도로 폭발하며 4,000psi 이상의 압력을 발생시키면서 다량의 에너지를 방출한다.

어날 수 있기 때문이다.

미국과 소련은 원자폭탄을 대량생산하면서 치열하게 핵무기 경쟁을 벌였다. 1952년 최초로 수소폭탄이 개발되자 핵무기는 더 작은 크기로 더 강력한 에너지를 낼 수 있게 되었으며 점차 소형화되었다. 과거에는 핵무기를 사용하기 위해서는 중형폭격기인 B-29나 Tu-4에 폭탄을 실고 공중에서 투하해야만 했으므로 폭격기를 이용한 핵무기 사용은 여러 가지로 제한이 많았다. 먼저 적의 전투기에 요격당하지 않도록 제공권을 장악해야 하고, 적의 방공망을 무력화시켜야만 했다. 제2차 세계대전 때에 일본은 연합군에게 제공권을 장악당했고, 방공기술이 발전되지 않아 고도로 비행하는 B-29를 격추 시킬 수 없었지만, 1945년 이후의 미국과 소련은 달랐다. 이 두 나라의 방공망을 뚫고 적의 심장부에 핵폭탄을 투하한다는 것은 성공 가능성이 아주 희박한 도박이었다.

이후 핵무기가 소형화되자 폭격기가 아닌 핵무기를 사용할 다른 방법들이 생기게 되었다. 먼저 1957년에 제작된 대륙 간 탄도미사일(ICBM, Intercontinental Ballistic Missile)이 그것이었다.[4] 대륙 간 탄도미사일은 핵탄두를 장착한 장거리 미사일로, 대기권 밖을 돌파한 다음 목표물을 향해 날아갔기 때문에 중간에 요격할 수 있는 방법이 없었다.

그래서 적국의 핵무기 사용을 근본적으로 억제하기 위해서는 자국도 핵무기를 보유해야만 했다. 미국과 소련은 모두 적국이 핵무기를 사용하여 공격하면 더 많은 핵무기로 대응한다는 대량보복전략(Massive Retaliation)을 채택하게 되었다. 그 결과 두 강대국은 막대한 양의 핵무기를 보유했으면서도

---

4) 이 미사일의 시초는 제2차 세계대전 당시 독일에서 제작하여 사용한 V-1 · V-2 로켓이라고 할 수 있다. 이들은 독일이 제공권을 상실한 후 자국을 끊임없이 폭격하는 연합군에게 반격을 가하기 위해 개발한 무기였다(V는 '복수'를 뜻하는 독일어 Vergeltung의 머리글자이다). V-1은 거의 제로에 가까운 명중률을 보이며 완전히 실패했지만, V-2는 상당수가 영국의 도시에 떨어져 적지 않은 피해를 입혔다. 종전 후 이 로켓 기술을 전승국인 미국과 소련이 입수했고, 이것이 핵기술과 결합되면서 결국 대륙 간 탄도미사일이라는 절대 공포의 등장으로 이어졌던 것이다.

소련의 ICBM SS-16 사이나

치명적인 핵전쟁을 피하기 위해, 핵무기를 실제로는 사용하지 않았다.

냉전이란 미국과 소련이 직접적인 전쟁을 하지 않고 군비경쟁만 벌인 '가짜 전쟁'이라는 뜻으로 붙여진 용어이다. 그러나 1950년에 동족상잔의 비극을 겪은 우리나라의 상황에는 냉전보다는 열전(Hot War)이라는 표현이 더 어울릴 것이다. 우리나라뿐 아니라 베트남에서도 자본주의와 사회주의 양대 진영이 충돌한 전쟁이 일어나 수백만 명의 인명이 희생되었다. 미국과 소련이 대립하던 기간 동안 이 두 차례의 큰 전쟁 외에도 보다 작은 규모의 전쟁들이 여러 차례, 지구 곳곳에서 일어났고 그것들에는 하나같이 미국과 소련이 어떤 식으로든 관련되어 있었다. 요컨대 미국과 소련은 핵전쟁으로 인한 공멸을 피하면서 자기 진영의 세력과 영향권을 확장하거나 유지하기 위해, 재래식 무기 등 비핵 전력으로 다른 작은 나라를 공격하거나 지원하는 일종의 대리전을 벌였던 것이다.

② 6·25전쟁과 베트남전쟁: 헬리콥터의 탄생과 전술적 운용

1950년 6월 25일에 북한군의 남침으로 시작된 6·25전쟁은 무려 600여만 명에 달하는 사상자를 냈고 전 국토가 파괴되었을 뿐만 아니라 남북의 분단을 고착화시켰다.

북한이 치밀한 계획 끝에 남침을 개시한 것에 비해 남한은 개전 당시 다수의 장병들에게 휴가를 주는 등 전혀 준비가 되어 있지 않았다. 게다가 소련으로부터 지원받은 T-34 전차를 앞세우고 남진하는 북한군에 맞설 만한 무기가 당시 한국군에는 없었다.[5] 개전 3일 만에 한국의 수도 서울이 점령당했고 얼마 못 가 낙동강 이남을 제외한 전 영토가 북한군에게 넘어갔다. 특히 개전 초기에 한국에 파견된 미군부대인 스미스 부대와 제24사단의 패배는 더욱 충격적이었다. 이에 미국은 UN안보리에 이 문제를 상정했고 UN은 창설 이후 최초의 국제연합군을 파견했다.[6]

낙동강을 경계로 북한군과 연합군이 한동안 밀고 밀리는 공방전을 계속하는 동안, 인천상륙작전이 감행되어 마침내 전세는 역전되었다. 인천상륙작전으로 북한군은 낙동강에서 한강 이남에 걸치는 거대한 감옥 속에 갇혔고, 결국 지리멸렬할 수밖에 없었다. 연합군은 서울을 빼앗긴 지 3개월만인 9월 28일에 서울을 수복했고, 이후 38선을 돌파하여 10월 19일에 평양을 점령했다. 북한군은 두만강까지 철수했고 한국군 제6사단이 압록강 물을 수통에 담을 때까지만 해도 전쟁은 곧 끝날 듯했다.

그러나 팽덕회가 이끄는 중공군이 참전하면서 전황은 일시에 재역전되었다. 중공군은 장비는 열악했지만 병력이 많았고 국공내전[7]의 승리로 인해

---

5) 38선 이남에 진주했던 미군이 한국군에 원조한 바주카 등 대전차 화기는 T-34의 장갑을 뚫지 못했다. 이러한 사정은 당시의 미군조차도 크게 다르지 않았다. 미국에서 T-34를 격파할 수 있는 신형 대전차포가 6·25전쟁 직전에 개발되었으나 아직 미군에서조차 제대로 실전 배치되지 않은 상태였다. 당시 전차를 파괴할 수 있는 최선의 방법은 항공기로 폭격하거나 동급 이상의 전차로 상대하는 것이었다. 물론 개전 당시 한국군에는 전차가 단 1대도 없었다.
그럼에도 불구하고 한국군의 지휘부는 그러한 위태로운 형세를 전혀 파악하지 못했을 뿐 아니라, 전쟁이 터지자 '점심은 평양에서 저녁은 의주에서 먹을 것'이라며 호언장담하기까지 했다.

6) 당시에도 거부권을 가진 상임이사국이었던 소련은 이 문제에 침묵하며 대응하지 않았다. 만약 소련이 거부권을 행사했다면 국제연합군의 파병은 이루어지지 않았을 수도 있다. 그렇다면 역사는 또 달라졌을지도 모를 일이다.

7) 중국에서 항일(抗日)전쟁(중일전쟁)이 끝난 후 국민당과 공산당 사이에 벌어진 국내전

사기가 충천했다. 특히 중공군은 꽹과리와 피리를 이용해 공포감을 조성하는 심리전에 능했고, 국공내전에서 이미 검증된 전술인 '운동전'[8]을 실행하여 연합군에게 심대한 타격을 가했다. 중공군이 참전한 후 연합군은 다시 서울을 빼앗기고 한강 이남으로 후퇴했다. 이후 중공군의 공세를 막아 내던 연합군은 압도적인 공군력으로 제공권을 장악했고[9] 재반격을 가해 서울을 재수복했다. 하지만 더 이상 북진하지 못하고 38선 부근에서 끊임없는 소모전을 펼쳤고, 이후 어느 쪽도 결정적인 승리를 거두지 못했다. 전쟁이 좀처럼 끝날 기미가 보이지 않자 전쟁에 지친 양측은 정전회담을 시작했고 1953년에 마침내 휴전협정이 조인되었다.

6·25전쟁은 무기의 발전 측면에서 본다면 대체로 제2차 세계대전과 달라진 것이 없는 전쟁이었다. 북한군의 주력 전차는 제2차 세계대전 당시 소련군이 사용했던 T-34였고, 한국군이 사용한 소총은 제2차 세계대전 당시 미군이 사용했던 M1 소총이었다. 전쟁 방식도 거의 흡사했다. 전차를 앞세워 공격하는 북한군의 전술은 제2차 세계대전의 독일군을 보는 듯 했고, 인천상륙작전은 6년 전의 노르망디 상륙작전과 비슷했으며, 38선 부근에서 벌어졌던 고지쟁탈전은 제1차 세계대전의 참호전투와 흡사했다. 다만 제2차 세계대전 말에 최초로 실전 배치되었던 제트기[10]가 비로소 전장의 주역으로

쟁. 장개석이 이끌던 부패한 국민당은 미국의 지원과 압도적인 화력에도 불구하고 패배하여 대만으로 도망쳤고, 중국인 대다수의 지지를 얻은 모택동의 공산당이 대륙을 장악함으로써 중국이 공산화되었다.

8) 적을 고립된 여러 조각으로 나누고 적의 증원군이 도착하기 전에 조각난 그들을 포위하여 상대적으로 우세한 전투력으로 완전히 섬멸시키는 전술.

9) 소련에서 지원된 미그기들로 이루어진 공산군 전투기들과 미군을 주축으로 한 연합군 전투기들이 공중전을 벌인, 이른바 '미그기 회랑'이라 불린 지역이 압록강 일대에 형성될 정도였다. 제공권을 장악한 연합군은 무차별 폭격으로 공산군 점령 지역을 초토화시켰다. 이는 북한 지역에서 다수의 피난민이 남한 지역으로 이동하는 원인이 되기도 했다.

10) 프로펠러가 아닌 제트엔진을 동력으로 삼는 항공기로 프로펠러 항공기와는 비교가 되지 않을 정도로 빠른 속력을 낸다. 제2차 세계대전 말인 1945년에 독일이 최초로 Me-262라는 제트전투기를 실전 투입했으나 제트엔진의 빠른 속력을 뒷받침할 다른 성능

떠올랐다는 점은 특기할 만하다. 6·25전쟁에서 최초로 실전 투입된 미국의 P-86과 소련의 Mig-15가 마치 양 진영의 자존심 대결이라도 하듯 공중전을 벌였다. 이 '냉전' 최초의 공중전은 미국 측의 압도적 우세로 돌아갔고 전세에 결정적인 영향을 끼쳤다.

한편 6·25전쟁은 핵무기가 출현한 이래 최초에 벌어진 전쟁이었기 때문에 핵무기 사용 여부에 많은 관심이 쏠렸는데, 결국 핵무기는 사용되지 않았다. 그러나 미군 총사령관 맥아더가 중공군의 참전에 임박하여 핵무기 사용을 건의했던 것에서 드러나듯 핵무기 사용 가능성은 상존하고 있었다.

또 다른 냉전시대의 대리전인 베트남전쟁(Vietnam War, 1960~1975)은 미국 역사상 가장 큰 실패였다고 할 만하다. 한동안 프랑스의 식민지였던 베트남은 디엔비엔푸 전투[11]에서 승리하여 독립을 쟁취할 수 있었다. 그러나 이후 베트남은 남과 북으로 분단되어 북쪽에는 공산주의 국가인 북베트남, 남쪽에는 자유주의 국가인 남베트남이 건국되었다. 이후 북베트남은 남쪽으로 공산주의 게릴라인 베트콩을 파견하여 남베트남 정부를 전복시키려 했다. 남베트남에서 반정부시위와 공산주의자의 책동이 계속되자 남베트남은 강력한 반공법을 실시해 많은 사람들을 학살했다. 군사력에서도 북베트남이 남베트남보다 강한 데다가 대다수 베트남인들이 부패한 남베트남 정부에 등을 돌리고 북베트남을 지지했기 때문에, 남베트남은 미군의 지원 없이는 북베트남을 막을 수 없었다. 이에 미국은 공산주의의 세력확장을 저지하고자 통킹만 사건[12]을 빌미로 베트남 사태에 적극 개입했고 결국 수백만 명이 희생

이 부족했고, 무엇보다 전세가 이미 기울었기 때문에 그다지 활약하지 못했다. 종전 후 이 기술은 전승국인 미국과 소련의 손에 들어갔고 제트전투기의 시대는 두 나라에 의해 본격화되었다.

11) 1954년 3월 13일부터 베트남 북부의 디엔비엔푸에서 프랑스군과 베트민군(越盟軍) 사이에 벌어진 전투이다. 프랑스군 약 1만 1천 명이 항복했고 5천 명이 전사했다. 이 전투에서 승리한 베트남은 독립을 달성할 수 있었다.

12) 미군 함정이 통킹만에서 북베트남 해군의 공격을 받은 사건. 베트남에 개입 명분을 찾던 미국이 의도적으로 조작한 사건임이 훗날 밝혀졌다.

된 대규모 전쟁으로 비화되었다.

북베트남군은 정규전과 비정규전의 배합전략을 사용하면서 미군을 괴롭혔다. 특히 호치민 트레일(Ho Chi Minh Trail)이라 불리는, 라오스와 캄보디아를 관통하는 길을 따라 남베트남에 베트콩 게릴라와 군수품을 투입하여 미군의 후방을 집요하게 교란했다. 미국이 자랑하는 막강한 화력과 최첨단 무기로도 후방에서 소규모로 활동하는 게릴라를 효과적으로 막을 수 있는 방법은 없었다. 게다가 베트남전쟁에서 미군의 솔저십(Sodier Ship)은 역대 최악이었으며 남베트남 내부에서는 반정부시위와 반미시위가 끊임없이 벌어졌다.

1960년대에 미국은 제2차 세계대전이 벌어졌던 1940년대의 미국이 아니었다. 1940년대에 미국인들은 국가에 자신의 의무를 다하는 것이 당연하다고 생각했다. 그러나 그들의 아들 세대, 흔히 베이비붐세대 혹은 68세대라고 불리는 이들은 징병제를 거부했고 반전운동을 펼쳤다. 미국은 국내에서도 또 다른 전쟁을 하고 있었던 셈이다. 특히 베트남전쟁은 TV로 중계되는 최초의 전쟁이었으므로 여론에 많은 영향을 받을 수밖에 없었다.

결국 미군은 압도적인 전력을 가지고도 북베트남군을 제압하지 못한 채 숱한 민간인들을 희생시키며 국제적 비난여론 속에 휴전협정을 체결하고 철수했다. 미군이 철수한 후 북베트남은 다시 전열을 가다듬어 총공세를 단행

베트남전쟁은 세계 최초의 대규모 반전시위가 일어난 전쟁이었다.

베트남전쟁은 최초로 헬기가 전술기동 목적으로 사용된 전쟁이었다.

했고, 마침내 남베트남의 수도 사이공(오늘날의 호치민 시)이 함락되면서 베트남 전역이 공산화되었다.

베트남전쟁은 무기체계 측면에서 6·25전쟁보다 한층 발전된 전쟁이었다. 미국은 제2차 세계대전과 6·25전쟁에서 활약한 중폭격기들이 베트남전쟁에 어울리지 않는다는 것을 깨달았다. 소련이 북베트남에 고성능 제트전투기와 함께 새로 개발된 지대공[13]미사일을 지원했기 때문에 방공 전력이 크게 강화되어, 미 공군은 6·25전쟁에서처럼 일방적으로 폭격을 하기가 어려웠다. 그뿐만 아니라 중폭격기의 대량 폭격은 도시나 산업지대에는 좋았지만 조그마한 촌락을 중심으로 활동하는 베트콩 게릴라들에게는 어울리지 않았다. 그렇기 때문에 베트남전쟁의 무기발전은 대게릴라전에 특화된 무기들—살아 있는 인간들을 최대한 효과적으로 살상할 수 있는—을 중심으로 이뤄졌다.

이러한 필요를 충족시킬 수 있는 대표적인 무기가 바로 집속탄(Canister Bomb Unit)이었다. 집속탄은 모(母)폭탄과 자(子)폭탄으로 이뤄져 있는데 시한장치로 모폭탄을 공중에서 폭파시키면 그 안에 있던 자폭탄이 쏟아져 나온다. 이 자폭탄들은 강력한 강철구를 가지고 있는데, 쏟아져 나온 자폭탄이

13) 지상에서 항공기를 공격하는 것을 이르는 말. 항공기에서 항공기를 공격하는 것을 공대공, 항공기가 지상 목표물을 타격하는 것을 공대지, 지상에서 지상 목표물을 공격하는 것을 지대지라 한다.

터지면 강철구 9~18만 개가 뿌려져 광범위하게 흩어져 있는 적들을 살상했다. 이 무기는 적절한 방어장치를 갖추지 못한 게릴라들에게 큰 효과를 발휘했다. 적의 발에만 중상을 입히는 발목지뢰, 광범위한 지역을 섭씨 2천℃의 불바다로 만드는 슈퍼네이팜탄 등도 모두 이 시기에 대게릴라전을 위해 미국이 만들어낸 무기이다. 또한 현대적 자동소총인 M16이 출현했고 최초로 헬기가 전술적인 목적으로 사용되었다. 특히 헬기는 전차보다 더 탁월한 기동성을 보여줌으로써 과거 공수부대가 하던 역할을 대신할 수 있었다.

그러나 베트남전쟁은 최첨단 무기가 출현한 전쟁은 아니었다. 기존의 무기가 크게 개량되기는 했지만 정확성을 높이기보다 무차별적 살상력을 높이는 방향으로 전개되었다. 자연히 6·25전쟁 이상으로 민간인 희생이 커질 수밖에 없었다.[14]

역사를 바꾼 전투 이야기 ⑫ 케산 전투(Battle of Khe-sanh)

1968년 1월 30일, 베트남의 최대 축제인 설날이 시작되자 북베트남군은 전 전선에서 대대적인 공세를 가했으며, 기간 중 북베트남군의 강력한 공세를 당했던 곳은 케산기지였다. 케산기지는 라오스 국경에서 동쪽으로 10km, 비무장지대(DMZ) 남쪽으로 약 25km 떨어진 지점에 건설되었다. 동서로 1,800m, 남북으로는 800m에 달하는 높은 고원에 설치되어 있기 때문에 이동하는 북베트남군을 감시하고 포병지원을 할 수 있는 중요한 전진기지이다. 하지만 높은 고원에 건설되었기 때문에 육로로 보급받기가 불가능했으며, 기지 안에 설치된 1,200m 길이의 활주로를 통해 공중보급을 받아야만 했다.

북베트남군은 구정공세를 시작하기 전에 케산기지 근처로 미리 2개 사단을 이동

14) 베트남전쟁은 최초로 전쟁 희생자 중 민간인 비율이 90%를 돌파한 전쟁이었다. 제1차 세계대전의 민간인 희생자는 전체 희생자의 5% 미만이었고 제2차 세계대전에서도 50%를 넘지 않았다.

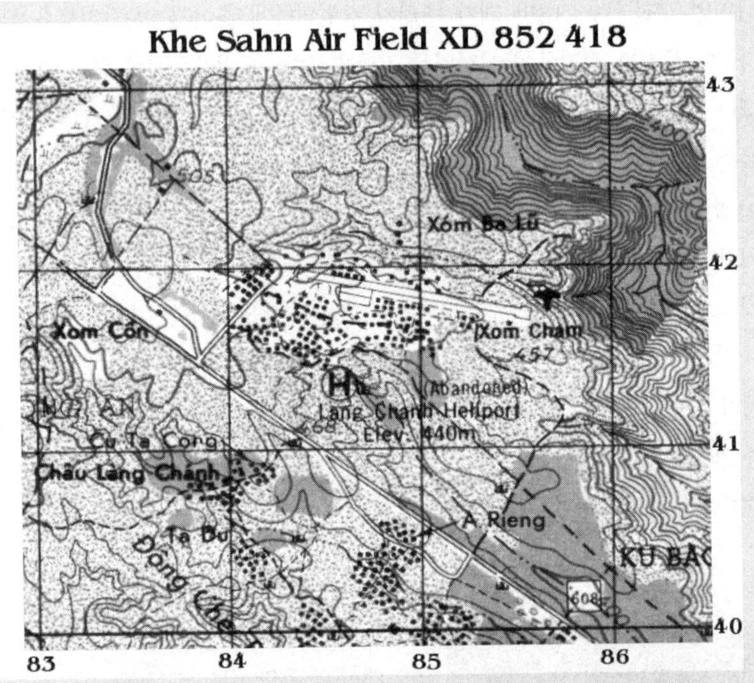

케산기지(Khe-sanh camp)의 지도 | 활주로를 포함한 중심 기지를 여러 가지 초소가 둘러싸고 있는 모습이 인상적이다.

시켜 케산 주변에 대한 압박을 강화했다. 이때 케산기지에는 미 해병대 제26연대 제1~3대대가 주둔해 진지를 요새화했으며 주변의 구릉지에도 각 1개 중대씩 배치하여 전진수비를 했다. 당시 케산에는 105mm 포 18문, 155mm 포 6문, 4.2인치 박격포 12문, M48 전차 6대, M42 대공전차 2대, 온토스 대전차자주포 10문 그리고 무장트럭 2대가 있었다.

1968년 1월 20일에 북베트남군은 881N고지를 습격했고, 다음날에는 861고지와 케산기지에 포격을 퍼부었다. 이 포격에 미군의 탄약저장고도 피격당해 대폭발을 일으켰으며, 이후 케산기지가 북베트남군에 의해 포위당했다는 미국의 발표로 77일 간 펼쳐진 케산 공방전의 막이 올랐다.

북베트남군의 강력한 공세 앞에서 파월미군사령관인 웨스트모얼랜드(William C. Westmoreland) 장군은 케산 방어를 돕기 위해 '나이애가라' 작전을 실시했다. '나이

케산은 주로 헬기나 항공기에 의한 공중보급을 받았다. 그러나 이것도 적의 대공사격이 강력해지자 불가능하게 되었다(출처: David D. Duncan).

애가라' 작전은 미군의 압도적인 항공 전력을 이용하여 케산기지 주변의 적을 향해 대규모 폭격을 실시함으로써 북베트남군의 공세를 저지시키려는 작전이었다. 이 작전 동안 미군은 태국이나 괌에서 출격한 50~70여 대의 B-52 폭격기와 해병대 제3항공단의 근접항공지원 미제 7공군 소속 제77기동부대의 약 70~90여 대를 출격시켰고 남베트남군의 공군까지 가세해 대규모 폭격을 실시했다. 항공지원은 1주일 평균 약 300회 가량 출격했으며, 하루에 1,800톤의 폭탄을, 70일 간 무려 12만 6천 톤의 폭탄을 투하했다. 게다가 미군은 158,891발에 달하는 포격을 북베트남을 향해 퍼부었다.

하지만 북베트남군은 이런 미국의 맹렬한 포격 앞에서도 굴하지 않고 참호를 파면서 계속 전진했다. 또한 하루에 150~1,307발에 달하는 포격을 퍼부어 미군은 방공호 속에 갇혀서 제대로 된 반격조차 할 수 없었다. 급기야 케산기지 안에 있는 활주로가 포격 사정거리 안에 들어가게 되었고, 수송기가 계속 피격당하는 일이 발생했다. 따라서 미군은 2월 12일 이후에 수송기 착륙을 전면 금지하면서 공중투하 형태로 보급방법을 변경했다.

케산기지가 북베트남군에 의해 함락당할 위기에 처하자 케산이 제2의 디엔비엔푸

케산기지의 활주로가 북베트남군 포격 사거리에 들자 수송기를 이용한 보급은 사실상 힘들어졌다(출처: David D. Duncan).

가 될 수 있다는 이야기가 나오기까지 했다.

미군은 북베트남군이 포위를 풀지 않으면 전술핵을 사용할 것이라고 협박했고, 북베트남군은 전술핵을 사용하지 않는다는 조건으로 케산에 대한 포위망을 철수시켰다. 1968년 3월 초부터 북베트남군은 미군 몰래 후퇴를 시작했고, 4월 1일 미군은 '페가수스' 작전을 실시하여 거의 남지 않은 북베트남군의 포위망을 분쇄했다. 그리고 4월 18일에 마침내 케산 전투가 종료되었다.

케산 전투에서 미 해병대의 피해는 전사 205명과 부상 1,664명에 불과했지만 북베트남군은 사상자가 1만 5천 명에 달할 정도로 극심한 피해를 입었다. 이 참혹함이 미디어와 언론을 통해 전 세계로 전파되자 다시 반전여론은 들끓기 시작했다.

케산기지 철조망 밖에는 말 그대로 생지옥이 펼쳐졌다. 미군은 북베트남군의 포위 공격에 대항하기 위해 막대한 화력을 집중했다. 케산이 디엔비엔푸와 같은 결말을 피할 수 있었던 것은 프랑스군이 갖지 못했던 미군의 막강한 화력 때문이었다.

그 결과 미국은 군사적으로는 승리했을지언정 정치적으로는 패배할 수밖에 없었다. 결국 미군은 1968년 6월에 케산기지를 파괴하고 병력을 철수시킴으로써 케산 전투의 진정한 승리자가 북베트남군이었다는 것을 스스로 인정하고 말았다.

③ 핵전쟁의 위협: 핵무기와 시스템의 끝없는 진화

6·25전쟁과 베트남전쟁은 미국에게 큰 위기였지만 핵전쟁 위기만큼 심각하지는 않았다. 특히 1962년에 벌어진 쿠바 미사일 위기[15]는 평화적으로 해결되기는 했으나 핵전쟁에 대한 공포가 확산되는 계기가 되었다. 이에 미국과 소련은 대량보복전략에 이어 상호확증파괴(MAD, Mutual Assured Destruction) 전략을 채택하게 된다. 상호확증파괴 전략은 1960년대 이후 미국과 소련이 구사한 핵전략으로 적국이 핵미사일로 공격하면 그 미사일이 도달하기 전에 자신이 보유한 핵미사일을 사용해 자신과 적국을 공멸시키는 전략이었다. 핵무기로 핵무기를 방어한다는 전략은 불안하기는 하지만 어쨌든 핵전쟁을 막아내는 데는 성공했다.

냉전시대 후반으로 갈수록 핵무기는 더욱 개량된다. 대륙 간 탄도미사일(ICBM)에 이어 개발된 다탄두 개별목표 재돌입미사일(MIRV, Multiple independently targetable reentry vehicle)은 더욱 진화된 무기이다. MIRV는 ICBM에 여러 개의 핵탄두를 장착해서 미사일이 탄도 비행하는 도중, 탄두가 분리되어 여러 목표물을 공격하는 핵무기이다. 과거 ICBM은 확률은 적지만 탄도요격미사일(ABM, Anti-ballistic missile)에 요격 당할 수 있었지만, MIRV의 수많은 핵탄두를 일일이 요격하는 것은 불가능한 일이다. 또한 다량의 핵탄두를 이용해 적의 핵미사일 기지를 선제공격하는 동시에 핵심 도시들을 공격할 수 있게 되었다. 지상에 있는 모든 핵무기가 MIRV의 위협

15) 1962년 10월 22일부터 11월 2일까지 11일 간 소련의 핵탄도미사일을 쿠바에 배치하려는 시도를 둘러싸고 미국과 소련이 대치하여 핵전쟁 발발 직전까지 갔던 국제적 위기.

미국의 MIRV 피스키퍼 발사실험 사진

아래 놓이게 되자 미국과 소련 모두 핵기지를 지하격납고로 옮겨 핵전쟁에 대비하게 되었다.

이후 개발된 핵무기로는 핵잠수함에서 발사되는 잠수함발사 탄도핵미사일(SLBM, submarine launched ballistic missile)이 있는데, 잠수함은 은밀히 어느 해역으로나 이동이 가능했기 때문에 잠수함에서 몰래 발사되는 핵미사일을 추적하기란 매우 힘들었다. 이처럼 핵무기가 발전될수록 사람들은 불안한 상호확증파괴 전략이 혹시나 실패할지도 모른다는 생각을 하게 되었다.

핵무기를 이용해 핵무기를 억제하는 방법은 아무리 생각해도 불안한 전략임이 틀림없었다. 미국과 소련 모두 치명적인 핵전쟁을 막기 위해 1969년에 전략무기제한협정 I (SALT 1, Strategic Arms Limitation Talks I)을 체결했다. 이 협정으로 ICBM, MIRV, SLBM과 같은 핵무기들을 보유하는 수량이 제한되었고,[16] 이어 2차 SALT 협정을 맺었으며 3차 SALT 협정은 아직까지 보류상태이다.

그러나 미·소 양국 모두 이런 조약만 믿고 있을 수 없었다. 1983년에 미국은 신보수주의를 추구하던 레이건 대통령의 명령에 따라 일명 스타워즈(Star Wars)라 불리는 전략방위구상(SDI, Strategic Defense Initiative) 프로젝

16) 미·소 양국은 핵무기 보유수량을 ICBM 1618기, SLBM 950기로 제한했다.

트를 실시했다. SDI는 고도의 과학기술을 이용하여 탄도미사일 방어체계(BMD, Ballistic Missile Defence)를 지상이나 우주에 설치함으로써 대륙 간 탄도미사일을 요격한다는 프로젝트이다. 탄도미사일 방어체계는 발사한 미사일을 식별하고, 요격프로그램을 속이기 위한 교란물(Decoy)을 구분하며, 미사일을 추적한다. 그리고 요격의 초점은 주로 미사일이 발사된 직후 엔진이 연소 중인 상승단계에 맞춘다.

그러나 많은 전문가들이 예상하듯이 현재의 과학기술로는 치명적인 핵전쟁을 막기가 대단히 어렵다. 현재까지는 오직 강력한 선제공격 전략만이 적대국의 보복능력을 제거할 수 있는 유일한 수단으로 간주되고 있다.

핵무기는 그 엄청난 파괴력 때문에 도리어 사용되지 못하는 무기이다. 하지만 많은 사람들은 핵무기의 위력을 조금 약화시켜서 무기로 사용하는 전략을 생각하기 시작했다. 그래서 출현한 것이 전술핵이다. 전술핵은 핵이 가지고 있는 방사능을 최소화하고 폭발력과 핵폭풍 능력만 극대화시킨 무기이다. 보통 핵이 TNT 200킬로톤 정도의 파괴력을 지니고 있는데 비해 전술핵은 보통 3~5킬로톤의 파괴력을 지니고 있다. 전술핵은 전투기, 미사일, 야포 등 다양한 발사형태로 사용할 수 있으며 파괴력은 보통 포탄과는 비교할 수 없을 정도로 강력하다. 보통 155mm 야포가 고폭탄으로 $3km^2$ 표적을 공격하기 위해서는 대략 2,250발을 발사하여 아주 잘 해봐야 적 전력의 50% 전투력상실을 줄 수 있다. 그러나 전술핵은 단 한 발로 같은 범위에 있는 적을 전멸시킨다. 그뿐만 아니라 핵폭탄에 있는 전자기펄스(EMP, Electro Magnetic Pulse)의 기능만 활용하여 적대국의 전자기기를 무력화하는 전술핵도 개발되었다.

이처럼 냉전시기에 미국과 소련은 핵무기부터 일반 무기까지 끊임없이 서로 군비경쟁을 벌이며 '차가운' 전쟁을 치렀다. 때로는 미국, 때로는 소련이 다른 한쪽을 앞서기도 했지만 상당히 안정된 공포의 균형(a fairly stable balance of terror)으로 심각한 위기는 찾아오지 않았다. 그리고 1970년대에

데탕트(Détente)[17]가 이뤄지면서 미·소 간의 긴장도 어느 정도 완화되는 듯 보였다. 하지만 서로의 이해관계에 기인했던 데탕트 분위기는 미국의 레이건 대통령이 실시한 신보수주의로 인해 끝나고 말았다. 레이건은 다시 소련과 군비경쟁을 벌였는데, 이미 국가경제구조가 붕괴위기에 놓여 있었던 소련은 결국 버티지 못하고 1991년에 무너지고 말았다. 소련이 붕괴됨에 따라 40여 년간 벌어진 냉전은 마침내 종식되었다.

냉전시대의 전쟁은 이전 시대와는 전혀 다른 양상으로 진행되었다. 먼저 제1·2차 세계대전과 달리 총력전이 벌어지지 않았다. 냉전시기에 총력전이 벌어지지 않은 이유는 바로 핵무기의 존재 때문이었다. 미·소 양국은 핵이라는 치명적인 무기 때문에 서로 전쟁을 벌일 수 없었고 제한적인 형태로만 대립할 수밖에 없었다. 만약 미·소 간에 총력전이 일어났다면 일반 무기는 물론 핵무기까지 사용돼 지구가 파국적인 종말로 치달았을지도 모른다. 핵무기라는 절대적인 무기의 존재가 제한전쟁의 개념을 만들어 내면서, 역설적이게도 제2차 세계대전에서 극대화되었던 전쟁의 규모를 다시 축소시켜 갔던 것이다.

하지만 핵전쟁의 위험은 끝나지 않았다. 과거에는 미국과 소련만이 핵무기를 보유했지만, 현재 UN 상임이사국인 미국·러시아·영국·프랑스·중국 5개국을 비롯하여 이스라엘·인도·이란·파키스탄 등의 나라가 보유한 것으로 확인되었고, 이외에도 북한을 비롯한 몇 개 국가가 잠재적 핵보유국이다. 또한 일본을 비롯한 여러 국가들은 현재는 핵을 보유하지 않았지만, 언제든지 단기간에 핵무기를 제조할 수 있는 능력을 가진 것으로 평가되고 있다. 어떻게 보면 과거의 양극 체제보다 핵전쟁 위협이 더 가중되었다고 볼 수 있다.

---

17) 프랑스어로 긴장 완화를 뜻하는 낱말로, 1970년대 이후 냉전 양극 체제가 다극 체제로 전환되면서 미·소 간의 긴장이 완화되던 현상이다.

2. 최첨단 시대의 무기와 전쟁

① 걸프전쟁: 최첨단 무기와 통합되는 무기체계

1991년에 미·소 냉전은 끝났지만 세계에서 전쟁의 위협이 사라진 것은 아니다. 아프리카나 남미를 비롯한 '제3세계'[18] 국가들은 끊임없는 내전에 시달렸고, 제2차 세계대전 후 탄생한 신생 유대교 국가인 이스라엘[19]은 생존을 위해 이슬람 국가들과 전쟁을 벌여야 했다. 또한 냉전이 종식되자 유일무이한 초강대국으로서의 입지를 굳힌 미국은 아프가니스탄, 이라크 등을 상대로 전쟁을 벌였다. 그런데 이 전쟁들의 방식은 이제까지와는 다른 모습을 띤다.

총력전 개념이 도입된 이후부터 무기의 발전은 많은 양의 탄약을 소모하여 화력을 극대화시키는 방향으로 전개되었다. 단발식 소총과 전장식 강선포가 지배했던 19세기 전장은 탄약소모가 극히 적었지만, 1세기 뒤인 제2차 세계대전 때는 그 전에 비하여 수십 배가 넘는 탄약을 소모했다. 한 예로 1870년대 전쟁에서 대포 1문 당 평균 사격 발수는 200발이었지만 1918년에는 450발의 포탄을 소비했다. 탄약 소모는 자동소총, 기관총, 폭격기, 속사포, 야포들이 발전하면서 더욱 심해졌다. 특히 B-29같은 중형폭격기들이 제2차 세계대전 동안 추축국 도시에 쏟아 부은 폭탄의 양은 어마어마했다. 이런 상황 속에서 연합국, 추축국 모두 지역폭격을 선호했다. 전투 시에 폭

18) 냉전 시대에 미국·서유럽·일본 등 자본주의 세계인 '제1세계'와 소련·동유럽·중국 등 사회주의 세계인 '제2세계' 중 어느 쪽에도 속하지 못한, 대부분 후진국들로 구성된 아프리카와 중남미 등지를 가리키는 말이다. '삼류 세계'라는 비하의 의미도 들어 있는 용어이지만 냉전이 끝났다고 하는 지금까지도 폭넓게 사용되고 있다.

19) 기원전에 사라진 유대 왕국을 근거로 팔레스타인 지역에 대한 유대인의 영유권을 주장하는 시오니즘이 이스라엘을 탄생시켰지만, 이는 이미 그 땅에 살고 있었던 아랍인들로서는 도저히 받아들일 수 없는 억지이고 폭력이었다. 이스라엘은 존재 자체가 주변 아랍 국가와의 불가피한 대립을 전제하고 있으므로, 오직 무력으로만 국가의 생존을 도모할 수 있는 나라이다.

탄이 예상지점과 다르게 떨어지는 경우가 많으므로, 아예 떨어뜨리는 양을 증가시켜 지역 자체를 초토화시킴으로써 목적을 이룰 수 있었다.

하지만 베트남전쟁을 계기로 이런 인식들은 변화한다. 베트남전쟁 당시 베트남의 민간인이 미군에게 학살당하거나 무차별 폭격에 희생된 장면이 그대로 TV와 언론매체를 통해 공개되었고, 이것은 반전여론에 큰 힘을 실어주었다. 그 결과 목표물만을 파괴하는 정밀폭격의 필요성이 대두되었다. 이는 무차별 폭격이 비용 대 효과로 볼 때 비효율적이고, 적의 방공망을 효과적으로 제압하기도 힘들었기 때문이기도 했다. 이런 요구 속에서 무기발전은 적의 방공망이나 주요 군사시설만을 정확히 타격할 수 있는 정밀유도무기 개발을 중심으로 이루어졌다.

최초의 정밀유도무기는 베트남전쟁 후반에 출현했다. 페이브웨이(Paveway)라 불리는 이 레이저유도폭탄은, 레이저로 표적을 조준한 다음 폭탄을 투하하는 무기이다. 비유도폭탄이 표적 주변 447피트 내에 떨어진 반면 페이브웨이는 23피트 내에 정확히 폭탄을 떨어뜨렸다. 페이브웨이의 효율성은 탄호아(Thanh Hoa)다리 폭파작전에서 여실히 드러났다. 북베트남군의 주요 물자 공급로였던 탄호아다리를 파괴하기 위해 미 공군이 871차례나 출격했지만 성공하지 못했다. 그러나 페이브웨이를 이용한 항공기들은 단 14차례만에 이 다리를 폭파시키는 데 성공했다.

페이브웨이 이후 일명 스마트폭탄이라 불리는 정밀유도무기(PGM, precision guided munition)의 효율성을 인식한 미국은 정밀유도무기 개발을 서두르기 시작했다. 정밀유도무기는 보병의 대전차화기부터 순항미사일까지 다양한 무기에 조합할 수 있다. 또한 과거에 비해 더 적은 탄약을 소모하면서도 원하는 목표에 정밀타격을 가함으로써 위협을 효과적으로 제거할 수 있게 되었다. 포클랜드전쟁(Falkland Islands War)[20]에서 아르헨티나군이 사용

20) 남아메리카대륙의 동남단인 아르헨티나의 대륙부에서 약 500km 떨어진 남대서양의 소도인 포클랜드의 영유권을 둘러싼 영국과 아르헨티나 간의 분쟁.

한 정밀유도무기인 공대함[21] 엑조세(Exocet)미사일이 단 한 발로 영국의 구축함 셰필드호를 침몰시킨 것은 정밀유도무기의 무한한 가능성을 보여 주기에 충분했다.

이후 미국의 대전차 미사일인 TOW와 JAVELIN은 정밀유도장치를 장착하여 전차에 대한 명중률을 현격히 높일 수 있었다. 지상전과 마찬가지로 공중전에서도 정밀유도무기가 매우 유용하게 사용되었다. 이제 음속을 돌파하는 고성능 제트기가 일반화된 공중전에서, 항공기들은 엄청난 속도로 비행하기 때문에 육안으로 식별하여 수동 사격으로 격추시킨다는 것은 매우 어려운 일이 되었다. 그러나 정밀유도장치가 결합된 사이드와인더나 스패로 같은 공대공미사일의 등장으로 제트엔진으로 빠르게 이동하는 적의 항공기도 추적하여 격추시킬 수 있게 되었다.

현대전은 정밀유도무기뿐만 아니라 다양한 무기체계가 혼합된 양상으로 전개되었다. 그리고 이 모든 것을 가능하게 만든 것은 컴퓨터의 발전이다. 컴퓨터는 인간이 하지 못하는 다양한 일을 처리함으로써 군대행정을 비롯해 무기체계 발전에도 큰 영향을 미쳤다. 특히 컴퓨터가 전쟁에 도입되자 지휘통신체계는 혁명적으로 변했다. 흔히 C4I라 불리는 새로운 지휘통신체계는 과거의 그 어떤 지휘통신체계보다 훌륭하며 비교조차 할 수 없는 신기술이었다. C4I는 지휘(Command), 통제(Control), 통신(Communication), 컴퓨터(Computer), 정보(Intelligence)를 합친 말로, 과거부터 존재했던 C3 개념에 컴퓨터와 정보라는 현대전의 요소를 추가하여 새롭게 탄생한 신개념 체계이다. 이제 지휘통신은 과거처럼 인간의 감각 기관(보고, 듣고, 말하는)을 이용한 방법들은 점차 사라지고, 첨단 장비와 컴퓨터와 통신이 결합된 C4I체계로 발전하기 시작했다. 이제 GPS 수신기가 모든 병사들에게 부착돼 언제든지 병

21) 항공기에서 함정을 공격하는 것을 말한다. 반대로 함정에서 항공기를 공격하는 것을 함대공, 지상을 공격하는 것은 함대지라 하고 지상에서 함정을 공격하는 것은 지대함이라 한다.

사들의 위치를 최고사령부에서 파악할 수 있다. 그리고 사람이나 차량·항공기를 이용한 정찰은 물론, 인공위성이나 무인항공기를 이용해서도 적에게 들키지 않고 적의 규모와 배치를 탐지할 수 있게 되었다. 게다가 이제 모든 정보가 최고사령부에서 통제됨으로써 최고사령부는 전장 상황을 종합하고 타격 우선순위를 정하여 적에게 효과적으로 타격을 줄 수가 있다.

C4I체계를 비롯해 최첨단 기술을 현대전에 도입했을 때 어떠한 결과가 나오는지 보여준 전쟁이 바로 걸프전쟁(Gulf War, 1991)[22]이다. 걸프전쟁은 이전의 전쟁과는 전혀 다른 성격의 전쟁이었고 미래 전쟁의 효시를 보여준 전쟁이기도 했다. 당시 이라크는 세계 4위의 군사 강국이었지만 새로운 전략을 사용한 다국적군에게 효과적으로 대치하지 못했으며, 전쟁은 개전 100시간여 만에 사실상 승부가 났다. 그러나 이런 승리는 베트남전쟁 실패 이후 미국이 끊임없이 군사개혁을 했기 때문에 가능했던 일이었다. 그것은 최첨단 기술의 승리이자, 노력과 변화의 승리였다.

걸프전쟁을 살펴보면 첨단 무기를 이용한 전쟁양상이 어떻게 진행되는지를 한눈에 알아볼 수 있다. 걸프전쟁은 미 공군의 헬기공습으로 시작됐다. 6·25전쟁에서 처음 사용되었고, 베트남전쟁 시 최초로 전술적 운용을 한 헬기는 단순한 병력 수송을 넘어 대전차 미사일, 기관포를 장착함으로써 강력한 공중 병기로 바뀌어 있었다. 사우디아라비아 사막기지에서 이륙한 아파치와 페이브로 헬기들은 헬파이어 미사일, 하이드라 로켓, 30밀리 기관포를 발사하면서 이라크가 자랑하는 최고의 방공망인 카리(KARI)[23]의 조기경보라인을 초토화시켰다.

다음 차례는 F-117A 나이트호크였다. 나이트호크(Night Hwak)는 스텔스

---

22) 이라크의 쿠웨이트 침입이 계기가 되어, 1991년 1월 17일부터 2월 28일에 걸쳐 미국·영국·프랑스 등 34개 다국적군이 이라크를 공격함으로써 이라크·쿠웨이트를 무대로 전개된 전쟁이다.

23) 프랑스와 러시아의 자문을 받아 정교하게 설계한 이라크의 방공망이다. 카리는 이라크의 불어 철자를 거꾸로 표기한 것이다.

놀라운 명중률을 보이는 레이저 유도 벙커버스터의 출현으로 인해 지하에 숨어도 안전하기 힘들어졌다.

폭격기로서 적의 레이더에 잡히지 않기 때문에 이라크의 대공 미사일로 격추시킬 수가 없는 강력한 병기였다. F-117A 스텔스 폭격기는 이라크 방공망 사이를 유유히 날아가며 레이저 유도 벙커버스터(GBU-28)[24]를 적의 방공 작전 센터에 투하했고, 방공 작전 센터가 파괴되자 이라크의 모든 방공 시스템이 마비되었다.

그 다음은 F-15E 스트라이크 이글 전폭기 차례였다. F-15E는 강력한 파괴력을 가지고 있는 이라크의 스커드 미사일을 제거했다.

살아남은 몇 개의 방공진지에서 미국 전폭기를 격추시키기 위해 사격했지만 전자방해책(ECM, electronic countermeasures)[25]을 갖춘 EF-111A 레이븐이 적의 레이더 조준 대공포와 미사일을 교란시켰다. 결국 미국 F-15E들은 이라크의 스커드기지를 초토화시킬 수 있었다. 미국의 공습을 피해 살아남은 스커드 미사일이 사우디아라비아를 향해 발사됐지만, 그것도 탄도미사일 방어무기(BMD)인 미국의 패트리어트 미사일에 의해 요격당하고 말았다.

이후 미국 군함에서 발사된 토마호크 순항미사일은 지형대응(TERCOM, Terrain Contour Matching)이라는 자체 유도 방식을 사용해서 수백 마일 떨

24) 지하벙커를 공격하기 위해 설계된 레이저 유도 폭탄으로서 콘크리트로 방호된 지하 30.5m까지 뚫고 갈 수 있는 강력한 폭탄이다.

25) 적의 레이더·통신시설 등의 전자장치를 효과적으로 사용하지 못하도록 전자파를 이용하여 방해하거나 기만하는 병기이다.

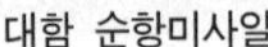

대함 순항미사일

공중조기경보통제기 E-3 센트리

어진 바그다드로 날아가 사담 후세인의 대통령궁, 바트당 당사, 미사일 기지, 발전소 등을 파괴했다. 군함에서 발사된 토마호크크루즈 미사일뿐만 아니라 미국의 전략폭격기 B-52에서 발사된 AGM-86C 순항미사일도 이라크의 주요 군사기지를 초토화시켰다. 순항미사일은 저공 비행하기 때문에 적의 레이더가 추적하기 쉽지 않으며, 정밀 네비게이션 컴퓨터가 장착되어 있어 뛰어난 명중률을 자랑했다. 또한 고속 대레이더 미사일을 탑재한 다국적군 항공기들이 레이더가 작동되면 바로 레이더기지를 공격했기 때문에 이라크군은 레이더를 마음대로 가동시킬 수도 없었다. 레이더를 가동시킬 수 없게 되자 이라크 방공망은 다국적군의 공습에 속수무책으로 당하기만 했다.

이 모든 작전은 공중에 떠다니는 사령부 공중조기경보통제기(AWACS)에 의해 통제되고 있었다. 공중조기경보통제기는 이라크 상공을 비행하는 700여 대의 다국적군 항공기가 서로 충돌하지 않게 통제했으며 적절한 우선타격목표를 정해줌으로써 떠다니는 사령부 역할을 톡톡히 수행했다. 그 결과 첫 작전에서 추락한 미국 공군기는 단 1대에—다국적군 사령관들은 최소 50대는 격추될 것으로 예상했지만—불과했다.

공중작전과 마찬가지로 지상작전도 다국적군이 큰 성공을 거두고 있었다. 미국의 주력 전차인 M1 에이브람스는 모든 면에서 이라크의 T-72와 T-80 전차를 압도했다. T-72와 T-80도 신형 전차였지만 최첨단 과학기술로 무장한 M1 전차를 이길 수 없었다. M1 전차는 이라크 주력 전차의 포격도 버틸 수 있는 세라믹 장갑을 갖추고 있었으며, 강철보다 밀도가 높은 열화우라늄탄을 사용한 120mm 주포는 적의 전차를 한 번에 파괴시킬 수 있을 정도로 강력했다. M1 전차의 최대 강점은 발사 제어시스템에 있었다. M1 전차는 레이저 거리계, 열광학조준기, 디지털 탄도 컴퓨터 등을 장착하여 이동 중이나 안개가 껴도 상관없이 정확하게 적의 전차에 포탄을 명중시킬 수 있었다. 제2차 세계대전 때는 적전차를 무력화시키기 위해서 평균 17발을 사용했지만 걸프전쟁 때의 M1 전차는 단 한 발에 적전차를 무력화시켰다.

보병들은 야간식별장치를 착용하여—반면 이라크군은 야간장비를 거의 보유하지 못했다—야간에도 마치 한낮에 하는 것처럼 수월하게 작전을 수행할 수 있었다. 또한 아파치 헬기나 A-10 같은 근접지원항공기들이 끊임없이 지상군에 화력지원을 하여 이라크군 전차는 제대로 싸워보지도 못하고 파괴당했다. 이라크 포병이 포격을 하면 다국적군의 대포병 레이더에 곧바로 노출되어 공습을 받았고, 보병사단들은 참호를 파고 다국적군의 지상군을 막으려 했으나 M9 장갑불도저에 의해 그대로 참호 속에서 생매장당했다. 다국적군 공수부대가 헬기를 이용하여 적의 보급로와 퇴각로 및 군사기지에 공중 강습을 실시함으로써 이라크 지상군은 쿠웨이트에서 완전히 포위당하고 말았다. 그 후 이라크군은 쿠웨이트를 빠져나가기 위해 '죽음의 고속도로'라 불리는 지역으로 몰리기 시작했으며, 다국적군은 이곳에 맹렬한 폭격을 가해 이라크군 대부분을 괴멸시켰다. 결국 이라크는 항복했고 전쟁은 38일 만에 끝났다.

걸프전쟁의 가장 큰 특징은 최첨단 무기를 사용하여 아군의 피해를 최소화했다는 데 있다. 개전 4일 간 8만 명이 넘는 이라크군이 포로로 잡혔던 반면 다국적군 79만 5천 명 중 전사자는 단 240명에 불과했고 항공기 손실률은 0.05%밖에 되지 않았다. 이처럼 적은 손실률은 당시 세계 군사력 4위였던 이라크를 상대로 한 전쟁이었기 때문에 더 큰 의미가 있다. 걸프전쟁은 다가올 21세기 전쟁의 방향을 제시했으며, 걸프전쟁 이후 전 세계 국가

걸프전쟁은 최첨단 무기의 시험장과 같은 전쟁이었다.

들은 미국처럼 모든 무기를 첨단화시키기 시작했다.

전장을 지배한 무기 이야기 ⑦ K-9 썬더(Thunder) 자주포

자주포(Self-propelled artillery)란 차량에 탑재되어 스스로 움직일 수 있는 대포를 말한다. 최초의 자주포는 제1차 세계대전에 등장했던 MkI 야포차량으로 세계 최초의 전차인 MkI의 차대를 활용했다. MkI 야포차량은 많은 시간과 인력이 필요한 견인포(牽引砲, Towed Artillery)와는 달리 진지변환이 빠르고 사격 후 1~2분 안에 신속히 이동할 수 있는 '사격 후 신속한 진지변환(Shoot and Scoot)'이 가능하다는 점에서 혁신적이었다. 제2차 세계대전 기간에는 M-7프리스트 자주포가 7~80년대에는 M-109 자주포가 생산·배치되면서 현대 전쟁에서 빠질 수 없는 전력으로 부상했다.

우리 육군도 포병 전력의 국산화에 노력을 기울여 70년대 초부터 국내기술로 개발한 KH-179 155mm 견인포를 생산했으며, 85년부터는 K-55 자주포를 생산하여 배치했다. 그리고 1989년부터는 차세대 자주포 연구를 시작하여 10년 후인 1999년도에 K-9 자주포를 전력화했다.

K-9 자주포는 K-55 자주포에 비해 사거리가 40km 이상으로 늘고 자동장전과 자동포신이동시스템을 갖추고 있다. 즉 K-9의 사격통제용 컴퓨터에 표적위치를 입력하면 자주포에서 자동으로 사격제원을 산출하여 포구를 목표방향으로 향하고 탄약을 자동으로 이송·장전한다. 그래서 K-9 자주포는 서 있는 상태에서라면 30초 이내에 초탄을 발사할 수 있다.

K-9은 빠른 포탄사격과 강력한 화력을 자랑하는데, 이는 빠르고 많은 포탄을 쏠 수 있도록 K-10 탄약운송차량을 개발했기 때문이다. K-10 탄약운송차량은 K-9 자주포 뒤에 운송 장치를 연결하여 로봇이 직접 포탄을 운반함으로써 포탄이 부족하지 않도록 원활하게 도와준다.

K-9은 천 마력의 디젤엔진인 K1 전차와 동등한 기동력으로 산악지형이 많은 우

최초의 자주포인 영국의 MkI 야포차량(좌)과 트럭을 이용하여 견인하는 우리 육군의 KH-179 155mm 견인곡사포(우)

국산 명품 자주포 K-9(좌)과 포탄운반차량인 K-10(우)

리나라에서 효과적으로 속도를 낼 수 있다. 고강도 장갑판을 활용하여 지뢰, 포탄의 파편, 중기관총의 탄을 막을 수 있으며, 화생방 공격에 대한 생존성도 향상되었다.
K-9은 미국이 보유한 M109A6 팔라딘이나 영국의 AS90에 비해 현저하게 우수하며, 세계 최강이라고 불리는 독일의 PzH2000과 비교해도 손색이 없는 자주포이다.

② 테러와의 전쟁: 변화하는 전쟁

무너지는 세계무역센터 | 911테러는 많은 사람들에게 큰 충격을 주었다.

2001년에 발생한 911테러는 초강대국인 미국 본토를 공격하고, 역사상 최악의 테러 피해를 입혔다. 테러의 배후로는 무장테러단체인 알카에다와 그 지도자 오사마 빈 라덴을 지목하고, 미국은 즉각 보복을 선언했다. 목표는 알카에다를 지원하고 있는 아프가니스탄의 탈레반 정부였다. 제국의 무덤이라 불리는 아프가니스탄은 과거 영국과 소련의 침공을 물리친 전적이 있다.

아프가니스탄은 산악지대가 많은 곳이기 때문에 걸프전쟁처럼 최첨단 무기를 사용하기는 어려웠다. 그래서 미국은 최소한의 지상병력만 투입하는 대신 소위 A팀이라 불리는 ODA(Operational Detachment Alpha)[26]와 같은 특수부대를 파견해 반탈레반 세력인 북부동맹군을 지원했다. 미국은 지상전을 북부동맹군에게 맡기는 대신, AC-130 스펙터건쉽과 A-10 썬더볼트를 비롯한 근접지원항공기를 이용해서 북

26) 미 육군 특수부대인 그린베레의 작전 최소 단위 부대를 가리킨다. 아프가니스탄 전쟁에서 북부동맹군을 훈련시켰다.

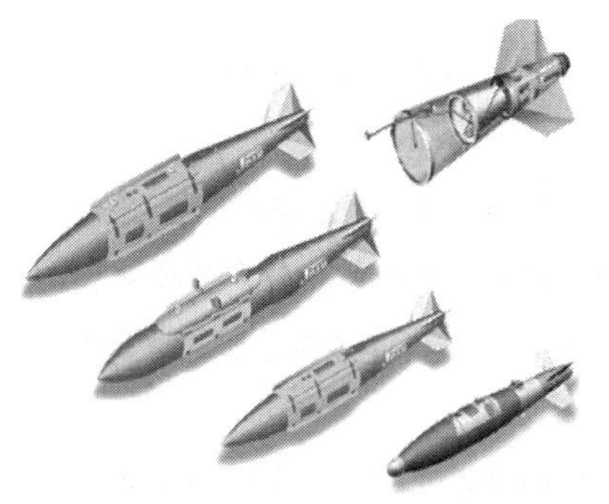

JDAM(좌)과 무인항공기 프레데터(우) JDAM은 키트 형식으로 일반 폭탄에 부착해 사용할 수 있게 설계되었다. 무인한공기는 원격조종이 가능해 다양한 임무에 사용되었다.

부동맹군을 공중지원하는 형태로 전쟁을 펼쳤다. 그 결과 아프가니스탄에서 탈레반을 몰아낼 수 있었다. 뒤이어 벌어진 이라크전쟁에서도 미국이 압도적인 기술력으로 일방적인 승리를 거두었다.

이 두 전쟁에서 새롭게 출현한 무기는 합동정밀직격포탄(JDAM, Joint Direct Attack Munition)과 무인항공기(UAV, Unmanned Aerial Vehicle)이다. JDAM은 재래식 비유도자유낙하 폭탄을 GPS로 정밀 유도하여 정확하게 목표물에 명중시킬 수 있도록 변환해 주는 장치이다. 이 포탄은 순항미사일이나 레이저 유도탄에 비해 가격이 훨씬 저렴하고, 레이저빔을 교란시키는 모래폭풍이나 구름에도 거의 영향을 받지 않는다. 무인항공기는 사람이 직접 탑승하지 않고 원격조정으로 비행하는 항공기로, 추락하더라도 인명을 희생시키지 않고 위험 지역까지 정밀정찰을 할 수 있다. 나중에는 무인항공기에 헬파이어 미사일을 장착해서 알카에다 지도부를 암살하는 작전에 사용하기도 했다.

역사를 바꾼 전투 이야기 ⑬ 제2차 걸프전쟁(이라크 전쟁)

1991년에 걸프전쟁에서 쿠웨이트를 침략했던 이라크의 사담 후세인 정권은 당시 미국, 영국 등으로 구성된 다국적군의 공격을 받고 패배했다. 전쟁 패배 이후에도 사담 후세인 대통령은 UN이 보낸 무기시찰단의 입국을 거부하고 군비를 증강하였다.

2001년 9월 11일에 뉴욕 세계무역센터(WTC) 쌍둥이 빌딩이 이슬람 무장단체인 알카에다의 테러공격으로 무너지자 미국 부시행정부는 알카에다를 지원하는 아프가니스탄의 탈레반 정권을 몰아내고 이란, 이라크, 북한을 불량국가 · 악의 축으로 설정했다.

그 후 이라크의 대량살상무기(WMD)를 제거함으로써 자국민 보호와 세계평화에 이바지한다는 대외명분을 내세워 동맹국인 영국 · 오스트레일리아와 함께 2003년 3월 17일에 48시간의 최후통첩을 보낸 뒤, 3월 20일 오전 5시 30분에 바그다드 남동부 등에 미사일 폭격을 가함으로써 전쟁을 개시했다. 작전명은 '이라크의 자유(Freedom of Iraq)'였다.

전쟁 개시와 함께 연합군은 이라크의 미사일기지 · 포병기지 · 방공시설 · 정보통신망 등에 공습을 감행했고, 3월 22일에는 이라크의 제1무역항인 남동부의 바스라를 장악했다. 이어 바그다드를 공습하고 대통령궁과 통신센터 등을 집중적으로 파괴했다. 4월 4일에 바그다드로 진격해 사담후세인국제공항을 장악했고 7일에는 바그다드 중심가로 진입한 뒤, 이튿날 만수르 주거 지역 안의 비밀벙커에 집중 포격을 감행했다. 4월 9일에는 영국군이 바스라 임시지방행정부를 구성했고, 다음날 미국은 바그다드를 완전 장악했다. 이로써 전면전은 막을 내리고, 4월 14일에 미군이 이라크의 최후 보루이자 후세인의 고향인 북부 티크리트 중심부로 진입함으로써 발발 26일 만에 전쟁은 사실상 끝이 났다.

동원된 병력은 총 30만 명이며, 이 가운데 12만 5천여 명이 이라크 영토에서 직접 작전에 참가했다. 미군 117명, 영국군 30명이 전사하고, 400여 명이 부상당했다. 또 종군기자 10명 외에 민간인 1,253명 이상이 죽고, 부상자만도 5,100여 명에 달했다. 그 밖에 1만 3,800여 명의 이라크군이 미군의 포로로 잡혔고 최소한

2,320명의 이라크군이 전사했다. 최첨단 무기로 무장한 미군과 영국군에게 이라크군은 싸우기도 전에 단체로 항복하는 경우는 물론이고, 전쟁 상황을 취재하던 기자에게 미군에게 항복하겠다고 가까운 미군부대로 안내해 달라는 경우도 심심치 않게 있었다.

제2차 걸프전쟁은 '전자전'으로 불릴 만큼 각종 첨단무기가 동원되었다. 개량형 스마트폭탄(JDAM), 통신·컴퓨터·미사일 시스템을 마비시키는 전자기 펄스탄, 전

이라크 전쟁 상황도(출처: 중앙일보)

미군이 바드다드에 들어오면서 철거되는 사담 후세인 대통령의 동상(좌).
그러나 이라크 전쟁은 종전 후 끝나지 않은 최악의 전쟁으로 평가되고 있다(우).

선과 전력시설 기능을 마비시키는 소프트폭탄(CBU-94/B) 외에 지하벙커·동굴파괴 폭탄(GBU-28/37), 열압력폭탄(BLU-118/B), 슈퍼폭탄(BLU-82)과 무인정찰기 겸 공격기인 프레데터, 지상의 왕자로 불리는 개량형 M1A2 에이브럼스전차, AC-130 스펙터건쉽 등이 그것이다.

한 달여에 걸친 공격으로 후세인 정권이 붕괴되었고 미국과 영국의 점령군이 이라크에 들어섰으며, 후세인은 체포되었다. 또한 2004년에 우리 정부도 이라크 북부 아르빌 지역에 자이툰 부대를 파병하기도 했다.

아프가니스탄 전쟁과 이라크 전쟁은 미국이 승리한 전쟁이었다. 그러나 미국은 점령 이후 치안을 유지하는 과정에서 전쟁 당시보다 더 많은 피해를 보았다. 알카에다와 탈레반을 비롯한 수많은 무장테러 단체와 반군게릴라들은 아프가니스탄과 이라크에 주둔하고 있는 미군에게 다양한 방법으로 끈질기게 공격을 가했기 때문이다. 미군은 최첨단 장비를 이용한 전쟁에는 특화되어 있지만 테러와 기습으로 저항하는 반군게릴라들을 상대하는 전쟁에는 미숙했다. 특히 철저히 현지화되지 못한 미군은 반군게릴라를 잡겠다는 목적으로 민간인 지대에 폭격을 가함으로써, 도리어 많은 현지인들에게 반미

이라크와 아프가니스탄의 반군게릴라들

감정을 갖게 만들었고, 그들이 반군게릴라부대에 합세하는 원인을 제공하기도 했다. 미국이 가지고 있는 최첨단 장비들은 게릴라전에 거의 효용성이 없었으며, 낮에 미군이 점령한 마을이 밤에는 반군게릴라의 영토가 되는 일이 많았다. 미군은 아프가니스탄과 이라크 전 지역을 통치할 수 없었고 수도 주변을 제외한 대부분의 영토는 반군들과 군벌들에 의해서 지배되었다. 그린존(Green Zone)은 이런 미국의 모습을 잘 보여 주는 예이다. 이라크의 미군 대부분은 그린존이라 불리는 바그다드의 안전지대에 머물렀는데, 이곳에서 나오면 반군의 RPG 로켓 공격과 차량폭탄테러에 시달렸다.

알카에다를 비롯한 테러단체와 반군게릴라는 다양한 방법으로 미국에 대한 공세를 강화했다. 특히 컴퓨터와 정보혁명은 미국이 이용한 만큼이나 그들도 잘 이용하는 수단이었다. 테러단체들은 참수동영상처럼 잔인하게 미군과 그 동조자들을 처형하는 모습을 그대로 인터넷에 생중계함으로써 공포와 우려를 확산시켰다. 그리고 미국이 이슬람 사원을 공격하고 이슬람교도들을 다 죽이려 한다는 식의 선전·선동으로 지역민들이 미국에 대항하게 만들기도 했다. 더욱 교묘해진 테러단체들의 전쟁 수행 방식은 미군에게 마치 보이지 않는 유령과 싸우고 있다는 인상을 줄 지경이었다. 뛰어난 화력과 최첨단 무기를 보유하고 있지만 그것을 사용하여 격멸시킬 적이 보이지 않기 때문이다.

이라크와 아프가니스탄에 있는 미군의 가장 큰 위협은 바로 급조폭발물

IED는 폭탄이라고 의심할 수 없는 생활용품들을 폭탄으로 만들어 버린다.

IED는 주로 핸드폰과 같은 원거리 기폭장치를 이용해 폭발시킨다.

(IED, Improvised Explosive Device)이다. IED는 불발탄이나 전쟁에 사용된 포탄에서 신관을 제거한 다음 사용하는 일종의 시한폭탄이다.

특히 땅속에 묻거나 콜라 캔, 비닐포대 같은 것으로 위장해 길거리에 놓았다가 미군이 가까이 다가오면 휴대폰 같은 원격조종장치를 이용해 폭발시켜 미군에게 큰 피해를 주었다. IED는 1~2km 범위에 있는 모든 것을 쓸어버릴 정도로 강력했다. 미국이 주로 사용하는 험비 같은 차량은 장갑이 약하기 때문에 이런 급조폭발물 공격에 속수무책으로 당할 수밖에 없다.

또한 언제 어디서 터질지 모르기 때문에 아프가니스탄과 이라크에서 작전하는 미군들은 항상 IED에 대한 공포에 떨어야만 했다.

전장을 지배한 무기 이야기 ⑧ 급조폭발물 (IED: Improvised Explosive Device)

아프가니스탄의 탈레반 정권 몰락, 알카에다 지도자인 오사마 빈 라덴의 사살과 이라크의 후세인의 사형으로 테러와의 전쟁은 끝난 줄 알았다. 하지만 아프가니스탄과 이라크 전쟁 중에 사망한 미군의 수는 수백 명에 지나지 않지만 전쟁이 끝난 지 10년이 지난 오늘날 두 곳에서 사망한 미군의 수는 7천 명에 육박하고 있다. 테러리스트들의 비정규전, 특히 자살폭탄테러와 급조폭발물인 IED의 공격은 아프가니스탄

다양한 형태의 IED(급조폭발물) 일상생활에 쓰이는 생필품 등으로 다양하게 제작되어서 구분과 탐지가 어렵다.

과 이라크에 주둔해 있는 국제안보지원군(ISAF: International Security Assistance Force)은 물론 아무런 죄가 없는 민간인에게까지 많은 피해를 주고 있다. 그리고 전 세계의 분쟁 지역에서도 급조폭발물의 공격이 심심치 않게 일어나고 있다.

급조폭발물은 집에서 만든 사제 폭탄이며, IED(Improvised Explosive Device) 또는 도로매설폭탄(Roadside Bomb)과 Home Made Bomb 등으로 혼용되고 있으나 현재는 IED란 용어를 상용(常用)하고 있다.

IED라는 용어는 1970년대 당시 영국군과 싸우던 아일랜드군(IRA: Irish Republican Army)이 농업용 비료 및 플라스틱 폭발물로 제작된 사제 폭탄으로 부비트랩을 만들었는데 그 효과가 우수하여 영국군이 사제 폭탄, 부비트랩이라는 명칭 대신에

테러와의 싸움, 비정규전, IED의 공격은 중동에 주둔한 미군을 끊임없이 괴롭히고 있다.

IED라는 신조어를 처음 사용함으로써 유래되었다.

이런 형태의 폭발물은 전쟁에서 군사적 약자가 군사적 강자에게 대항하기 위해 사용된 방법이다. IED를 제작하는 방법은 정형화된 것이 아니라 필요와 사용될 환경에 따라 임시방편적으로 급조되었으며, 한 번 쓰이고 없어지는 일회성으로 제작되었다.

IED가 처음으로 쓰인 때는 미국 남북전쟁으로, 전세가 불리해진 남군이 북군의 공격을 저지하기 위해 다양한 방법을 모색하던 중 남부 연맹군이 창안하여 사용했다. 남군의 '가브리엘 레인즈(Gabriel J. Raines)' 장군은 1862년 5월 4일, 북군의 진군로에 조그마한 압력에도 폭발하게 만든 뇌관을 장착한 포탄을 매설하여 북군의 기병대에 큰 타격을 주었다. 그 후 제1차 세계대전 솜므전투에서 영국군이 사용하였으며, 제2차 세계대전에서는 독일군 신무기인 1호 전차에 대응하여 스페인군과 노르웨이군이 '몰로토프 칵테일'이라는 별명의 화염병과 사제 폭탄 등의 급조폭발물로 독일군 전차를 파괴했다.

6·25전쟁과 베트남전쟁에서는 부비트랩의 형태로 사용하였다. 현대에는 이라크 등에서 자살폭탄테러를 위해 제조했으며, 원격조종이 가능하고 장갑차량 공격이 가능한 EFP폭탄, 박격포 원리를 이용한 로켓추진형 IED와 같이 다양한 형태로 발

IED의 탐지가 어려워도 무작정 당하지는 않으려고 부단히 노력한다. IED의 공격에 대비하여 설계한 지뢰방호장갑차량(MRAP)은 공격받은 후 무참히 파괴되지만 차량의 탑승자의 생존력을 높이는 데 기여하고 있다.

전되어 운용되고 있다. 심지어 가옥 자체를 IED로 사용하는 HIED가 개발되어 사용되기도 한다. 특히 2004년 스페인 열차 연쇄폭탄테러, 2005년 런던 지하철 테러는 급조폭발물을 이용한 테러가 불특정 다수를 대상으로 하는 무차별 공격으로 변경된 사례이다.

대부분의 급조폭발물은 도로 주변에 매설하거나 설치되고 설치에 장시간이 소요된다. 그리고 점화방식은 조잡하고 원격조종 시 전자공격에 취약한 단점이 있다. 이런 단점을 이용하여 미군은 주·야간 항공정찰을 강화하고 도로에 매설된 IED를 조기에 발견·해체하기 위한 지뢰탐지 및 제거장비와 지뢰방호장갑차량(MRAP)을 개발하여 이라크에 배치했다. 그리고 이라크 반군들이 주로 사용하는 무선조종 급조폭발물(RCIED)을 무력화시키기 위해 미군은 방해전파발신기(CREW) 수천 대를 도입하기도 했다.

우리는 굳이 멀리에서만 테러 사례를 생각할 필요가 없다. 6·25전쟁 이후 60년 동안 북한의 도발은 끝나지 않고 계속되고 있다. 북한은 이름도 낯선 창랑호 납북사건부터 연평도 포격에 이르기까지 수많은 도발로 무고한 인명을 살상했다. 그동안 북한에 의하여 자행되었던 테러사건은 다음과 같이 열거할 수 있다.

① 창랑호 납북사건(1958. 2. 16)
② 당포함 침몰사건(1967. 1. 19)
③ 김신조 청와대 습격사건(1968. 1. 21)
④ 이승복어린이사건(1968. 12. 9)
⑤ 대한항공 국적기 납북사건(1969. 12. 11)
⑥ 판문점 도끼만행사건(1976. 8. 18)
⑦ 신상옥–최은희 부부 납치사건(1978. 1. 14)
⑧ 미얀마 아웅산 폭탄테러(1983. 10. 9)
⑨ KAL기 폭파사건(1987. 11. 29)
⑩ 강릉 무장공비 침투사건(1996. 9. 18)
⑪ 제1 · 2연평해전(1999. 6. 15/ 2002. 6. 29)
⑫ 금강산 관광객 피격사건(2008. 7. 11)
⑬ 천안함 폭침사건(2010. 3. 26)
⑭ 연평도 포격사건(2010. 11. 23) 등

천안함 폭침 사건

'테러와의 전쟁' 이후 미국에서는 군사 분야를 민간으로 이전하려는 움직임이 나타나고 있다. 특히 록히드사나 콜트사를 비롯한 군산복합체들이 크게 성장했으며 블랙워터 같은 민간군사기업(PMC, Private Military Company)[27] 들이 등장하기도 했다. 기존의 군조직은 특유의 경직성과 지휘체계 때문에 효율적이지 못했고 쓸데없이 소모하는 비용이 많았다. 특히 미국이 징병제에서 모병제로 전환한 이후에 시작된 인력부족 현상 때문에 군조직은 상당 부분을 민간군사기업에 의지하게 되었다.

이제 국가 간의 전쟁은 군사기업 간의 전쟁 산업으로 바뀌고 있으며, 전쟁 산업이라는 '황금알을 낳는 거위'를 차지하려는 민간군사기업들이 전 세계에서 다른 국가의 전쟁을 대신해 주고 있다. 이 '전쟁 시장'은 점점 커지고 있으며, 미국을 비롯한 여러 국가의 정부들도 '저비용 고효율'이라는 명분 아래 의도적으로 군사기업의 성장을 지원한다. 게다가 '작은 정부'를 지향하는 신자유주의적 흐름은 이런 현상을 더욱 가속화시키고 있다.

전쟁을 용병으로 대신하게 하면 정부의 입장에서는 자국 군인의 피를 적게 흘릴 수 있다는 장점이 있다. 특히 자국군의 희생이 커지면 언제든지 여론이 동요할 수 있기 때문에, 전쟁을 벌이려는 정부 입장에서는 차라리 용병을 사는 것이 훨씬 효율적이다. 또한 전쟁 중 군인이 전쟁 범죄를 저지르면 국가가 책임을 져야 하지만, 민간군사기업 소속 용병들이라면 정부에서는 책임을 지지 않아도 되고 단지 계약해지를 하면 그만이다. 정부는 이런 장점들을 이용하여 게릴라섬멸전—이런 작전 중에는 반드시 민간인 희생자가 나오기 마련이다—등 정규군이 꺼리는 작전을 대행시킴으로써 도덕적인 비난을 피할 수 있게 되었다. 민간군사기업은 이런 효용성 때문에 지금도 크게 성장하고 있다.

민간군사기업의 성장을 지지하는 측에서는 정부가 군사비 지출을 줄임으로써 공공사업이나 복지정책에 예산을 좀 더 투자할 수 있게 되고, 제대군

27) 전투 활동이나 전략 입안, 첩보 활동, 병참지원, 군사 훈련 및 기술 지원 등 전쟁과 관련된 일을 대행하는 회사이다. 대표적인 곳으로 3D Global Solutions, Black Water USA 등이 있다.

인이나 실업자들에게 새로운 직장을 마련해 줌으로써 고용창출 효과를 낳을 수 있다고 주장한다.

요즘도 민간군사기업 소속 용병들이 아프가니스탄이나 이라크에서 민간인을 무차별 사살하는 경우가 심심치 않게 일어나고 있으며, 돈에 의해 고용되는 용병들이 전쟁을 하는 것은 심각한 불안요소를 동반할 수밖에 없다. 물론 정규군이라고 해서 그러한 요소와 완전히 무관하다고 할 수는 없다. 하지만 국가와 국민이라는 이름으로 법적·이념적·도덕적 책임에 얽매인 국민군과 그로부터 자유로운—얽매인 것이라고는 오직 돈뿐인—민간군사기업은 애초부터 비교가 불가능한 대상이다. 이것은 이미 역사 속에서 확인된 사실이다.

우리나라는 한반도라는 요충지에 위치한 분단국가이다. 현실적 위협세력인 북한은 물론이고 잠재적 위협세력인 중국과 일본 등의 존재로 군사적 압박은 거의 세계 최고 수준이라 할 만하다. 게다가 우리나라는 심각한 출산율 저하를 보이고 있으며, 장차 이로 인하여 병력자원 감소와 국민개병제의 효율성이 저하될 것이다. 이와 맞물려 신자유주의시대의 입맛에 맞는 저임금 노동력의 확보를 위하여 '다문화'라는 명목 아래 늘어나고 있는 외국인들의 이민은, 국적과 자아정체성이 애매한 '경계인'들을 증가시키고 있다. 또한 '작은 정부'를 권장하는 신자유주의적 대세는 감세와 국방비 감축을 강요하고 있으며, 여기에 감소할 기미를 보이지 않는 실업률(특히 심각한 청년실업문제)이 겹쳐지면서 민간군사기업에 더 없이 절묘한 입지조건을 제공하고 있다. 현재 우리나라는 군복무 경험이

민간군사기업 ‖ 분쟁 지역에서 현대에 부활한 용병인 그들에 대한 수요가 끊이지 않고 있다.

있는 젊은 실업자들이 넘쳐나는 곳이며, 앞으로도 계속 그럴 가능성이 크므로 민간군사기업에게는 이보다 더 좋은 인력시장이 어디에 있겠는가?

3. 항공력의 진화—새로운 전장, 하늘

과거에도 인간이 하늘로 날아오르고 싶다는 욕망은 존재했다. 그 욕망은 그리스 신화—다이달로스(Daidalos)와 이카루스(Icarus)가 크레타섬을 탈출할 때 날아서 탈출했다—에도 잘 나타나 있다. 그러나 수세기 동안 그 욕망을 채워 줄 수단은 존재하지 않거나 레오나드로 다빈치처럼—그는 펄럭이는 날개가 달린 기계식 항공기의 설계도를 그렸다—그저 종이 속에만 있었을 뿐이었다. 하지만 1783년에 몽골피에(Montgolfier) 형제가 최초로 하늘을 나는 열기구(Hot air bollon)를 발명했을 때 많은 사람들이 하늘을 날 수 있다는 희망을 다시 품게 되었다.

열기구는 하늘을 나는 도구였지만 동력을 이용해 비행하는 항공기는 아니었다. 항공기가 만들어진 것은 기구가 발명된 지 100년도 더 지난 1903년이었다. 항공기 발명가로 우리에게 유명한 라이트 형제는 최초의 항공기 플라이어 호를 타고 무려 12초나 날았다.

항공기가 점차 발전할수록 항공기를 군사용 목적으로 이용하려는 움직임이 나타나기 시작했다. 그리고 제1차 세계대전이 발발했을 때 이런 움직임들은 급물살을 타기 시작했다. 제1차 세계대전 때 항공기의 주요 목적은 정찰과 포병관측이었으나 이후 권총·소총·기관총을 항공기에 설치하여 원시적인 형태의 공중전이 벌어지기도 했다. 그뿐만 아니라 수류탄이나 폭탄을 달고 적군을 폭격하기도 했으며, 심지어 적의 도시에 전략폭격을 실시해 많은 사람들에게 충격을 주기도 했다.

제1차 세계대전에서 항공기에 무한한 가능성을 둔 세계 각국은 항공기 개

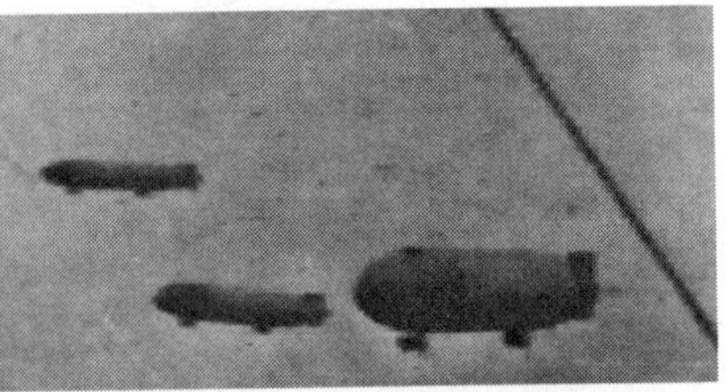
독일의 알바트로스(좌)와 제펠린 비행선(우) | 제펠린은 영국을 폭격하는 데 사용되었다.

독일의 메서슈미트 Bf.109(좌)와 영국의 스핏파이어(우)

발에 몰두하기 시작했다. 가솔린 기관과 프로펠러로 동력을 삼은 복엽기들은 좀 더 강력한 동력기관과 안전한 금속자재로 만든 항공기들로 변했다. 제2차 세계대전에 이르러서 항공기는 제1차 세계대전 때보다 훨씬 빠르면서 유연하고 강력해졌으며 단순한 정찰이 아닌 지상군지원, 전략폭격, 방공임무 등 다양한 목적으로 사용되었다. 또한 항공기는 기능이 세분화되면서 크게 2가지 종류로 나뉘어졌다. 하나는 제공권 장악과 폭격기 호위임무를 수행하는 전투기, 다른 하나는 적의 병력과 도시를 폭격하는 폭격기이다. 먼저 전투기는 폭격기보다 가볍고 빠른 기체로 주로 적의 항공기와 공중전투를 했다. 주요 무장은 고정 장착한 기관총이었으며 기관총을 이용해 적의 항공기를 격추시켰고 필요할 때는 적의 지상병력에게 기총소사를 가하기도 했다. 전투기의 가장 중요한 임무는 제공권을 장악하는 것이었다. 물론 제2차 세계대전 때도 방공무기가 있었지만 높은 고도에서 고속으로 날아다니는 항공기를 대공포로 맞추는 일은 매우 어려웠기 때문에 방공 전력의 중심은 전투기일 수밖에 없었다. 제2차 세계대전 시기에 대표적인 전투기로는 독일의 메서슈미트, 영국의 호커허리케인과 스핏파이어, 미국의 무스탕, 일본의 제로센 전투기 등이 있다.

폭격기는 적의 항공기를 요격하는 전투기와 달리 주요 산업시설과 도시들을 폭격하는 것이 주요 임무였다. 폭격기는 많은 양의 폭탄을 실어야 했기 때문에 전투기보다 크기가 컸으며 둔했다. 또한 폭격기는 자체만 가지고는 날렵한 적의 전투기에게 요격당할 위험이 컸기 때문에 항상 호위 전투기를 대동하고 작전을 수행했다. 대표적인 폭격기로는 독일의 수투카, 미국의 B-29, B-17 등이 있다.

항공기가 발전하면서 전쟁에는 전후방이 사라지게 되었다. 이제 전쟁에 참여하지 않고 수도에 남아 있는 사람들도 폭격기의 폭격에 시달려야만 했다. 폭격과 제공권 장악이 중요해짐에 따라 적의 항공기를 조기에 발견하고 경보를 줄 수 있는 시스템이 요구되기 시작했다. 그래서 출현한 것이 바로 레이더이다. 레이더는 접근하는 적 항공기에게 파장이 짧은 고주파를 발사한 뒤, 표적의 금속 몸체에서 나오는 반사파에 의해 작동한다. 레이더의 발명으로 도시가 폭격당하기 전부터 요격기를 발진시킬 수 있게 되었으며, 육안으로만 적의 항공기의 공격을 식별하던 과거에 비해서 자국 영토를 방어하는 데 훨씬 수월해졌다.

제2차 세계대전 말에 독일의 메서슈미트사(社)에서 생산한 Me-262 전투기를 필두로 1세대 제트전투기의 시대가 열렸다. 제트엔진의 등장은 항공기 발달사에 혁신적인 변화를 일으켰다. 제트엔진 덕분에 비행기의 속도는 소리보다 빠를 수 있었으며, 공기가 희박한 높은 고도에서도 작동함으로써 경제적으로 장거리 운행이 가능해졌다.

독일에 이어 영국의 글로스터 미티어 전투기가 등장했다. 미국은 P-80을 F-80으로 명칭을 바꾸어 생산하여 6·25전쟁에 사용했다. 6·25전쟁에서 F-80은 소련의 전투기인 Mig-15를 격추시키면서 첫 제트기공중전에서 승리

대표적인 1세대 전투기인 미국의 F-86 세이버(좌)와 소련의 Mig-15(우)

했으며, F-80의 뒤를 이은 F-86 세이버 또한 Mig-15를 격추하여 6·25전쟁 때 제공권을 확실하게 잡았다. 1세대 제트전투기들은 후퇴용 날개, 자이로(Gyro) 안정사격조준기, 좌석 사출장치가 장착되어 공중전 수행 능력과 조종사 생존성이 강화되었다. 6·25전쟁 동안 1세대 제트전투기들은 여전히 기관총을 주 무기로 사용했으며, 제2차 세계대전 때와 마찬가지로 적기의 꼬리에 붙어서 공격하는 도그파이트(Dog Fight) 양상으로 전투를 벌였다. 그러나 6·25전쟁이 끝나고 50년대 중반부터 1세대 제트전투기보다 빠르고, 레이더와 화력제어 시스템 및 공대공미사일을 장착한 1.5세대 제트전투기들이 선보였다. 미국의 F-86 세이버 전투기에 AIM-9B 사이드 와인더 열추적 미사일(적외선유도방식)과 2.75인치 공대공 로켓탄을 장착했으며, 소련도 Mig-15를 개량하여 Mig-17을 생산하여 베트남전 등 여러 전쟁에서 서방측 전투기와 대결을 벌였다. 1.5세대 제트전투기의 출현은 공중전의 모습을 완전히 바꿔놨는데, 1958년에 대만 금문도 상공에서 중공의 Mig-17이 대만의 F-86 세이버 전투기가 발사한 미사일에 의해 싸워보지도 못하고 29대가 격추당했고 F-86 세이버 전투기는 단 1대의 피해도 입지 않았다. 1.5세대 전투기들은 각 나라에 따라서 1980년대까지 오랜 기간 동안 사용되었다. 이후에 레이더 사격통제와 초음속 비행이 가능한 현대적 제트전투기인 2세대 제트전투기가 등장했다. 미 공군은 F-100 슈퍼세이버, 소련은 Mig-21이 대표적인 전투기였지만, 이 전투기들도 공대공미사일을 장착하여 근접공중전을

3세대 전투기인 미국의 F-4 팬텀(좌)과 소련의 Mig-23(우) | F-4 팬텀은 최초의 다목적 전투기이면서 가장 많이 생산된 전투기이다.

펼쳐 적기를 격추하는 양상의 항공전을 벌이는 것은 변함없었다.

1960년대의 베트남전쟁을 전후로 고성능 다목적 레이더, 중거리 공대공 미사일 운용능력, 공중급유를 통한 장거리 비행능력, 음속의 2배의 속도 등을 갖춰 다양한 유형의 항공작전을 수행할 수 있는 3세대 제트전투기가 등장했다. 3세대 제트전투기의 선두주자는 미국의 F-4 팬텀과 소련의 Mig-23이 대표적이다. F-4팬텀은 8톤의 폭탄을 투하하는 능력이 있고 사이드와인더 열추적 미사일 4발과 스패로우(Sparrow) 중거리 미사일 4발(레이더유도방식), 총 8발의 미사일을 장착할 수 있다. 하지만 공대공미사일의 능력을 너무 과신한 미국은 베트남전쟁 때 주력전투기인 F-4 팬텀에 공대공미사일만 장착하고 기관포를 장착하지 않는 우를 범했다. 당시 공대공미사일의 정확도는 기대했던 것에 못 미쳤고—약 10%의 적중률을 보였다—몇 개 안 되는 미사일을 다 발사하고 나면 자체 방어수단이 없었기 때문에 빠르고 민첩한 MIG-21의 기관포 공격에 속수무책으로 당할 수밖에 없었다. 기관포를 장착하지 않았던 미국 전투기들은 북베트남에서 미 공군 역사상 최악의 공중작전을 할 수밖에 없었고, 6·25전쟁 당시 10:1이었던 격추율은 베트남전 때 2:1로 줄어들었다. 기관포의 중요성은 전투기의 성능이 좋아질수록 더욱 커지고 있다. 왜냐하면 요즘 나온 차세대 전투기들은 대부분 스텔스 기능과 공대공미사일을 회피할 수 있는 기술을 가지고 있기 때문이다. 이처

대표적인 4세대 전투기인 F-16(좌)과 F-15(우) | F-16은 전 세계적으로 4천 대 이상 생산된 베스트셀러 전투기이다.

럼 공대공미사일이 효력을 발휘하기 힘들어 질수록 기관포를 이용한 과거의 공중전 양상이 새롭게 주목받기 시작했다.

미국은 소련의 전투기인 Mig-19 · 21 · 23전투기가 F-4 팬텀 전투기와 대등한 전투를 펼치자 전문적인 제공전투기의 필요성을 느꼈다. 그래서 아날로그 컴퓨터가 제어하는 고성능 레이더 시스템과 디지털 기술을 접목시킨 4세대 전투기가 탄생했으며 미국에서는 F-14 · 15 · 16 · 18 전투기를 차례로 내놓았다. 이들 전투기는 지금까지 쓰이고 있으며, F-15 · 16 · 18과 같은 4세대 전투기에 능동 전자주사식 레이더(ASEA: 다수의 표적 동시추적, 목표물 식별, 적기의 레이더망 교란까지 가능한 전자레이더)와 같은 항공전자장비(Avionics)의 현격한 업그레이드와 약간의 스텔스 기능을 보강한 4.5세대 전투기로 발전하여 현재에 이르고 있다. 러시아도 Su-27, Mig-29, Mig-35와 같은 4세대 전투기를 생산하여 서방의 전투기들에 대항했다.

공대공미사일의 종류는 유도방식에 의해 주로 구분된다. 크게 레이더에 의해 유도되는 레이더유도방식과 적 항공기의 열원을 감지 · 추적하는 적외선유도방식으로 나눈다. 이 중 일반적으로 10~15km 정도의 사거리를 갖는 단거리 공대공미사일은 주로 적외선유도방식을 이용한다. 적외선유도방식은 적의 항공기 제트엔진 등에서 나오는 열을 감지해 항공기를 추적하여 격추시키는 방식이기 때문에 적 항공기의 후미에서 공격해야만 하고, 플레어

(flare)[28]와 같은 방해책에 취약하다는 단점을 가지고 있다. 그러나 요즘 나온 신형 공대공미사일은 적외선센서기술이 발달되면서 적의 항공기 제트엔진이 아닌 적기 전체에서 나오는 적외선을 인식하여 추적하는 능력을(All Aspect) 가지고 있다. 단거리 공대공미사일의 장점은 장거리 공대공미사일보다 무게가 적게 나가기 때문에—사거리가 길어질수록 로켓모터 연료를 늘려야 하므로 미사일이 더 커질 수밖에 없다—많은 양의 미사일을 장착할 수 있다는 점이다. 대표적인 단거리 공대공미사일로는 미국의 AIM-9 사인드와인더, 소련의 AA-2, 이스라엘의 자피르, 프랑스의 R550 매직, 미·영·프·독 공동 개발의 ASRAAM이 있다.

단거리 공대공미사일 AIM-9 사이드와인더

장거리 공대공미사일은 레이더유도방식을 많이 사용한다. 레이더유도방식은 항공기 자체의 레이더나 지상의 레이더기지 혹은 조기경보기의 레이더에 포착되는 적의 항공기를 추적하여 격추시키는 방식이다. 이 방식의 사거리는 80~100km로 적외선유도방식보다 길고 능동(Active)과 반능동(Semi-Active) 방식으로 나뉜다. 반능동유도방식은 미사일 자체에 레이더가 장착되어 있지 않기 때문에 미사일이 명중할 때까지 레이더로 목표를 계속 추적해야만 한다. 그렇기 때문에 조종사는 하나의 타깃만 지정해서 그것을 계속 추적해야만 하는 단점이 있다. 반면 능동유도방식은 미사일 자체에 레이더가 달려 있기 때문에 발사하면 미사일이 알아서 목표를 추적하는 발사 후 망각(Fire & Forget) 기능을 보유했다. 능동유도방식은 미사일 발사 후 다른

28) 적의 적외선유도방식 미사일이 날아오면 뿌려지는 미끼장치이다. 인화성 물질로 이뤄져 있기 때문에 열로 추적하는 적외선미사일을 유인할 수 있다. 이와 다르게 레이더유도방식 미사일을 속이는 방해책으로 체프가 존재한다. 체프는 작은 알류미늄 조각으로 이뤄져 있는데 이것을 공중에 살포하면 레이더유도방식 미사일을 유인할 수 있다.

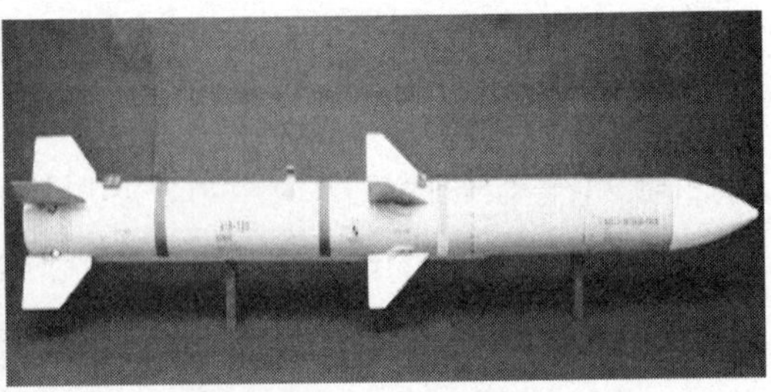

장거리 공대공미사일 AIM-7 스패로III(좌)와 AIM-120 암람(우)

임무를 수행할 수 있기 때문에 조종사가 여러 개의 타깃을 조준하여 미사일을 발사할 수 있고, 명중할 때까지 미사일을 추적하지 않아도 되므로 전투기의 생존성에 많은 도움이 된다.

반능동유도방식의 대표적인 미사일은 미국의 AIM-7 스패로III가 있고, 능동유도방식의 대표적인 미사일은 미국의 AIM-120A 암람(AMRAAM)과 AIM-54 페닉스가 있다.

공중뿐만 아니라 지상에서 항공기를 공격하는 데도 미사일은 요긴하게 사용되었다. 지대공미사일(SAM, Surface-to-Air Missile)은 과거에 사용했던 대공포보다 명중률도 좋았고 화력도 좋았기 때문에 대공포를 대신해서 방공망을 구성하는 데 가장 중요한 무기였다. 지대공미사일의 강력함은 이스라엘과 아랍 국가들의 전쟁이었던 제4차 중동전쟁에서 여실히 드러났다. 6일 전쟁 당시 이스라엘의 공군기들에게 괴멸적인 타격을 입었던 아랍 국가들은 이스라엘 공군기들을 막기 위해 지대공미사일을 도입했다.

그러나 걸프전쟁에서 보다시피 스텔스 폭격기, 대레이더 미사일, 전자방해책(Jamming), 순항미사일, 조기경보기 등을 이용해 조직적으로 전쟁을 수행한다면 지대공미사일과 레이더로 이뤄진 강력한 방공망을 구성한다고 해도 붕괴시킬 수 있다. 그렇기 때문에 제공권을 지키기 위해서는 지대공미사일뿐만 아니라 전투기로 폭격 및 요격하는 것도 필요하다. 지대공미사일 역시 공대공미사일과 마찬가지로 지상에서 공중의 적을 격추시키기 위해 레이더

패트리어트 지대공 미사일(좌)과 SA-2 지대공 미사일(우)

유도방식과 적외선유도방식이 존재한다. 레이더유도방식으로는 미국의 나이키, 패트리어트가 있으며 적외선유도방식으로는 러시아의 SA-2, SA-3, SA-4 등이 있다.

미사일은 항공기뿐만 아니라 함정에도 큰 위력을 발휘했다. 제2차 세계대전 당시 미국이 일본의 가미카제 공격에 충격을 받고, 독일의 전함이었던 비스마르크 전함과 일본의 야마토 전함이 연합군 항공기에 의해 침몰하는 등 거함거포의 시대가 끝나면서 함정의 대공방어에 대한 관심이 높아졌다.

특히 1982년 포클랜드 당시 아르헨티나의 전투기인 Super Extendard기에서 발사된 엑조세 미사일이 영국의 구축함 셰필드함을 한 번에 침몰시킨 이후 공대함 미사일에 많은 관심이 쏟아졌다. 공대함 미사일은 초음속으로 수면 가까이 낮게 비행하므로 요격하기가 매우 힘들기 때문에 함정을 위협하는 가장 강력한 무기로 떠올랐다. 공대함 미사일에 대항하기 위해 출현한 것이 바로 이지스[29] 시스템을 장착한 이지스함이다. 이지스 시스템은 'AN/SPY-1B/D'라는 고출력 다기능 위상배열레이더를 사용하여 아음속 또는 초음속으로 비행하는 모든 종류의 미사일과 유인·무인 비행체를 천 개 이상

29) 이지스(Aegis)는 '신의 방패'라는 뜻으로 제우스의 딸인 지혜의 여신 아테나의 방패 '아이기스'라는 말에서 나왔다. 아테나의 방패 '아이기스'는 메두사의 머리가 달려 있는 강력한 방패이다.

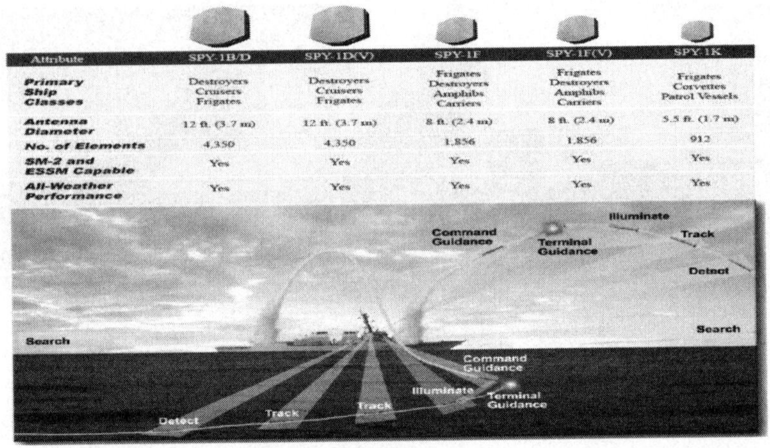

Attribute	SPY-1B/D	SPY-1D(V)	SPY-1F	SPY-1F(V)	SPY-1K
Primary Ship Classes	Destroyers Cruisers Frigates	Destroyers Cruisers Frigates	Frigates Destroyers Amphibs Carriers	Frigates Destroyers Amphibs Carriers	Frigates Corvettes Patrol Vessels
Antenna Diameter	12 ft. (3.7 m)	12 ft. (3.7 m)	8 ft. (2.4 m)	8 ft. (2.4 m)	5.5 ft. (1.7 m)
No. of Elements	4,350	4,350	1,856	1,856	912
SM-2 and ESSM Capable	Yes	Yes	Yes	Yes	Yes
All-Weather Performance	Yes	Yes	Yes	Yes	Yes

이지스 시스템(위)

탐색·추적한다. 필요 시 이를 요격하는 대공미사일을 유도하고, 표적의 위협 수준을 분류할 수 있는 의사결정 시스템, 함에 탑재한 각종 무기체계 및 장치에 지시를 내릴 수 있는 지휘통제체계로 구성되어 완벽한 대공능력을 갖춘 무기체계 통제시스템이다.

이러한 이지스 시스템은 70년대 후반에 미국에서 개발되었으며, 최초의 이지스함으로는 타이콘데로가급 순양함과 알레이 버크급 구축함이 있다. 현대에는 꿈의 함정으로 불리며 일본, 스페인, 프랑스, 영국 등 선진국이 보유하고 있으며, 우리나라도 이지스 구축함을 보유하고 있다.

미사일이 등장함에 따라 폭격기의 역할은 점차 사라져 갔다. 무차별 지역 폭격은 비효율적인 데다 무고한 민간인 희생자를 많이 발생시켜 역효과[30]를 유발했기 때문이다. 게다가 지대공미사일(SAM, Surface-to-Air Missile)이 출현하면서 이제 폭격기는 제2차 세계대전에서처럼 활약하기가 힘들어졌다. 많은 폭탄을 탑재한 폭격기는 속도가 느렸기 때문에 지대공미사일의 좋은 표

30) 제2차 세계대전 시 나타난 적국 국민들의 적개심 증대나, 베트남전쟁 시 나타난 참상의 언론공개로 인한 반전여론 증폭 등을 예로 들 수 있다.

대한민국 해군의 이지스 구축함인 세종대왕함(좌)과 최초의 이지스함인 미 해군의 타이콘데로가급 이지스 순양함(우)

B-1랜서 폭격기(좌)와 B-52 스트라토 포트리스 폭격기(우)

적이 되고, 지대공미사일을 피하기 위해 속도를 빠르게 만들면 폭탄 탑재량이 줄어들 수밖에 없기 때문이다. 이처럼 폭격기의 존재가 애매해지자 공군 지휘관들은 전투기에 공대지미사일을 장착한 전폭기를 폭격기 대신 운용하기 시작했다. 그러나 화력을 희생시키고 정확도를 늘린 전폭기는 과거의 폭격기처럼 압도적인 화력을 보여 줄 수는 없었다.

이후 공군 지휘관들은 폭격기를 살리기 위해 고공침투 대신 저공침투로 작전을 바꿨다. 60m까지 낮은 고도로 저공침투하면 레이더로 발견하기 어렵기 때문에[31] 폭격기의 생존확률이 고공비행보다 높아질 수 있다. 그러나 이것은 어디까지나 '어렵다'는 이야기이지 아예 발견이 안 된다는 것은 아

31) 저공비행 항공기를 레이더로 잡기 어려운 이유는 지구가 둥글기 때문이다. 레이더 전파는 곧게 뻗어 나가는데 지구가 둥글기 때문에 레이더 전파가 미치지 못하는 틈이 생긴다. 저공비행하면 그 틈을 이용할 수 있어서 레이더에 걸릴 확률이 적어진다. 또한 지상의 각종 지형지물의 굴곡 때문에 레이더가 저공비행하는 물체를 지형지물로 잘못 인식할 확률도 있다.

니다. 더욱이 적이 저공비행을 방어하기 위해 대공포나 단거리 지대공미사일을 설치하고 레이더기능을 강화시키면, 오히려 고공비행보다 더 큰 피해를 입을 수도 있다.

결국 저공비행은 사실상 일종의 모험이므로, 전자방해책(ECM, electronic countermeasures)을 강화하여 폭격기를 지대공미사일로부터 보호하는 방법이 사용되기 시작했다. 전자방해책을 사용하면 적의 레이더와 지대공미사일을 교란시켜 폭격기의 생존율을 높일 수 있기 때문이다. 미국의 전투기들은 저공비행과 전자방해책을 모두 사용했고, 폭격기들은 생존율을 높이기 위해 적의 레이더기지와 대공망을 붕괴시킨 다음 폭격임무를 수행했다. 대표적인 폭격기로는 미국의 B-1 폭격기와 B-52 폭격기가 있다.

두 폭격기는 걸프전쟁, 아프가니스탄 전쟁, 이라크 전쟁 시기에 미국 본토에서 재급유 없이 지상의 특수부대가 지정한 목표에 전술적이고 다목적으로 정밀 타격했다. 하지만 폭격기는 적의 산업시설이나 도시를 대규모로 폭격하는 전략폭격에는 적합했지만 아군 부대의 작전행동을 지원하는—소규모 지역에서 아군과 적군을 구분하기 어려운—전술폭격에는 부적합했다. 이를 보완하기 위해 합동직격탄(JDAM: Joint Direct Attack Munition) 같은 GPS유도방식의 스마트 폭탄이 등장했다. 적의 도시와 산업시설 폭격뿐만 아니라 적의 대규모 부대의 벙커 등 중요 군사시설의 정밀폭격이 가능하게 된 것이다. 또한 적과 대치 중인 아군 지상부대의 지원에 특화된 항공기(근접지원항공지원기)가 필요했다. 근접항공지원을 위해서는 오폭방지를 위한 피아식별능력, 목표 지역 상공에 머물며 반복공격을 하기 위한 긴 체공시간 그리고 적의 근거리 대공화기에 대처할 수 있는 저속에서도 뛰어난 운동성과 장갑력 등을 갖춰야만 했다. 이런 능력을 갖춘 무기로는 AH-1 코브라, AH-64 아파치와 같은 공격용 헬기와 A-10 썬더볼트II, AC-130과 같은 근접지원항공기가 있다.

최초의 헬기는 앞에 나왔듯이 6·25전쟁 때 부상자 후송과 베트남전쟁

최초의 공격용 헬기인 AH-1S 코브라 헬기(좌)와 AH-64 아파치 롱보우 헬기(우) | 아파치 헬기 프로펠러 위에 둥근 물체가 롱보우 레이더이다.

때 기동작전을 위해 설계되었지만, 긴 체공시간과 저공비행으로 인한 피아 식별이 가능하다는 장점 때문에 곧 공격용 무기로 변화되었다. 처음의 기관총과 대전차 로켓으로 무장한 수송용 헬기는 공격용으로는 제한이 있으므로 근접지원공격을 효과적으로 할 수 있는 AH-1S 코브라 공격용 헬기가 나오게 되었다. 기관총과 대전차 미사일로 무장한 공격용 헬기는 강력한 근접항공지원능력을 가지고 있으며, 적의 보병은 물론 주력 전차까지 파괴할 수 있었다. 특히 대전차 능력에 특화된 아파치 헬기는 전차킬러로 명성이 높다. 실제로 이라크 전쟁 때 아파치 헬기는 헬파이어 대전차 미사일을 이용해 이라크의 최정예 전차부대를 괴멸시키기도 했다. 최근에 AH-64 아파치 헬기는 롱보우(Long Bow) 레이더 전자장치[32]가 장착되어 스스로 표적을 탐지하여 추적하고 헬파이어 미사일 사격을 제어하는 능력을 갖추게 되었다.

A-10 썬더볼트II는 가장 이상적인 근접지원항공기였다. 커다란 기체 때문에 공격헬기보다 많은 양의 무기를 탑재할 수 있었고, 튼튼한 장갑 덕분에 대공무기에 대한 생존율도 헬기보다 높았을 뿐더러 저공에서도 뛰어난 기동성을 발휘했다. 특히 A-10 썬더볼트II에 탑재된 열화우라늄탄을 장착

32) AH-64 아파치 헬기에 장착된 사격통제 레이더 장치. 천 개 이상의 지상 목표물을 적인지 아군인지 나누어 탐지할 수 있고, 그 중에서 128개의 목표의 움직임 추적이 가능하다. 다시 그 중에서 16개의 우선목표를 지정할 수 있는데, 여기에 걸리는 시간은 겨우 30초이다. 이런 뛰어난 탐색능력은 마치 축소판 공중조기경보통제기(AWACS: Airborne Warning And Control System)에 해당한다.

A-10 선더볼트 II(좌)와 AC-130 스펙터건쉽(우)

한 'GAU-8 어벤져' 30mm 벌컨포[33]와 메버릭 공대지미사일은 적의 지상군에게는 재앙과도 같았는데, '전차의 저승사자'로 불릴 정도로 막대한 피해를 입혔다.

그러나 3세대 전차가 출현하고 전차의 반응장갑이 강화되면서 과거와 같은 화력을 발휘할 수 없게 된 A-10 썬더볼트II는 퇴역할 전망이다. A-10 썬더볼트II와 다른 형태의 근접지원항공기로는 AC-130 스펙터건쉽이 있다. 건쉽은 A-10 썬더볼트II의 모든 장점을 갖추면서 그보다 훨씬 긴 체공시간을 가지고 있기 때문에 장시간 지상병력을 지원해 줄 수 있으며, 25mm 기관포, 40mm 고사포 등 막강한 화력으로 무장한 근접지원항공기이다. 그러나 이런 종류의 근접지원항공기들은 적의 대공미사일에 쉽게 당할 수 있기 때문에 일반적으로 적의 방공망을 반드시 무력화시킨 다음에 사용하여야 한다.

미래 항공기의 가장 중요한 요소는 스텔스(Stealth) 기능이다. 스텔스 기능은 상대의 레이더, 적외선탐지기, 음향탐지기 및 육안에 의한 방법까지를 포함한 모든 탐지 기능에 대항하는 은폐 기술이다. 이런 기능을 갖춘 스텔스기는 페라이트(Ferrite)와 같이 레이더 전파를 흡수하는 특수한 재질과 형상 그리고 도료 등으로 만들어졌기 때문에 적대국의 레이더 추적에 걸리지 않

33) 전기모터 · 유압(油壓)의 작용에 의해서 7개의 총신이 회전하면서 탄알을 속사하는 미국의 항공기용 기관총.

고 비행할 수 있다. 대표적인 스텔스기인 F-117A 나이트호크는 걸프전 당시 44대가 출격하여 단 1대도 피해를 입지 않았고, 이라크의 중요 시설의 40% 이상을 무력화시켰으며, 아프가니스탄 전쟁과 이라크 전쟁에서도 큰 활약을 했다. 이처럼 스텔스기는 적의 레이더와 적외선으로부터 추적당하지 않는다는 장점 때문에 많은 사람들의 주목을 받았다. 스텔스 기능이 중요한 이유는 적의 레이더에 걸리지 않기 때문에 언제 어디서든 선제공격이 가능하기 때문이다. AIM-120 암람과 같은 장거리 공대공미사일을 적기가 먼저 발견하기 전에 발사한다면, 적군에게 상당한 선제타격을 줄 수 있다. 또한 레이더나 적외선유도방식의 공대공미사일에 추적되지 않기 때문에 공중전이 펼쳐지면 스텔스 기능을 갖추지 못한 전투기보다 훨씬 유리하다. 그래서 스텔스 기능을 갖춘 전투기들이 차세대 전투기로 각광받고 있는 것이다. 대표적인 스텔스 전투기로는 5세대 제트전투기인 F-22 랩터(Raptor)와 F-35 라

전익기(기체 전체의 모양이 날개모양인 비행기) 형태의 B-2 스피릿(좌)과 5세대 제트전투기 F-22 랩터(우) | 대표적인 스텔스 폭격기와 전투기이다.

활주로 없이 수직 이착륙이 가능한 스텔스전투기인 F-35 라이트닝II 전투기(좌)와 영국의 4세대 전투기 AV-8 해리어 전투기(우)

이트닝II(Lightening II)가 있다. 특히 F-35 라이트닝II는 영국의 AV-8 해리어 전투기와 함께 활주로를 질주하여 그 추진력으로 이륙하는 방식이 아닌, 활주로 없이 수직으로 이·착륙이 가능한 전투기로도 유명하다.

전장을 지배한 무기 이야기 ⑨ 스텔스 전폭기 F-117A 나이트호크(Night Hawk)

스텔스(Stealth)란 몰래하기, 비밀이라는 뜻으로 쓰이는 단어이다. 엄밀히 말하면 스텔스는 상대에게 보이지 않는 것이 아니라 상대가 이쪽의 실체를 제대로 관측할 수 없게 하는 기술이다. 한마디로 스텔스는 은폐 기술로, 어떤 물체에 가려져서 상대가 이쪽의 실체를 관측할 수 없게 하는 것이다.

1960년 냉전시대에 미국은 소련을 정찰하기 위해 U-2 정찰기를 보냈지만 소련의 레이더망에 걸려 격추당하는 사건이 벌어지자, 미 정보국에서는 U-2 정찰기를 대체할 새로운 정찰기인 SR-71(Strategic Reconnaissance-71) 블랙버드를 생산함으로써 스텔스기의 시대를 열었다. SR-71은 공격기가 아닌 마하 3의 속도로 비행하는 정찰기이다. 그런데 1950년대 이후에 미 공군은 선제 기습타격을 위한 침투공격기를 배치하는 전술을 사용하게 되는데, 이때 생산된 전투기가 F-117A 나이트호크 전투폭격기이다. 이 폭격기는 철저한 보안 속에서 개발이 이루어졌다. 그 예로 F-117A는 전투기(Fighter)로 분류되어 있지만 공대공 교전은 불가능하고 공대지 폭격만 가능한 공격기로 개발했다. 소련을 속이기 위한 계책이었다고 한다.

특히 항공기를 개발할 때는 보통 공기역학 전문가가 주임 설계자가 되고 구조나 엔진 전문가가 보조 설계자가 되지만, F-117A 나이트호크는 애초부터 전자공학 원리에 비중을 두어 설계되었다.

바로 적의 레이더에 걸리지 않고 침투하여 공격하는 능력인 전자공학 원리에 비중을 둔 것이다. 레이더파는 공처럼 일정한 각도로 반사되는 특성이 있다. 그 레이더파가 기체에 닿아 반사되는 전파를 포착하는 것이다. 특히 보통 전투기들은 기체가 곡선으로 되어 있어 일정하지 않은 방향으로 반사되어 포착되지만, F-117A 나이트호크는 이러한 특성들을 감안하여 레이더파를 반사하지 않도록 1만분의 1인치

각까지 정밀하게 설계되어 있다. 하지만 비행각도에 따라 적 레이더 방향으로 반사될 수 있으므로 기체 전체에 전파흡수도료를 발라서 전방 140km 위치에서 탐지되는 기체가 불과 26km 앞에서만 탐지되도록 했다.

적의 레이더 방어 대책뿐만 아니라 적의 적외선유도미사일에 대한 방어 대책으로, 엔진을 깊숙한 곳에 장착하고 배기가스도 동체 윗부분으로 나오게 하여 적외선이 적게 발생하도록 설계되었다. 이렇게 적에게 발각되지 않도록 설계가 되었음에도 불구하고, F-117A 나이트호크는 적이 육안으로 식별하지 못하도록 야간에만 작전을 수행했다.

이렇게 다양한 방법으로 스텔스 능력을 보유한 F-117A 나이트호크는 내부 무기격실(무기장착점)에 2발의 폭탄만을 장착했다. 하지만 겨우 폭탄 2발만 장착했다고 약한 것이 아니다. 이 폭격기는 백발백중의 명중률을 자랑하는데 단 1발의 레이저-유도폭탄(GBU-10/12/27계열) 또는 JDAM계열로 정확히 적을 살상하는 저격수와 다를 바가 없다.

1984년도에 생산된 F-117A 나이트호크는 6년 뒤인 걸프전쟁에서 그 위력을 보여 주게 된다. 1991년 1월 17일 새벽 2시 30분, 총 공격 30분 전에 바그다드의 방공망을 뚫고 이라크군의 방공기지를 공격하면서 그 위력을 보여 주었다. 소위 '사막의 폭풍' 작전이 시작되면서 약 40여 대의 F-117A가 3일 동안 이라크의 중요 지

최초의 스텔스기로 평가받는 SR-71 정찰기(좌)와 스텔스 전투기의 시대를 연 F-117A 나이트 호크(우) 곡선으로 된 기체와는 다르게 각진 모양으로 기체를 만들어 레이더망을 다른 곳으로 퍼지게 설계되었다.

휘소, 관제센터의 80% 이상을 파괴했고, 미군이 설정한 중요 목표물의 40% 이상을 파괴시켰다. 걸프전쟁에서 F-117A 나이트호크는 단 1대도 격추되지 않았으며, 단 1발의 탄환도 맞지 않았다. 하지만 1999년 코소보 사태[34]로 인하여 나토(NATO: 북대서양 조약기구)군이 코소보 공습작전인 '얼라이드 포스(Alied Force)' 작전에 참가하여 중요 목표물을 타격했지만 공습 4일째에 F-117A 1대가 적의 대공화기에 격추당한 사건이 일어났다. 조종사는 특수부대의 도움으로 탈출하여 목숨을 건졌지만 미국과 그 우방국들은 큰 충격을 받았다. 나토군과 미 공군 측에서는 러시아제 방공시스템에서 비정상적인 레이더파가 F-117A를 포착하여 러시아제 SA-3 대공미사일을 발사하여 격추시켰다고 했지만 세르비아군 측에서는 F-117A가 폭격 당시 폭탄창을 열었을 때 우연히 레이더망에 감지가 되어 격추당했다고 발표—내부 무기격실이 열릴 때 레이더에 취약함이 알려짐—했다. 그 사건 이후 78일 간 지속된 폭격에서

F-117A 나이트호크는 공대공 전투가 불가능한 공격기로, 공대지 유도 미사일 2발밖에 없지만 현대전의 스나이퍼(Sniper: 저격수)로 불린다.

34) 신 유고연방에서 분리·독립을 요구하는 알바니아계 코소보 주민과 세르비아 정부군 사이에 벌어진 유혈충돌사태.

F-117A는 약 850소티를 출격했으나 격추된 기체는 없었다.

F-117A 나이트호크 전폭기는 세계 분쟁 지역에서 최일선에 배치되었으며, 특히 한반도가 긴장상황일 때 한국에 배치되어 북한을 견제하는 역할을 했다. 그러나 미군은 이미 F-117A에 적용한 스텔스 기술을 구식으로 보고 2008년 4월 22일 부로 퇴역시켰으며, B-2 스피릿 폭격기와 F-22 랩터와 같은 한 차원 높은 수준의 스텔스기들이 새로운 주역으로 떠오르고 있다.

4. 미래의 무기와 전쟁

전쟁과 인류는 역사가 시작되기 전부터 불가분의 관계를 가지고 있었다. 인류가 도구를 사용하면서부터 인류는 강자와 약자로 나뉘었다. 그리고 인류와 도구가 발전하면서 전쟁의 양상도 변화해왔다.

미국의 학자인 William S. Lind는 전쟁을 1세대부터 4세대까지 각 세대별로 나누었는데, 1세대 전쟁은 모든 인적·물적 자원을 동원하여 선(線)과 선(線)이 만나 충돌하는 것, 즉 총력전(Total War)으로 정의했다. 그 뒤를 이은 2세대 전쟁은 1세대에서 나온 선과 선의 충돌에서 한 선을 무너뜨리기 위해 무기생산이 총 동원된 물량전(Materielschlacht)으로 대표된다. 3세대 전쟁은 앞에서 나온 선의 개념이 없어지면서 전방과 후방이 없어졌으며, 전투기와 전차의 개발로 대규모 화력과 기습·기동성을 이용한 전쟁으로 정의했다. 1세대부터 3세대 전쟁은 역사가 시작된 이후 현대까지의 전쟁으로 생각할 수 있다. 하지만 4세대 전쟁은 앞에 나온 전쟁과는 확실히 다른 전쟁이다. 전략적 요충지, 전투 장소가 따로 정해져 있지 않다. 그리고 적은 꼭 군인이 아닐 수도 있다. 군인이 아닌 각종 험준한 지형과 건물 등이 전투에 많은 변수로 작용한다. 21세기에 들어서 아프가니스탄 전쟁과 이라크 전쟁은 현대 미군의 최첨단 시스템과 무기가 사용된 전쟁이었다. 또한 전쟁 이후의 치안을 담당하는 미군이 이슬람 무장단체들의 자살폭탄테러와 IED의 폭발 등으로 많은 인명 · 재산 피해를 입고 있으며, 이는 테러와의 전쟁과 중동정책에 많은 영향을 미치고 있다.

바로 21세기에는 현재의 중동에서처럼 종교 · 자원전쟁과 민족 간의 갈등이 더 심화될 것이다. 그리고 군인뿐만 아니라 분쟁 지역에 사는 사람들은 언제든지 전쟁의 소용돌이에 빠질 수 있다.

4세대 전쟁과 같이 한치 앞을 내다볼 수 없는 전쟁 상황에서는 아군과 적군의 위치와 전력을 정확하게 파악하고 전장상황을 자세히 보면서 적과 싸워 승리를 거두는 '네트워크 중심전'이라는 전투를 수행하게 된다.

미군은 1991년의 걸프전쟁부터 현재의 이라크 전쟁과 중동 지역 분쟁에서 치안을 담당하면서 이미 '네트워크 중심전'을 위해 전투기나 전차 또는 기타 차량을 GIG(Global Information Grid)라는 정보 네트워크에 연동하여 운용하고 있으며, 이제는 그 대상으로 병사까지 통합시켜 나가고 있다.

공중지원이 불가능한 날씨나 차량지원이 힘든 지역에서는 보병의 역할이

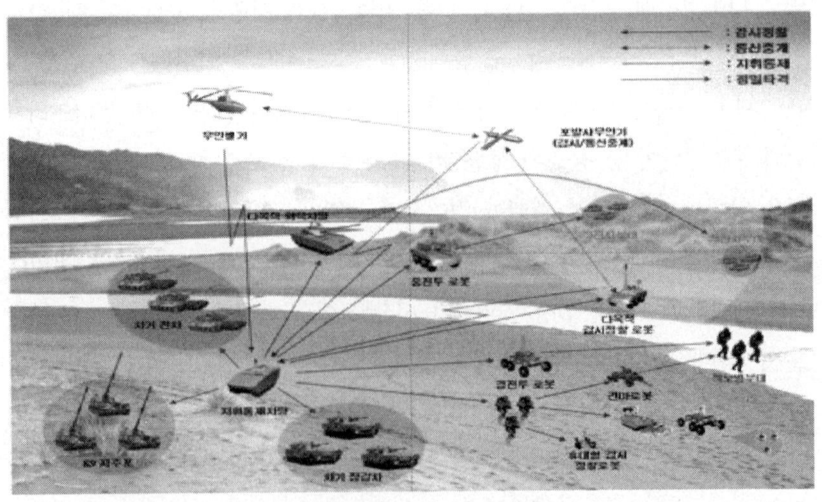

네트워크 중심전의 전장 상황도

더욱 중요한데, 위치와 전력을 파악할 수 있도록 보병 병사 개개인에게 '랜드워리어'라 불리는 휴대용 디지털 군장을 착용시켜 네트워크 중심전을 가능하게 했다. '랜드워리어' 같은 휴대용 디지털 군장은 '전장의 SNS(Social Network Service)'로 네트워크 안에 있는 사람들이라면 서로 보는 것을 같이 보고 아는 것을 같이 알 수 있게 한다. '전장의 SNS'와 같은 시스템은 네트워크 중심전을 효과적으로 수행할 수 있도록 하지만 전장의 상황을 지휘관에게 효과적으로 보고만 한다고 반드시 승리하는 것은 아니다. 인간이 전장에서 휴대용 컴퓨터를 가지고 전투를 한다 해도 인간이 할 수 있는 일에는 한계가 있다.

인간이 할 수 없는 위험한 일은 영화 〈아이언맨〉에서 나오는 것과 같은 파

현대와 미래의 4세대 전쟁에서 적군과 아군이 만나는 시간과 장소는 뚜렷하지 않다.

랜드워리어를 시험하고 있는 미군들(좌)과
랜드워리어를 착용한 미군(우)

미국 록히드 마틴 사에서 개발한 파워슈트 '헐크' | 아직 하체 부분만 개발했지만 무거운 군장을 착용하고 활동하는 데 체력소모가 적다.

워슈트를 착용하고 수행하여 체력소모를 줄이거나, 인간이 개발한 로봇이 대신 수행하게 한다.

특히 미국 최고의 무기회사인 '록히드 마틴' 사에서 개발한 헐크(HULC: Human Universal Load Carrier)라는 파워슈트가 개발되어 실전 배치를 기다리고 있다.

이 장비를 이용하면 앞에서 나온 '랜드워리워' 같은 장비는 물론이고 40kg에 육박하는 완전군장을 체력소모 없이 어느 지형에서나 무리 없이 착용할 수 있다. 하지만 각종 장비를 착용한 병사들은 군인이기 이전에 사람이기 때문에 전장에서 활동하다 보면 체력적인 한계와 피로를 피해갈 수 없다. 특히 미래 전쟁에서 병사들에 대한 식량보급은 동서고금을 막론하고 가장 중요한 요소이다. 전장에서 병사들이 먹는 전투식량은 기술이 발전함에 따라 다양한 방법으로 취식할 수 있도록 개발되었다. 하지만 조리 시 나오는 수증기와 커다란 부피, 취식 후 발생하는 쓰레기로 인하여 적에게 발각될 수 있다는 단점이 있다. 이를 극복하기 위해 파스처럼 붙이는 패치형 전투식량이 나와, 이것을 몸에 붙이기만 하면 피부를 통해 각종 영양분이 흡수되어 극한 상황에서 전투 효율을 높이게 할 수 있다. 또한 견마(犬馬)로봇과 무인정찰차량, 폭발물처리로봇, 감시경계로봇 등은 전쟁터에서 인간 병사가

다양한 형태의 견마로봇 ▌병사들의 군장을 옮겨 주는 견마로봇(좌)과 전장 상황을 촬영하는 견마로봇(우)

감시카메라를 장착한 경계로봇(좌)과 폭탄제거로봇(우) ▌이처럼 미래의 전장은 인간이 아닌 로봇이 위험한 임무를 수행할 것이다.

수행하기 힘든 임무를 수행함으로써 인명피해를 줄일 뿐만 아니라 폭탄 해체와 같은 정교한 임무 수행도 할 수 있다.

특히 견마로봇은 보병이 들고 다니는 무거운 군장을 대신 메고 다니거나 적의 동태를 정찰하고 화력지원을 할 수 있도록 돕는 역할을 할 것이다.

경계로봇은 철책경계와 같은 임무에서 밤낮으로 경계 작전을 수행하는 일반 병사를 대신하여, 적외선 카메라 · 열감지 센서 · 기관총으로 무장하고 적군이 접근하여 공격할 때 즉각적인 공격이 가능한 임무를 수행할 수 있다.

위에 나온 장비들은 이미 개발이 되었으며 폭탄제거로봇은 실전에 투입되어 많은 성과를 보였고 견마로봇과 경계로봇도 실전에 투입됨으로써, 앞으로는 사람이 아닌 로봇이 전장을 지배할 것이라는 전망도 가능하다.

전장을 지배한 무기 이야기

⑩ 스마트폰(Smart Phone)을 이용한 네트워크 중심전

전장에서 강력한 무기와 뛰어난 전술은 가장 필요한 요소이지만, 무기와 전술을 사용하는 과정에서는 통신장비를 이용한 지휘 및 보고체계가 확실해야만 한치 앞을 예측할 수 없는 전쟁 상황을 유기적으로 지배할 수 있다. 보안과 견고성만 보장된다면 특수한 스마트폰은 많은 정보를 실시간으로 받아 볼 수 있고 상급 부대에 즉각 보고할 수 있으며, 바로 지휘를 받을 수도 있다. 또한 무겁고 투박하기만 한 무전기를 들고 다니는 것보다 기동성도 좋아진다.

스마트폰을 통하여 병사 개개인을 GIG(Global Information Grid)라는 정보네트워크에 연동함으로써 전투기, 전차, 기타 차량들과 정보를 공유하며 '네트워크 중심전'을 수행할 수 있다. 스마트폰이 상용화되기 전인 2006년에 이미 '랜드워리어'라는 시스템이 개발되어 실전에서 사용되고 있었다. '랜드워리어'는 입고 다니는 컴퓨터를 의미하는 웨어러블 컴퓨터(wearable computer)로 '전장의 SNS' 시스템과 미래의 병사들을 구축했다. 컴퓨터에 GPS장치까지 더한 '랜드워리어'는 처음에 70kg에 육박한 무거운 장비였지만 3.6kg으로 경량화되어 최근에는 '랜드워리어'를 착용하지 않으면 작전에 나가는 것을 꺼릴 정도로 바뀌었다고 한다.

하지만 스마트폰은 고성능 CPU, 터치스크린, 개방형 운영체제, 카메라 · GPS · 자이로스코프 등의 다양한 센서 및 3G · 와이파이(WiFi) · 블루투스(Bluetooth) 등의 통신모듈이 하나의 기기에 통합되어 있다. 이로 인해 빠른 정보처리 속도, 용이한 조작, 다양한 기능 확장, 센서를 응용한 위치기반 서비스, 이(異)종의 통신망 활용 등 어떠한 상황에서도 쉽게 조작할 수 있기 때문에 스마트폰은 '랜드워리어'를 대체할 수 있는 훌륭한 장비이다.

2011년에 록히드 마틴 사는 애플 사의 아이폰(i-Phone)을 사용하여 어디서든지 음성, 문자, 이메일 및 영상 등의 정보와 연동할 수 있도록 개인 네트워크에서 이 모든 정보를 하나의 장비에 통합한 MONAX 3G 무선통신시스템을 개발했다.

MONAX 3G 무선통신시스템은 지상이나 비행체에 탑재 가능한 기지국 하나가 아프가니스탄과 같은 험난한 지역에서도 20마일(약 32km) 이상 통신할 수 있게 했다. 또한, 제너럴 다이나믹스 사에서는 위치추적이 가능하며, 전장의 통신시스템을 연결할 목적으로 팔과 가슴에 부착할 수 있는 GD300 스마트폰을 개발했다.

이런 스마트폰을 이용하여 미국에서는 이미 이라크와 아프가니스탄에 파병된 미군 저격수들을 위한 군전용 앱(App)인 저격수용 탄도계산 프로그램 불릿플라이트(Bullet flight) 및 안드로이드 전술 시스템(RATS: Raytheon Android Tactical System), 전장의 병사들에게 전투와 관련된 정보를 전달하는 원포스트래커(One Force Tracker) 등 '전장의 SNS' 시스템을 구축, 네트워크 중심전을 수행하고 있다.

우리나라도 IT 강국으로 스마트폰 사용자가 2천만 명을 넘었다. 북한과 대치하고 있는 분단국가로서 미군처럼 스마트폰으로 전장에서 SNS 시스템과 관련하여 보안 시스템을 개발한다면 전장에서 최고 수준의 스마트폰을 활용할 수 있을 것이다.

록히드 마틴 사의 MONAX 3G 무선통신시스템(좌)과 팔목에 장착하여 사용할 수 있는 GD300 군용 스마트폰(우)

발달된 통신매체와 인간을 대신한 로봇을 전쟁에 투입하면 진정한 네트워크 중심전이 될 것이다.

또한, 미래 전쟁에서는 핵무기만큼은 아니겠지만 현대의 무기보다 더 위력적인 무기가 전장을 뒤바꿀 것이다. 최근에 미국에서 개발한 레일건(Rail Gun)을 예로 들 수 있다. 레일건에는 포신과 포신 주위로 자기장이 흐르는

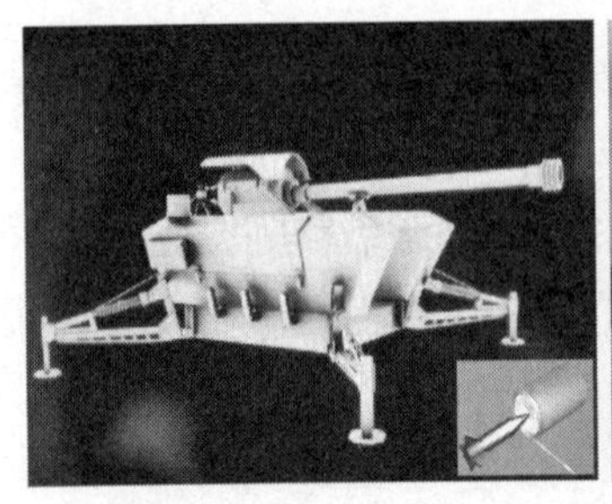

자기력을 이용하여 개발한 레일건(좌)과 영화 〈트랜스포머2: 패자의 역습〉에 등장하는 레일건(우) ‖ 아직 실전에 쓰이는 무기는 아니다.

전자석이 설치되어 있다. 포탄이 포신을 통과하면 포신 주위로 자기장이 흐르면서 탄에 전기를 흐르게 한다. 이때 발생하는 자기장과 레일에서 발생하는 자기장의 반발력을 이용해 추진력을 얻는다. 마하 7의 속도로 비행하여 사정거리가 무려 160km에 이를 것이며, 가속도에 의한 운동에너지가 변하여 엄청난 파괴력을 보여 줄 것이다.

그러나 레일건처럼 엄청난 파괴력을 가진 무기가 쓰여 상대방에게 많은 피해를 입히고 승리하는 것도 좋지만, 싸우지 않고 이기는 것보다 더 좋은 것은 없을 것이다.

레일건처럼 엄청난 파괴력을 가진 무기와는 다른 비살상 무기도 있다. 비살상 무기는 말 그대로 인명을 죽이거나 다치는 일을 줄이거나 아예 없게 만드는 무기이다. 하지만 비살상 무기는 전투용이 아닌 경찰의 시위진압에 쓰이며 수많은 사람들을 동시에 제압하는 데 쓰인다. 비살상 무기로는 '테이저'라는 전기충격기가 있다. 이러한 전기충격기는 사거리가 10m 이내로 짧지만 눈앞에서 사람을 한 번에 제압하는 것이 가능하다. 이 전기충격 외에도 호흡기에 자극을 줘서 반응을 일으키는 가스총, 고무탄환 등 생명에 직접적인 위협을 주진 않지만 잠시 동안만 고통을 주는 무기들이 쓰이고 있다.

또한 광역제압장비라고 하여 미 공군에서 개발한 ADS(Active Denial System)는 밀리미터파의 전파를 인체에 발사하여 뜨거움을 느낀 대상을 해당 장

광역제압장비인 ADS(좌)와 LRAD(우)

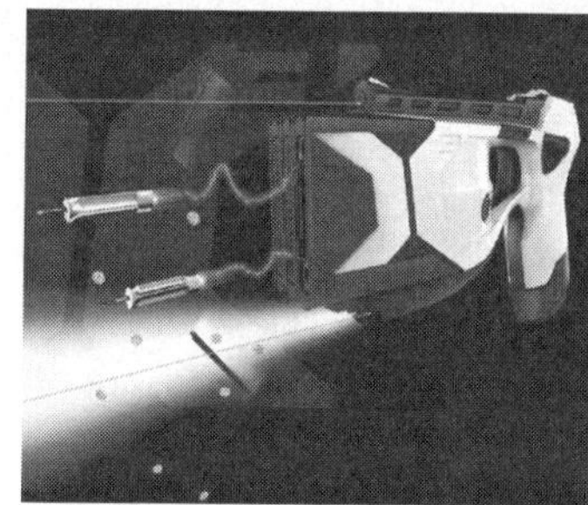

전기충격으로 상대를 제압하는 테이저건

소에서 몰아내는 역할을 한다. 또 다른 광역제압장비인 LRAD(Long Range Acoustic Device)는 음향대포라 불리며 소리로 해당 장소에서 100m 밖으로 몰아낸다.

비살상 무기들은 인간의 생명을 죽이지는 않지만 죽을 만큼의 고통을 준다. 비살상 무기는 인간에게 고통을 준다는 점에서 살상무기와 다를 바가 없다. 과학이 발달함에 따라 미래에도 인권차원에서 인명피해를 줄이기 위해 인류는 노력할 것이고, 고통 없이 무력화할 수 있는 무기가 나올 것을 전망해 본다.

마치는 글

"당신은 전쟁에 관심이 없을지 모르지만, 전쟁은 당신에게 관심이 있다."

우리는 전쟁을 잊고 산다.

우리나라는 1953년 7월에 6·25전쟁이 휴전된 후 지금까지 약 60년 동안 평화 속에 존속해 왔고, 직접적이든 간접적이든 전쟁을 겪어 본 사람은 드물다. 미디어를 통해 혹은 개인 단위로 겪는 국제적 만남에서는 냉혹한 국제관계의 본질은 잘 드러나지 않는다. 그래서 '인류의 평화 공존'이라는 이상이나 '세계화'의 선전 문구에 익숙해진 우리는 흔히 그것을 국제적 현실과 혼동하기도 한다.

그러나 우리는 여전히 전쟁과 동거 중이다.

잊을 만하면 벌어지는 남북 간의 충돌을 통해, 우리는 6·25전쟁은 아직 완전히 끝난 것이 아니며, 이 땅은 애매한 '휴전'상태일 뿐이라는 현실과 대면하고 있다. 최근에 벌어진 천인공노할 '천안함', '연평도'사건도 이를 증명한다. 북한이 핵무기를 가졌네 아니네, 미국이 북한을 공격하네 마네 하는 이야기들이 언론에 등장할 때마다 우리는 새삼스럽게 현실을 인식하게 된다. 언어만 통한다면 내국인과 다름없이 친숙한 이웃일 것만 같은, 중국인이나 일본인과의 대화에서 '만주', '독도', '과거사' 같은 소재는 하나의 금기사항이 되고 말았다. 오랜 평화에 길들여진 우리는 거의 무감각하거나 혹은 애써 외면하지만, 전쟁이라는 이 불편한 동거자는 한시도 우리의 곁을 떠난 적이 없었다. 지금 이 순간에도 세계 곳곳에서는 크고 작은 전쟁이 계속되고 있다.

이런 시대적인 환경 속에서 우리는 지금까지 인류가 출현하면서부터 현재까지의 무기와 전쟁이야기를 재미있게 살펴보았다. 인간은 약육강식과 '강한 자만이 살아남는' 현실에서 무기를 사용하기 시작했다. 즉, 인류의 조상이 자연 생태계의 경쟁 안에 있을 때부터 전쟁은 다른 생명체들과의 싸움이었고, 인간이 두 발로 서고 불을 다룸으로써 문명의 길로 진입한 이후의 인류 역사는 인간끼리의 생존 경쟁 · 전쟁의 역사에 다름 아니었다. 또한 선사시대부터 현대의 최첨단 전쟁에 이르기까지 무기체계와 시스템은 바뀌었을지언정 사용 목적은 변함이 없었다. 그리고 도구의 시대, 화약의 시대, 시스템의 시대, 최첨단 시대를 거치면서 무기는 목적은 같지만 방법 면에서는 꾸준히 발전되어 왔고, 앞으로도 더욱더 진화될 것이라는 사실을 우리는 잘 알게 되었다.

세계 유일의 분단국가이며 아직도 전쟁 중인 우리의 현실 속에서 무기와 전쟁에 관한 이해와 대처방안에 대한 연구는 선택이 아니라 필수이다. 지금까지 살펴보았듯이 그것은 곧 태고부터 현재까지 그리고 인류가 지구상에 존재하는 그날까지 인간사의 가장 기본이며 슬기롭게 생을 구가하는 유일한 방편이리라! 평화와 공존이라는 머나먼 이상의 추구 또한, 이 엄연한 현실에 대한 이해와 대응 속에서만 비로소 실현가능하고 가치 있는 일이 될 수 있다. 그러므로 현실을 모르거나 무시하는 이상적 사고는 단지 몽상일 뿐이다.

부록 1_용어 해설

- **건현**(Freeboard): 선체중앙부 갑판의 현측 상면부터 만재흘수선까지의 연직 거리. 물에 잠기지 않은 부분.
- **경계인**(境界人): 주변인.
- **고주파**(高周波): 주파수가 높은 파동이나 전파. 대체로 3~30MHz의 주파수를 가진 것이다.
- **공명첩**(空名帖): 성명을 적지 않은 백지 임명장. 국가의 재정이 궁핍할 때 국고(國庫)를 채우는 수단으로 사용된 것으로, 중앙의 관원이 이것을 가지고 전국을 돌면서 돈이나 곡식을 바치는 사람의 이름을 즉석에서 적어 넣어 명목상의 관직을 주었다.
- **공이치기**: 탄환을 발사시키는 격발장치의 일종이다. 일반적으로 총기류의 후미 부분에 위치하며, 방아쇠와 용수철로 연결되어 있다. 사격을 위해 병사가 방아쇠를 당기면 용수철을 통해 그 힘이 공이치기에 전달된다. 전달된 힘에 의해 공이치기는 뇌관을 때리며 불꽃을 일으키고, 이에 의해 약실에 들어 있던 화약이 폭발하면서 탄환이 발사된다.
- **구축전차**(驅逐戰車, Tank destroyer): 적의 기갑차량 격파를 목적으로 빠르게 이동할 수 있도록 제작된 10~60톤급의 전차이다. 기존 전차의 차체에 대구경의 대전차포를 탑재해 원형의 전차에 비해 적어도 비슷하거나 능가하는 화력을 갖추고 있다. 하지만, 이를 위해서 포탑을 희생하거나, 빈약한 장갑을 가지는 등의 단점을 가지고 있어 기존의 전차에 비해 다양한 역할을 수행할 수 없었다. 역할이 제한된 탓에 공격 임무에는 적합하지 않았으나 주로 작고 낮은 차체를 이용한 매복 상황과 같은 기습, 방어 상황에서는 큰 효과를 발휘하였다.
- **구황식물**(救荒植物): 흉년 따위로 기근이 심할 때 농작물 대신 먹을 수 있는 야생 식

물. 피, 아카시아, 쑥 따위가 있다.

■ **국민개병제도(國民皆兵制度)**: 국민 모두가 병역의 의무를 갖는 제도. 우리나라에서는 1948년에 제정한 병역법에 의하여 일정한 연령의 남자는 누구나 정해진 기간 동안 군 복무의 의무를 지게 되어 있다.

■ **국민군(國民軍)**: 한 나라에서 군에 복무하고 있는 군인을 통틀어 이르는 말. 프랑스 혁명 초기에 중류 이상의 부유한 시민들로 조직된, 자위(自衛)를 목적으로 한 시민군. 1871년 파리 코뮌의 붕괴에 의하여 최종적으로 해체되었다.

■ **군역**: 병역과 같은 의미로 국민 혹은 백성이 국가에 의해 조직된 군대에 일정 기간 복무하는 것을 뜻한다. 이때 국가는 일정 이상의 자격을 충족하는 국민은 모두 징집하는 징병제나 정해진 보수를 주고 국민들을 고용하여 직업군인으로 삼는 모병제를 실시하게 된다.

■ **궁시(弓矢)**: 활과 화살을 아울러 이르는 말.

■ **괴자마(拐子馬)**: 3명의 중기병을 서로 이어서 벽과 같이 하여 전진하는 진법. 금나라가 남송을 정벌할 때 쓰던 진법으로 중장보병에게 약하다.

■ **극(戟)**: 중국 고대의 무기. 과(戈)와 흡사한데 전국 시대에 많이 썼으며, 처음에는 청동제였으나 한나라 이후에는 철제였다. 의장용으로 많이 썼다. 우리나라에서도 쓰던 무기. 끝이 세 갈래로 갈라진 긴 창으로, 여섯 자 정도의 나무 자루 끝에 세 개의 칼날이 달려 있다.

■ **기율(紀律)**: 도덕상으로 여러 사람에게 행위의 표준이 될 만한 질서.

■ **기총소사(機銃掃射)**: 비행기에서 목표물을 비로 쓸어 내듯이 기관총으로 쏘는 일.

■ **내항성(耐航性)**: 항해 중에 맞닥뜨리는 어떠한 상태에도 대응할 수 있는 배의 적합성.

■ **노(弩)**: 쇠뇌. 화살이나 돌을 여러 개 잇따라 쏠 수 있게 만든 큰 활. 노포(弩砲)라고도 함.

■ **노리쇠**: 총기류에서 탄환 발사 시 약실의 뒷부분을 막는 용도로 쓰이는 부품. 현대식 소총에서는 탄환 발사 후 약실을 막고 있던 노리쇠가 개방되면서 탄피를 자동적으로 배출한다.

■ **노포**: 쇠뇌라고 불림. 쇠로 된 발사 장치가 달린 활.

■ **노획**(鹵獲, 虜獲): 전쟁에서 빼앗다, 전쟁에서, 적군의 물품을 빼앗음.

■ **뇌격기**: 폭탄 대신 어뢰로 함선을 공격하는 해군 공격기.

■ **뇌관**: 약실에 들어 있는 화약을 점화시키기 위한 작은 금속판. 약실과 연결되어 있으며 공이치기를 사용하여 뇌관을 점화시키면 약실 안에 있는 화약이 폭발한다.

■ **대공포**(對空砲): 지상이나 해상에서 공중 목표를 겨냥하여 쏘는 포.

■ **도개교**(跳開橋): 큰 배가 밑으로 지나갈 수 있도록 하기 위하여 위로 열리는 구조로 만든 다리. 양쪽으로 열려 올라가는 이엽식(二葉式)과 한쪽만 올라가는 일엽식(一葉式)이 있다.

■ **등자**(鐙子): 기수가 말에 타고 앉아 두 발로 디디게 되어 있는 물건.

■ **마하**(mach): 유체의 속도와 그 유체 속을 전파하는 음속과의 비를 말하는 것으로, 마하수(mach number)라고도 한다. 기호는 M으로 표시한다. 보통 공기 속을 탄환, 비행기, 미사일 등 고속 비행체나 고속 기류가 흐를 경우에 사용되는데 이것들의 속도를 음속 단위로 측정한 값이다.

마하는 주로 항공기의 속도를 나타낼 때 사용하는데, 마하 단위로 속도를 나타내는 것은 항공기의 여러 가지 특성이 자신의 실제 이동 속도가 아니라 음속에 더 많은 영향을 받기 때문이다. 마하 1은 음속과 같은 속도로 시속 약 1,224km에 해당한다.

■ **머스킷**(musket)**총**: 총신이 길어서 양손만으로는 조작이 불가능하여 앞쪽에 총가(銃架)를 세워 거기에 총신을 의지해서 사격하던 17~18세기의 '아르케부스'와 구분되는 총이다. 일반적으로는 구식소총을 가리키는 말로 쓰인다. 특징은 총강에 선조(線條)가 없다는 것이다.

■ **무한궤도차량**(無限軌道車輛): 차체 양측에 하나씩 달린 두 개의 무한궤도 위를 달리는 차량. 탱크, 장갑차, 불도저 따위가 있다.

■ **미늘창**(--槍): 끝이 나뭇가지처럼 둘 또는 세 가닥으로 갈라진 창.

■ **미사일유도방식**(Missile誘導方式): 미사일의 비행 경로에 지표(指標)를 부여하는 방식. 지령 유도, 프로그램 유도, 호밍 유도와 이들을 종합한 유도방식 따위가 있다.

■ **바그라티온작전**(Operation Bagration): 1944년에 동부 폴란드와 벨라루스에 포진해 있

던 독일군을 일소하기 위한 소련군의 하계공세의 암호명. 이 작전에서 바르바로사 작전 이래 벨라루스를 3년간 점령하고 있던 독일 중앙집단군이 붕괴했다.

이 작전의 이름은 18~19세기의 조지아 태생의 제정러시아 장군이자 러시아를 침략한 나폴레옹군과 싸우다가 보로디노 전투에서 치명상을 입고 전사한 바그라티온의 이름을 따서 붙인 것이다. 작전 개시일은 본래 6월 15일에서 20일이었으나 6월 22일로 바뀌었다. 이 날은 3년 전 독일의 바르바로사 작전 개시일과 같은 날이다.

- **바르바로사 작전**(Operation Barbarossa): 제2차 세계대전의 동부전선에서 나치 독일이 소비에트 연방을 침공한 작전명. 작전 기간은 1941년 6월 22일부터 12월까지였으며, 작전 이름은 신성로마 제국의 프리드리히 1세의 별명이었던 '바르바로사(붉은 수염)'에서 유래했다. 프리드리히 1세는 명군으로 불린 전설적 인물로 동방에 관심을 기울였기에 대소련전에 걸맞다고 판단했던 모양이다. 일설에는 붉은 수염은 스탈린을 암시하기도 한다고 본다. 또한 독일 육군은 공격작전명에 색깔 이름을 붙이는 전통이 있어, 이것의 발전형이라고도 생각된다.

  바르바로사 작전의 원래 목표는 소비에트 연방 중 유럽 부분의 정복이었으나 실패했다. 이 실패는 아돌프 히틀러의 전체 전쟁 작전에 차질을 생기게 했고 결국은 나치 독일의 패배 원인이 되었다.
- **방편**(方便): 그때그때의 경우에 따라 편하고 쉽게 이용하는 수단과 방법.
- **백병전**(白兵戰): 칼, 도끼, 창, 총검 등 근접 무기를 가지고 적과 직접 격돌하는 방식의 보병전. 화약이 출현하기 전의 전쟁은 거의 대부분 백병전 형식으로 치러졌다.
- **베르사유조약**(Versailles條約): 1919년에 베르사유 궁전에서 제일 차 세계 대전의 전후 처리를 위하여 연합국과 독일이 맺은 평화 조약. 전쟁 책임이 독일에 있다고 규정하고 독일의 영토 축소, 군비 제한, 배상 의무, 해외 식민지의 포기 따위의 조항과 함께 국제 연맹의 설립안이 포함되었다.
- **별동대**: 작전을 위하여 본대에서 따로 떨어져 나와 독자적으로 행동하는 부대.
- **병참**: 전쟁에 필요한 장비 및 식량을 군대에 공급하는 행위. 현대의 군대에는 병참을 위한 조직이 따로 있을 정도로 병참이 중요시되고 있다.

- **복엽비행기**(複葉飛行機): 동체의 아래위로 2개의 앞날개가 있는 비행기(준말: 복엽기).
- **부유포대**(浮游包袋): 물위나 공중에서 이리저리 떠다니는 베나 가죽, 종이 따위로 만든 큰 자루.
- **북벌론**(北伐論): 조선시대, 효종 연간에 중국 청나라를 치기 위하여 일어났던 일련의 논의와 계획.
- **북학론**(北學論): 조선시대, 영조와 정조 때의 일부 실학자들이 중국 청나라의 학술과 문물을 본받아 우리나라의 문물을 개량하고자 한 주장.
- **사략선**(私掠船): 사나포선이라 불리며, 승무원은 민간인이지만 교전국의 정부로부터 적선을 공격하고 나포할 권리를 인정받은, 무장한 사유(私有)의 선박.
- **사양길**(斜陽-): 새로운 것에 밀려 점점 몰락해 가는 중.
- **산병**(散兵): 뿔뿔이 흩어진 병사. 병력을 넓게 벌려서 배치하거나 해산하는 일. 또는 그런 일을 하는 병사.
- **상호확증파괴**(相互確證破壞, Mutual Assured Destruction): 적이 핵 공격을 가할 경우 적의 공격 미사일 등이 도달하기 전에 또는 도달한 후 생존해 있는 보복력을 이용해 상대편도 전멸시키는 보복 핵 전략.
- **선루**(船樓): 배의 이물(머리 부분)이나 중앙 또는 고물의 상갑판에 만든 구조물. 여객실, 선원실 따위가 있다.
- **선미루**(船尾樓): 배의 고물(뒷부분)에 만들어 놓은 선루(船樓).
- **선제후**(選帝侯, 라틴어: Princeps Elector; 독일어: Kurfürst): 신성로마 제국 황제를 선정하는 역할을 했던 신성로마 제국의 선거인단. 선거후(選擧侯)라고도 한다. 선제후는 백작·공작·대공과 같이 대단히 높은 직책을 맡고 있었으며, 위계상 신성로마 제국의 봉건 제후들 가운데 왕 또는 황제 다음으로 높았다.
- **소이탄**(燒夷彈, Incendiary Bomb): 폭탄·총포탄·로켓탄·수류탄 등의 탄환류 속에 소이제(燒夷劑)를 넣은 것이다. 사용되는 소이제에 따라 황린(黃燐)소이탄, 터마이트(termite) 소이탄, 유지(油脂) 소이탄으로 분류된다. 사람이나 건조물 등을 화염이나 고열로 불살라서 살상하거나 파괴하는 폭탄 또는 포탄.
- **소티**(Sortie): 전투기의 총 비행기 수. 전투기 1대가 20회 출격하면 20소티가 됨.

■ **속국(屬國)**: 법적으로는 독립국이지만 실제로는 정치, 경제, 군사, 문화의 면에서 다른 나라의 지배적인 영향을 받는 나라.

■ **수발총병(燧發銃兵)**: 부싯돌을 이용해서 작약(炸藥)에 점화하는 구식총. 수발총(燧發銃)이라고도 한다. 이것을 사용하는 군대 명칭이 수발총병이다.

■ **수사(修士, monk)**: 종교생활에 전념하기 위해 사회로부터 떨어져 혼자 살거나(은수자) 공동생활을 하는 사람(공주수사).

■ **신관**: 탄환, 폭탄, 어뢰 등에 충전된 폭약을 점화시키는 장치.

■ **신기전(神機箭)**: 신기전과 신기전기(화차)는 조선시대의 로켓추진 화살이다. 1448년에 일본에게 침략당했을 때에 거북선과 함께 숨은 무기로 활약했다고 『병기도설』에 기록되어 있다.

고려 말기인 1448년(세종 30년)에 최무선이 화약국에서 제조한 로켓형 화기(火器)인 주화(走火)를 개량하여 명명한 것으로 대신기전(大神機箭), 산화신기전(散火神機箭), 중신기전(中神機箭), 소신기전(小神機箭) 등 여러 종류가 있다. 『병기도설』에 기록된 신기전에 관한 내용은 세계에서 가장 오래된 로켓병기의 기록이다.

신기전기는 직경 46mm의 둥근 나무통 100개를 나무상자 속에 7층으로 쌓은 것으로 이 나무구멍에 중·소신기전 100개를 꽂고 화차의 발사각도를 조절한 후 각줄의 신기전 점화선을 모아 불을 붙이면 동시에 15발씩 차례로 100발이 발사되었다.

■ **야전축성(野戰築城)**: 야전 지역에서 지형의 자연적인 방어력을 강화시켜 적의 공격으로부터 인원, 장비, 물자 등을 보호하거나 피해를 감소시키기 위하여 실시하는 축성작업. 참호, 진지위장, 총상, 포상 등을 만들어 각종 위협에 대비하기 위해 행한다.

■ **야포(野砲)**: 야전(野戰)에서 쓰이는 포.

■ **약실**: 총기류에서 화약과 탄환을 넣는 작은 공간. 약실에 들어 있는 화약을 점화시키는 뇌관과 연결되어 있다.

■ **F-117A 나이트호크**: 스텔스 기술을 기체 전체에 적용하여 설계 및 개발되었으며, 세계 최초로 실전 배치된 스텔스 공격기이다. 임무 및 용도상 공격기에 해당하지만 미국 공군의 식별 부호는 전투기를 뜻한다. 미국의 파나마 침공 당시 처음 실전에 투입된 이래 걸프전쟁, 미국의 이라크 침공, 보스니아 전쟁 등 미국이 개입

된 모든 전쟁에 참전했다. 2008년 4월 21일에 마지막 비행을 끝으로 퇴역했다.

■ **역학**(力學): 물체 사이에 작용하는 힘과 운동의 관계를 연구하는 학문.

■ **열화우라늄탄**(Depleted Uranium Ammunition): 우라늄을 핵무기나 원자로용으로 농축하는 과정에서 발생하는 열화우라늄을 탄두로 해 만든 폭탄. 비중이 커서 똑같은 무게의 탄환을 작게 만들어 공기저항을 줄일 수 있어 탄환의 속도가 빠르고 사정거리도 길다. 또한 비중이 크기 때문에 탱크·장갑차 등을 쉽게 뚫을 정도로 관통력이 크며, 반대로 방어용 장갑으로 쓰일 경우에는 일반 탄환을 튕겨낼 수도 있다. 핵무기는 아니지만 핵분열성 물질인 우라늄 235를 포함하고 있어 인체에 치명적인 방사성 피폭피해를 줄 수 있다는 논란이 꾸준히 제기되고 있다.

■ **온존**(溫存): 고쳐지지 않고 그대로 남아 있음. 부정적인 것을 고치지 않고 그대로 남겨 둠.

■ **요격기**(邀擊機): 적의 전투기나 미사일을 요격하는 전투기. 대개 속도, 상승률, 상승한도 따위는 우수하나 항속 거리는 짧다.

■ **용골**(龍骨): 선박을 지탱하기 위해 선박의 바닥에 설치된 일자형 구조물. 주로 견고한 목재나 철로 이루어져 있으며 파도에 배가 흔들리는 것을 방지하는 것이 주 목적이다.

■ **우생학**(優生學, eugenics): 종의 개량을 목적으로 인간의 선발육종에 대해 연구하는 학문. 인류를 유전학적으로 개량할 것을 목적으로 여러 가지 조건과 인자 등을 연구하는 학문으로, 1883년에 영국의 프랜시스 골턴이 처음으로 창시했다. 우수 또는 건전한 소질을 가진 인구의 증가를 꾀하고 열악한 유전소질을 가진 인구의 증가를 방지하는 것이 목적이다.

■ **유격전**(遊擊戰, Guerrilla Warfare): 적이 점령·지배하고 있는 지역에서 정규군이 아닌 주민 등이 주력(主力)을 이룬 집단이 일반적으로 열세한 장비를 가지고 기습·습격 등을 감행하는 전투형태 또는 전쟁형태.

■ **융커**(Junker): 독일의 귀족을 통칭.

■ **이리떼 전술**(Wolf Pack Tactic): 제1·2차 세계대전 당시 독일의 U보트 잠수함의 전술. 대서양 한가운데에서 활동하던 잠수함들 중 하나가 적의 함선을 발견하면 나

머지 잠수함들도 발견된 장소로 이리처럼 모여들어 공격하는 전술.

- **인클로저운동**(enclosure movement): 중세 말부터 19세기까지 유럽 특히 영국에서 활발하게 진행되었다.

제1차 인클로저 운동은 15세기 말에서 17세기 중반까지 주로 지주들이 곡물생산보다 상대적으로 유리한 양모생산을 위하여 경지를 목장으로 전환시킨 운동으로, 농민의 실업, 이농(離農), 농가의 황폐, 빈곤의 증대 등을 야기시켰다.

제2차 인클로저 운동은 18세기 후반에서 19세기 전반에 걸쳐 인구 증가에 따른 식량 수요의 격증에 대해 합법적인 의회 입법을 통해 정부 주도하에 이루어졌는데 농민의 임금 노동자화를 촉진시켰다. 그 결과 영국에서는 지주 · 농업자본가 · 농업노동자의 삼분제를 기초로 자본제적 대농 경영이 성립되었고, 이른바 자본의 '본원적 축적'이 가능해졌다.

- **자동소총**(自動小銃): 탄환의 장전과 발사, 탄피의 배출 등이 자동적으로 이루어지는 소총.
- **자주포**(自走砲): 차량이나 장갑차 따위에 고정하여 만든 포. 견인포(牽引砲)에 비하여 쉽게 옮겨 다니며 쏠 수 있는 장점이 있다.
- **자행**(恣行): 제멋대로 해 나가거나 삼가는 태도가 없이 건방지게 행동함.
- **적성국**(敵性國): 적으로 간주될 수 있거나, 전쟁 법규상 공격 · 파괴 · 포획 따위의 가해 행위를 할 수 있는 범위에 드는 국가.
- **적재적소**(適材適所): 알맞은 인재를 알맞은 자리에 씀. '알맞은 곳', '적절한 자리'의 뜻.
- **전술폭격**(戰術爆擊 tactical bombing): 군용기에 의한 적의 군대나 무기 · 자재 · 시설 등 주로 군사 전술목표에 대한 폭격. 항공기 발달 초기에는 거의 전술폭격이었으나, 제2차 세계대전 후 등장한 전략폭격의 개념과 구별하여 쓰이게 되었다. 오늘날 그 주역은 경폭격기에서 전투기로 이행되고 있으며, 폭탄 외에도 미사일을 적재하는 경우가 많아져서 전술(미사일)공격이라고도 한다.
- **전열함**(군함, 戰列艦, ship of the line): 17세기 중엽부터 19세기 중엽까지 서양에서 막강 해군의 중추를 이루었던 범장식(帆檣式: 돛대) 군함 종류. 증기기관으로 추진되는 전함이 등장하면서 자취를 감추었다.

■ **전투폭격기**(戰鬪爆擊機): 공중전과 폭격을 아울러 수행할 수 있는 군용기. 일명 전폭기라고도 한다.

■ **절삭가공**(切削加工, cutting processing): 공작기계를 사용해서 공작물을 원하는 모양과 치수로 끊고 깎는 가공법.

■ **제공권**: 군대의 공군 전력으로 일정한 지역의 공중을 지배하는 능력을 뜻한다. 공군력이 강할수록 제공권도 넓어지며 현대 전쟁의 승패를 가르는 중요한 요소이다.

■ **제노사이드**(genocide): 특정 집단을 절멸시킬 목적으로 그 구성원을 대량학살하는 행위로, 보통 종교・인종・이념 등의 대립으로 발생한다. 독일 나치정권이 유대인과 집시를 대량학살한 제2차 세계대전 이후 범죄로 규정되었다. 캄보디아의 킬링필드, 코소보의 인종청소 등도 이에 속한다.

■ **종심**(縱深): 앞뒤로 늘어선 대형·진지·방어 지대 따위의 전방에서 후방까지의 거리를 이르던 말.

■ **진관**(鎭管): 조선 시대에 두었던 지방 방위 조직. 세조 1년(1455)에 전국을 나누어 주진(主鎭) 밑의 거진(巨鎭)을 단위로 하여 설정하고, 수령이 겸임하는 첨절제사가 통할하게 하였다.

■ **참모**(參謀): 윗사람을 도와 어떤 일을 꾀하고 꾸미는 데에 참여함. 또는 그런 사람. 주모자의 측근에서 활동하는, 지모(智謀)가 뛰어난 사람. 지휘관을 도와서 인사, 정보, 작전, 군수 따위의 업무를 맡아보는 장교.

■ **참호**(塹壕/塹濠): 야전에서 몸을 숨기면서 적과 싸우기 위하여 방어선을 따라 판 구덩이. 성(城) 둘레의 구덩이.

■ **척탄병**: 적에게 소형 포탄을 던지거나 신호탄・조명탄・수류탄 투척 등을 주 임무로 하는 병사. 나중에는 척탄병이라는 용어가 정예부대 또는 키가 크고 늠름한 보병의 대명사로 쓰이게 되었다.

■ **체계**(system): 다양성을 지닌 물질적 사물・과정 등(물질체계)이나 개념・명제 등(관념체계)이 일정한 조직원리에 따라 질서잡힌 것.

■ **초계**(哨戒): 적의 습격에 대비하여 함선이나 비행기를 배치하여 경계함.

■ **총안**: 적이 성을 공격할 때 방어자들이 반격하기 위해 성벽에 뚫어 놓은 작은 구

멍. 이 구멍에서 방어자들은 활, 총, 대포 등으로 적에게 반격을 가했다.

- **타초곡병**: 말여물과 식량이나 장비의 현지 조달을 담당하는 병사.
- **테러**(terror): 폭력을 써서 적이나 상대편을 위협하거나 공포에 빠뜨리는 행위. '폭력', '폭행', '정치' 테러리즘(정치적인 목적을 위하여 조직적 · 집단적으로 행하는 폭력 행위).
- **파리 코뮌**(Paris Commune): 1871년에 프로이센-프랑스 전쟁에서 프랑스가 패배하고 나폴레옹 3세의 제2제정이 몰락하는 과정에서, 파리에서 일어난 민중 봉기. 혁명 정부는 72일 동안 존속하면서 민주적인 개혁을 시도했으나 정부군에게 패배하여 붕괴되었다.
- **페라이트**(Ferrite): 여러 종류의 전자장치에 이용되는 자성이 있는 세라믹 같은 물질. 아철산염이라고도 한다.

  단단하고 부서지기 쉬우며 철을 포함하고 있고 보통 회색이나 검은색의 다결정, 즉 수많은 작은 결정으로 이루어져 있다. 화학적 조성을 보면 산화철과 하나 이상의 다른 금속으로 되어 있다. 산화철(III)(녹)과 마그네슘 · 알루미늄 · 바륨 · 망간 · 구리 · 니켈 · 코발트 · 철 등의 여러 가지 다른 금속이 반응하여 형성된다.
- **펠트**(felt): 연마재 · 방음재 · 여과재 등으로 쓰이는 것으로, 황산이나 비누 온액에 담근 양모나 그 밖의 짐승털을 압축하여 만든 천모양의 제품.
- **평저선**(平底船): 밑바닥이 평평한 배. 물이 얕은 데로 다니는 데 좋다.
- **포가**(砲架): 포신을 올려 놓는 받침틀.
- **포강**(砲腔): 포신 속의 빈 부분.
- **포신**(砲身): 포의 몸통.
- **폭격기**(爆擊機): 폭격하는 데 쓰는 군용 비행기. 전술 폭격기와 전략 폭격기가 있다.
- **폭뢰**(爆雷, Depth Charge): 바다 속에 있는 적의 잠수함을 파괴하기 위한 대잠수함 공격 무기.
- **폭발반응장갑**(Explosive Reactive Armour, ERA): 반응장갑(Reactive Armour)의 일종. 탱크 등의 보조장갑으로 사용되며, 강판 2장 사이에 폭발성 물질을 넣은 구조로 되어 있다.

■ **하극상**: 계급이나 신분이 낮은 사람이 예의나 규율을 무시하고 윗사람을 꺾고 오름.

■ **함재기(艦載機)**: 항공모함이나 기타 함선에 싣고 다니는 항공기.

■ **합동(정밀)직격탄(JDAM)**: 재래식 폭탄(450~900kg)에 INS(관성 유도 시스템), GPS(위성 위치 측정 시스템), 비행조절 날개(tail kit)를 장착해 위성 신호로 유도되는 무기로 각 군이 공동 사용; 개당 가격이 Tomahawk cruise missile의 약 30분지 1로, 2003년 Iraq War에서 위력을 떨침. Joint Direct Attack Munitions의 약어.

■ **해자**: 적으로부터 성을 방어하기 위해 성 주변에 깊이 파 놓는 참호. 대부분의 성은 방어 효과를 더욱 높이기 위해 해자에 물을 채워 놓았다.

■ **향병(鄕兵)**: 각 지방마다 그 지방 사람들을 주축으로 조직하여 훈련시킨 병정.

■ **현측(舷側)**: 뱃전.

■ **화승총(火繩銃, match-lock)**: 수포(手砲)에서 발전되어 인류 최초로 총(銃)의 형태로 개발된 초기의 소총. 화승총은 소금물에 적셔 말린 심지(salt paper soaked)를 준비하여 이것을 용수철로 잡아 놓고 화약과 탄알을 장전한 뒤, 심지에 불을 붙이고 방아쇠를 당기면 작동하여 용수철의 힘에 의해 불씨가 화약에 점화되도록 만들어졌다. 화약의 폭발력에 의하여 탄알이 발사되는데 사수는 총을 어깨에 대고 사격했다. 1500년경 독일을 비롯한 유럽에서 개발되었으며 구경은 18mm 내외, 총신의 길이는 약 1m, 최대 사정 1,000m, 유효 사정 약 200m, 최대 발사 속도는 1분당 4발 정도였다.

■ **활강포**: 강선이 없는 포. 사정거리를 늘리기 위해 강선을 없앤 포로 주로 전차포로 사용된다.

■ **흉벽(parapet wall, 胸壁)**: 방파제 또는 제방의 꼭대기 부분에 파도의 높이를 감소시키기 위해 만드는 것으로, 오목면의 단면을 하고 있다.

■ **흉복(胸腹)**: 가슴과 배를 아울러 이르는 말. 가슴의 복부.

부록 2_병과(兵科: Branch of Service)

군무의 종류를 구분한 것으로 기본병과와 특수병과로 구분한다.

–기본병과: 전투병과(보병, 포병, 기갑, 공병, 정보통신, 정보, 방공, 육군항공), 기술병과(화학, 병기, 병참, 수송), 행정병과(부관, 헌병, 경리, 정훈)

–특수병과: 의무, 법무, 군종

■ **보병**(步兵)

지상 전력의 근간이며, 적을 공격해서 섬멸하고 분쟁 지역을 점령하거나 적의 공격을 저지하고 격퇴하여 지역을 방어하는 것이 주 임무이다. 보병전투는 전술공군・포병・기갑 등과의 긴밀한 협동과 지원하에 수행되는 것이 보통이며, 화력과 육박전으로 육상 전투를 한다. 주로 보병은 1~2명이 운반할 수 있는 소형 화기(개인 화기 및 공용 화기)를 이용하고 도보로 이동하는 것이 기본이다. 하지만 근래에는 보병에게도 상당한 화력・기동력・전자 병기가 요구되어 소형의 미사일 병기가 채택되고, 기계화 또는 차량화 부대도 생겨났다. 따라서 기계화 보병 또는 차량화 보병을 따로 분류하기도 한다.

■ **포병**(砲兵)

대포 종류로 장비된 군대 또는 군인이다. 곡사포, 대공포, 대포, 로켓, 미사일 등을 쏘아 적을 공격하거나 아군을 엄호한다. 단, 박격포와 무반동총은 명칭이나 구경에 관계없이 보병으로 분류한다.

■ **기갑**(機甲)

전차(戰車)를 운용하여 보병의 화력을 직사화기로 지원하는 병과를 의미한다. 지상 전력에서 기동전을 구사하는 병과로서, 적을 직사화기로 공격해서 섬멸하고 전차로 격멸하는 것이 기갑병과의 주된 임무이다.

■ **공병**(工兵)

공병은 크게 전투공병과 시설공병으로 구분한다. 전투공병대는 보다 최전방과 전투 현장에서 전투부대를 지원하는 반면(지뢰 매설, 부교 가설, 전방 진지 공사, 폭파, 축성 등), 시설공병은 일반 민간 건설·토목회사와 비슷한 업무를 수행한다.

■ **정보통신**(情報通信)

과거 아날로그 방식 위주의 통신이 컴퓨터와 결합되어 지능화되고 통신망을 흐르는 정보가 디지털화됨에 따라, 과거와 차별화하여 정보화 시대에 걸맞는 '정보통신' 용어로 발전되었다.

■ **정보**(情報)

인간정보, 영상정보, 신호정보, 계측·기호정보, 기술정보 등 군용정보를 수집하고 제공한다.

■ **방공**(防空)

적의 항공기나 미사일의 공격을 방어하는 군사활동과 그 군사활동을 하는 병과이다. 항공기와 미사일의 출현에 따라 창설되었으므로 역사가 짧으며, 재난이 발생하면 국민의 생명과 재산을 우선적으로 보호하기도 한다.

■ **육군항공**(陸軍航空)

고도의 기동력과 강한 화력을 발휘할 수 있는 능력을 보유하고 있으며 결정적인 시간과 장소에서 적의 부대를 격멸하고 지상작전 부대의 작전목적 달성에 기여하는 병과이다.

육군항공부대는 중요 임무를 달성하고 다양한 임무를 수행할 수 있도록 편성된다.

부록 3_현대 무기체계의 개요

■ **무기체계(武器體系, weapons system)의 정의**

하나의 무기(장비 포함)가 부여된 임무를 달성하기 위하여 필요한 인원, 시설, 군수지원, 전략, 전술 및 훈련 등으로 성립된 전체 체계를 말한다.

좁은 의미로는 무기 자체만을 의미할 수도 있지만, 넓은 의미에서는 무기 자체는 물론 인적인 요소와 물질적인 요소를 망라한다.

넓은 의미의 무기체계로서 '전차'를 예를 들면 다음과 같다.

무기 자체	인적인 요소	물질적인 요소
전차	전차장, 포수, 탄약수	탄약, 연료

■ **현대 무기체계의 특성**

1. 다양성

현대에는 과학기술이 급속하게 발달하고 군사목표에 적극적으로 운용되므로, 어떤 특정 임무를 수행할 때 무기체계의 기능과 역할이 다양화되고 무기체계의 수가 점점 증가하는 특성을 갖게 되었다.

헬기의 경우 처음에는 수송 임무만 수행하다가 적에 대한 공격과 관측 임무 등을 추가하여 다양하게 수행하고 있다. 또한 과거에 전쟁을 할 때에는 적의 후방에 위치한 군사목표를 파괴하는 임무를 공중폭격기에만 의존할 수밖에 없었지만, 현대에는 과학기술의 발달로 지대지미사일·함대지미사일·장거리포병·전투기 및 헬리콥터는 물론 무인항공기 등 다양한 무기체계를 선택적으로 사용한다.

2. 복잡성

무기의 정확도·사거리·파괴력 등의 성능 향상과 이에 대응된 무기체계와의 경쟁적 발전 관계는 계속 추가적인 보조지원 장비를 부가시킴으로써, 무기체계를 확장시키고 그 복잡성을 한층 더 증대시키고 있다.

최근 전자기술의 비약적인 발전은 무기체계의 복잡성을 더욱더 촉진시키고 있다. 전자기술은 정찰, 조기경보장치, 지휘통제장치에 응용되는 것은 물론 표적을 획득 및 식별하고 화력을 배분하며 표적을 유도하는 데 이용되고 있다. 요즘은 최신 항법장치로 기동성을 향상시킴에 따라 매우 다양한 보조장비 및 정비기술 등으로 무기체계 복잡성이 더욱 증대되고 있는 실정이다. 그 예로 C-141수송기는 컴퓨터, 전자전 장비, 자동제어 장치 등 약 25만 개의 부품으로 구성되어 있고, 약 2만 가지 이상의 기술 도면이 필요할 정도로 복잡하고 다양한 구조를 가지고 있다.

3. 고가성

현대 무기체계는 복잡·다양하고 질적 수준이 계속 향상되고 있다. 따라서 연구개발 기간과 비용의 증대, 생산 단가 및 수리부속품의 가격이 비약적으로 상승하는 고가성을 갖고 있다. 예를 들면 전차, 스텔스 전투기, 이지스 구축함, 토마호크미사일, 공중조기경보기, 무인정찰기, 잠수함, 항공모함 등의 첨단 및 과학화 무기는 엄청나게 비싸다.

따라서 재래식 무기와 현대식 무기(첨단 및 과학화 무기)의 구매비용은 막대한 차이가 있기 때문에 국가안보정책에 따라 재래식 무기체계와 현대식 무기체계 획득의 비율은 심사숙고하여 결정하고, 비능률적인 낭비를 제거하여 비용을 절감하면서도 양질의 무기를 획득해야만 한다.

4. 가속적 진부화

과학기술 발전속도의 가속화는 무기체계의 평균 유효수명을 대폭 단축시키고 있다. 오늘날 신무기도 불과 수년 이내에 구식 무기가 될 수 있다. 최악의 경우 어떤 무기체계는 연구개발에 많은 비용과 기간이 소요되었음에도 불구하고 신기술의 도입으로 인하여 야전에 배치된 지 얼마 안 되어 도태되거나 개발 도중에 포기되는 경우도 비일비재하다.

이 같은 경우는 적대국가나 동맹국가의 군사과학기술 수준을 정확히 파악하지 못했거나 현재 개발 중인 무기가 실전에 배치되기도 전에 다시 차기세대의 무기가 빠른 속도로 개발되었기 때문에 발생한다.

특히 현대전에서는 과거 전쟁에서처럼 전쟁이 발발된 이후에 적의 무기와 비교하면서 실전무기를 개선하거나 최신무기를 개발할 여유가 없으므로, 국방기획자들은 진부화 문제에 항상 관심을 갖고 무기체계를 개발하고 획득·관리해야 한다.

5. 비밀성

현대전에서 적을 제압하기 위하여 무기로 적에게 기습적 충격효과를 가할 수 있어야 하므로 무기체계의 구상에서부터 배치에 이르기까지 비밀을 유지하여야 한다. 그러기 위해서는 적대국가는 물론 동맹국가에게도 비밀성이 유지되어야 한다. 그 이유는 적대국가나 동맹국가가 이를 쉽게 모방 생산하거나 대응무기체계를 개발할 수 있기 때문이다. 예를 들어 제2차 세계대전을 종식시킨 원자폭탄은 '맨해튼(Manhattan)계획'이란 이름하에 비밀성을 유지하며 개발됨으로써 일본 히로시마에 투하될 때까지 아무도 모르게 하여 그 위력을 기습적으로 떨칠 수 있었다.

이처럼 무기체계의 비밀성은 국가안보에 중요할 뿐 아니라 무기의 추가적인 획득을 위해서나 획득 능력이 군비경쟁을 자극한다는 점에서도 통제되어야 한다.

■ **무기체계의 기본 요소**(효과 요소)

1. 화력(Fire power)

화력은 기동성과 함께 전장에서 핵심적인 요소이다. 화약이 발명되어 소총·전차·대포를 비롯한 다양한 지상무기체계, 해상무기체계, 항공무기체계에 적용되었다. 또한 그 효과를 증대시키기 위해 치사면적, 살상확률, 발사속도, 사거리 연장 등을 더욱 발전시켜 나가고 있다.

6·25전쟁 시에는 중공군 인해전술이 연합군의 막강한 화력에 의하여 저지되었다. 포병은 중공군이 더 많이 보유했으나 연합군 포병의 분당 발사속도가 3~5배 빨라서 전체적으로 약 2배 정도 우세한 연합군이 승리할 수 있었다.

제2차 세계대전에서도 일본 히로시마에 떨어진 미국 원자폭탄의 가공할 만한 타격력은 전쟁의 승패에 결정적인 작용을 했다. 이처럼 특히 현대전에서는 더욱더 핵무기와 정밀무기의 화력은 치명적인 타격력을 발휘하고 있다.

2. 기동성(Mobility)

기동성은 화력과 함께 무기의 가장 기본적인 효과 요소이다. 현대전에서 기동성은 병력이나 화력을 신속하게 집중·분산시키는 기본 수단이기 때문에 전장에서 매우 중요하다. 따라서 기동성이 없는 군대는 화력이 월등하게 우세하지 않는 한 기동성이 우수한 군대에게 패하기 마련이다.

한 예로서 프랑스가 쌓은 마지노선은 인류 최대의 값비싼 방어무기였으나, 기동성이 없었다. 따라서 전투 초기에는 훌륭하게 방어 임무를 수행했으나 일단 베르당숲이 독일의 기동성 있는 전차군단에게 돌파되자 이 방어선은 무용지물이 되고 말았다. 특히 현대전에서 기동에 의한 속도전·기습전은 충격과 공포를 주려는 군사전략에 필수적인 요소가 되고 있다. 이와 같은 기동성 확대를 위해 엔진이라는 기계가 발명되었으며 차량, 전차, 수송선 및 전투함, 수송기 및 전투기, 헬리콥터, 우주 무기 등의 발전 근원이 되었다.

3. 생존성(Survivability)

무기는 극한적 전쟁상황에서 적을 제압하기 위한 것이기 때문에 우선 자신이 보호되어야 한다. 따라서 모든 무기는 절대적으로 성능과 함께 생존성을 고려하여 개발되고 운용된다. 보병의 헬멧과 방독면, 기사의 갑옷과 방패, 전차의 장갑, 항공기의 스텔스 기술과 방어적 전자전 장비 등이 모두 자신을 방호하기 위한 수단이다.

현대에 전자기술의 발전으로 대응무기를 서로 먼저 탐지하려고 경쟁하고 있으나, 생존성을 너무 강조하다보면 무기에 불필요한 장비나 장치가 많아져서 중량이 증가하고 전투 효율이 저하되기 때문에 신중하게 고려하여야 한다.

4. 가용성 및 신뢰성(Availability and Reliability)

무기체계는 일단 계획되어 완성되면 실전단계에서는 개선이 어렵다. 개발단계에서만 개선될 수 있기 때문에 최초부터 가용성과 신뢰성은 매우 중요한 요소가 된다.

현대전에서 아무리 무기체계가 화력이 좋고 기동성이 우수하며 통신능력이 양호하고 생존성이 높다 하더라도, 주어진 성능을 제대로 발휘하지 못하고 고장빈도가 높거나 고장수리시간이 많이 소요되어 사용할 수 있는 기간이 제약된다면 우수한 무기라고 할 수 없다. 또한 무기체계의 신뢰성을 확보하기 위해서는 무기의 전천후성, 계속지원성, 표준화, 훈련 및 작전의 용이성 등이 확보되어야 한다.

이와 같은 무기체계의 가용성 및 신뢰성을 제고하기 위해서는 무기체계의 책임관계, 시험 및 평가제도, 지원 및 정비대책, 기술 및 운용, 인원 및 보도체계 등의 전문화가 요구된다.

5. 지휘 · 통제 · 통신 · 컴퓨터 및 정보: C4I

전장에서는 각 개인의 전투원과 전투부대 및 전투지원부대 간에 원활한 정보교환과 지휘통제가 이루어질 수 있도록 하여 전투력 발휘를 극대화시킬 수 있는 전투기능이 필요하다.

C4I는 지휘(Command), 통제(Control), 통신(Communication), 컴퓨터(Computer), 정보(Intelligence)를 말한다. 또한 C4I체계란 모든 정보를 실시간으로 수집 · 분석 · 전파함으로써 지휘관이 전력을 최적의 장소와 시간에 배분하여 전투력의 상승효과를 발휘할 수 있도록 C4I의 각 요소를 유기적으로 운용하는 통합된 체계라고 정의할 수 있다.

따라서 현대전에서는 C4I체계를 종합하여 전장감시체계를 완성함으로써 종심

깊게 적을 먼저 보고, 적 지휘관보다 빨리 결심하고, 적보다 먼저 타격하는 선견·선결·선타가 무엇보다 중요하다.

정보전인 현대전에서는 정보를 확보하느냐 못하느냐가 전쟁의 승패를 좌우하므로 C4I체계의 비중과 중요성은 날로 증대되고 있다. 그러므로 현대 무기체계는 기동 및 화력 등과 함께 C4I체계에 통합되고 연동되어야만 한다.

참고문헌

강진식 외, 『정보화시대의 무기체계론』, 영민, 2009.
계동혁, 『역사를 바꾼 신무기』, 플래닛미디어, 2009.
공군역사기록관리단, 『공군사』, 공군본부, 2011.
국방군사연구소 편, 『한국전쟁(상 · 중 · 하)』, 1996.
권주혁, 『기갑전으로 본 한국전쟁』, 지식산업사, 2008.
_____, 『한국공군과 한국전쟁』, 퓨어웨이 픽쳐스, 2010.
김도균, 『전쟁의 재발견』, 추수밭, 2009.
김민석 · 양욱 · 유용원, 『신의 방패 이지스 대양해군의 시대를 열다』, 플래닛미디어, 2008.
김성남, 『전쟁으로 보는 한국사』, 수막새, 2005.
_____, 『전쟁 세계사』, 뜨인돌, 2008.
김성철, '전장에서의 스마트폰', 국방일보, 2011. 11. 24.
김창겸 외, 『한국 고전사』, 육군본부, 2007.
김처환 · 육춘택, 『전쟁 그리고 무기의 발달』, 양서각, 1997.
김행복, 『한국 고병서의 현대적 이해』, 육군본부, 2006.
김희상, 『중동전쟁』, 전광, 1992.
남기봉 외, 『무기체계』, 진영사, 2008.
남도현, 『2차대전의 흐름을 바꾼 결정적 순간들』, 플래닛미디어, 2011.
대한민국 부사관 총연맹, 『전쟁사』, 글로벌, 2007.
데이비드 M. 글랜츠 조너선 M. 하우스, 『독소 전쟁사 1941~1945』, 열린책들, 2007.
David S. Alberts, 『네트워 중심적 작전』, 21세기군사연구소, 2000.

DK 무기편집 위원회 · 영국왕립무기박물관, 『WEPON』, 사이언스북스, 2009.
라호성, 『한국인이 꼭 알아야 할 우리 전쟁사』, 이십일세기군사연구소, 2001.
로버트 영 펠튼, 『용병』, 교양인, 2009.
롭 S. 라이스 크리스터 외르겐센 외, 『해전의 모든 것』, 휴먼북스, 2010.
리처드 오버리, 『스탈린과 히틀러의 전쟁』, 지식의 풍경, 2003.
마이클 매클리어, 『베트남 10,000일의 전쟁』, 을유문화사, 2002.
마틴 반 클레벨트, 『과학기술과 전쟁』, 황금알, 2006.
마틴 폴리, 『제2차세계대전』, 생각의 나무, 2008.
마틴 J. 도헤티 외, 『해전의 모든 것』, 휴먼북스, 2010.
매슈휴스, 윌리엄 J. 필포트, 『제1차세계대전』, 생각의 나무, 2008.
매튜 J. 플린, 『선제전쟁』, 북코리아, 2011.
맥스 부트, 『MADE IN WAR』, 플래닛미디어, 2007.
박균열, 『전쟁과 문명』, 21세기사, 2010.
박원동, 『명품 무기체계 탄생의 마지막 진통』, 북코리아, 2008.
백지원, 『조일전쟁』, 진명출판사, 2009.
버나드 로 몽고메리, 『전쟁의 역사』, 책세상, 2004.
봉하규, '코일건', 국방일보, 2011. 4. 5.
빅터 데이비스, 『살육과 문명』, 푸른숲, 2002.
서영교, 『나당전쟁사 연구』, 아세아문화사, 2006.
송충기 외, 『세계화 시대의 서양 현대사』, 아카넷, 2010.
안병구, 『잠수함』, 집문당, 2008.
안주섭, 『고려 거란전쟁』, 경인문화사, 2003.
양대규, 『실록 겨울전쟁』, 집문당, 2005.
양오석, 『재미있는 전쟁 이야기』, 가나출판사, 2007.
양욱, 『하늘의 지배자 스텔스』, 플래닛미디어, 2007.
___, '디지털 병사, 미래 보병체계', 『네이버캐스트 무기의 세계』, 2010. 8. 25.
___, '지상군의 수호자, K-9', 『네이버캐스트 무기의 세계』, 2010. 9. 23.
___, '살상하지 않고 제압한다, 비살상무기', 『네이버캐스트 무기의 세계』, 2010. 10. 13.
어니스트 볼크먼, 『전쟁과 과학, 그 야합의 역사』, 이마고, 2006.

에릭 두르슈미트, 『아집과 실패의 전쟁사』, 세종서적, 2001.
H. 폴 제퍼스 · 앨런 액설로드, 『마셜』, 플래닛미디어, 2011.
온창일, 『한민족전쟁사』, 집문당, 2002.
유경원, 『전쟁사 100장면』, 대원키즈, 2011.
윤주학, 『디지털 전쟁』, 문경출판사, 2000.
요미우리신문사, 『최첨단 무기 시리즈』, 자작나무, 1994.
윌리엄 위어, 『세상을 바꾼 전쟁』, 시아출판사, 2009.
E. H. 카, 『역사란 무엇인가』, 까치글방, 2008.
이강영 · 백성욱, 「급조폭발물(IED)의 이해와 대응방안」, 『월간 국방과 기술』, 2011.
이내주, 『서양무기의 역사』, 살림, 2006.
이대영, 『알기 쉬운 세계 제2차대전사』, 멀티매니아호비스트, 1999.
이상길 외, 『무기체계학』, 청문각, 2011.
임성채 외, 『6 · 25전쟁과 한국해군작전』, 해군본부, 2010.
임용한, 『전쟁과 역사－삼국편』, 혜안, 2001.
_____, 『전쟁과 역사 2－거란 여진과의 전쟁』, 혜안, 2004.
전수용, '패치형 전투식량', 국방일보, 2011. 12. 6.
전윤재 · 서상규, 『전투함과 항해자의 해군사』, 군사연구, 2009.
정명복, 『잊을 수 없는 생생 6 · 25전쟁사』, 집문당, 2011.
정미선, 『전쟁으로 읽는 세계사』, 은행나무, 2009.
정토웅, 『20세기 결전 30장면』, 가람기획, 2000.
_____, 『세계전쟁사 다이제스트 100』, 가람기획, 2007.
정하명, 『세계전쟁사』, 황금알, 2004.
조너선 닐, 『미국의 베트남전쟁』, 책갈피, 2004.
조상근 외, 『4세대 전쟁』, 집문당, 2010.
조영갑, 『세계전쟁과 테러』, 선학사, 2011.
존 워리, 『전쟁사 박물관』, 르네상스, 2006.
존 G. 스토신, 『전쟁의 탄생』, 플래닛미디어, 2009.
주시후, 『전쟁사』, 홍익재, 2006.
_____ · 이영우, 『한국전쟁사』, 한국학술정보, 2011.
최용호, 『베트남전쟁과 한국군』,국방부 군사편찬연구소, 2004.

피에르 발로, 『아틀라스 20세기 세계 전쟁사』, 책과함께, 2010.
피터 W. 싱어, 『하이테크 전쟁』, 지안출판사, 2011.
한우성, 『영웅 김영옥』, 북스토리, 2006.
호비스트, 『베트남전쟁(지옥의 전장)』, 호비스트, 2001.
후루타 모토우, 『역사 속의 베트남전쟁』, 일조각, 2007.

찾아보기

저자 소개

정명복(鄭明福) 서울성남중 · 고등학교, 육군사관학교, 육군대학 졸업
국립공주대학교 대학원 사학과 졸업(문학박사)
포대장, 대대장, 연대장, 여단장 역임
육군 군사연구소 전쟁사 연구과장, 한국전쟁과장 역임
(전)한남대학교 사학과 강사/국방전략대학원 객원교수
국립공주대학교 안보과학대학원 교수
한국지식경제진흥원(KEPI) 전문강사
병무청 안보전문 강사
국가보훈처 자체평가위원
충청남도 안보정책자문관
한국안보학연구소 소장
한국현대사학회 부회장
한국위기관리연구소 선임연구위원
국방부 군사편찬연구소 객원연구원
육군 군사연구소, 전쟁과 평화연구소 연구위원
국립대전현충원, 극동사회문화연구원 자문위원
한국군사회복지학회 이사

저서: 맞춤형 소부대 전례
잊을 수 없는 생생 6 · 25전쟁사
쉽고 재미있는 생생 무기와 전쟁 이야기
쉽고 재미있는 세계전쟁 이야기
중공군 공세 의지를 꺾은 현리-한계 전투
성공으로 가는 삼위일체 리더십
국가안보 그리고 통일 외 다수

논문: 6 · 25전쟁기 중공군 5월 공세에 관한 연구
현리-한계전투의 전술적 교훈
중공군 공세작전간 작전지도에 관한 고찰
전쟁사 연구방안 고찰
조직의 리더십에 관한 실증적 연구
6 · 25전쟁과 징용 외 다수

감수해 주신 분: 김덕진, 김영진, 류현욱, 박희재, 손태수

쉽고 재미있는
생생 무기와 전쟁 이야기

값 14,000원

2018년 9월 20일 1판 4쇄

저 자 정 명 복
발 행 인 임 삼 규
발 행 처 지 문 당
주 소 10881 경기도 파주시 광인사길 85(본사)
03134 서울시 종로구 돈화문로 82(서울사무소)
등 록 1997. 12. 30. 제406-2003-000038호
영 업 부 (02)743-3192~3 팩스(02)742-4657
전자우편 sale@jimoon.co.kr
편 집 부 (02)743-3096~7 팩스(02)743-0227
전자우편 edit@jimoon.co.kr
홈페이지 www.jimoon.co.kr

ISBN 978-89-6297-159-0

이 도서의 국립중앙도서관 출판시도서목록(CIP)은 e-CIP홈페이지(http://www.nl.go.kr/ecip)와 국가자료공동목록시스템(http://www.nl.go.kr/kolisnet)에서 이용하실 수 있습니다.
(CIP제어번호: CIP2013014444)